直觉模糊粗糙集理论及应用

雷英杰　　路艳丽　孔韦韦　　著
　　　　　樊　雷　田　野

U0263499

科学出版社

北　京

内 容 简 介

本书是系统介绍直觉模糊粗糙集理论及应用的著作.全书共分 13 章,第 1 章介绍直觉模糊粗糙集(IFRS)的衍生和发展;第 2 章介绍直觉模糊粗糙集模型及性质;第 3,4 章介绍直觉模糊粗糙逻辑推理,即基于直觉模糊关系的 IFRS 上、下近似逻辑推理,基于直觉模糊三角模的 IFRS 推理方法及直觉模糊粗糙逻辑推理系统设计;第 5~8 章分别介绍直觉模糊粗糙逻辑规则库的完备性、互作用性、相容性检验以及检验系统设计;第 9~13 章介绍 IFRS 理论在知识发现、信息融合等领域的应用,即基于 IFRS 的属性约简方法、关联规则挖掘方法、空袭编队分析、敌方意图识别方法等.

本书内容新颖,逻辑严谨,语言通俗,理例结合,注重基础,面向应用,可作为高等院校计算机、自动化、信息、管理、控制、系统工程等专业高年级本科生或研究生的计算智能课程教材或教学参考书,也可供从事智能信息处理、智能信息融合、智能决策等研究的教师、研究生及科研和工程技术人员自学或参考.

图书在版编目(CIP)数据

直觉模糊粗糙集理论及应用/雷英杰等著. —北京:科学出版社,2013.6
ISBN 978-7-03-037991-7

Ⅰ.①直… Ⅱ.①雷… Ⅲ.①模糊集-研究 Ⅳ.①O159

中国版本图书馆 CIP 数据核字(2013)第 136187 号

责任编辑:李 欣/责任校对:郑金红
责任印制:徐晓晨/封面设计:陈 敬

科 学 出 版 社 出版
北京东黄城根北街 16 号
邮政编码:100717
http://www.sciencep.com

北京凌奇印刷有限责任公司印刷
科学出版社发行 各地新华书店经销

*

2013 年 6 月第 一 版 开本:B5(720×1000)
2019 年 11 月第三次印刷 印张:15 3/4
字数:304 000

定价:98.00 元
(如有印装质量问题,我社负责调换)

前　　言

　　大量不确定性问题的存在是现代信息社会的一大特点,是国民经济建设和国防科技发展必须解决的困难问题,体现了海量信息处理的复杂性.面对越来越多的不确定性问题,必须不断研究和发展行之有效的处理方法,推动不确定性信息处理理论与技术的进步.

　　模糊集(fuzzy sets,FS)理论是描述和处理不确定性问题的重要工具之一.模糊集理论由扎德(L. A. Zadeh)教授所创立,他于 1965 年发表的《模糊集合论》一文,标志模糊数学的诞生.他在另一个长篇论文《语言变量的概念及其在近似推理中的应用》中,提出了语言变量的概念并探索了它的含义,是模糊集理论最重要的发展.这一理论和方法对控制论和人工智能等作出了重要贡献.

　　模糊集合是对经典的康托尔集合的扩充和发展.在语义描述上,经典的康托尔集合只能描述"非此即彼"的"分明概念",而模糊集则可以扩展描述外延不分明的"亦此亦彼"的"模糊概念".随着模糊信息处理技术的不断发展,模糊集理论在模式识别、控制、优化、决策等领域得到广泛应用,成为对不确定性问题进行建模和求解的重要工具之一,取得了举世公认的成就.同时,由于模糊集理论及其应用研究已渐趋成熟,其局限性也已逐渐显现,所以国内外学者的研究不约而同地转向对模糊集理论的扩充和发展,相继出现了各种拓展形式,如直觉模糊集(intuitionistic fuzzy sets,IFS)、L-模糊集、区间值模糊集、Vague 集等理论.这种情形,既反映出模糊集理论研究与应用的活跃态势,又反映出客观对象的复杂性对于应用研究的反作用.在这众多的拓展形式中,直觉模糊集理论的研究最为活跃,也最富有成果.直觉模糊集理论可更加细腻地刻画客观对象的模糊性本质,从支持、反对和中立三方面对不确定性问题进行建模,符合人们的思维习惯,成为对 Zadeh 模糊集理论最有影响力的一种扩展.

　　直觉模糊集最初由著名学者 K. Atanassov 于 1986 年提出.他系统提出并定义了直觉模糊集及其一系列运算和定理,奠定了直觉模糊集理论的基础.同时,许多学者对此开展研究.从发表的文献来看,对于直觉模糊集开展研究,早期大多处于纯数学的角度,成功的应用研究案例较少.如今,直觉模糊集理论已经作为一种新的数学方法被引入各种应用领域,其研究已处于快速发展阶段.

　　模糊集理论逐渐显现的缺陷主要体现在其语义描述上存在的不足.模糊集合只有一个隶属度函数,虽能描述"亦此亦彼"的"模糊概念",但不能描述"非此非彼"

的"模糊概念",不适合处理如"投票模型"一类的问题.而直觉模糊集的隶属度函数、非隶属度函数及导出的第三个属性参数——直觉指数,则可以细腻地描述支持、反对、中立三种情形.例如,假设一个直觉模糊集的隶属度函数为0.5,非隶属度函数为0.3,则其直觉指数为0.2,可分别表示支持程度为0.5,反对程度为0.3,既不支持也不反对的中立程度为0.2.我们也可以用投票模型来解释,即赞成票为50%,反对票为30%,弃权票为20%.可见,直觉模糊集有效扩展了模糊集的表示能力.

粗糙集(rough sets, RS)理论从新的视角对知识进行了定义,把知识看成关于论域的划分,提供了从数据中发现规则的严密数学方法,在处理不精确、不一致、不完整和冗余等信息时具备优良的数据推理性能.经过十余年的发展,基于粗糙集的数据分析及自动知识获取技术已渗透到人工智能的各个分支,并引起国际学术界的广泛关注.然而,研究发现,单纯地使用粗糙集理论不能完全有效地描述不确定性问题,因此,在粗糙集的发展过程中出现了各种拓展形式,如变精度粗糙集模型、概率粗糙集模型、基于随机集的粗糙集模型、模糊粗糙集模型等,其中前三种扩展模型所涉及的概念和知识都是清晰的.而在实际问题中,涉及更多的往往是一些模糊概念和模糊知识,反映在粗糙集模型中则表现为两种情况:一是知识库的知识是清晰的而被近似的概念是模糊的,二是知识库的知识和被近似的概念都是模糊的.这就要求我们必须将粗糙集模糊化,从而出现了模糊粗糙集理论.

目前,模糊粗糙集(fuzzy rough sets, FRS)理论模型的建立和发展也已成为粗糙集理论推广的主要方向之一.直觉模糊集作为模糊集的一种重要拓展,在保留模糊集隶属度函数的基础上,增加了一个新的属性参数——非隶属度函数,其数学描述更加符合客观世界模糊对象的本质.因此,进一步将模糊粗糙集进化为直觉模糊粗糙集(intuitionistic fuzzy rough sets, IFRS)成为理论发展的一种必然趋势.直觉模糊粗糙集丰富和发展了模糊粗糙集理论,在不确定信息系统建模和处理上更具灵活性、更具表达力.因此,发展直觉模糊粗糙集理论对于求解或处理复杂系统中大量的不确定性问题具有重要的作用和意义,成为不确定领域理论研究的重要内容.

在描述和求解不确定、不精确、信息不完全的问题时,各种数学理论各有特点,可以相互补充.由于不确定性问题的复杂性,单一处理方法往往难以胜任,多种已有方法的相互结合虽然有效,但发展新的方法、把新的数学理论引入不确定信息处理领域仍然是重要的发展趋势.在信息融合领域,敌方意图识别就属于一种典型的不确定性问题.研究表明,单一的信息融合方法对于这一类决策级融合问题难以奏效,而直觉模糊粗糙集理论则可以为这种高层决策级信息融合提供新的思路和方法.在此背景下,本书旨在将直觉模糊集、粗糙集相融合而拓展为直觉模糊粗糙集,探索基于直觉模糊粗糙集理论的不确定性信息处理方法,建立相关的计算模型,并将这一新的智能信息处理理论引入信息融合领域,为求解信息化战争环境下的决策级信息融合问题提供新的途径.同时,将直觉模糊粗糙集理论导入知识发现领域,发展基于直觉模糊粗糙集理论的属性约简方法、关联规则挖掘方法.

本书是系统介绍直觉模糊粗糙集理论及其应用的著作,是作者在国家自然科学基金项目"直觉模糊集理论及其应用研究"(项目编号:60773209)、"直觉模糊混合理论及其在弹道目标识别中的应用研究"(项目编号:61272011)和陕西省自然科学基础研究计划项目"直觉模糊粗糙集理论研究"(项目编号:2006F18)资助下系列研究成果的汇集.

全书共分13章,第1章介绍直觉模糊粗糙集的衍生和发展;第2章介绍直觉模糊粗糙集模型及性质;第3,4章介绍直觉模糊粗糙逻辑推理,即基于直觉模糊关系的IFRS上、下近似逻辑推理,基于直觉模糊三角模的IFRS推理方法及直觉模糊粗糙逻辑推理系统设计;第5～8章分别介绍直觉模糊粗糙逻辑规则库的完备性、互作用性、相容性检验以及检验系统设计;第9～13章介绍IFRS理论在知识发现、信息融合等领域的应用,即基于IFRS的属性约简方法、关联规则挖掘方法、空袭编队分析、敌方意图识别方法等.

本书由雷英杰主编,参加编撰工作的有:路艳丽博士(第1章、第11～13章)、孔韦韦博士(第5～8章)、樊雷博士(第2章、第9～10章)、田野博士(第3和第4章)等课题组成员.

直觉模糊粗糙集是近年来新兴起的研究领域,其理论及应用研究受到国内外众多学者的关注,成为当前研究的一个热点领域,本书汇集的研究成果只是冰山一角,只能起抛砖之效,加之作者水平有限,书中难免有不足之处,敬请广大读者批评指正.

作　者
2013年3月

目 录

第1章 概　　述

集合论是现代数学的基础,模糊集、粗糙集都是对经典集合理论的扩充和发展.直觉模糊粗糙集是直觉模糊集与粗糙集理论相融合的产物,是对粗糙集与模糊粗糙集的扩充和发展,在不确定信息系统建模和处理上更具灵活性,更具表达力.本章主要对模糊集、粗糙集、模糊粗糙集、直觉模糊集、直觉模糊粗糙集的基本概念进行必要的介绍.

1.1　模　糊　集

1965 年,美国加利福尼亚大学控制论专家扎德(L. A. Zadeh)教授首先提出了模糊集合理论[1].此后,在近 50 年里,模糊集理论发展迅速,已经应用到许多科学技术领域,在农业、林业、气象、管理科学、系统工程、经济学、社会学、生态学和军事学等领域都有举世瞩目的建树.模糊数学已经显出示强大的生命力和渗透力,发展前景非常广阔.1976 年模糊数学传入我国,并于 1980 年成立了中国模糊数学与模糊系统学会,1981 年创办了《模糊数学》杂志,1987 年出现了《模糊系统与数学》杂志.目前,我国已经成为全球四大模糊数学研究中心之一.

在自然科学或社会科学研究中,存在着许多定义不很严格或者说具有模糊性的概念,这里所谓的模糊性,主要是指客观事物的差异在中间过渡中的不分明性,模糊性概念是没有明确外延的概念.根据普通集合论的要求,一个对象对应于一个集合,要么属于,要么不属于,二者必居其一,且仅居其一.这样的集合论本身无法处理具体的模糊概念.

对于一个普通的集合 A,空间中任一元素 x,要么 $x \in A$,要么 $x \notin A$,这一特征可用一个函数表示为

$$A(x) = \begin{cases} 1, & x \in A \\ 0, & x \notin A \end{cases}$$

但是现实世界中很多事物的分类边界是不分明的,如"高个子""老年人"等,而这种不分明划分在人们的识别、判断和认知过程中起着十分重要的作用.为了用数学方法处理这类问题,模糊集的概念被提出.模糊集用隶属函数(membership function)来刻画处于中间过渡状态的事物对差异双方所具有的倾向性,可以认为,隶属函数是经典集合特征函数的推广.当特征函数的值域由二值集合{0,1}扩展到单位区间[0,1]时,就描述一个模糊集.

定义 1.1(模糊集)　设 U 为非空有限论域,所谓 U 上的一个模糊集 A,即一个从 U 到 $[0,1]$ 的一个函数 $\mu_A(x):U \rightarrow [0,1]$,对于每个 $x \in U$,$\mu_A(x)$ 是 $[0,1]$ 中的某个数,称为 x 对 A 的隶属度,即 x 属于 A 的程度,称 $\mu_A(x)$ 为 A 的隶属函数,称 U 为 A 的论域.

例如,给 5 个同学的性格稳重程度打分,按百分制给分,再除以 100,这样就给定了一个从域 $X=\{x_1, x_2, x_3, x_4, x_5\}$ 到闭区间 $[0,1]$ 的映射:

$$x_1:85 \text{ 分}, A(x_1)=0.85$$
$$x_2:75 \text{ 分}, A(x_2)=0.75$$
$$x_3:98 \text{ 分}, A(x_3)=0.98$$
$$x_4:30 \text{ 分}, A(x_4)=0.30$$
$$x_5:60 \text{ 分}, A(x_5)=0.60$$

如此确定出一个模糊子集 $A=(0.85, 0.75, 0.98, 0.30, 0.60)$.

模糊集完全由隶属函数所刻画,$\mu_A(x)$ 的值越接近于 1,表示 x 隶属于模糊集合 A 的程度越高;$\mu_A(x)$ 越接近于 0,表示 x 隶属于模糊集合 A 的程度越低.当 $\mu_A(x)$ 的值域为 $\{0,1\}$ 时,A 便退化成为经典集合,因此可以认为模糊集合是普通集合的一般化.

模糊集可以表示为以下两种形式:

(1)当 U 为连续论域时,U 上的模糊集 A 可以表示为

$$A = \int_U \mu_A(x)/x, \quad x \in U$$

(2)当 $U = \{x_1, x_2, \cdots, x_n\}$ 为离散论域时,

$$A = \sum_{i=1}^{n} \mu_A(x_i)/x_i, \quad x_i \in U$$

隶属函数 $\mu_A(x)$ 可以简写为 $A(x)$,论域 U 上的模糊集全体表示为 FS(U).

定义 1.2(模糊集的运算)　若 A,B 为论域 U 上两个模糊集,它们的和集、交集和余集都是模糊集,其隶属函数分别定义为

$$(A \vee B)(x)= \max (A(x), B(x))$$
$$(A \wedge B)(x)= \min (A(x), B(x))$$
$$A^C(x)=1-A(x)$$

关于模糊集的和、交等运算,可以推广到任意多个模糊集中去. A^C 也可以表示为 $\sim A$ 或 $\overline{A}$.

定义 1.3(λ 截集)　若 A 为 U 上的任一模糊集,对任意 $0 \leqslant \lambda \leqslant 1$,记 $A_\lambda=\{x| x \in U, A(x) \geqslant \lambda\}$,称 A_λ 为 A 的 λ 截集.

A_λ 是普通集合而不是模糊集.由于模糊集的边界是模糊的,如果要把模糊概

念转化为数学语言,需要选取不同的置信水平 $\lambda(0 \leqslant \lambda \leqslant 1)$ 来确定其隶属关系. λ 截集就是将模糊集转化为普通集的方法. 模糊集 A 是一个具有游移边界的集合,它随 λ 值的变小而增大,即当 $\lambda_1 > \lambda_2$ 时,有 $A_{\lambda_1} \subset A_{\lambda_2}$.

对任意 $A \in \mathrm{FS}(U)$,称 A_1(即 $\lambda = 1$ 时 A 的 λ 截集)为 A 的核,称 $\mathrm{supp}(A) = \{x | A(x) > 0\}$ 为 A 的支集.

模糊关系是模糊数学的重要概念. 普通关系强调元素之间是否存在关系,模糊关系则可以给出元素之间相关的程度. 模糊关系也是一个模糊集合.

定义 1.4(模糊关系) 设 U 和 V 为论域,则 $U \times V$ 上的一个模糊子集 R 称为从 U 到 V 的一个二元模糊关系.

对于有限论域 $U = \{u_1, u_2, \cdots, u_m\}$,$V = \{v_1, v_2, \cdots, v_n\}$,则 U 对 V 的模糊关系 R 可以用一个矩阵来表示:

$$\boldsymbol{R} = (r_{ij})_{m \times n}, \quad r_{ij} = \mu_R(u_i, v_j)$$

隶属度 $r_{ij} = \mu_R(u_i, v_j)$ 表示 u_i 与 v_j 具有关系 R 的程度. 特别地,当 $U = V$ 时,R 称为 U 上的模糊关系. 如果论域为 n 个集合(论域)的直积,则模糊关系 R 不再是二元的,而是 n 元的,其隶属函数也不再是两个变量的函数,而是 n 个变量的函数.

定义 1.5(模糊关系的合成) 设 R, Q 分别是 $U \times V, V \times W$ 上的两个模糊关系,R 与 Q 的合成指从 U 到 W 上的模糊关系,记为 $R \circ Q$,其隶属函数为

$$\mu_{R \circ Q}(u, w) = \bigvee_{u \in V} (\mu_R(u, v) \wedge \mu_Q(v, w))$$

特别地,当 R 是 $U \times U$ 的关系,有

$$R^2 = R \circ R, \quad R^n = R^{n-1} \circ R$$

利用模糊关系的合成,可以推论事物之间的模糊相关性.

1.2 粗 糙 集

1.2.1 粗糙集的研究概况

粗糙集理论由波兰数学家 Pawlak 教授[2-4]于 1982 年提出,它是一种处理含糊(vagueness)和不确定(uncertainty)信息的新型数学工具. 之后的 1987 年 Iwinski 将代数引入粗糙集,定义了 I-粗糙集[5],从而形成了粗糙集理论研究的两条技术路线,一是面向数学特征研究的公理化方法,二是面向应用研究的构造化方法.

Pawlak 针对模糊逻辑的创始人 Frege 的"边界线区域"(boundary region)思想,提出了粗糙集,他把无法确定的个体都归属于边界线区域,而这种边界线区域被定义为上近似集和下近似集的差集. 粗糙集体现了集合中对象的不可区分性,即由于知识的粒度而导致的粗糙性. 1991 年,Pawlak 发表了专著 *Rough Sets: Theoretical Aspects of Reasoning about Data*[4],奠定了粗糙集理论的基础,从而掀起

了粗糙集的研究热潮.1992 年,在波兰召开了第 1 届国际粗糙集研讨会,这次会议着重讨论了集合近似的基本思想及其应用,其中粗糙集环境下机器学习的基础研究是这次会议的四个专题之一[6],以后每年都召开一次以粗糙集理论为主题的国际研讨会.1993 年在加拿大召开了第 2 届国际粗糙集与知识发现研讨会,这次会议极大地推动了国际上对粗糙集理论与应用的研究.1994 年在美国召开了第 3 届国际粗糙集与软计算研讨会,这次会议广泛地探讨了粗糙集与模糊逻辑、神经网络、进化计算等的融合问题.1995 年美国计算机学会将粗糙集列为新浮现的计算机科学的研究课题[7].1996 年在东京召开了第 5 届国际粗糙集理论学术会议.1998 年《国际信息科学杂志》(*Information Sciences*)还为粗糙集理论的研究出版了一期专辑.2001 年 5 月在重庆召开了中国第 1 届粗糙集与软计算学术研讨会.2003 年 10 月在重庆召开了中国第 3 届粗糙集与软计算学术研讨会和第 9 届关于粗糙集、模糊集、数据挖掘与粗糙计算的国际会议.在中国,几乎所有重要的计算机、信息处理及控制决策类学术期刊均刊登有粗糙集理论的学术论文,对粗糙集理论的知识表示与其他处理不确定性问题数学方法的关系,国内有很多综述报告及著作[8-15].

粗糙集理论的研究由于其历史较短,所以到目前为止,对粗糙集理论的研究主要集中在:粗糙集模型的推广;问题的不确定性研究;与其他处理不确定性、模糊性问题的数学理论的关系与互补;纯数学理论研究;粗糙集的算法研究和人工智能与其他方向关系的研究等.这些研究有的是经应用的推动而产生的,有的是纯理论的.

1.2.2　粗糙集的基本概念

在粗糙集理论中,知识是关于论域的划分,是一种对对象进行分类的能力.粗糙集理论以不可区分关系为基础建立知识库,进而利用知识库的中清晰的知识——下近似和上近似(lower and upper approximations),来描述任一"含糊"的概念,因此,粗糙集的四个核心概念是不可区分关系、近似空间、知识表达系统及上/下近似.

定义 1.6(不可区分关系)　若 $\boldsymbol{R}$ 是论域 U 上的一族普通等价关系,$\boldsymbol{R} \neq \varnothing$,则 $\boldsymbol{R}$ 中所有等价关系的交集 $\bigcap \boldsymbol{R}$ 也是一个普通等价关系,称 $\bigcap \boldsymbol{R}$ 为 $\boldsymbol{R}$ 上的不可区分关系,记为 ind($\boldsymbol{R}$),每一个非空子集 $\boldsymbol{B} \subseteq \boldsymbol{R}$ 都可以决定一个不可区分关系 ind($\boldsymbol{B}$),可以具体表示为

$$\text{ind}(\boldsymbol{B}) = \{(x,y) \in U \times U \mid a(x) = a(y), \forall a \in \boldsymbol{B}\} \tag{1.1}$$

ind($\boldsymbol{B}$) 将 U 划分为一些等价类 $U/\text{ind}(\boldsymbol{B}) = \{[x]_{\boldsymbol{B}} \mid x \in U\}$,其中 $[x]_{\boldsymbol{B}}$ 是对于 $\boldsymbol{B}$ 的包含 x 的等价类.

定义 1.7(Pawlak 近似空间) 近似空间 $AS = (U, \boldsymbol{R})$，其中 U 为给定的非空有限论域，$\boldsymbol{R}$ 是 U 上的一族普通等价关系. 近似空间也称为知识库.

定义 1.8(知识表达系统) 知识表达系统 $S = (U, A, V, f)$，其中 U 为对象的非空有限集合；A 是属性的非空有限集合；V 是 A 的值域；$f: U \times A \rightarrow V$，$\forall a \in A$，$\forall x \in U$，$f(x, a) \in V_a$. 当 $A = C \cup D$，$C \cap D = \varnothing$，C 是一个非空有限条件属性集，D 为决策属性集，即当知识表达系统具有条件属性和决策属性时就称为决策表.

定义 1.9(上、下近似) Pawlak 近似空间 $AS = (U, \boldsymbol{R})$，$\forall X \subseteq U$，$\forall R \in \boldsymbol{R}$，$X$ 的 R 下近似集 $R^- X$ 和 R 上近似集 $R^+ X$ 分别为 U 上的一个普通集合，其中，

$$R^- X = \{x \in U \mid [x]_R \subseteq X\}$$
$$R^+ X = \{x \in U \mid [x]_R \cap X \neq \varnothing\} \tag{1.2}$$

$\mathrm{pos}_R(X) = R^- X$ 称为 X 的 R 正域，$\mathrm{neg}_R(X) = U - R^+ X$ 称为 X 的 R 负域. $\mathrm{bn}_R(X) = R^+ X - R^- X$ 称为 X 的 R 边界域. 若 $R^+ X \neq R^- X$，即边界域非空，则称 X 为 R 粗糙集；否则 X 为 R 可定义集. 常用上、下近似构成的偶对 $(R^- X, R^+ X)$ 称为 X 的粗糙集. 上、下近似是粗糙集理论刻画不确定性的基础.

从上述定义可以看出，X 的 R 下近似是包含在 X 中的最大可定义集；X 的 R 上近似是包含 X 的最小可定义集；若给定一个集对 (A_1, A_2)，且 A_1, A_2 都是可定义的，即都是由等价类组成，但不一定存在 $A \subseteq U$ 粗糙集就是 (A_1, A_2). 例如，当 $A_2 = A_1 \cup \{x_0\}$，$\{x_0\}$ 是个等价类，那么 (A_1, A_2) 就没有对应的 A，即找不到一个集合 A，使得 A 的上、下近似是 (A_1, A_2). 所以，若有 $A \subseteq U$，肯定有 $(R^- X, R^+ X)$；但有 $A_1 \subseteq A_2$ 且 A_1, A_2 均在近似空间 $(U, \boldsymbol{R})$ 中可定义，但 (A_1, A_2) 不一定能找到对应的 $A \subseteq U$ 使得 $(A_1, A_2) = (R^- X, R^+ X)$.

以上是经典粗糙集的概念. 本书对粗糙集理论模型推广的讨论，实际上集中在下近似、上近似的定义内容、方式的推广. 式(1.3)给出了上、下近似的等价定义：

$$R^- X = \cup \{[x]_R \mid [x]_R \subseteq X\}$$
$$R^+ X = \cup \{[x]_R \mid [x]_R \cap X \neq \varnothing\} \tag{1.3}$$

进一步对式(1.3)进行修正，可给出上、下近似更为简洁的定义.

定义 1.10(简化表示的上、下近似) Pawlak 近似空间 $AS = (U, \boldsymbol{R})$，$\forall X \subseteq U$，$\forall R \in \boldsymbol{R}$，$X$ 的 R 下近似集 $R^- X$ 和 R 上近似集 $R^+ X$ 分别为 U 上的一个普通集合，

$$R^- X = \bigcup_{x \in X \wedge [x]_R \subseteq X} [x]_R$$
$$R^+ X = \bigcup_{x \in X} [x]_R \tag{1.4}$$

容易证明，定义 1.10 与定义 1.9 是等价的. 下面引出 Pawlak 粗糙集近似算子

的相关性质.

定理 1.1 设 Pawlak 近似空间 $\mathrm{AS} = (U, \boldsymbol{R})$,其中 $\boldsymbol{R}$ 为普通等价关系,$\forall A$, $B \subseteq U$,$\forall R \in \boldsymbol{R}$,

(C1) $R^- X \subseteq A \subseteq R^+ X$;

(C2) $R^- U = U = R^+ U$,$R^- \varnothing = \varnothing = R^+ \varnothing$;

(C3) 若 $A \subseteq B$,$R^- A \subseteq R^- B$ 且 $R^+ A \subseteq R^+ B$;

(C4) $R^- (R^- A) = R^- A$,$R^+ (R^+ A) = R^+ A$;

(C5) $R^+ (R\text{-}A) = R^- A$,$R^- (R^+ A) = R^+ A$;

(C6) $R^- (A^c) = (R^+ A)^c$,$R^+ (A^c) = (R^+ A)^c$;

(C7) $R^- (R^- A) = R^+ (R^- A) = R^- A$,$R^+ (R^+ A) = R^- (R^+ A) = R^+ A$;

(C8) $R^+ (A \bigcup B) = R^+ A \bigcup R^+ B$,$R^- (A \bigcap B) = R^- A \bigcap R^- B$;

(C9) $R^- (A \bigcup B) \supseteq R^- A \bigcup R^- B$,$R^+ (A \bigcap B) \subseteq R^+ A \bigcap R^+ B$.

在粗糙集理论的推广过程中,较早就引入了逻辑运算的讨论.下面用特征函数来描述 Pawlak 粗糙集的定义.

从 Pawlak 粗糙集的定义可以看出,对于 $\forall A \subseteq U$ 及 $\forall x \in U$,

(1) $\mu_{R^- X}(x) = 1$ 当且仅当 $\forall y \in U, \mu_R(x, y) = 1 \rightarrow \mu_X(y) = 1$;

(2) $\mu_{R^+ X}(x) = 1$ 当且仅当 $\exists y \in U, \mu_R(x, y) = 1 \wedge \mu_X(y) = 1$.

其中,$\mu_A(x)$ 表示集合 A 的特征函数,"$\rightarrow$"可以解释为一个蕴涵算子,"$\wedge$"可以解释为一个合取算子.(1)可解释为"x 属于 $R^- X$"等价于"对于任意的 $y \in U$,x 与 y 具有关系 R,则 y 肯定属于 X",从等价类角度来说,若与 x 在同一等价类中的对象都在 x 中,则 x 属于 X 的 R 下近似集;(2)可解释为"x 属于 $R^+ X$"等价于"存在 $y \in U$,x 与 y 具有关系 R 且 y 属于 X",从等价类角度来说,若 x 的等价类中存在至少一个对象属于 X,则 x 属于 X 的 R 上近似集.因此,可以得到 Pawlak 粗糙集近似算子的逻辑语言表示.

Yao[16] 用逻辑语言书写了 Pawlak 上、下近似的定义,如式(1.5)所示. $\forall x$, $y \in U$,

$$R^- X = \{x \mid \forall y ((x, y) \in R \rightarrow y \in X)\}$$
$$R^+ X = \{x \mid \exists y ((x, y) \in R \wedge y \in X)\} \tag{1.5}$$

这种改写是有益的,出现在其中的二值逻辑运算,标志着模糊逻辑运算的引入,奠定了粗糙集理论与模糊集理论相结合的理论基础.在很大程度上推动了粗糙集理论的拓展形式——模糊粗糙集理论的产生.

1.2.3 经典粗糙集的局限性

Pawlak 粗糙集理论是描述和处理不确定性问题的重要工具之一,它的优势是无需提供除问题所需的数据集合之外的任何先验信息,目前已被成功地应用于机器学习、决策分析、过程控制、模式识别与数据挖掘等领域.然而,单纯地使用粗糙集理论不能完全有效地描述不确定性问题,等价关系、数据离散化及数据的模糊性都成为制约经典粗糙集发展的瓶颈.

(1)传统的粗糙集理论的基础是等价关系,强调的是对象间的不可区分性,而等价关系在现实中很难获取,且忽略了数据污染的存在,因此,采用传统粗糙集不能区分出两个属性值是否相似以及相似到何种程度;

(2)经典粗糙集理论是面向离散数据的,而对连续属性离散化会导致信息丢失,这会大大影响分类结果的质量;

(3)粗糙集理论对于不确定知识的处理是有效的,但是对原始数据本身的模糊性缺乏相应的处理能力.

针对经典粗糙集理论的局限性,国内外学者从各个方面对经典粗糙集模型进行了推广,其中的一个主流思想是将模糊集引入粗糙集.

1.3　模糊粗糙集

1.3.1　模糊粗糙集的研究概况

在粗糙集理论的推广应用过程中,人们认识到单纯地使用粗糙集不能完全有效地描述不确定性问题,于是出现了粗糙集的各种扩展形式[17-23],如变精度粗糙集模型、不完备信息系统下的粗糙集模型、基于相似关系粗糙集模型、基于覆盖的粗糙集模型、概率粗糙集模型、基于随机集的粗糙集模型、S-粗糙集、模糊粗糙集模型等.其中,前七种扩展模型所涉及的概念和知识都是清晰的,而在实际问题中,涉及更多的往往是一些模糊概念和模糊知识,这就要求将粗糙集模糊化.

最初的 FRS 模型由 Dubois 等于 1990 年共同提出[22,23](这里称为 Dubois 模型),Dubois 模型起源于 Willaeys 等对模糊等价关系与模糊分类的讨论[24].目前文献中所引用的 FRS 概念,大多是指 Dubois 等的定义.与 Pawlak 粗糙集相比,Dubois 模型的不同之处在于:①被近似对象由清晰集(crisp sets)X 转换为模糊集 F;②等价关系 R 推广为模糊等价关系 R(满足自反性、对称性、传递性).Yao[16,25]于 1997 年阐述了 Dubois 模型的背景和内涵,并基于 α-截集研究了 FRS 的构造方法,使用"模糊粗糙集"来表示在一个模糊近似空间对一个普通集合的近似,使用"粗糙模糊集"来表示在一个普通近似空间对一个模糊集合的近似.而后来的研究大多都将"FRS"定义为一个广义的概念,即模糊化的粗糙集理论.另外一种与 Dubois 模型并行的是 Nanda 等于 1992 年提出的 FRS 模型[26],该 FRS 模型基于 Iwinski 粗糙集概念,定义 FRS 是一个模糊集对(A,B),A 和 B 都来自于某种代数

系统且满足 $A \subseteq B$. 但 Dogan[27] 已证明 Nanda 等给出的 FRS 等价于 Atanassov 所定义的直觉 L-模糊集. 随后, 将二值逻辑推广到模糊逻辑上, Greco 模型首先将 FRS 推广到一个高度广义的阶段[28], Radzikowska[29] 对此进行了深入分析, 提出了广义 FRS(这里称为 Radzikowska 模型). 把理论推向两个或多个论域, 是此研究领域一个新的期待, Wu 和 Mi 等[30,31] 对此进行了探索, 其特点是论域 W 上的模糊集 X 的上、下近似由另一论域 U 中的对象来表述. Daniel 等[32] 对 FRS 理论做了全面介绍, 并提出了两个论域上的广义 FRS 模型, 使得 FRS 近似算子的研究达到更新的理论阶段. 除了理论研究的丰硕成果, FRS 在实际应用中也有很多可喜的成绩, 如在系统控制[34]、特征选择[34,35]、文字识别[36] 等方面均已得到成功应用.

综上, 粗糙集在理论与应用上均已获得丰硕成果, 理论体系也趋于完善. FRS 现阶段主要偏重于模糊集近似表示的研究, 基于 FRS 的应用研究还有待全面展开.

1.3.2　模糊粗糙集的基本概念

首先, 用一个例子来说明模糊粗糙集引入的必要性(表 1.1).

表 1.1　医疗信息决策表

论域	条件属性			决策属性
患者	头痛	肌肉痛	体温	流感
x_1	是	是	正常	否
x_2	是	是	高	是
x_3	是	是	很高	是
x_4	否	是	正常	否
x_5	否	否	高	否
x_6	否	是	很高	是
x_7	否	否	高	是
x_8	否	是	很高	否

医疗信息决策表中, 属性头痛、体温、头痛的程度, 体温的高低等属性, 往往是不能量化描述的概念, 具有模糊信息的特征. 如果忽视这类模糊性, 用量化的标准描述体温三个类"正常""高""很高"假设分别为(单位: ℃): $[36,38)$, $[38,39)$, $[39,42)$, 经过约简后的决策表如表 1.2 所示, 则处在临界点处的信息可能会因为测量误差等原因, 落入到不适用的决策规则, 导致决策错误或遗漏有价值的信息. 例如, 规则 r_1 和 r_4, 当条件属性头痛均为 1, 而体温测量值分别为 37.9 和 38 时, 将落入完全相反的决策属性, 而这种 0.1 的测量和阅读误差往往是很难避免的.

表 1.2　决策规则

规则	条件属性		决策属性
	头痛	体温/℃	流感
r_1	是	$[36,38)$	否
r_2	否	$[36,38)$	否
r_3	是	$[39,42)$	是
r_4	是	$[38,39)$	是

　　模糊粗糙集较好地解决了粗糙集在处理模糊信息和连续属性时存在局限性. 与粗糙集所强调的知识粒度的粗糙性不同, 模糊集是对集合中子类的边界的不清楚定义进行模型化, 体现的是隶属边界的模糊性. 它们处理的是两种不同的模糊和不确定性, 两者的有机结合可能更好地处理不完全知识. 下面介绍最典型的两种模糊粗糙集模型: Dubois 模型和 Radzikowska 模型.

　　D. Dubois 和 H. Prade 最早提出了模糊粗糙集的概念. 其主要思想是当等价关系使模糊集合的论域变得粗糙时, 定义此模糊集合相应的上近似和下近似; 或者把等价关系弱化为模糊等价关系, 从而得到一个更具表达力的粗糙模型.

　　定义 1.11(Dubois 模糊粗糙集模型)　设 $(U, \mathbf{R})$ 为模糊近似空间, 即 $\mathbf{R}$ 是论域 U 上的一个模糊等价关系, FS(U) 表示 U 上的全体模糊子集, $\forall F \in$ FS(U), 模糊集 F 在 (U, R) 上的下近似 $R^- F$、上近似 $R^+ F$ 是论域 U 上的一对模糊集:

$$\mu_{R^- F(x)} = \inf\{\max[\mu_F(y), 1 - \mu_R(x, y) \mid y \in U]\}$$

$$\mu_{R^+ F(x)} = \sup\{\min[\mu_F(y), \mu_R(x, y) \mid y \in U]\} \tag{1.6}$$

　　与 Pawlak 粗糙集相比, Dubois 模型的不同之处在于: ①被近似对象由清晰集 X 转换为模糊集 F; ②等价关系 R 推广为模糊等价关系 R(满足自反性、对称性、传递性). 比 Dubois 模型更为广义的模型是 2002 年 Radzikowska 提出的模糊粗糙集模型, 因为 Radzikowska 将三角模和模糊蕴涵引入了模糊粗糙集模型.

　　定义 1.12(Radzikowska 模型)　设 FAS $= (U, \mathbf{R})$ 为模糊近似空间, $\mathbf{R}$ 是论域 U 上的一个模糊等价关系, φ 为一边界蕴含算子, ζ 为一三角模. $\forall A \in$ FS(U), FAS 上的一个 (φ, ζ) 模糊粗糙近似定义为 FS$(U) \to$ FS$(U) \times$ FS(U), $\mathrm{Apr}_{\mathrm{FAS}}^{\zeta \varphi}(A) =$ (FAS$_*(A)$, FAS$^*(A)$), 其中,

$$\mathrm{FAS}_*(x) = \inf_{y \in U} \varphi(R(x, y), A(y))$$

$$\mathrm{FAS}^*(A) = \inf_{y \in U} \zeta(R(x, y), A(y)) \tag{1.7}$$

1.4　直觉模糊集

1.4.1　直觉模糊集的研究概况

模糊集理论在近代科学发展中有着积极的作用,但却存在单一隶属度缺陷. Atanassov 直觉模糊集理论针对此,增加了一个新的属性参数——非隶属度,可以更加细腻地刻画客观世界的模糊性本质,在许多应用场合呈现出明显的优势,目前已成为不确定信息处理领域的一个研究热点.

1986 年,保加利亚学者 Atanassov 在 *Fuzzy Sets and Systems* 杂志上发表的一组论文[37-39],系统提出并定义了"直觉模糊集"及其一系列运算和定理,并将直觉模糊集与 *L*-模糊集、区间值模糊集相结合,形成 *L*-直觉模糊集、区间值直觉模糊集等;提出了直觉模糊逻辑命题及"与""或"算子等,发展了直觉模糊逻辑的基本概念,奠定了直觉模糊集理论的基础.

与此同时,Burillo 和 Bustince 等[40-43]通过模糊集之间的关系研究了直觉模糊关系的结构,揭示了直觉模糊关系的自反性、对称性、逆对称性、完全逆对称性及传递性,提出了预设直觉指数的直觉模糊关系构造方法及直觉模糊集的构造法则,给出了直觉模糊熵的构造方法,并证明了 Vague 集是一种直觉模糊集. Cornelis 和 Deschrijver 等[44-49]研究了直觉模糊集的合成关系及其关系运算的基本规则,并对模糊集的各种拓展进行了对比,研究了直觉模糊三角模、蕴涵算子以及区间值模糊集的算术算子的若干性质.

Kevin Lano[50]根据模糊近似推理方法构造了基于直觉模糊逻辑的近似推理的基本框架. Szmidt 等[51]研究了直觉模糊集的势和距离,提出了基于距离的直觉模糊熵. Hung 等[52,53]研究了基于 Hausdorff 距离的直觉模糊集相似度,并通过重心法计算直觉模糊集的相关系数. Ban 等[54]研究了直觉模糊集测度的可分解性,构造了直觉模糊集的混合信息测度实例,指出该测度在决策领域可获得比经典集和模糊集更好的效果. Demirci[55]提出了类 Bernays 直觉模糊集的公理理论.

Plamen[56]研究了在直觉模糊环境中的优化问题,把直觉模糊优化问题转化为一个清晰或非模糊的优化问题,指出直觉模糊优化使得优化问题得到最为充分的表达,可得到更接近目标函数的最优解. Lilija 研究了直觉模糊集的势[57]. Ioannis 等[58]用直觉模糊信息理论度量直觉模糊集之间的相似度,研究了直觉模糊信息理论及其在模式识别中的应用. Gregori 等[59]认为 J. H. Park 所提出的直觉模糊度量空间与经典模糊度量空间是一致的.

我国学者王国俊、何颖瑜[60,61]研究了直觉模糊集与 *L*-模糊集之间的关系. Li 等[62-64]运用直觉模糊集理论解决了多目标多属性决策问题,提出了几种线性规划方法;针对直觉模糊结构中的不相似性,提出了线性和非线性两种测度方法;研究了直觉模糊集的相似度及其在模式识别中的应用. 李晓萍等[65-67]研究了直觉模糊群的像、前像与逆映射等问题. 王艳平等[68,69]研究了直觉模糊集的基本定理,从代数观点讨论了直觉模糊逻辑算子的一些性质. Xu 等[70]研究了直觉模糊偏好关系及其在群决策中的应用. Lin 等提出了基于直觉模糊集的多准则模糊决策方法[71]. 曾文艺等[72]指出 Supriya Kumar 的直觉模糊集标准化定义并不满足直觉模糊集的基本性质. Li 等[73]研究了直觉模糊集的相似度量问题,对直觉模糊集与 Vague 集的若干相似性度量方法进行了比较分析. 李凡等[74]对 Vague 集进行了系列研究. 雷英杰等[75-89]从直觉模糊逻辑语义算子、时态逻辑算子、直觉模糊关系合成运算、直觉模糊相似关系构造、直觉模糊—神经网络、直觉模糊规则库检验、直觉模糊推理及其在战场态势与威胁评估中的应用等多方面对直觉模糊集理论及其应用做了系统研究.

1.4.2 直觉模糊集的基本概念

模糊集最主要的特征是:隶属函数给论域 U 中的每一元素 u 分派了 $[0,1]$ 中的数作为它的隶属度,该隶属度既包含了支持 u 的证据,也包含了反对 u 的证据,但现实问题中,人们往往在确定元素 u 属于某一集合 A 的隶属程度的同时又不是有绝对的把握,或者说,该隶属程度具有一定的踌躇性或不确定性. 即出现元素对模糊概念既有隶属情况,又有非隶属情况,且同时表现出一定的踌躇性,即未知性. 1983 年 Atanassov 提出的直觉模糊集作为 Zadeh 模糊集的一种推广形式,通过一附加量很好地解决了踌躇性这一问题.

Atanassov 对直觉模糊集给出的定义如下.

定义 1. 13(直觉模糊集) 设 U 是一个给定论域,则 U 上的一个直觉模糊集 A 为

$$A = \{\langle x, \mu_A(x), \gamma_A(x)\rangle \mid x \in U\} \tag{1.8}$$

其中 $\mu_A(x):U \to [0,1]$ 和 $\gamma_A(x):U \to [0,1]$ 分别代表 A 的隶属函数 $\mu_A(x)$ 和非隶属函数 $\gamma_A(x)$,且对于 A 上的所有 $x \in U$, $0 \leqslant \mu_A(x) + \gamma_A(x) \leqslant 1$ 成立.

当 U 为连续空间时,

$$A = \int_X \langle \mu_A(x), \gamma_A(x)\rangle/x, \quad x \in U \tag{1.9}$$

当 $U = \{x_1, x_2, \cdots, x_n\}$ 为离散空间时,

$$A = \sum_{i=1}^{n} \langle \mu_A(x_i), \gamma_A(x_i)\rangle/x_i, \quad x_i \in U \tag{1.10}$$

直觉模糊集 A 有时可以简记作 $A = \langle x, \mu_A, \gamma_A\rangle$ 或 $A = \langle \mu_A, \gamma_A\rangle/x$. 显然,每

一个一般模糊子集对应于下列直觉模糊子集 $A = \{\langle x, \mu_A(x), 1-\mu_A(x)\rangle \mid x \in U\}$.
论域 U 上的直觉模糊子集全体表示为 IFS(U).

对于 X 中的每一个直觉模糊子集,称 $\pi_A(x) = 1-\mu_A(x)-\gamma_A(x)$ 为 A 中 x 的直觉指数(intuitionistic index),它是 x 对 A 的犹豫程度(hesitancy degree)的一种测度. 显然,对于每一个 $x \in U$,$0 \leqslant \pi_A(x) \leqslant 1$,对于 U 中的每一个一般模糊子集 A,$\pi_A(x) = 1-\mu_A(x)-[1-\mu_A(x)] = 0$,$\forall x \in U$.

对于一个模糊集 $A \in$ FS(U),其单一隶属度 $\mu_A(x) \in [0,1]$,$\forall x \in U$ 既包含了支持 x 的证据 $\mu_A(x)$,也包含了反对 x 的证据 $1-\mu_A(x)$,它不可能表示既不支持也不反对的"非此非彼"的中立状态的证据. 而一个直觉模糊集 $A \in$ IFS(U),其隶属度 $\mu_A(x) \in [0,1]$,$\forall x \in U$ 与非隶属度 $\gamma_A(x) \in [0,1]$,$\forall x \in U$ 及其直觉指数 $\pi_A(x) \in [0,1]$,$\forall x \in U$ 则可分别表示对象 x 属于直觉模糊集 A 的支持、反对、中立这三种证据的程度. 例如,假设直觉模糊集 A 有元素 $\langle 0.5, 0.3\rangle/x$,即其隶属度 $\mu_A(x) = 0.5$,非隶属度 $\gamma_A(x) = 0.3$,直觉指数 $\pi_A(x) = 0.2$,则表示 x 属于 A 的程度为 0.5,不属于集 A 的程度为 0.3,既不支持也不反对的中立程度为 0.2. 我们也可以用投票模型来解释集 A,即赞成票为 50%,反对票为 30%,弃权票为 20%. 可见,直觉模糊集有效地扩展了 Zadeh 模糊集的表示能力.

定义 1.14(直觉模糊集基本运算) 设 A 和 B 是给定论域 X 上的直觉模糊子集,则有

(1) $A \bigcap B = \{\langle x, \mu_A(x) \wedge \mu_B(x), \gamma_A(x) \vee \gamma_B(x)\rangle \mid \forall x \in X\}$;

(2) $A \bigcup B = \{\langle x, \mu_A(x) \vee \mu_B(x), \gamma_A(x) \wedge \gamma_B(x)\rangle \mid \forall x \in X\}$;

(3) $\overline{A} = A^c = \{\langle x, \gamma_A(x), \mu_A(x)\rangle \mid x \in X\}$;

(4) $A \subseteq B \Leftrightarrow \forall x \in X, [\mu_A(x) \leqslant \mu_B(x) \wedge \gamma_A(x) \geqslant \gamma_B(x)]$;

(5) $A \subset B \Leftrightarrow \forall x \in X, [\mu_A(x) < \mu_B(x) \wedge \gamma_A(x) > \gamma_B(x)]$;

(6) $A = B \Leftrightarrow \forall x \in X, [\mu_A(x) = \mu_B(x) \wedge \gamma_A(x) = \gamma_B(x)]$.

定义 1.15(直觉模糊关系) 设 X 和 Y 是普通有限非空论域,定义在直积空间 $X \times Y$ 上的直觉模糊子集称为从 X 到 Y 之间的二元直觉模糊关系. 记为

$$R = \{\langle (x,y), \mu_R(x,y), \gamma_R(x,y)\rangle \mid x \in X, y \in Y\} \tag{1.11}$$

其中 $\mu_R: X \times Y \to [0,1]$ 和 $\gamma_R: X \times Y \to [0,1]$ 满足条件 $0 \leqslant \mu_R(x,y) + \gamma_R(x,y) \leqslant 1$,$\forall (x,y) \in X \times Y$.

直积空间 $X \times Y$ 上的直觉模糊关系表示为 IFR($X \times Y$).

定义 1.16(直觉模糊关系合成) 设 $\alpha, \beta, \lambda, \rho$ 是 T-范数或 S-范数,但不必是两两对偶范数,$R \in$ IFR($X \times Y$) 且 $P \in$ IFR($Y \times Z$),则合成关系 $R_\lambda^\alpha \circ_\rho^\beta P \in$ IFR($X \times Z$) 由如下定义:

$$R_\lambda^\alpha \circ_\rho^\beta P = \{\langle (x,z), \mu_{R_\lambda^\alpha \circ_\rho^\beta P}(x,z), \gamma_{R_\lambda^\alpha \circ_\rho^\beta P}(x,z)\rangle \mid x \in X, z \in Z\} \tag{1.12}$$

其中，

$$\mu_{R_\lambda^\alpha \circ_\rho^\beta P}(x,z) = \underset{y}{\alpha}\{\beta[\mu_R(x,y),\mu_P(y,z)]\} \tag{1.13a}$$

$$\lambda_{R_\lambda^\alpha \circ_\rho^\beta P}(x,z) = \underset{y}{\lambda}\{\rho[\gamma_R(x,y),\gamma_P(y,z)]\} \tag{1.13b}$$

且满足 $0 \leqslant \mu_{R_\lambda^\alpha \circ_\rho^\beta P}(x,z) + \gamma_{R_\lambda^\alpha \circ_\rho^\beta P}(x,z) \leqslant 1$，$\forall (x,z) \in X \times Z$. 这里，$\alpha,\beta$ 作用于隶属度函数，λ,ρ 作用于非隶属度函数. 本章中，取 $\alpha = \vee$，$\beta = \wedge$，$\lambda = \wedge$，$\rho = \vee$. 为简明起见，上述合成关系记作 $R \cdot P \in \mathrm{IFR}(X \times Z)$.

1.5　直觉模糊集与模糊集、粗糙集的比较

粗糙集与模糊集的比较一直都是一个研究热点，本节首先对直觉模糊集与模糊集进行比较，在此基础上进一步揭示直觉模糊集与粗糙集的关联性和互补性.

1.5.1　直觉模糊集与模糊集的比较

直觉模糊集可以有效克服 Zadeh 模糊集单一隶属度函数的缺陷，在许多应用场合呈现出明显的优势. 下面主要从三方面对直觉模糊集与模糊集理论进行比较.

（1）模糊性描述方面.

在现实问题中，人们往往在确定对象 x 属于某一集合 A 的隶属程度的同时又有一定的犹豫性. 即出现对象对模糊概念既有隶属情况，又有非隶属情况，且同时表现出一定程度的犹豫性. 对于一个传统模糊集 $A \in \mathrm{FS}(U)$，$\forall x \in U$，其单一隶属度 $\mu_A(x) \in [0,1]$ 既包含了支持 x 的证据 $\mu_A(x)$，也包含了反对 x 的证据 $1 - \mu_A(x)$，它不可能表示既不支持也不反对的"非此非彼"的中立状态的证据. 而一个直觉模糊集 $A \in \mathrm{IFS}(U)$，$\forall x \in U$，其隶属度 $\mu_A(x) \in [0,1]$ 与非隶属度 $\gamma_A(x) \in [0,1]$ 及其直觉指数 $\pi_A(x) \in [0,1]$ 可分别表示对象 x 属于直觉模糊集 A 的支持、反对、中立这三种证据的程度. 例如，假设直觉模糊集 $A = \langle 0.5, 0.3 \rangle / x$，即其隶属度 $\mu_A(x) = 0.5$，非隶属度 $\gamma_A(x) = 0.3$，直觉指数 $\pi_A(x) = 0.2$，则表示对象 x 属于 A 的程度为 0.5，不属于集 A 的程度为 0.3，既不支持也不反对的中立程度为 0.2. 我们也可以用投票模型来解释直觉模糊集 A，即赞成票为 50%，反对票为 30%，弃权票为 20%. 可见，直觉模糊集有效地扩展了 Zadeh 模糊集的表示能力.

本质上，模糊集的隶属度取值是在一个线序集上，而直觉模糊集可以表示和处理不可比信息，隶属度与非隶属度可以在一个特殊的格上取值，即取值于一个偏续集.

（2）相互转化方面.

直觉模糊集不是模糊集的一般推广，直觉模糊集不一定是模糊集，而模糊集只是直觉模糊集的一个特例. 根据直觉模糊集的定义，容易得到，论域 U 中的每一模糊子集对应于如下的直觉模糊子集，

$$A = \{\langle x, \mu_A(x), 1-\mu_A(x) \rangle \mid x \in U\}$$

其中, $\forall x \in U$, $\pi_A(x) = 1-\mu_A(x)-[1-\mu_A(x)] = 0$.

当直觉模糊集 A 的犹豫度 $\pi_A(x) = 0$ 时, 直觉模糊集 $A = \{\langle x, \mu_A(x),$ $\gamma_A(x)\rangle \mid x \in X\} = \{\langle x, \mu_A(x), 1-\mu_A(x)\rangle \mid x \in X\}$, 即 A 转化为普通的模糊集. 另外, 将直觉模糊集转化为模糊集还可以采用如均值法、偏值法等, 但无非是讨论犹豫度如何分配的问题, 这里不再赘述.

(3) 逻辑推理方面.

在逻辑推理方面, 由于隶属度与犹豫度的作用, 直觉模糊推理算法较模糊推理算法显示出明显的优势, 普通模糊推理是直觉模糊推理的一种特例, 当 $\pi_A(x) = 0$ 时二者可相互转化. 分析表明, 在推理算法的还原性方面, Zadeh 型、Mamdani 型、Larsen 型直觉模糊推理算法与其对应的普通模糊推理算法具有相同的还原性. 实例研究表明, 直觉模糊推理算法较普通推理在推理算法在结果精度、可信性上的优越性更适用于智能控制与决策.

综上, 与模糊集相比, 直觉模糊集可以更有效地描述和处理现实世界中的模糊事物, 因此, 将直觉模糊集理论引入粗糙集理论中, 描述数据的模糊性, 以及弱化经典等价关系为直觉模糊等价关系或直觉模糊相似关系, 可以更有效地处理模糊且粗糙的不确定信息.

1.5.2　直觉模糊集与粗糙集的比较

粗糙集和直觉模糊集都是处理不确定、不完备、不准确信息的强大工具, 二者既相互区别又相互联系, 具有很强的互补性. 粗糙集主要针对对象间的不可区分性, 这种不同区分性通过等价关系表现出来, 粗糙集可以认为是用等价类对清晰集合的近似表示. 直觉模糊集主要针对对象边界的模糊程度, 这种边界的模糊程度由两个特征函数所界定, 直觉模糊集与模糊集并不关心对象之间的不可区分性. 因此, 直觉模糊集与粗糙集存在很强的互补性. 文献[90]指出, 信息观的粗糙集模型是一种特殊的直觉模糊集, 而代数观的粗糙集与直觉模糊集则是相互独立的, 但是两者也有联系, 因为粗糙集与直觉模糊集对不精确信息的处理方法不同, 但都是通过"对象部分属于集合"来表现信息的不确定性, 因此二者的融合是有基础的. 表1.3 就粗糙集与直觉模糊集的不同点给出了一个直观的比较.

表 1.3　粗糙集与直觉模糊集的比较

比较因素	粗糙集	直觉模糊集
先验知识	不需要	需要
对象间关系的基础	对象间的不可区分关系	集合边界的病态定义和不分明性

续表

比较因素	粗糙集	直觉模糊集
对知识的近似描述	上、下近似	隶属度与非隶属度
不精确刻画方法	粗糙度	隶属度与非隶属度
研究方法	对象的分类	隶属函数与非隶属函数
计算方法	知识的表达和约简	特征函数的产生

下面从两个方面对粗糙集与直觉模糊集进行关联性分析.

1. 粗糙集的直觉模糊性

粗糙集的直觉模糊性主要分析由一个粗糙集可以得到一个直觉模糊集.

根据粗糙集的定义,若 Pawlak 近似空间 $AS = (U, \mathbf{R})$,$\forall R \in \mathbf{R}$,$\forall A \subseteq U$,粗糙集$(R^- A , R^+ A)$的下近似 $R^- A$ 或正域 $\text{pos}_R(A)$ 是根据知识 R 判断肯定属于 A 的对象集合;上近似 $R^+ A$ 是根据知识 R 判断可能属于 A 的对象集合;边界域 $\text{bn}_R(A)$ 是根据知识 R 不能判断肯定属于 A 又不能判断肯定属于 A^c 的对象集合;负域 $\text{neg}_R(A)$ 是根据知识 R 判断肯定不属于 A 的对象集合. 由此,可以得到如下粗糙集$(R^- A , R^+ A)$的粗糙隶属度函数 $\mu_A(x)$ 和粗糙非隶属度 $\gamma_A(x)$ 函数.

粗糙隶属度函数 $\mu_A(x)$ 与非隶属度函数 $\gamma_A(x)$ 定义如下:

$$\mu_A(x) = \begin{cases} 1, & x \in \text{pos}_R(A) \\ \sigma, & x \in \text{bn}_R(A) \\ 0, & x \in \text{neg}_R(A) \end{cases}$$
(1.14)

$$\gamma_A(x) = \begin{cases} 0, & x \in \text{pos}_R(A) \\ \omega, & x \in \text{bn}_R(A) \\ 1, & x \in \text{neg}_R(A) \end{cases}$$
(1.15)

其中,$\sigma, \omega \in [0,1]$,且满足 $\sigma + \omega \in [0,1]$.

式(1.14)和式(1.15)用直觉模糊集对粗糙集正域和负域的描述是准确的,而对于边界域的描述是模糊的,这也正体现了边界域的不确定性.

2. 直觉模糊集的粗糙性

直觉模糊集的粗糙性主要分析由一个直觉模糊集可以得到一个粗糙集.

由于 Pawlak 粗糙集的上、下近似均为清晰集,而直觉模糊集到清晰集的转化可以通过截集进行,因此,这里将截集作为直觉模糊集到粗糙集的转化工具. 下面给出两种思路.

(1)设 $A \in \text{IFS}(U)$, $X \subseteq U$, $AS = (U, \mathbf{R})$ 为 Pawlak 近似空间,$\forall R \in \mathbf{R}$,$\forall x \in U$,$[x]_R$ 为 x 的 R 等价类. 直觉模糊集 A 的隶属度函数和非隶属度函数定

义为

$$\mu_A(x) = \frac{|X \cap [x]_R|}{[x]_R}, \quad \gamma_A(x) = 1 - \frac{|X \cap [x]_R|}{[x]_R} \tag{1.16}$$

从式(1.16)可以看出,论域 U 中同一等价类中的对象具有相等的隶属度和非隶属度,那么,清晰集合 $X \subseteq U$ 的粗糙集可以表示为

$$R^-(X) = \ker(A) = \{x \in U \mid \mu_A(x) = 1 \wedge \gamma_A(x) = 0\}$$

$$R^+(X) = \operatorname{supp}(A) = \{x \in U \mid \mu_A(x) > 0 \wedge \gamma_A(x) > 0\} \tag{1.17}$$

可见,清晰集合 $X \subseteq U$ 的上、下近似可以与直觉模糊集 $A \in \mathrm{IFS}(U)$ 的核与支集相对应.

(2)直觉模糊集 $A \in \mathrm{IFS}(U)$ 的隶属度 $\mu_A(x)$ 与非隶属度 $\gamma_A(x)$ 与粗糙集的上、下近似有一定的联系,隶属度 $\mu_A(x)$ 表示对象 x 属于集合 A 的程度,可以表征下近似,非隶属度 $\gamma_A(x)$ 表示对象 x 不属于集合 A 的程度,则可表征上近似的补,而截集可作为这一联系的桥梁.

设参数 $h, l \in [0.5, 1]$,论域为 U,$X \subseteq U$,$A \in \mathrm{IFS}(U)$,$A = \{(x, \mu_A(x), \gamma_A(x)), \mid x \in U\}$,$X$ 的上、下近似可定义如下:

$$R^-(X) = \{x \in U \mid \mu_A(x) \geqslant h\}$$

$$R^+(X) = \{x \in U \mid \gamma_A(x) \leqslant l\} \tag{1.18}$$

显然,式(1.18)体现了隶属度大于 h 的对象 x 属于 X 的下近似,非隶属度小于 l 的对象 x 属于 X 的上近似. 容易证明,式(1.18)定义的上、下近似满足 $R^-(X) \subseteq R^+(X)$. 下面举例说明这一过程.

例1.1 设 $U = \{x_1, x_2, \cdots, x_{14}\}$,直觉模糊集 A 定义为

$A = \{(0,1)/x_1, (0,1)/x_2, (0,1)/x_3, (0,1)/x_4, (0,1)/x_5, (0,1)/x_6, (0,1)/x_7, (0,1)/x_8,$
$(0,0.4)/x_9, (0.87,0.08)/x_{10}, (1,0)/x_{11}, (0.87,0.08)/x_{12}, (0,0.4)/x_{13}, (0,1)/x_{14}\}$

若 $h=0.6, l=0.5$,$\forall x_i \in U$,根据式(1.18),直觉模糊集 A 对应的粗糙集的下近似为 $\{x_{10}, x_{11}, x_{12}\}$,上近似为 $\{x_9, x_{10}, x_{11}, x_{12}, x_{13}\}$.

例1.2 设 U 为连续论域 $[0,10]$,直觉模糊集 A 的隶属度函数与非隶属度函数如图1.1所示.

根据式(1.17),若 $h=0.6, l=0.5$,图1.1中标示出直觉模糊集 A 对应的下近似和上近似分别为区间 $[a,b]$ 和区间 $[c,d]$.

从以上分析比较可以看出,粗糙集和直觉模糊集各自的特点不同,具备很强的互补性,将这两种理论进行整合,即利用粗糙集的观点来研究直觉模糊集,或利用直觉模糊集的观点来研究粗糙集,可以有效克服单纯使用粗糙集理论所存在的问题,且弥补了模糊集单一隶属度的缺陷.

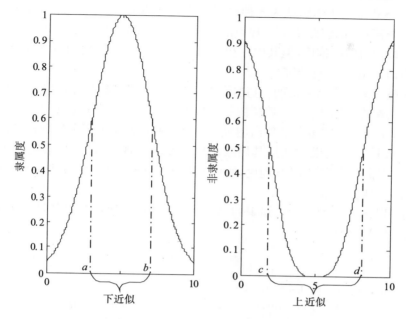

图 1.1 隶属度与非隶属度函数

1.6 直觉模糊粗糙集

直觉模糊粗糙集(IFRS)是直觉模糊集与粗糙集理论融合的产物,是对粗糙集与 FRS 的扩充和发展. 目前,IFRS 的研究主要有两条技术路线.

第一条技术路线是基于 Iwinski 粗糙集. Chakrabarty 等[91] 于 1998 年基于 Nanda 和 Majumdar 定义的 FRS 对 IFRS 进行了研究,认为上、下近似不再是模糊集而是直觉模糊集 A 和 B,构造了直觉模糊粗糙集 $(A, B) \in (P, Q)$,下近似 A 和上近似 B 分别是 P 和 Q 上的直觉模糊集,$A \subseteq B \triangle \mu_A \subseteq \mu_B$ 或 $\gamma_A \supseteq \gamma_B$,μ 和 γ 分别为隶属度和非隶属度,强隶属度由 μ_A 和 γ_A 来刻画,弱隶属度由 μ_B 和 γ_B 来刻画,在此基础上得到犹豫度. Samanta 等[92] 于 2001 年引入了相同的思想,他们将其命名为"粗糙直觉模糊集",并定义了他们自己的"直觉模糊粗糙集",认为直觉模糊粗糙集 (A, B),其中下近似 A 和上近似 B 都是 FRS,A 包含于 B 的补也即 $A \subseteq$ co(B) ,co 是逻辑补算子. 显然,Samanta 和 Mondal 认为直觉模糊粗糙集 (A, B) 是 FRS 的一个推广. Jena 和 Ghosh[93] 于 2002 年重新介绍了相同的观点.

第二条技术路线是基于 Pawlak 粗糙集. Rizvi[94] 等基于 Pawlak 粗糙集路线定义了粗糙直觉模糊集的概念,明确指出应该如何确定 IFRS 上、下近似,他们给出的上、下近似并不是论域 U 上的直觉模糊集,而是等价关系 R 的等价类上的直觉模糊集. Tripath[95] 研究了直觉模糊近似空间上的粗糙集模型. Cornelis[96] 等研究了作为 FRS 扩展的 IFRS, 认为各种试探性的 IFRS 理论定义已与粗糙集理论的最初目标相去甚远, 他们介绍了一种新的 IFRS 定义, 并称此定义是 Pawlak 粗糙集原始概念最为自然的推广, 但其中存在的问题是没有针对常用的直觉模糊 S-蕴涵与直觉模糊 R-蕴涵进行研究.

越来越多的研究结果证明, 直觉模糊集与 Zadeh 模糊集相比, 其推理合成运算所得结果的精度显著提高. 直觉模糊集可以有效克服 Zadeh 模糊集单一隶属度函数的缺陷, 在许多应用场合呈现出明显的优势. 基于 Zadeh 模糊集理论的 FRS 理论已取得大量研究成果, 同时, 其局限性也已逐步显现. 从已经发表的文献来看, IFRS 理论丰富和推广了 FRS 理论, 使得 FRS 在不确定信息系统建模和处理上更具灵活性、更具表达力.

关于 IFRS 的模型、性质、知识约简方法及应用, 后续章节将陆续展开详细讲解, 此处不作赘述.

参 考 文 献

[1] Zadeh L A. Fuzzy sets[J]. Information Control, 1965, 8: 338-353.

[2] Pawlak Z. Rough sets [J]. International Journal of Computer Information Science, 1982, 5: 341-356.

[3] Pawlak Z. Rough classification[J]. International Journal of Human-Computer Studies, 1999, 51: 369-383.

[4] Pawlak Z. Theoretical Aspects of Reasoning about Data[M]. Dordrecht: Kluwer Academic Publishers, 1991.

[5] Iwinski T B. Algebraic approach to rough sets [J]. Bulletin of the Polish Academy of Sciences, Mathematics, 1987, 35: 673-683.

[6] 葛丽. 粗糙集在海量科学数据挖掘中的应用[D]. 西安: 西安电子科技大学硕士学位论文, 2004.

[7] 仇丽青. 粗糙集在数据挖掘中的应用研究[D]. 山东: 山东师范大学硕士学位论文, 2005.

[8] 刘清, 黄兆华, 姚立文. Rough 集理论: 现状与前景[J]. 计算机科学, 1997, 24: 1-5.

[9] 张文修, 吴伟志. 粗糙集理论介绍及和研究综述[J]. 模糊系统与数学, 2000, 14: 1-12.

[10] 胡可云, 陆玉昌, 石纯一. 粗糙集理论及其应用进展[J]. 清华大学学报, 2001, 1: 64-68.

[11] 曾黄麟. 粗糙集理论及其应用——关于数据推理的新方法[M]. 重庆: 重庆大学出版社, 1998.

[12] 王国胤. Rough 集理论与知识获取[M]. 西安: 西安交通出版社, 2001.

[13] 张文修, 吴伟志, 梁吉业, 等. 粗糙集理论与方法[M]. 北京: 科学出版社, 1998.

[14] 刘清. Rough 集及 Rough 推理[M]. 北京: 科学出版社, 2001.

[15] 苗夺谦, 王珏. 粗糙集理论中知识粗糙性与信息熵关系的讨论[J]. 模式识别与人工智能, 1998, 11: 34-40.

[16] Yao Y Y. Combination of rough and fuzzy sets based on α-level sets[M]//Lin Y T, Cercone N, ed. Rough Sets and Data Mining: Analysis for Imprecise Data. New York: Springer, 1997: 301-321.

[17] Beynon M. Reducts within the variable precision rough sets model: A further investigation[J]. European Journal of Operational Research, 2001, 134(3): 592-605.

[18] Ziarko W. Variable precision rough set model[J]. Journal of Computer and System Sciences, 1993, 46(1): 39-59.

[19] Katzberg J D. Ziarko W. Variable precision rough sets with asymmetric bounds[C]. Proceedings of the International Workshop on Rough Sets and Knowledge Discovery: Rough Sets, Fuzzy Sets and Know-

ledge Discovery, 1993: 167-177.

[20] 张文修，吴伟志，梁吉业，等. 粗糙集理论与方法[M]. 北京：科学出版社，2001

[21] Shi K Q, Cui Y Q. One direction S-rough decision and its decision model[J]. IEEE Proceedings of the Third International Conference on Machina Learning and Cybenetics, 2004, 7(3):1073-1078.

[22] Dubois D, Prade H. Rough fuzzy sets and fuzzy rough sets[J]. International Journal of General Systems, 1990, 17: 191-209.

[23] Dubois D, Prade H. Putting rough sets and fuzzy sets together[M]. Intelligent Decision Support: Handbook of Applications and Advances of the Rough Sets Theory. Dordrecht: Kluwer, 1992, 203-222.

[24] Willaeys D, Malvache N. The use of fuzzy sets for the treatment of fuzzy information by computer [J]. Fuzzy Sets and Systems, 1981, 5: 323-327.

[25] Yao Y Y. A comparative study of fuzzy rough sets[J]. Information Sciences, 1998, 109(2): 227-242.

[26] Nanda S, Majumda S. Fuzzy rough sets [J]. Fuzzy Sets and Systems, 1992, 45: 157-160.

[27] Dogan C. Fuzzy rough sets are intuitionistic L-fuzzy sets[J]. Fuzzy Sets and Systems, 1998, 96(3): 381-383.

[28] Greco S, Matarazzo B, Slowinöski R. Fuzzy similarity relation as a basis for rough approximations [C]. RSCTC'98 Proceedings, 1998: 283-289.

[29] Radzikowska A M, Kerre E E. A comparative study of fuzzy rough sets [J]. Fuzzy Sets and Systems, 2002, 126: 137-155.

[30] Wu W Z, Mi J S, Zhang W X. Generalized fuzzy rough sets[J]. Information Sciences, 2003, 151: 263-282.

[31] Mi J S, Zhang W X. An axiomatic characterization of a fuzzy generalization of rough sets[J]. Information Sciences, 2004, 160: 235-249.

[32] Daniel S Y, Chen D G, Eric C C, et al. On the generalization of fuzzy rough sets[J]. IEEE Trans. on Fuzzy Systems, 2005,13(3):343-361.

[33] Peters J F, Ziaei K, Ramanna S,et al. Adaptive fuzzy rough approximate time controller design methodology: concepts, petri net model and application[C]. Proc. IEEE Int. Conf. on Systems, Man, and Cybernetics, 1998, 3: 2101-2106.

[34] Hu Q H, Xie Z X, Yu D R. Hybrid attributes reduction based on a novel fuzzy-rough model and information granulation[J]. Pattern Recognition, 2007, 40: 3509-3521.

[35] Jensen R, Shen Q. Fuzzy-rough sets assisted attribute selection[J]. IEEE Trans. on Fuzzy System, 2007, 15(1), 73-89.

[36] Kasemsiri W, Kimpan C. Printed thai character recognition using fuzzy-rough sets[C]. Proc. IEEE Region 10 Int. Conf. on Electrical and Electronic Technology, 2001, 1: 326-330.

[37] Atanassov K. Intuitionistic fuzzy sets[J]. Fuzzy Sets and Systems, 1986, 20 (1): 87-96.

[38] Atanassov K. Moreon intuitionistic fuzzy sets[J]. Fuzzy Sets and Systems, 1989, 33(1): 37-45.

[39] Atanassov K, George G. Elements of intuitionistic fuzzy logic[J]. Fuzzy Sets and Systems, 1998, 95 (1): 39-52.

[40] Burillo P, Bustince H. Construction theorems for intuitionistic fuzzy sets[J]. Fuzzy Sets and Systems, 1996, 84(3): 271-281.

[41] Burillo P, Bustince H. Intuitionistic fuzzy relations (Part I)[J]. Mathware Soft Computing, 1995, 2 : 5-38.

[42] Bustince H, Burillo P. Intuitionistic fuzzy relations (Part II)[J]. Mathware Soft Computing, 1995, 2 :

117-148.

[43] Bustince H, Burillo P. Vague sets are intuitionistic fuzzy sets[J]. Fuzzy Sets and Systems, 1996, 79(3): 403-405.

[44] Cornelis C, Deschrijver G, Kerre E E. Implication in intuitionistic fuzzy and interval-valued fuzzy set theory: construction, classification, application[J]. International Journal of Approximate Reasoning, 2004, 35(1): 55-95.

[45] Deschrijver G, Cornelis C, Kerre E E. Intuitionistic fuzzy connectives revisited[C]. Proc. 9th Int. Conf. Information Processing Management Uncertainty Knowledge-Based Systems, 2002: 1839-1844.

[46] Deschrijver G, Cornelis C, Kerre E E. On the representation of intuitionistic fuzzy t-norms and t-conorms[J] IEEE Trans. Fuzzy Systems, 2004, 12 (1): 45-61.

[47] Deschrijver G, Kerre E E. On the composition of intuitionistic fuzzy relations[J]. Fuzzy Sets and Systems, 2003, 136(3): 333-361.

[48] Deschrijver G, Kerre E E. On the relationship between some extensions of fuzzy set theory [J]. Fuzzy Sets and Systems, 2003, 133(2): 227-235.

[49] Deschrijver G. Arithmetic operators in interval-valued fuzzy set theory[J]. Information Sciences, 2007, 17:2906-2924.

[50] Kevin L. Formal frameworks for approximate reasoning[J]. Fuzzy Sets and Systems, 1992, 51(2): 131-146.

[51] Szmidt E, Kacprzyk J. Entropy for intuitionistic fuzzy sets[J]. Fuzzy Sets and Systems, 2001, 118(3): 467-477.

[52] Hung W L, Yang M S. Similarity measures of intuitionistic fuzzy sets based on Hausdorff distance [J]. Pattern Recognition Letters, 2004, 25(14): 1603-1611.

[53] Hung W L, Wu J W. Correlation of intuitionistic fuzzy sets by centroid method[J]. Information Sciences, 2002, 144(1-4): 219-225.

[54] Ban A I, Gal S G. Decomposable measures and information measures for intuitionistic fuzzy sets[J]. Fuzzy Sets and Systems, 2001, 123(1): 103-117.

[55] Demirci M. Axiomatic theory of intuitionistic fuzzy sets[J]. Fuzzy Sets and Systems, 2000, 110(2): 253-266.

[56] Plamen P A. Optimization in an intuitionistic fuzzy environment[J]. Fuzzy Sets and Systems, 1997, 86(3): 299-306.

[57] Lilija C A. Remark on the cardinality of the intuitionistic fuzzy sets[J]. Fuzzy Sets and Systems, 1995, 75(3): 399-400.

[58] Ioannis K V, George D S. Intuitionistic fuzzy information-applications to pattern recognition[J]. Pattern Recognition Letters, 2007, 28(2): 197-206.

[59] Gregori V, Romaguera S, Veeramani P. A note on intuitionistic fuzzy metric spaces[J]. Chaos, Solitons & Fractals, 2006, 28(4): 902-905.

[60] Wang G J, He Y Y. Intuitionistic fuzzy sets and L-fuzzy sets[J]. Fuzzy Sets and Systems, 2000, 110(2): 271-274.

[61] 何颖瑜. 关于格的若干注记——兼评直觉主义模糊集[J]. 模糊系统与数学, 1997, 11(4): 1-3.

[62] Li D F. Multiattribute decision making models and methods using intuitionistic fuzzy sets[J]. Journal of Computer and System Sciences, 2005, 70(1): 73-85.

[63] Li D F. Some measures of dissimilarity in intuitionistic fuzzy structures[J]. Journal of Computer and System Sciences, 2004, 68(1): 115-122.

[64] Li D F, Cheng C T. New similarity measures of intuitionistic fuzzy sets and application to pattern recognitions[J]. Pattern Recognition Letters, 2002, 23(1-3)：221-225.

[65] 李晓萍, 王贵君. 直觉模糊群与它的同态像[J]. 模糊系统与数学, 2000, 14 (1)：45-50.

[66] 李晓萍, 王贵君. 直觉模糊集的扩张运算[J]. 模糊系统与数学, 2003, 16 (1)：40-46.

[67] 李晓萍. T-S模的直觉模糊群及其运算[J]. 天津师范大学学报, 2003, 33 (3)：39-43.

[68] 王艳平, 盖如栋. 直觉模糊集合的基本定理[J]. 辽宁工程技术大学学报(自然科学版), 2001, 20(5)：607-608.

[69] 王艳平, 盖如栋. 直觉模糊逻辑算子的研究[J]. 辽宁工程技术大学学报(自然科学版), 2002, 21(3)：395-397.

[70] Xu Z S. Intuitionistic preference relations and their application in group decision making [J]. Informat. Sci. (2007), doi：10. 1016/j. ins. 2006. 019.

[71] Lin L, Yuan X H , Xia Z Q. Multicriteria fuzzy decision-making methods based on intuitionistic fuzzy sets[J]. Journal of Computer and System Sciences. 2007, 73(1)：84-88.

[72] Zeng W Y, Li H X. Note on"Some operations on intuitionistic fuzzy sets"[J]. Fuzzy Sets and Systems, 2006, 157(11)：990-991.

[73] Li Y H, David L O, Qin Z. Similarity measures between intuitionistic fuzzy (vague)sets：a comparative analysis[J]. Pattern Recognition Letters. 2007, 28 (2)：278-285.

[74] 李凡, 徐章艳. Vague 集之间的相似度量[J]. 软件学报, 2001, 12(6)：922-927.

[75] 雷英杰, 王宝树. 拓展模糊集之间的若干等价变换[J]. 系统工程与电子技术, 2004, 26(10)：1414-1417&1438.

[76] 雷英杰, 王宝树, 苗启广. 直觉模糊关系及其合成运算[J]. 系统工程理论与实践, 2005, 25(2)：113-118.

[77] 雷英杰, 王宝树. 直觉模糊逻辑的语义算子研究[J]. 计算机科学, 2004, 31 (11)：4-6.

[78] 雷英杰, 王宝树. 直觉模糊时态逻辑算子与扩展运算性质[J]. 计算机科学, 2005, 32 (2)：180-181, 225.

[79] 雷英杰, 汪竞宇, 吉波. 真值限定的直觉模糊推理方法[J]. 系统工程与电子技术, 2006, 28(2)：234-236.

[80] 雷英杰, 王宝树, 王晶晶. 直觉模糊条件推理与可信度传播[J]. 电子与信息学报, 2006, 28(10)：1790-1793.

[81] 雷英杰, 王宝树, 路艳丽. 基于直觉模糊逻辑的近似推理方法[J]. 控制与决策, 2006, 21(3)：305-310.

[82] Lei Y J, Wang B S. Study on the control course of ANFIS based aircraft auto-landing[J]. Journal of Systems Engineering and Electronics, 2005, 16(3)：583-587.

[83] 雷英杰, 王涛, 赵晔. 直觉模糊匹配的语义距离与贴近度[J]. 空军工程大学学报(自然科学版), 2005, 6 (1)：69-72.

[84] 雷英杰, 赵晔, 王涛. 直觉模糊匹配的相似性度量[J]. 空军工程大学学报(自然科学版), 2005, 6 (2)：83-86.

[85] 雷英杰, 李续武, 王坚. 直觉模糊推理的语义匹配度[J]. 空军工程大学学报(自然科学版), 2005, 6 (3)：42-46.

[86] 雷英杰, 王宝树, 路艳丽. 基于自适应直觉模糊推理的威胁评估方法[J]. 电子与信息学报, 2007, 29 (12)：2805-2809.

[87] 路艳丽, 雷英杰, 王坚. 直觉 F 推理与普通 F 推理的比较研究[J]. 计算机应用, 2007, 25(11)：189-193.

[88] 雷英杰, 路艳丽. 直觉模糊神经网络的全局逼近能力[J]. 控制与决策, 2007, 22(5)：597-600.

[89] 雷英杰，王宝树，王毅. 基于直觉模糊推理的威胁评估方法[J]. 电子与信息学报，2007，29(9)：2077-2081.

[90] 尹国春，甘全. Rough 集与 Vague 集的对比研究[J]. 重庆邮电学院学报(自然科学版)，2006，18(6)：758-761.

[91] Chakrabarty K，Gedeon T，Koczy L. Intuitionistic Fuzzy Rough Sets[C]. Proc. 4th Joint Conf. on Information Sciences，Durham，NC：JCIS，1998：211-214.

[92] Samanta S K，Mondal T K. Intuitionistic fuzzy rough sets and rough intuitionistic fuzzy sets[J]. Journal of Fuzzy Mathematics，2001，9 (3)：561-582.

[93] Jena S P，Ghosh S K. Intuitionistic fuzzyrough sets[J]. Notes on Intuitionistic Fuzzy Sets，2002，8 (1)：1-18.

[94] Rizvi S，Naqvi H J，Nadeem D. Rough intuitionistic fuzzy sets[C]. Proc. 6th Joint Conf. on Information Sciences，Durham，NC：JCIS，2002：101-104.

[95] Tripathy B K. Rough Sets on Intuitionistic Fuzzy Approximation Spaces[C]. 3rd Int. IEEE Conf. Intelligent Systems，September 2006，776-779.

[96] Cornelis C，de Cock M，Kerre E E. Intuitionistic fuzzy rough sets：at the crossroads of imperfect knowledge[J]. Expert Systems，2003，20(5)：260-270.

第 2 章 直觉模糊粗糙集模型及性质

针对粗糙集与直觉模糊集的融合建模,本章建立四种直觉模糊粗糙集模型 IF-RS-1、IFRS-2、IFRS-3 和 IFRS-4. 首先,给出直觉模糊逻辑算子与直觉模糊关系的定义,证明一些重要的性质定理;其次,对 Dubois FRS 模型进行了直觉模糊化扩展,给出 IFRS-1 和 IFRS-2;再次,建立了一种广义直觉模糊粗糙集模型 IFRS-3;最后,将模糊包含度拓展到直觉模糊环境下,提出取值于特殊格的直觉模糊包含度概念,建立基于包含度的直觉模糊粗糙集模型 IFRS-4;另外,对所提出各模型的性质均进行分类验证与讨论.

2.1 引　　言

大量不确定性问题的存在是现代信息融合的一大特点. Pawlak 粗糙集理论[1,2]是描述和处理不确定性的重要工具之一,其优势是无需提供除问题所需数据集之外的任何先验信息. 然而,单纯地使用粗糙集理论不能完全有效地描述现实中常见的模糊概念和模糊知识,因此,近年来模糊粗糙集理论的研究十分活跃,并在系统控制、特征选择、文字识别等方面取得了应用成果[3-6].

Atanassov 直觉模糊集更加细腻地刻画了客观世界的模糊性本质,是对 Zadeh 模糊集最有影响的一种扩充和发展. 进一步将 FRS 发展为 IFRS 具有重要的理论研究和实用价值. 对此,Charkrabarty,Rizvi,Tripathy,Cornelis 等均作出了大量有益的探索[8-11].

本章从三个方面考虑:第一,对 Doubois 的 FRS 模型以及 Radzikowska 的广义 FRS 模型的扩展,建立 IFRS 模型——IFRS-1 和 IFRS-2;第二,从逻辑算子角度研究 IFRS 模型,建立等价关系下的广义 IFRS 模型——IFRS-3;第三,从包含度角度研究 IFRS 模型,将模糊包含度扩展到直觉模糊环境下,充分利用直觉模糊集的隶属度、非隶属度与粗糙集的上、下近似之间的联系,建立一种基于直觉模糊包含度的 IFRS 模型——IFRS-4.

2.2 直觉模糊逻辑算子与直觉模糊关系

模糊逻辑算子是模糊集理论的核心内容之一,也是研究模糊粗糙集的主要技术路线之一. Morsi 等在文献[12]中对模糊三角模及 R-蕴涵算子的一系列性质进行了研究,对于模糊逻辑算子在粗糙集理论中的成功应用具有重要学术价值. 直觉模糊逻辑算子是对模糊逻辑算子的直觉化扩展,Deschrijver 等[13-15]对其进行了研究,但并没有将模糊蕴涵算子的一些很好的性质[12,16]推广到直觉模糊环境下,因此不便于直觉模糊逻辑算子的进一步应用.鉴于此,我们在文献[15]的基础上,对直觉模糊 t-模与 s-模的性质进行系统研究,进而将文献[12]和[16]中的模糊 R-蕴涵算子拓展到直觉模糊环境下,对其所具有的新性质进行讨论和证明,同时,对直觉模糊 S-蕴涵的相关性质也进行了探讨.

2.2.1　直觉模糊集在格上的定义

定义 2.1(半序集)　设 x,y,z 为集合 P 的任意元,并且存在满足(1)自反律,(2)反对称律以及(3)传递律的顺序关系 $\leqslant$ 时,集合 P 则称为半序集.要确切地刻画它,就用(P,$\leqslant$)来表示.若除了(1)~(3)之外还满足(4),即对于任意两个元顺序关系都成立时,则称集合 P 为全有序集或线性有序集.格有如下基本公式:

(1)自反律:$x \leqslant x$;

(2)反对称律:若 $x \leqslant y$,$y \leqslant x$,则 $x = y$;

(3)传递律:若 $x \leqslant y$,$y \leqslant z$,则 $x \leqslant z$;

(4)若 $\forall x,y \in P$,都有 $x \leqslant y$ 或 $y \leqslant x$;

(5)幂等律:$x \vee x = x$,$x \wedge x = x$;

(6)交换律:$x \vee y = y \vee x$,$x \wedge y = y \wedge x$;

(7)结合律:$(x \vee y) \vee z = x \vee (y \vee z)$,

$\qquad\qquad (x \wedge y) \wedge z = x \wedge (y \wedge z)$;

(8)吸收律:$x \vee (y \wedge x) = x$,

$\qquad\qquad x \wedge (y \vee x) = x$;

(9)模律:若 $x \leqslant z$,则 $(x \vee y) \wedge z = x \vee (y \wedge z)$;

(10)分配律:$x \vee (y \wedge z) = (x \vee y) \wedge (x \vee z)$;

$\qquad\qquad x \wedge (y \vee z) = (x \wedge y) \vee (x \wedge z)$;

(11)消去律:若 $x \wedge y = x \wedge z$,$x \vee y = x \vee z$,

$\qquad\qquad$ 则 $y = z$;

(12)互补律:$x \vee \bar{x} = I$,$x \wedge \bar{x} = O$;

(13)同一律:$x \vee I = I$,$x \wedge I = x$,

$\qquad\qquad x \vee O = x$,$x \wedge O = O$;

(14)对合律:$\bar{\bar{x}} = x$;

(15)摩根定律:$\overline{(x \vee y)} = \bar{x} \wedge \bar{y}$,

$\qquad\qquad \overline{(x \wedge y)} = \bar{x} \vee \bar{y}$;

(16)中值不等式:$x \vee y \vee z \geqslant (x \vee y) \wedge (y \vee z) \wedge (z \vee x) \geqslant x \wedge y \wedge z$.

对于半序集 P 的所有元 x ,若 $m \geqslant x$ 成立 ,则称 $m(\in P)$ 为最大元 ,若 $n \leqslant x$ 成立 ,则称 $n(\in P)$ 为最小元.

对于半序集 P 的子集 X 的所有元 x ,满足 $a \geqslant x$ 的 P 的元 a ,称为 X 的上界 ;而对于 $x \in X$ 的所有元 x ,满足 $b \leqslant x$ 的 P 的元 b ,称为 X 的下界.然而 ,半序集的子集仍然是半序集 ,所以由 X 的上界所构成的集 (P 的子集) 的最小元 n ,称为 X 的上限或最小上界. X 的下界中的最大元 m ,称为 X 的下限或最大下界.

定义 2.2(格) 　在半序集 $(L, \leqslant)$ 中 ,对于它的任意两个元 x, y ,若上限、下限都存在时 ,则称 L 构成格. x, y 的上限、下限分别用 $x \vee y$, $x \wedge y$ 来表示.

格 L 是由 $(L, \leqslant, \vee, \wedge)$ 建立起来的一个代数系统.

定义 2.3(完备格) 　如果对格 L 的任意非空子集 A ,若 A 的上下确界都存在 ,则称格 L 为一个完备格.由定义可知 ,一个完备格一定有最大元和最小元.

这里介绍直觉模糊集在一个特殊格 L^* 上的定义[15].这一定义简化了后续直觉模糊包含度与逻辑算子的表示.为了简便本书用 L 表示 L^* .

设 $\langle L, \leqslant_L \rangle$ 是一完备有界格 ,其中 $L = \{(x_1, x_2) \in [0,1]^2 \mid x_1 + x_2 \leqslant 1\}$,最大元 $1_L = (1, 0)$,最小元 $0_L = (0, 1)$, $\forall x, y \in L$, $x = (x_1, x_2)$, $y = (y_1, y_2)$, $\leqslant_L$ 定义为 $(x_1, x_2) \leqslant_L (y_1, y_2) \Leftrightarrow x_1 \leqslant y_1$ 且 $x_2 \geqslant y_2$.对于任一非空子集 $A \subseteq L$, $\forall (x_1, x_2) \in A$,

$$\sup A = (\sup\{x_1 \mid x_1 \in [0,1] (\exists x_2 \in [0, 1-x_1])\}, \quad \inf\{x_2 \mid x_2 \in [0,1] (\exists x_1 \in [0, 1-x_2])\})$$
$$\inf A = (\inf\{x_1 \mid x_1 \in [0,1] (\exists x_2 \in [0, 1-x_1])\}, \quad \sup\{x_2 \mid x_2 \in [0,1] (\exists x_1 \in [0, 1-x_2])\})$$

定义 2.4(直觉模糊集在格上的定义) 　直觉模糊集 A 定义为论域 U 到 L 的一个映射 $A : U \rightarrow L$,记为 $A(x) = (A(x)_1, A(x)_2) = (\mu_A(x), \gamma_A(x))$, $\forall x \in U$, $(\mu_A(x), \gamma_A(x)) \in L$, $\mu_A(x)$ 为 $x \in U$ 对 A 的隶属度 , $\gamma_A(x)$ 为 $x \in U$ 对 A 的非隶属度[15].

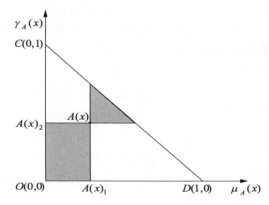

图 2.1 　直觉模糊集在格 L 上的定义

这种定义与 Atanasov 的直觉模糊集定义等价.直觉模糊集可以处理不可比信息 ,如图 2.1 所示 ,点 $A(x) = (A(x)_1, A(x)_2)$,灰色区域内的点所具有的隶属度和非隶属度要么都小于 $A(x)_1$ 与 $A(x)_2$,要么都大于 $A(x)_1$ 与 $A(x)_2$,因此灰色区域内的点与 $A(x)$ 不可比 ;而三角形 COD 的其他区域上的点均与 $A(x)$

存在 $\leqslant_L$ 关系.

2.2.2 直觉模糊逻辑算子

定义 2.5（直觉模糊三角模） 设映射 $T:L\times L\to L$，$\forall x,y,z,l\in L$，若 T 满足以下条件：

(1)两极律：$T(0_L,0_L)=0_L$，$T(1_L,1_L)=1_L$；

(2)交换律：$T(x,y)=T(y,x)$；

(3)结合律：$T(T(x,y),z)=T(x,T(y,z))$；

(4)单调律：$x\leqslant_L z,y\leqslant_L l\Rightarrow T(x,y)\leqslant_L T(z,l)$.

此外，若 T 满足 $T(x,1_L)=x$，则 T 称为直觉模糊 t-模；若 T 满足 $T(x,0)=x$，则称 T 为直觉模糊 s-模. 直觉模糊 t-模与 s-模统称为直觉模糊三角模. 我们用 T,S 表示直觉模糊 t-模、s-模，用 t,s 表示区间 $[0,1]$ 上的模糊 t-模、s-模.

定义 2.6（直觉模糊否定算子） 递减映射 $N:L\to L$，满足 $N(0_L)=1_L$，$N(1_L)=0_L$，则 N 称为直觉模糊否定算子. $\forall x\in L$，若 $N(N(x))=x$，则称 N 为对合算子. 显然，标准否定算子 $N(x_1,x_2)=(x_2,x_1)$ 是对合算子.

直觉模糊 t-模 T（直觉模糊 s-模 S）称为 t-可表示的[15]，若存在对偶模糊 t-模 t 和 s-模 s 满足，$\forall x,y\in L$，

$$T(x,y)=(t(x_1,y_1),s(x_2,y_2)),\quad S(x,y)=(s(x_1,y_1),t(x_2,y_2))$$

由 t-可表示的定义，一对 t-可表示直觉模糊 t-模 T 和 s-模 S 关于标准直觉模糊否定算子 N 对偶，即

$$T(x,y)=N(S(N(x),N(y))),\quad S(x,y)=N(T(N(x),N(y)))$$

对最常用的三种模糊 t-模与 s-模进行直觉模糊化扩展，即可得到三对 t-可表示的直觉模糊三角模.

(1)Zadeh 算子

$$T_M(x,y)=(\min\{x_1,y_1\},\max\{x_2,y_2\})$$
$$S_M(x,y)=(\max\{x_1,y_1\},\min\{x_2,y_2\})$$

(2)概率算子

$$T_P(x,y)=x\cdot y=(x_1\cdot y_1,x_2+y_2-x_2\cdot y_2)$$
$$S_P(x,y)=x+y-x\cdot y=(x_1+y_1-x_1\cdot y_1,x_2\cdot y_2)$$

(3)有界算子

$$T_L(x,y)=(\max\{x_1+y_1-1,0\},\min\{x_2+y_2,1\})$$
$$S_L(x,y)=(\min\{x_1+y_1,1\},\max\{x_2+y_2-1,0\})$$

值得注意的是，并不是所有的直觉模糊 t-模与 s-模都可以找到对应的模糊 t-模 t 和 s-模 s，满足 t-可表示的条件，如 $T_W(x,y)=(\max\{0,x_1+y_1-1\},\min\{1,x_2+$

$1-y_1,y_2+1-x_1\}$）并不满足这个条件,但仍然是直觉模糊 t-模. 我们用 $x \wedge y$ 表示 $T_M(x,y),x \vee y$ 表示 $S_M(x,y)$. 根据定义 2.5,容易得到如下性质.

定理 2.1　设 T,S 是 t-可表示直觉模糊三角模,则 $\forall x,y,z \in L$,

(T1) $T(x \vee y,z) = T(x,z) \vee T(y,z),S(z \wedge y,z) = S(x,z) \wedge S(y,z)$;

(T2) $T(x \wedge y,z) = T(x,z) \wedge T(y,z),S(x \vee y,z) = S(x,z) \vee S(y,z)$.

定理 2.2　设 T,S 是 t-可表示直觉模糊三角模,若其中的模糊三角模 t 是左连续的,s 是右连续的,则 $\forall x \in L$,

$$T(x,\sup_{y\in Y}y) = \sup_{y\in Y}T(x,y),\quad Y \subseteq L$$

证明　由已知可得

$$T(x,\sup_{y\in Y}y) = (t(x_1,\sup_{y\in Y}y_1),s(x_2,\inf_{y\in Y}y_2))$$

根据 t 的左连续性和 s 的右连续性可得

$$(t(x_1,\sup_{y\in Y}y_1),s(x_2,\inf_{y\in Y}y_2)) = (\sup_{y\in Y}t(x_1,y_1),\inf_{y\in Y}s(x_2,y_2))$$
$$= \sup_{y\in Y}(t(x_1,y_1),s(x_2,y_2))$$
$$= \sup_{y\in Y}T(x,y)$$

得证. 对于一般的直觉模糊 t-模与 s-模,根据定义,容易得到如下定理,省略证明.

定理 2.3　设 T 是直觉模糊 t-模,S 是直觉模糊 s-模,则 $\forall x,y \in L$,

(T3) $0_L \leqslant_L T(x,y) \leqslant_L x \wedge y$, $x \vee y \leqslant_L S(x,y) \leqslant_L 1_L$;

(T4) $T(x,0_L) = 0_L$, $S(x,1_L) = 1_L$.

从定理 2.3 可以看出 T_M 是最大的直觉模糊 t-模,S_M 是最小的直觉模糊 s-模. 进一步,由直觉模糊三角模的定义及定理 2.3,易得如下边界性质.

定理 2.4　直觉模糊三角模的边界性质:

(T5) $T(0_L,0_L) = 0_L$, $T(1_L,1_L) = 1_L$;

(T6) $S(0_L,0_L) = 0_L$, $S(1_L,1_L) = 1_L$.

定义 2.7（直觉模糊蕴涵算子）　映射 $\Psi:L \times L \to L$,且满足 $\forall x \in L$,
(1) $\Psi(0_L,1_L) = 1_L$;(2) $\Psi(1_L,x) = x$;则称 Ψ 为直觉模糊蕴涵算子.

定义 2.8（直觉模糊 R-蕴涵）　设 T 为直觉模糊 t-模,则映射 $\Psi_T:L \times L \to L$ 定义为 $\Psi_T(x,y) = \sup\{\lambda \in L \mid T(x,\lambda) \leqslant_L y\}$,$\Psi_T$ 为一个直觉模糊蕴涵算子,称为直觉模糊 R-蕴涵算子.

定义 2.9（直觉模糊 S-蕴涵）　设 S 和 N 分别为直觉模糊 s-模和否定算子,映射 $\Psi_{S,N}:L \times L \to L$ 定义为 $\Psi_{S,N}(x,y) = S(N(x),y)$,则 $\Psi_{S,N}$ 为一个直觉模糊蕴涵算子,称为直觉模糊 S-蕴涵算子.

根据以上直觉模糊逻辑算子的定义,可得到直觉模糊 S-蕴涵及 R-蕴涵的如下性质.

定理 2.5　设 Ψ 为直觉模糊 S-蕴涵或 R-蕴涵,则 Ψ 具有如下性质:

(I1) $\Psi(x,1_L) = 1_L$;

(I2)右单调　$x \leqslant_L y \Rightarrow \Psi(z,x) \leqslant_L \Psi(z,y)$,

　　　左单调　$x \leqslant_L y \Rightarrow \Psi(y,z) \leqslant_L \Psi(x,z)$;

(I3) $\Psi(x \vee y,z) \leqslant_L \Psi(x,z) \wedge \Psi(y,z)$;

(I4) $\Psi(x,y \wedge z) \leqslant_L \Psi(x,y) \wedge \Psi(x,z)$;

(I5) $\Psi(x \wedge y,z) \geqslant_L \Psi(x,z) \vee \Psi(y,z)$;

(I6) $\Psi(x,y \vee z) \geqslant_L \Psi(x,y) \vee \Psi(x,z)$.

证明　性质(I1)和(I2)容易证明.性质(I3)~(I6)根据性质(I2)单调性可直接证得.

在定理 2.5 中,性质(I3)~(I6)均为不等式,而对于普通模糊 R-蕴涵,性质(I3)~(I6)都是等式[12].为了使直觉模糊 R-蕴涵能够尽量继承模糊 R-蕴涵的一些很好的性质,我们希望性质(I3)~(I6)的部分等号在一定的前提条件下成立.这对于直觉模糊蕴涵算子的应用有重要意义.

定理 2.6　设 T 是直觉模糊三角模,且满足 $T(x, \sup_{y \in Y} y) = \sup_{y \in Y} T(x,y)$,则 $\forall x,y,z \in L$,

(I3′) $\Psi_T(x \vee y,z) = \Psi_T(x,z) \wedge \Psi_T(y,z)$;

(I4′) $\Psi_T(x,y \wedge z) = \Psi_T(x,y) \wedge \Psi_T(x,z)$.

证明　性质(I3′)根据 R-蕴涵的定义,$\Psi_T(x \vee y,z) = \sup\{\lambda \in L \mid T(x \vee y,\lambda) \leqslant_L z\}$.

显然,当 x 与 y 可比时,根据 $\Psi_T(\cdot,y)$ 的单调递减性可得

$$\Psi_T(x \vee y,z) = \Psi_T(x,z) \wedge \Psi_T(y,z)$$

当 x 与 y 不可比时,由已知可得

$$\Psi_T(x \vee y,z) = \sup\{\lambda \in L \mid T(x,\lambda) \vee T(y,\lambda) \leqslant_L z\}$$

设 $A = \{\lambda \in L \mid T(x,\lambda) \vee T(y,\lambda) \leqslant_L z\}$, $\lambda^* = \sup A$, $B = \{\lambda \in L \mid T(x,\lambda) \leqslant_L z\}$, $\kappa^* = \sup B$, $C = \{\lambda \in L \mid T(y,\lambda) \leqslant_L z\}$, $\delta^* = \sup C$,根据 R-蕴涵的定义,可得 $\Psi_T(x \vee y,z) = \lambda^*$, $\Psi_T(x,z) = \kappa^*$, $\Psi_T(y,z) = \delta^*$.根据性质(I3),可得

$$\lambda^* \leqslant_L \kappa^* \wedge \delta^* \tag{2.1}$$

另外,因为 $T(x,\kappa^*) \leqslant_L z$, $T(y,\delta^*) \leqslant_L z$,所以 $T(x,\kappa^* \wedge \delta^*) \leqslant_L z$, $T(y,\kappa^* \wedge \delta^*) \leqslant_L z$,故 $T(x,\kappa^* \wedge \delta^*) \vee T(y,\kappa^* \wedge \delta^*) \leqslant_L z$,由已知,

$$\kappa^* \wedge \delta^* \leqslant_L \sup\{\lambda \in L \mid T(x,\lambda) \vee T(y,\lambda) \leqslant_L z\}$$

即 $\kappa^* \wedge \delta^* \leqslant_L \sup\{\lambda \in L \mid T(x \vee y,\lambda) \leqslant_L z\}$,因此

$$\kappa^* \wedge \delta^* \leqslant_L \lambda^* \tag{2.2}$$

结合式(2.1)和式(2.2)，可得 $\kappa^* \wedge \delta^* = \lambda^*$，所以 $\Psi_T(x \vee y, z) = \Psi_T(x, z) \wedge \Psi_T(y, z)$．

性质(I4′)同理可证. 证毕.

对于性质(I5)和性质(I6)，给定和定理 2.6 相同的前提条件，等号仍不恒成立. 容易验证，当 x 与 y 可比时，有 $\Psi_T(x \wedge y, z) = \Psi_T(x, z) \vee \Psi_T(y, z)$，$\Psi_T(x, y \vee z) = \Psi_T(x, y) \vee \Psi_T(x, z)$，而当 x 与 y 不可比时，就可能出现 $\Psi_T(x \wedge y, z) > \Psi_T(x, z) \vee \Psi_T(y, z)$，$\Psi_T(x, y \vee z) > \Psi_T(x, y) \vee \Psi_T(x, z)$ 的情况. 特别地，对于性质(I5)，即使再加强前提条件，也不能得到等号恒成立.

$$\Psi_{T_M}(x, y) = \begin{cases} 1_L, & x_1 \leqslant y_1 \text{ 且 } x_2 \geqslant y_2 \\ (1 - y_2, y_2), & x_1 \leqslant y_1 \text{ 且 } x_2 < y_2 \\ (y_1, 0), & x_1 > y_1 \text{ 且 } x_2 \geqslant y_2 \\ (y_1, y_2), & x_1 > y_1 \text{ 且 } x_2 < y_2 \end{cases} \tag{2.3}$$

例 2.1　对于直觉模糊 R-蕴涵算子 Ψ_{T_M}，如式(2.3)，经验证 $\Psi_{T_M}(x \wedge y, z)$ 和 $\Psi_{T_M}(x, y \vee z)$ 的取值如下：

$$\Psi_{T_M}(x \wedge y, z) = \begin{cases} 1_L, & x_1 < z_1, x_2 < z_2 \text{ 且 } y_1 > z_1, y_2 > z_2 \\ \Psi_{T_M}(x, z) \vee \Psi_{T_M}(y, z), & \text{其他} \end{cases}$$

$$\Psi_{T_M}(x, y \vee z) = \begin{cases} \Psi_{T_M}(x, y \vee z) > \Psi_{T_M}(x, y) \vee \Psi_{T_M}(x, z), & x_1 < y_1, x_2 < y_2 \text{ 且} \\ & x_1 > z_1, x_2 > z_2 \text{ 或 } x \geqslant_L z \\ \Psi_{T_M}(x, y \vee z) = \Psi_{T_M}(x, y) \vee \Psi_{T_M}(x, z), & \text{其他} \end{cases}$$

进一步将模糊 R-蕴涵的性质进行扩展，可得到直觉模糊 S-蕴涵 $\Psi_{S,N}$ 与 R-蕴涵 Ψ_T 的另一重要性质定理.

定理 2.7　设 T, S 分别为是直觉模糊 t-模和 s-模，$\forall x, y, z \in L$，

(I7) 若 T 与 S 关于否定算子 N 对偶，则 $\Psi_{S,N}(T(x, y), z) = \Psi_{S,N}(x, V_{S,N}(y, z))$；

(I8) 若 $T(x, \sup\limits_{y \in Y} y) = \sup\limits_{y \in Y} T(x, y)$，则 $\Psi_T(T(x, y), z) = \Psi_T(x, \Psi_T(y, z))$．

证明　性质(I7)根据直觉模糊三角模的结合性，对偶性，可得

$$\Psi_{S,N}(x, \Psi_{S,N}(y, z)) = S(N(x), S(N(y), z)) = S(S(N(x), N(y)), z)$$
$$= S(N(T(x, y)), z) = \Psi_{S,N}(T(x, y), z)$$

性质(I8)根据定义及 T 的结合律，可得

$$\Psi_T(T(x, y), z) = \sup\{\lambda \in L \mid T(T(x, y), \lambda) \leqslant_L z\}$$
$$= \sup\{\lambda \in L \mid T(y, T(x, \lambda)) \leqslant_L z\}$$

根据已知，可得 $T(y, T(x, \lambda)) \leqslant_L z$ 等价于 $T(x, \lambda) \leqslant_L \sup\{\lambda' \in L \mid T(y, \lambda') \leqslant_L z\}$，所

以有

$$\sup\{\lambda \in L \mid T(y, T(x,\lambda)) \leqslant_L z\}$$
$$= \sup\{\lambda \in L \mid T(x,\lambda) \leqslant_L \sup\{\lambda' \in L \mid T(y,\lambda') \leqslant_L z\}$$
$$= \sup\{\lambda \in L \mid T(x,\lambda) \leqslant_L \Psi_T(y,z)\}$$
$$= \Psi_T(x, \Psi_T(y,z))$$

即 $\Psi_T(T(x,y),z) = \Psi_T(x, \Psi_T(y,z))$. 证毕.

从定理 2.7 可以看出,直觉模糊 S-蕴涵 $\Psi_{S,N}$ 继承了模糊 S-蕴涵的性质(I7),而由于直觉模糊集隶属度与非隶属度的二维约束条件,直觉模糊 R-蕴涵 Ψ_T 需要添加必要的条件才能具有性质(I8). 在实际中,由于 S-蕴涵形式简单,因此应用比较广泛,但由于其强蕴涵的特征,一些对于 R-蕴涵增加必要的条件就可以成立的性质,对于 S-蕴涵并不成立,这也正是文献[12]基于 R-蕴涵研究模糊粗糙集的原因所在.

2.2.3　直觉模糊关系

直觉模糊关系也是一种直觉模糊集,但其论域是 N 个集合的叉积,$U \times U$ 上的直觉模糊关系表示为

$$R(x,y) = \{(\mu_R(x,y), \gamma_R(x,y)) \mid (x,y) \in U \times U\} \qquad (2.4)$$

其中 $(\mu_R(x,y), \gamma_R(x,y)) \in L$,IFR$(U \times U)$ 表示 $U \times U$ 上直觉模糊关系的全体.

定义 2.10　设 $R \in$ IFR$(U \times U)$,$\forall x,y,z \in U$,则 R 是

(1)自反的,若 $R(x,x) = 1_L$;

(2)对称的,若 $R(x,y) = R(y,x)$;

(3)传递的,若 $R_\wedge^\vee \circ_\rho^\beta R \leqslant_L R$,。表示关系合成,$\wedge$,$\vee$ 是 Zadeh 算子,λ,ρ 是普通模糊 t-模或 s-模;

(4)T 传递的,若 $T(R(x,z),R(z,y)) \leqslant_L R(x,y)$;

(5)sup-min 传递的,若 $\sup\limits_{z \in U} T_M(R(x,z),R(z,y)) \leqslant_L R(x,y)$.

容易验证,(3)传递性包含了(4)T 传递性,T 传递性是传递性的一种特殊情况. 对于 sup-min 传递性,$\sup_{z \in U} T_M(R(x,z),R(z,y)) \leqslant_L R(x,y)$,即 $T_M(R(x,z),R(z,y)) \leqslant_L R(x,y)$,所以,sup-min 传递性是 T 传递性的一种特殊情况,也是传递性的一种特殊情况. 因此,定义 2.10 的 T 传递性和 sup-min 传递性都是传递性的特殊情况.

定义 2.11(直觉模糊等价关系与相似关系)　设 $R \in$ IFR$(U \times U)$,若 R 满足自反性、对称性和传递性,则称 R 是 U 上的直觉模糊等价关系;若 R 满足自反性和对称性,则称 R 是 U 上的直觉模糊相似关系.

根据等价关系的自反性和传递性以及三角模的边界性质,可得直觉模糊等价关系的一个有用性质.

定理 2.8　设 T 是一个直觉模糊 t-模,则对于论域 U 上的任一直觉模糊等价关系 R,$\forall x,y \in U$,

$$R(x,y) = \sup_{z \in U} T(R(x,z),R(z,y))$$

定理 2.9　设直觉模糊 t-模 T 满足 $T(a,\sup_{b \in Y} b) = \sup_{b \in Y} T(a,b)$,$\boldsymbol{\Psi}_T$ 是一个基于 T 的直觉模糊 R-蕴涵,则对于论域 U 上的任一直觉模糊等价关系 R,$\forall x,y \in U$,

$$\inf_{z \in U} \boldsymbol{\Psi}_T(R(x,z),R(z,y)) = R(x,y)$$

证明　根据 R 的自反性可得

$$\inf_{z \in U} \boldsymbol{\Psi}_T(R(x,z),R(z,y)) \leqslant_L \boldsymbol{\Psi}_T(R(x,x),R(x,y))$$

$$= \boldsymbol{\Psi}_T(1_L,R(x,y)) = R(x,y)$$

因此

$$\inf_{z \in U} \boldsymbol{\Psi}_T(R(x,z),R(z,y)) \leqslant_L R(x,y) \tag{2.5}$$

根据 R 的对称性,可得

$$T(R(x,z),R(x,y)) = T(R(z,x),R(x,y)) \leqslant_L \sup_{x \in U} T(R(z,x),R(x,y))$$

$$= R(z,y)$$

即 $T(R(x,z),R(x,y)) \leqslant_L R(z,y)$.

根据已知,可得 $\sup\{\lambda \mid \lambda \in L, T(R(x,z),\lambda) \leqslant_L R(z,y)\} \geqslant_L R(x,y)$,因此

$$\inf_{z \in U} \boldsymbol{\Psi}_T(R(x,z),R(z,y)) \geqslant_L R(x,y) \tag{2.6}$$

由式(2.5)和式(2.6)可得 $\inf_{z \in U} \boldsymbol{\Psi}_T(R(x,z),R(z,y)) = R(x,y)$,证毕.

2.3　基于 Dubois 模型的 IFRS-1 和 IFRS-2 模型及性质

研究直觉模糊粗糙集的模型,应该抓住两个重点:一是论域 U 中被近似的概念 X,二是定义在论域 U 上的直觉模糊关系 R.

(1)对于 X:当被近似的概念 X 是经典集合时,直觉模糊粗糙集就变成了经典的 Pawlak 意义下的粗糙集模型;当被近似的概念 X 是直觉模糊集时,就可以利用关系 R 对论域划分后得到的知识来近似定义概念 X,这时的粗糙集才是真正意义上的直觉模糊粗糙集.

(2)对于 R:关系 R 的性质决定了对论域 U 进行的划分后得到知识的性质,如果 R 是一般等价关系,则 U/R 得到的知识是清晰的等价类;如果 R 是直觉模糊等价关系(满足自反性、对称性与传递性),则 U/R 得到的知识是直觉模糊的等价类,即其中的每个类都是一个直觉模糊集;如果 R 是直觉模糊相似关系,则 U/R 得到

的知识是直觉模糊的相似类；如果 R 是一般直觉模糊关系，则 R 将论域 U 划分成若干个直觉模糊集（邻域）.

粗糙集的核心思想就是利用已知的知识库去定义未知的概念，反映在直觉模糊粗糙集模型中有两类：一类是知识库中的知识是清晰的，而被近似的概念是直觉模糊的，也就是一般等价关系下的直觉模糊粗糙集模型. 另一类是知识库中的知识与被近似的概念都是直觉模糊的，也就是直觉模糊关系下的直觉模糊粗糙集模型.

2.3.1　直觉模糊粗糙集模型 IFRS-1

在上面提到的第二类模型中，可以根据直觉模糊关系 R 的不同而再细分成为直觉模糊等价关系下的直觉模糊粗糙集模型、直觉模糊相似关系下的直觉模糊粗糙集模型和一般直觉模糊关系下的直觉模糊粗糙集模型. 其中最后一种模型在实际中的应用不广，因此在本节就不作重点讨论. 文献[17]详细总结了模糊粗糙集理论发展的各阶段模型特点与构造方法，而文献[18]~[20]讨论了模糊等价关系和模糊相似关系下模糊粗糙集的构造方法，文献[21]~[23]论述了模糊粗糙集的分解定理、表现定理、扩展原理以及相关的性质. 本节在此基础之上，详尽论述直觉模糊粗糙集理论模型建立的过程以及理论的原理与性质.

定义 2.12（经典的 Pawlak 意义下的粗糙集概念）　设 R 是有限论域 U 上的等价关系，对于 $X \subseteq U,(R^- X, R^+ X)$ 称为 X 在 Pawlak 近似空间 $(U, \boldsymbol{R})$ 上的一个粗糙近似，其中

$$\begin{cases} R^- X = \{x \in U \mid [x]_R \subseteq X\} \\ R^+ X = \{x \in U \mid [x]_R \bigcap X \neq \varnothing\} \end{cases} \tag{2.7}$$

$R^- X, R^+ X$ 分别称为 X 在等价关系 R 下的下近似和上近似. 若 $R^- X = R^+ X$，则称 X 是等价关系 R 的精确集，否则称为粗糙的.

当 R 是一般等价关系时，知识库中的知识是清晰的，用此清晰的知识库来近似定义直觉模糊概念 X，就得到了一般等价关系下的直觉模糊粗糙集模型，为了便于对该模型的理解与定义，不妨将隶属度与非隶属度引入到定义 2.12 中去，令

$$\mu_X(y) = \begin{cases} 1, & y \in X, \\ 0, & y \notin X, \end{cases} \qquad \gamma_X(y) = \begin{cases} 0, & y \in X \\ 1, & y \notin X \end{cases}$$

将表达式（2.7）改写成如下形式：

$$\begin{cases} \mu_{R^- X}(x) = \{\mu_X(y) = 1 \mid y \in U, (x, y) \in R\} \\ \gamma_{R^- X}(x) = \{\gamma_X(y) = 0 \mid y \in U, (x, y) \in R\} \\ \mu_{R^+ X}(x) = \{\mu_X(y) = 1 \mid y \in U, (x, y) \in R\} \\ \gamma_{R^+ X}(x) = \{\gamma_X(y) = 0 \mid y \in U, (x, y) \in R\} \end{cases} \tag{2.8}$$

表达式（2.8）所代表的含义是：当与 x 具有一般等价关系的 U 中元素 y 在概念

域 X 中时, y 对于 X 的隶属度 $\mu_X(y)=1$, 非隶属度 $\gamma_X(y)=0$, 此时 y 必定存在于 X 关于 R 的下近似 $R^- X$ 中, 也必定存在于 R 的上近似 $R^+ X$ 中.

表达式(2.8)看上去毫无疑义, 但如果反过来看, 当与 x 具有一般等价关系的 U 中元素 y 不在概念域 X 中时, y 对于 X 的隶属度 $\mu_X(y)=0$, 非隶属度 $\gamma_X(y)=1$, 此时 y 肯定不存在于 X 关于 R 的下近似 $R^- X$ 中, 但是它可能存在于 R 的上近似 $R^+ X$ 中. 下一步将隶属度与非隶属度的值域从 $\{0,1\}$ 扩展到 $[0,1]$ 中, 在与 x 具有等价关系的若干 U 中元素 y 组成类 $[x]_R$ 中, $\forall y \in [x]_R$, 取 $\{\mu_X(y) \mid y \in [x]_R\}$ 的下确界和 $\{\gamma_X(y) \mid y \in [x]_R\}$ 的上确界, 分别代表元素 y 肯定属于概念域 X 的最大可能与肯定不属于概念域 X 的最小可能, 就可以用其来表示 X 的下近似; 同理如果取 $\{\mu_X(y) \mid y \in [x]_R\}$ 的上确界和 $\{\gamma_X(y) \mid y \in [x]_R\}$ 的下确界, 分别代表元素 y 可能属于概念域 X 的最小可能与可能不属于概念域 X 的最大可能, 就可以用其来表示 X 的上近似, 那么将表达式(2.8)改写为

$$\begin{cases} \mu_{R^- X}(x) = \wedge \{\mu_X(y) \mid y \in U, (x,y) \in R\} \\ \gamma_{R^- X}(x) = \vee \{\gamma_X(y) \mid y \in U, (x,y) \in R\} \\ \mu_{R^+ X}(x) = \vee \{\mu_X(y) \mid y \in U, (x,y) \in R\} \\ \gamma_{R^+ X}(x) = \wedge \{\gamma_X(y) \mid y \in U, (x,y) \in R\} \end{cases} \tag{2.9}$$

表达式(2.8)还可以进一步写成

$$\begin{cases} \mu_{R^- X}(x) = \inf\{\mu_X(y) \mid y \in [x]_R\} \\ \gamma_{R^- X}(x) = \sup\{\gamma_X(y) \mid y \in [x]_R\} \\ \mu_{R^+ X}(x) = \sup\{\mu_X(y) \mid y \in [x]_R\} \\ \gamma_{R^+ X}(x) = \inf\{\gamma_X(y) \mid y \in [x]_R\} \end{cases} \tag{2.10}$$

表达式(2.9)与表达式(2.10)就是一般等价关系下直觉模糊粗糙集的模型.

定义 2.13(一般等价关系下直觉模糊粗糙集)　设 $(U, \boldsymbol{R})$ 是 Pawlak 近似空间, $\boldsymbol{R}$ 是论域 U 上的一个一般等价关系, 若 X 是 U 上的一个直觉模糊集合, 那么 X 就可以用一对上、下近似 $(R^- X, R^+ X)$ 来表示, 这对上、下近似是一对直觉模糊集合, 具体可以表示为

$$\begin{cases} R^- X = \{\langle x, \inf\{\mu_X(y) \mid y \in [x]_R\}, \sup\{\gamma_X(y) \mid y \in [x]_R\}\rangle \mid x \in U\} \\ R^+ X = \{\langle x, \sup\{\mu_X(y) \mid y \in [x]_R\}, \inf\{\gamma_X(y) \mid y \in [x]_R\}\rangle \mid x \in U\} \end{cases} \tag{2.11}$$

其中 $[x]_R$ 为元素 x 在等价关系 R 下的等价类. 若 $R^- X = R^+ X$, 则称 X 是可定义集, 否则称 X 是直觉模糊粗糙集. 称 $R^- X$ 是 X 关于 $(U, \boldsymbol{R})$ 的正域, 称 $(\sim R^+ X)$ 是 X 关于 (U, R) 的负域, 称 $R^+ X \cap (\sim R^- X)$ 为 X 的边界. 表达式(2.11)以隶属度与非隶属度表示形式就是表达式(2.10).

将直觉模糊集合 X 用知识库 $(U, \boldsymbol{R})$ 中的经典集合来描述, 则可以通过直觉模糊集的截集来过渡.

定义 2.14(一般等价关系下直觉模糊粗糙集截集)　设 $(U,\mathbf{R})$ 是 Pawlak 近似空间,X 是 U 上的直觉模糊集合,则 X 关于近似空间 $(U,\mathbf{R})$ 依参数 $0 < \alpha_2 \leqslant \alpha_1 \leqslant 1, 0 < \beta_1 \leqslant \beta_2 \leqslant 1$ 的下近似 X_{α_1,β_1}^- 和上近似 X_{α_1,β_1}^+ 分别定义为

$$\begin{cases} X_{\alpha_1,\beta_1}^- = \{x \in U \mid \mu_X(y) \geqslant \alpha_1; \gamma_X(y) \leqslant \beta_1, y \in [x]_R\} \\ \qquad = \bigcup \{[x]_R \mid \mu_X(y) \geqslant \alpha_1; \gamma_X(y) \leqslant \beta_1, y \in [x]_R\} \\ X_{\alpha_1,\beta_1}^+ = \{x \in U \mid \mu_X(y) \geqslant \alpha_2; \gamma_X(y) \leqslant \beta_2, y \in [x]_R\} \\ \qquad = \bigcup \{[x]_R \mid \mu_X(y) \geqslant \alpha_2; \gamma_X(y) \leqslant \beta_2, y \in [x]_R\} \end{cases} \quad (2.12)$$

X_{α_1,β_1}^- 可以理解为 U 中肯定属于直觉模糊集 X 的隶属程度不小于 α_1,非隶属程度不大于 β_1 的那些对象的全体,而 X_{α_1,β_1}^+ 可以理解为 U 中可能属于直觉模糊集 X 的隶属程度不小于 α_2,非隶属程度不大于 β_2 的那些对象的全体.

可以验证,当 X 是 U 上的经典集合时,$R^+ X$ 和 $R^- X$ 就退化为 Pawlak 意义近似空间 $(U,\mathbf{R})$ 的上近似与下近似. 因此,定义 2.13 是 Pawlak 意义下的推广形式. 记一般等价关系下直觉模糊粗糙集模型为 IFRS-1,IFRS-1 是一种最简单的直觉模糊粗糙集模型.

2.3.2　直觉模糊粗糙集模型 IFRS-2

前面已经详细介绍了一般等价关系下直觉模糊粗糙集模型的建立过程,那么当 R 是直觉模糊相似关系时,知识库中的知识就是直觉模糊的,用此在直觉模糊的知识库来近似定义直觉模糊概念 X,就得到了直觉模糊相似关系下的直觉模糊粗糙集模型.

为了便于对模型的理解,不妨从 IFRS-1 出发,等价关系 $R \in U \times U$ 的特征函数可以写成

$$\mu_R(x,y) = \begin{cases} 1, & (x,y) \in R, \\ 0, & (x,y) \notin R, \end{cases} \qquad \gamma_R(x,y) = \begin{cases} 0, & (x,y) \in R \\ 1, & (x,y) \notin R \end{cases}$$

对于一个概念域 X,可以将表达式(2.9)改写成下列形式:

$$\begin{cases} \mu_{R^- X}(x) = \bigvee \{\mu_R(x,y) = 1 \mid y \in U, (x,y) \in R\} \\ \gamma_{R^- X}(x) = \bigwedge \{\gamma_R(x,y) = 0 \mid y \in U, (x,y) \in R\} \\ \mu_{R^+ X}(x) = \bigvee \{\mu_R(x,y) = 1 \mid y \in U, (x,y) \in R\} \\ \gamma_{R^+ X}(x) = \bigwedge \{\gamma_R(x,y) = 0 \mid y \in U, (x,y) \in R\} \end{cases} \quad (2.13)$$

这是因为当 $y \in U, (x,y) \in R$ 时,$\mu_R(x,y) = 1; \gamma_R(x,y) = 0$,同时 y 肯定在集合 $R^- X$ 与集合 $R^+ X$ 中,接下来可以将表达式(2.13)写成下列形式:

$$\begin{cases} \mu_{R^- X}(x) = \bigwedge \{1 - \mu_R(x,y) \mid y \in U, (x,y) \notin R\} \\ \gamma_{R^- X}(x) = \bigvee \{1 - \gamma_R(x,y) \mid y \in U, (x,y) \notin R\} \\ \mu_{R^+ X}(x) = \bigvee \{\mu_R(x,y) \mid y \in U, (x,y) \in R\} \\ \gamma_{R^+ X}(x) = \bigwedge \{\gamma_R(x,y) \mid y \in U, (x,y) \in R\} \end{cases} \quad (2.14)$$

这是因为当 $y \in U,(x,y) \notin R$ 时，$\mu_R(x,y)=0$；$\gamma_R(x,y)=1$，这种改写的原因是显而易见的.

当关系 R 从一般等价关系变成直觉模糊相似关系时，R 将论域 U 划分成若干个直觉模糊相似类 $F_i(i=1,\cdots,n)$，$\forall x \in U$，与其具有直觉模糊相似关系的 U 中元素组成的集合简记为 $F_i=[x]_R$，则对于与 x 具有直觉模糊相似关系的 U 中元素 y 具有 $\mu_R(x,y)$ 的程度属于 $[x]_R$，$\gamma_R(x,y)$ 的程度不属于 $[x]_R$. 由此，我们将 R 隶属度与非隶属度的值域从 $\{0,1\}$ 扩展到 $[0,1]$ 中. 这样对于论域 U，直觉模糊相似关系 R 将论域空间进行直觉模糊相似划分，形成若干个直觉模糊相似类 $[x]_R$，对于与 x 具有直觉模糊相似关系 $y \in U$，我们希望 y 肯定在 X 中的概率越大越好，肯定不在 X 中的概率越小越好，即 $\mu_X(y)$ 越大越好，$\gamma_X(y)$ 越小越好；当 y 不在 X 中时，我们希望 x 与 y 具有直觉模糊相似关系越小越好，即 $\mu_R(x,y)$ 越小越好，当然 $1-\mu_R(x,y)$ 越大越好；$\gamma_R(x,y)$ 越大越好，当然 $1-\gamma_R(x,y)$ 越小越好. 上近似也可同样理解，对于与 x 具有直觉模糊相似关系 $y \in U$，我们希望 y 可能在 X 中的概率越小越好，可能不在 X 中的概率越大越好，即 $\mu_X(y)$ 越小越好，$\gamma_X(y)$ 越大越好；当 y 不在 X 中时，我们希望 x 与 y 具有直觉模糊相似关系越小越好，即 $\mu_R(x,y)$ 越小越好，$\gamma_R(x,y)$ 越大越好.

由上面的说明，再结合表达式(2.13)与表达式(2.14)，得到了直觉模糊相似关系下直觉模糊粗糙集的模型，我们称为 IFRS-2.

定义 2.15（直觉模糊相似关系下直觉模糊粗糙集模型）　设 (U,R) 是直觉模糊近似空间，R 是论域 U 上的直觉模糊相似关系，任取 $\forall X \in F(U)$（$F(U)$ 代表论域 U 上的所有直觉模糊集合的全体）X 在空间 (U,R) 上的上、下近似隶属度与非隶属度定义为

$$\begin{cases} \mu^-(x)=\inf\{\max[\mu_X(y),1-\mu_R(x,y)] \mid y \in U\} \\ \gamma^-(x)=\sup\{\min[\gamma_X(y),1-\gamma_R(x,y)] \mid y \in U\} \\ \mu^+(x)=\sup\{\min[\mu_X(y),\mu_R(x,y)] \mid y \in U\} \\ \gamma^+(x)=\inf\{\max[\gamma_X(y),\gamma_R(x,y)] \mid y \in U\} \end{cases} \quad (2.15)$$

其中 $\langle \mu^-(x),\gamma^-(x) \rangle$ 与 $\langle \mu^+(x),\gamma^+(x) \rangle$ 分别代表下近似 R^-X 与上近似 R^+X 的隶属度与非隶属度，若 $R^-X=R^+X$，称 X 是可定义集，否则称 X 是直觉模糊粗糙集. 称 R^-X 是 X 关于直觉模糊空间 (U,R) 的正域，称 $(\sim R^+X)$ 是 X 关于 (U,R) 的负域，称 $R^+X \bigcap (\sim R^-X)$ 为 X 的边界.

定义 2.16（直觉模糊相似关系下直觉模糊粗糙集截集）　设 (U,R) 是直觉模糊近似空间，R 是论域 U 上的直觉模糊相似关系，A 是 U 上的直觉模糊集合，则 A 关于近似空间 (U,R) 依参数 $0<\alpha_2 \leqslant \alpha_1 \leqslant 1,0<\beta_1 \leqslant \beta_2 \leqslant 1$ 的下近似 $X^-_{\alpha_1,\beta_1}$ 和上近似 $X^+_{\alpha_1,\beta_1}$ 分别定义为

$$\begin{cases} X_{\alpha_1,\beta_1}^- = \{x \in U \mid \max[\mu_F(y), 1 - \mu_R(x,y)] \geqslant \alpha_1; \\ \qquad \min[\gamma_F(y), 1 - \gamma_R(x,y)] \leqslant \beta_1, y \in U\} \\ X_{\alpha_1,\beta_1}^+ = \{x \in U \mid \min[\mu_F(y), \mu_R(x,y)] \geqslant \alpha_2; \\ \qquad \max[\gamma_F(y), \gamma_R(x,y)] \leqslant \beta_2, y \in U\} \end{cases} \tag{2.16}$$

X_{α_1,β_1}^- 可以理解为 U 中肯定属于直觉模糊集 X 的隶属程度不小于 α_1,非隶属程度不大于 β_1 的那些对象的全体,而 X_{α_1,β_1}^+ 可以理解为 U 中可能属于直觉模糊集 X 的隶属程度不小于 α_2,非隶属程度不大于 β_2 的那些对象的全体.

可以验证,当 R 是论域 U 上的一般等价关系时,$\mu_R(x,y) = 1, \gamma_R(x,y) = 0$,表达式(2.16)就得到表达式(2.12),即 IFRS-1,因而 IFRS-1 是 IFRS-2 的一个特例.

根据 IFRS-2 给出的直觉模糊粗糙集的形式,可以得到下近似 A^- 与上近似 A^+ 的性质(为了方便起见,对于 $A \in \text{IFRS}[x]$,现将 $R^- A(x)$ 与 $R^+ A(x)$ 简写成 A^- 与 A^+ 的形式).

定理 2.10(IFRS-2 上、下近似的性质)　由定义 2.15 给出直觉模糊粗糙集模型,$\forall A, B \in \text{IFRS-2}[x]$,则下近似 A^-, B^- 和上近似 A^+, B^+ 满足下列性质:

(1) $A^- \subseteq A \subseteq A^+$;

(2) $(A \bigcup B)^+ = A^+ \bigcup B^+, (A \bigcup B)^- = A^- \bigcap B^-$;

(3) $A^- \bigcup B^- \subseteq (A \bigcup B)^-, (A \bigcap B)^+ \subseteq A^+ \bigcap B^+$;

(4) $(\sim A)^- = \sim A^+, (\sim A)^+ = \sim A^-$;

(5) $(A^+)^+ = A^+, (A^-)^- = A^-$;

(6)若 $A \subseteq B$,则 $A^- \subseteq B^-$ 且 $A^+ \subseteq B^+$.

证明　这里只证明一半,其余一半证明相类似.

(1) $A^- = \langle \mu^-(x) = \inf\{\max[\mu_A(y), 1 - \mu_R(x,y)]\}, \gamma^-(x) =$
$\qquad \sup\{\min[\gamma_A(y), 1 - \gamma_R(x,y)]\}\rangle (x, y \in U)$
$\qquad \leqslant \langle \inf\{\max[\mu_A(x), 1 - \mu_R(x,x)]\},$
$\qquad \sup\{\min[\gamma_A(x), 1 - \gamma_R(x,x)]\}\rangle = \langle \mu(x), \gamma(x) \rangle = A$

$A = \langle \mu(x), \lambda(x) \rangle$
$\quad = \langle \sup\{\min[\mu_A(x), \mu_R(x,x)]\}, \inf\{\max[\gamma_A(x), \gamma_R(x,x)]\}\rangle (x \in U)$
$\quad \geqslant \langle \sup\{\min[\mu_A(y), \mu_R(x,y)]\}, \inf\{\max[\gamma_A(y), \gamma_R(x,y)]\}\rangle$
$\quad = \langle \mu^+(x), \gamma^+(x) \rangle = A^+ (x, y \in U).$

所以 $A^- \subseteq A \subseteq A^+$ 成立.

(2) $(A \bigcup B)^+(x) = \langle \sup\{\min[\mu_{A \bigcup B}(y), \mu_R(x,y)]\}, \inf\{\max[\gamma_{A \bigcup B}(y), \gamma_R(x,y)]\}\rangle$

上式可以得到

$$(A \bigcup B)^+(x) = \langle \sup\{\min[\mu_A(y) \vee \mu_B(y), \mu_R(x,y)]\}, \inf\{\max[\gamma_A(y) \wedge$$
$$\gamma_B(y), \gamma_R(x,y)]\}\rangle$$

$$= \langle \sup\{\min[\mu_A(y), \mu_R(x,y)]\} \vee \sup\{\min[\mu_B(y), \mu_R(x,y)]\},$$
$$\inf\{\max[\gamma_A(y), \gamma_R(x,y)]\} \wedge \inf\{\max[\gamma_B(y), \gamma_R(x,y)]\}\rangle$$

$$= \langle \sup\{\min[\mu_A(y), \mu_R(x,y)]\}, \inf\{\max[\gamma_A(y), \gamma_R(x,y)]\}\rangle \bigcup$$
$$\langle \sup\{\min[\mu_B(y), \mu_R(x,y)]\}, \inf\{\max[\gamma_B(y), \gamma_R(x,y)]\}\rangle = A^+ \bigcup B^+$$

(3) $A^- \bigcup B^- = \langle \inf\{\max[\mu_A(y), 1-\mu_R(x,y)]\}, \sup\{\min[\gamma_A(y), 1-\gamma_R(x, y)]\}\rangle \bigcup \langle \inf\{\max[\mu_B(y), 1-\mu_R(x,y)]\}, \sup\{\min[\gamma_B(y), 1-\gamma_R(x,y)]\}\rangle$

$$= \langle \inf\{\max[\mu_A(y), 1-\mu_R(x,y)]\} \vee \inf\{\max[\mu_B(y), 1-\mu_R(x,y)]\},$$
$$\sup\{\min[\gamma_A(y), 1-\gamma_R(x,y)]\} \wedge \sup\{\min[\gamma_B(y), 1-\gamma_R(x,y)]\}\rangle$$

$$\leqslant \langle \inf\{\max[\mu_A(y) \vee \mu_B(y), 1-\mu_R(x,y)]\}, \sup\{\min[\gamma_A(y) \wedge \gamma_B(y), 1-\gamma_R(x,y)]\}\rangle$$

$$= \langle \inf\{\max[\mu_{A \cup B}(y), 1-\mu_R(x,y)]\}, \sup\{\min[\gamma_{A \cup B}(y), 1-\gamma_R(x,y)]\}\rangle$$

$$= (A \bigcup B)^-$$

(4) $(\sim A)^- = \langle \inf\{\max[\mu_{\sim A}(y), 1-\mu_R(x,y)]\}, \sup\{\min[\gamma_{\sim A}(y), 1-\gamma_R(x, y)]\}\rangle \ (x,y \in U)$

$$= \langle \inf\{\max[1-\mu_A(y), 1-\mu_R(x,y)]\}, \sup\{\min[1-\gamma_A(y), 1-\gamma_R(x,y)]\}\rangle$$

$$= \langle (\inf\{\max[1, \mu_R(x,y)]\} - \inf\{\max[\mu_A(y), \mu_R(x,y)]\}),$$
$$(\sup\{\min[1, \gamma_R(x,y)]\} - \sup\{\min[\gamma_A(y), \gamma_R(x,y)]\})\rangle$$

$$= \langle (1 - \inf\{\max[\mu_A(y), \mu_R(x,y)]\}), (1 - \sup\{\min[\gamma_A(y), \gamma_R(x,y)]\})\rangle$$

$$= 1 - A^+ = \sim A^+$$

（5）$(A^+)^+ = \langle \sup\{\min[\mu_{A^+}(y), \mu_R(x,y)]\}, \inf\{\max[\gamma_{A^+}(y), \gamma_R(x,y)]\}\rangle$
$$(x,y \in U)$$

$$= \langle \sup\{\min[\sup\{\min[\mu_A(y), \mu_R(x,y)]\}, \mu_R(x,y)]\},$$
$$\inf\{\max[\inf\{\max[\gamma_A(y), \gamma_R(x,y)]\}, \gamma_R(x,y)]\}\rangle$$

$$= \langle \sup\{\min[\mu_A(y), \mu_R(x,y)]\}, \inf\{\max[\gamma_A(y), \gamma_R(x,y)]\}\rangle = A^+$$

(6)由于 $A \subseteq B$，有 $\forall y \in U$，有 $\mu_A(y) \leqslant \mu_B(y)$，$\gamma_A(y) \geqslant \gamma_B(y)$，所以有
$B^- = \langle \inf\{\max[\mu_B(y), 1-\mu_R(x,y)]\}, \sup\{\min[\gamma_B(y), 1-\gamma_R(x,y)]\}\rangle \ (x,y \in U)$

$$= \langle \inf_{1-\mu_R(x,y) \leqslant \mu_A(y)}\{\max[\mu_B(y), 1-\mu_R(x,y)]\}, \sup_{1-\gamma_R(x,y) \geqslant \gamma_A(y)}\{\min[\gamma_B(y), 1-\gamma_R(x, y)]\}\rangle \wedge \langle \inf_{\mu_A(y) \leqslant 1-\mu_R(x,y) \leqslant \mu_B(y)}\{\max[\mu_B(y), 1-\mu_R(x,y)]\}, \sup_{\gamma_B(y) \geqslant 1-\gamma_R(x,y) \geqslant \gamma_A(y)}\{\min[\gamma_B(y), 1-\gamma_R(x,y)]\}\rangle$$

$$\geqslant \langle \inf_{1-\mu_R(x,y) \leqslant \mu_A(y)}\{\max[\mu_A(y), 1-\mu_R(x,y)]\}, \sup_{1-\gamma_R(x,y) \geqslant \gamma_A(y)}\{\min[\gamma_A(y), 1-\gamma_R(x,$$

$$y)]\}\rangle \ \wedge \ \langle \inf_{\mu_A(y)\leqslant 1-\mu_R(x,y)\leqslant\mu_B(y)} \{\max[\mu_A(y),1-\mu_R(x,y)]\}, \sup_{\gamma_B(y)\geqslant 1-\gamma_R(x,y)\geqslant\gamma_A(y)}$$

$$\{\min[\gamma_A(y),1-\gamma_R(x,y)]\}\rangle\rangle = A^-$$

所以 $A^- \subseteq B^-$ 得证,同理可证 $A^+ \subseteq B^+$,得证.

定理 2.11(IFRS-2 截集上、下近似的性质)　设 (U,R) 是直觉模糊近似空间,$A,B \in$ IFRS-2 $[x]$,则对于 $0 < \alpha_2 \leqslant \alpha_1 \leqslant 1, 0 < \beta_1 \leqslant \beta_2 \leqslant 1$ 有下列性质:

(1) $(A \bigcup B)^+_{\alpha_2,\beta_2} = A^+_{\alpha_2,\beta_2} \bigcup B^+_{\alpha_2,\beta_2}$,$(A \bigcap B)^-_{\alpha_1,\beta_1} = A^-_{\alpha_1,\beta_1} \bigcap A^-_{\alpha_1,\beta_1}$;

(2) $A^-_{\alpha_1,\beta_1} \bigcup A^-_{\alpha_1,\beta_1} \subseteq (A \bigcup B)^-_{\alpha_1,\beta_1}$,$(A \bigcap B)^+_{\alpha_2,\beta_2} \subseteq A^+_{\alpha_2,\beta_2} \bigcap B^+_{\alpha_2,\beta_2}$;

(3)若 $A \subseteq B$,则 $A^+_{\alpha_2,\beta_2} \subseteq B^+_{\alpha_2,\beta_2}$,且 $A^-_{\alpha_1,\beta_1} \subseteq B^-_{\alpha_1,\beta_1}$;

(4) $A^-_{\alpha_1,\beta_1} \subseteq B^+_{\alpha_2,\beta_2}$.

证明　可以由定义 2.15 和定理 2.10 直接证得.

由定理 2.11 可以看出,直觉模糊相似关系下直觉模糊粗糙集与经典的 Pawlak 意义下粗糙集模型一样具有相同的良好的性质.

2.4　基于直觉模糊逻辑算子的 IFRS-3 模型及性质

直觉模糊近似空间(intuitionistic fuzzy approximation space,IFAS)定义如下.

定义 2.17(直觉模糊近似空间)　设 U 是一非空有限论域,R 是 U 上的一族直觉模糊等价关系,Ψ 为直觉模糊蕴涵算子(蕴涵算子选择 R-蕴涵 Ψ_T 或 S-蕴涵 $\Psi_{S,N}$),T 为直觉模糊三角模,则称 IFAS $= (U,R,\Psi,T)$ 为直觉模糊近似空间.

定义 2.18(IFRS-3 模型)　设 IFAS$= (U,R,\Psi,T)$,对于 $\forall x \in U$,$\forall A \in$ IFS(U) ,$\forall R \in R$,定义论域 U 上的两个直觉模糊子集:

$$R^- A(x) = \inf_{y\in U}\Psi(R(x,y),A(y))$$
$$R^+ A(x) = \sup_{y\in U}T(R(x,y),A(y)) \tag{2.17}$$

称 $(R^- A(x),R^+ A(x))$ 为直觉模糊集 A 在近似空间 IFAS 上一个粗糙近似,其中 $R^- A(x)$ 和 $R^+ A(x)$ 分别为 A 的 R 下近似和 R 上近似.

定义 2.18 的 IFRS 模型是对 FRS[24,25] 和粗糙集[2] 模型的扩展,当近似空间 IFAS $= (U,R,\Psi,T)$ 的直觉模糊关系族退化为模糊关系族,直觉模糊蕴涵算子 Ψ 和三角模 T 也退化为模糊蕴涵算子和模糊三角模,被近似集由直觉模糊集退化为模糊集,这时 IFRS 退化为 FRS[24,25];若直觉模糊关系退化为普通等价关系,直觉模糊蕴涵算子 Ψ 和三角模 T 也退化为普通的蕴涵算子和合取算子,被近似集由直觉模糊集退化为普通集,这时 IFRS 退化为经典粗糙集[2] 模型.

对于 IFRS-3,近似空间中的 R 是 U 上的一族直觉模糊等价关系,被近似集是直觉模糊集.在实际应用中,可能会出现两种特殊情况,一是被近似集为直觉模糊集,关系为普通等价关系,即直觉模糊集的粗糙近似;二是关系为直觉模糊等价关系,被近似集为清晰集,即直觉模糊信息系统的粗糙近似.在这两种情况下,近似算子的表达形式会有所简化,下面对此进行推导.

定理 2.12　设直觉模糊近似空间 IFAS $= (U,\mathbf{R},\mathbf{\Psi},T)$,若其中 $\mathbf{R}$ 为普通等价关系族,则 $\forall x\in U$, $\forall A\in$ IFS(U), $\forall R\in\mathbf{R}$,直觉模糊集 A 的 R 下近似和 R 上近似为论域 U 上的两个经典集合:

$$R^- A(x) = \inf_{y\in U,R(x,y)=1_L} A(y)$$
$$R^+ A(x) = \sup_{y\in U,R(x,y)=1_L} A(y) \tag{2.18}$$

证明　若 $\mathbf{R}$ 为普通等价关系族,则 $\forall R\in\mathbf{R}$, $R(x,y)=(\mu_R(x,y),\gamma_R(x,y))$,可得

$$R(x,y) = \begin{cases} 1_L, & (x,y)\in R \\ 0_L, & (x,y)\notin R \end{cases}$$

即

$$\mu_R(x,y) = \begin{cases} 1, & (x,y)\in R, \\ 0, & (x,y)\notin R, \end{cases} \qquad \gamma_R(x,y) = \begin{cases} 1, & (x,y)\notin R \\ 0, & (x,y)\in R \end{cases}$$

下面根据 $R(x,y)$ 的两种取值,对式(2.18)进行分情况讨论.

(1)当 $R(x,y)=1_L$ 时,根据直觉模糊三角模、S-蕴涵、R-蕴涵的边界性质,可得

$$R^- A(x) = \inf_{y\in U}\mathbf{\Psi}(R(x,y),A(y)) = \inf_{y\in U}\mathbf{\Psi}(1_L,A(y)) = \inf_{y\in U}A(y)$$
$$R^+ A(x) = \sup_{y\in U}T(R(x,y),A(y)) = \sup_{y\in U}T(1_L,A(y)) = \sup_{y\in U}A(y)$$

(2)当 $R(x,y)=0_L$ 时,

$$R^- A(x) = \inf_{y\in U}\mathbf{\Psi}(R(x,y),A(y)) = \inf_{y\in U}\mathbf{\Psi}(0_L,A(y)) = \inf_{y\in U}A(y)$$
$$R^+ A(x) = \sup_{y\in U}T(R(x,y),A(y)) = \sup_{y\in U}T(0_L,A(y)) = 0_L$$

综合(1)和(2)两种情况,可得

$$R^- A(x) = \inf_{y\in U}\mathbf{\Psi}(R(x,y),A(y)) = \inf_{y\in U,R(x,y)=1_L} A(y) \wedge \inf_{y\in U}A(y) = \inf_{y\in U,R(x,y)=1_L} A(y)$$
$$R^+ A(x) = \sup_{y\in U}T(R(x,y),A(y)) = \sup_{y\in U,R(x,y)=1_L} A(y) \vee 0_L = \sup_{y\in U,R(x,y)=1_L} A(y)$$

所以

$$R^- A(x) = \inf_{y\in U,R(x,y)=1_L} A(y), \quad R^+ A(x) = \sup_{y\in U,R(x,y)=1_L} A(y)$$

得证.

定理 2.13　设直觉模糊近似空间 IFAS $= (U,\mathbf{R},\mathbf{\Psi}_{S,N},T)$,则 $\forall x\in U$, $\forall A\subseteq U$, $\forall R\in\mathbf{R}$,普通集 A 的 R 下近似和 R 上近似为论域 U 上的两个直觉模糊子

集：

$$R^- A(x) = \inf_{y \in U, y \notin A} N(R(x,y))$$

$$R^+ A(x) = \sup_{y \in A} R(x,y) \qquad\qquad (2.19)$$

证明　根据已知条件，$\forall A \subseteq U$，可得

$$A(x) = \begin{cases} 1_L, & x \in A \\ 0_L, & x \notin A \end{cases}$$

即

$$\mu_A(y) = \begin{cases} 1, & x \in A, \\ 0, & x \notin A, \end{cases} \qquad \gamma_A(y) = \begin{cases} 1, & x \notin A \\ 0, & x \in A \end{cases}$$

下面根据 $A(x)$ 的两种取值，对式(2.19)进行分情况讨论.

(1)当 $A(y) = 1_L$，即 $y \in A$ 时，根据直觉模糊三角模的边界性质，可得

$$R^- A(x) = \inf_{y \in A} \Psi_{S,N}(R(x,y), A(y)) = \inf_{y \in A} \Psi_{S,N}(R(x,y), 1_L) = 1_L$$

$$R^+ A(x) = \sup_{y \in A} T(R(x,y), A(y)) = \sup_{y \in A} T(R(x,y), 1_L) = \sup_{y \in A} R(x,y)$$

(2)当 $A(y) = 0_L$，即 $y \notin A$ 时，根据直觉模糊三角模的边界条件，可得

$$R^- A(x) = \inf_{y \in U, y \notin A} \Psi_{S,N}(R(x,y), A(y)) = \inf_{y \in U, y \notin A} \Psi_{S,N}(R(x,y), 0_L) = \inf_{y \in U, y \notin A} N(R(x,y))$$

$$R^+ A(x) = \sup_{y \in U, y \notin A} T(R(x,y), A(y)) = \sup_{y \in U, y \notin A} T(R(x,y), 0_L) = 0_L$$

综合(1)和(2)两种情况，可得

$$R^- A(x) = \inf_{y \in U} \Psi_{S,N}(R(x,y), A(y)) = 1_L \wedge \inf_{y \in U, y \notin A} N(R(x,y))$$

$$= \inf_{y \in U, y \notin A} N(R(x,y))$$

$$R^+ A(x) = \sup_{y \in A} T(R(x,y), A(y)) = \sup_{y \in A} R(x,y) \vee 0_L = \sup_{y \in A} R(x,y)$$

所以

$$R^- A(x) = \inf_{y \in U, y \notin A} N(R(x,y)) \, , \, R^+ A(x) = \sup_{y \in A} R(x,y)$$

得证.

定理 2.14　设直觉模糊近似空间 IFAS $= (U, \mathbf{R}, \Psi_{T_L}, T_L)$，则 $\forall x \in U$，$\forall A \subseteq U$，$\forall R \in \mathbf{R}$，普通集 A 的 R 下近似和 R 上近似为论域 U 上的两个直觉模糊子集：

$$R^- A(x) = (\inf_{y \in U, y \notin A} R(x,y)_2, 1 - \inf_{y \in U, y \notin A} R(x,y)_2)$$

$$R^+ A(x) = \sup_{y \in A} R(x,y) \qquad\qquad (2.20)$$

证明　根据已知，$\Psi_T = \Psi_{T_L}$，

$$\Psi_{T_L}(x,y) = (\min\{1, 1 + y_1 - x_1, 1 + x_2 - y_2\}, \max\{0, y_2 - x_2\}) \quad (2.21)$$

(1)当 $A(y) = 1_L$，即 $y \in A$ 时，根据式(2.21)，可得

$$R^- A(x) = \inf_{y \in A} \boldsymbol{\Psi}_{T_L}(R(x,y),A(y)) = \inf_{y \in A} \boldsymbol{\Psi}_{T_L}(R(x,y),1_L) = 1_L$$

$$R^+ A(x) = \sup_{y \in A} T_L(R(x,y),A(y)) = \sup_{y \in A} T_L(R(x,y),1_L) = \sup_{y \in A} R(x,y)$$

(2)当 $A(y) = (A(y)_1, A(y)_2) = (0,1) = 0_L$ 即 $y \notin A$ 时,根据式(2.21),

$$\boldsymbol{\Psi}_{T_L}(R(x,y),0_L) = (\min\{1, 1-R(x,y)_1, R(x,y)_2\}, \max\{0, 1-R(x,y)_2\})$$

$$= (R(x,y)_2, 1-R(x,y)_2)$$

因此,可得

$$R^- A(x) = \inf_{y \in U, y \notin A} \boldsymbol{\Psi}_{T_L}(R(x,y),A(y))$$

$$= \inf_{y \in U, y \notin A} \boldsymbol{\Psi}_{T_L}(R(x,y),0_L)$$

$$= \inf_{y \in U, y \notin A} (R(x,y)_2, 1-R(x,y)_2)$$

$$= (\inf_{y \in U, y \notin A} R(x,y)_2, 1 - \inf_{y \in U, y \notin A} R(x,y)_2)$$

$$R^+ A(x) = \sup_{y \in U, y \notin A} T_L(R(x,y),A(y)) = \sup_{y \in U, y \notin A} T_L(R(x,y),0_L) = 0_L$$

综合(1)和(2)两种情况,可得

$$R^- A(x) = \inf_{y \in U} \boldsymbol{\Psi}_{T_L}(R(x,y),A(y))$$

$$= 1_L \wedge (\inf_{y \in U, y \notin A} R(x,y)_2, 1 - \inf_{y \in U, y \notin A} R(x,y)_2)$$

$$= (\inf_{y \in U, y \notin A} R(x,y)_2, 1 - \inf_{y \in U, y \notin A} R(x,y)_2)$$

$$R^+ A(x) = \sup_{y \in A} T_L(R(x,y),A(y)) = \sup_{y \in A} R(x,y) \vee 0_L = \sup_{y \in A} R(x,y)$$

所以

$$R^- A(x) = (\inf_{y \in U, y \notin A} R(x,y)_2, 1 - \inf_{y \in U, y \notin A} R(x,y)_2), \quad R^+ A(x) = \sup_{y \in A} R(x,y)$$

得证.

对 Pawlak 粗糙集理论的拓展不是随意的,一些基本的性质必须要满足. 下面对直觉模糊近似空间 IFAS = $(U, \boldsymbol{R}, \boldsymbol{\Psi}, T)$ 中上、下近似算子的基本性质、单调性、幂等性、对偶性等进行分类验证与讨论. 首先给出基本性质.

定理 2.15 设近似空间 IFAS = $(U, \boldsymbol{R}, \boldsymbol{\Psi}, T)$, $\forall A \in$ IFS(U) , $\forall R \in \boldsymbol{R}$,

(P1) $R^- A \subseteq A \subseteq R^+ A$;

(P2)正规性: $R^- \varnothing = \varnothing = R^+ \varnothing$;余正规性: $R^- U = U = R^+ U$.

证明 (P1)由定义 2.18 及 R 的自反性, $\forall x \in U$,

$$R^- A(x) = \inf_{y \in U} \boldsymbol{\Psi}(R(x,y),A(x)) \leqslant_L \boldsymbol{\Psi}(R(x,x),A(x)) = \boldsymbol{\Psi}(1_L, A(x)) = A(x)$$

$$R^+ A(x) = \sup_{y \in U} T(R(x,y),A(y)) \geqslant_L T(R(x,x),A(x)) \geqslant_L T(1_L, A(x)) = A(x)$$

故 $R^- A \subseteq A \subseteq R^+ A$.

(P2) $\varnothing(x) = 0_L$,根据定义 2.18 及直觉模糊 t-模 T 的性质,可得

$$R^+ \varnothing(x) = \sup_{y \in U} T(R(x,y), 0_L) = 0_L$$

根据(P1),可得 $R^+ \varnothing(x) \subseteq \varnothing(x)$,所以有 $R^- \varnothing = \varnothing = R^+ \varnothing$; $U(x) = 1_L$,根据 R 的自反性及 T 的性质,可得

$$R^+ U(x) = \sup_{y \in U} T(R(x,y), 1_L) = \sup_{y \in U} R(x,y) = 1_L$$

故 $R^+ U = U$;根据 S-蕴涵和 R-蕴涵的边界性质可得, $R^- U(x) = \inf_{y \in U} \Psi(R(x,y), 1_L) = 1_L$. 故 $R^- U = U = R^+ U$. 证毕.

性质(P1)说明,直觉模糊知识 R 将一个直觉模糊概念 A 限定在下近似 $R^- A$ 和上近似 $R^+ A$ 之间,而这里的上近似和下近似是用直觉模糊知识可表示的.

定理 2.16　设 IFAS $= (U, \boldsymbol{R}, \boldsymbol{\Psi}, T)$, $\forall A, B \in$ IFS(U), $\forall R, Q \in \boldsymbol{R}$,

(P3)单调性:若 $A \subseteq B$,则 $R^- A \subseteq R^- B$, $R^+ A \subseteq R^+ B$;

若 $R \subseteq Q$,则 $R^- A \supseteq Q^- A$, $R^+ A \subseteq Q^+ A$.

证明　(P3) $\forall A, B \in$ IFS(U),若 $A \subseteq B$,根据直觉模糊 t 模的单调性,可得

$$R^+ A(x) = \sup_{y \in U} T(R(x,y), A(y)) \leqslant_L \sup_{y \in U} T(R(x,y), B(y)) = R^+ B(x)$$

根据 R-蕴涵与 S-蕴涵的右单调性质,可得

$$R^- A(x) = \inf_{y \in U} \Psi(R(x,y), A(y)) \leqslant_L \inf_{y \in U} \Psi(R(x,y), B(y)) = R^- B(x)$$

故 $R^- A \subseteq R^- B$ 且 $R^+ A \subseteq R^+ B$.

同理,根据 $\Psi(\cdot, y)$ 的单调递减性,可证明若 $R \subseteq Q$,则 $R^- A \supseteq Q^- A$, $R^+ A \subseteq Q^+ A$ 成立. 证毕.

性质(P3)揭示了直觉模糊近似算子的单调性,即被近似概念以及知识的包含关系在上、下近似算子上的体现,这均继承了 Pawlak 粗糙集的基本思想. 近似空间 IFAS 中 $\boldsymbol{R}$ 包含了一族直觉模糊等价关系,当 $\boldsymbol{P} = \{P_1, P_2, \cdots, P_n\}$, $\boldsymbol{P} \subseteq \boldsymbol{R}$,容易验证, $\cap \boldsymbol{P} = \bigcap_{i=1}^n P_i$ 仍是直觉模糊等价,称 $\bigcap_{i=1}^n P_i$ 为直觉模糊不可区分关系. 另外,由于 $\bigcap_{i=1}^n P_i = P \subseteq P_i$,根据性质(P3)可得 $P^- A \supseteq P_i^- A$, $P^+ A \subseteq P_i^+ A$.

定理 2.17　设 IFAS $= (U, \boldsymbol{R}, \boldsymbol{\Psi}, T)$, $T(a, \sup_{b \in Y} b) = \sup_{b \in Y} T(a, b)$, $\forall A \in$ IFS(U), $\forall R \in \boldsymbol{R}$,

(P4)幂等性: $R^- (R^- A) = R^- A$; $R^+ (R^+ A) = R^+ A$.

证明　(P4) $\forall x \in U$,根据已知及蕴涵算子的性质,可得

$$R^- (R^- A)(x) = \inf_{y \in U} \Psi(R(x,y), \inf_{z \in U} \Psi(R(y,z), A(z)))$$

$$= \inf_{y \in U} \inf_{z \in U} \Psi(R(x,y), \Psi(R(y,z), A(z)))$$

$$= \inf_{y \in U} \inf_{z \in U} \Psi(T(R(x,y), (R(y,z)), A(z)))$$

$$\leqslant_L \inf_{z \in U} \Psi(R(x,z), A(z)) = R^- A(x)$$

即 $R^-(R^-A) \subseteq R^-A$,根据性质(P1)可得 $R^-A \subseteq R^-(R^-A)$,故 $R^-A = R^-(R^-A)$.

根据定义 2.18 及已知条件,利用直觉模糊三角模 T 的结合律,可得

$$R^+(R^+A)(x) = \sup_{y \in U} T(R(x,y), \sup_{z \in U} T(R(y,z), A(z)))$$

$$= \sup_{y \in U} \sup_{z \in U} T(R(x,y), T(R(y,z), A(z)))$$

$$= \sup_{z \in U} T(\sup_{y \in U} T(R(x,y), R(y,z)), A(z))$$

$$= \sup_{z \in U} T(R(x,z), A(z)) = R^+A(x)$$

故 $R^+(R^+A) = R^+A$. 证毕.

定理 2.18　设 $\mathrm{IFAS} = (U, \boldsymbol{R}, \boldsymbol{\Psi}_T, T)$, $T(a, \sup_{b \in Y} b) = \sup_{b \in Y} T(a,b)$, $\forall A \in$ $\mathrm{IFS}(U)$, $\forall R \in \boldsymbol{R}$,

(P5) $R^+(R^-A) = R^-A$; $R^-(R^+A) = R^+A$.

证明　(P5)根据定义 2.18 及已知,可得, $\forall x \in U$,

$$R^+(R^-A)(x) = \sup_{y \in U} T(R(x,y), \inf_{z \in U} \boldsymbol{\Psi}_T(R(y,z), A(z)))$$

$$= \inf_{z \in U} \sup_{y \in U} T(R(x,y), \boldsymbol{\Psi}_T(R(y,z), A(z)))$$

$$\leqslant_L \inf_{z \in U} \sup_{y \in U} \boldsymbol{\Psi}_T(\boldsymbol{\Psi}_T(R(x,y), R(y,z)), A(z))$$

$$\leqslant_L \inf_{z \in U} \boldsymbol{\Psi}_T(\inf_{y \in U} \boldsymbol{\Psi}_T(R(x,y), R(y,z)), A(z))$$

$$= \inf_{z \in U} \boldsymbol{\Psi}_T(R(x,z), A(z)) = R^-A(x)$$

即 $R^+(R^-A) \subseteq R^-A$,由性质(P1)得 $R^+(R^-A) \supseteq R^-A$,故 $R^+(R^-A) = R^-A$.

$$R^-(R^+A)(x) = \inf_{y \in U} \sup\{\lambda \in L \mid T(R(x,y), \lambda) \leqslant_L R^+A(y)\}$$

根据已知及 T 的交换律和结合律,可得

$$T(R(x,y), R^+A(x)) = T(R(x,y), \sup_{z \in U} T(R(x,z), A(z)))$$

$$= \sup_{z \in U} T(T(R(x,y), R(x,z)), A(z))$$

$$= \sup_{z \in U} T(T(R(y,x), R(x,z)), A(z))$$

$$\leqslant_L \sup_{z \in U} T(R(y,z), A(z)) = R^+A(y)$$

即 $T(R(x,y), R^+A(x)) \leqslant_L R^+A(y)$;

已知 $\sup\{\lambda \in L \mid T(R(x,y), \lambda) \leqslant_L R^+A(y)\} \geqslant_L R^+A(x)$,故 $R^-(R^+A)(x) \geqslant_L$ $\inf_{y \in U} R^+A(x) = R^+A(x)$,即 $R^-(R^+A) \supseteq R^+A$,根据性质(P1)得 $R^-(R^+A) \subseteq$ R^+A ,故 $R^-(R^+A) = R^+A$. 证毕.

性质(P4)揭示了近似算子的幂等性. 性质(P4)与性质(P5)反映了上、下近似本身是可定义的这一事实,但是由于 IFRS 中直觉模糊集的二维约束,这种可定义性需添加必要的前提条件才能成立,值得一提的是,这些性质的成立还得益于关系 R 的自反性、对称性和传递性,若 R 不具有这些性质,性质(P4)与性质(P5)将不成立. 另外,当 $\Psi = \Psi_{S,N}$ 时,性质(P5)不成立.

定理 2.19　设 IFAS $= (U, \boldsymbol{R}, \Psi_{S,N}, T)$,其中 N 为对合否定算子, $\forall A \in$ IFS(U) , $\forall R \in \boldsymbol{R}$,

(P6)对偶性: $R^- N(A(x)) = N(R^+ A(x)); R^+ N(A(x)) = N(R^- A(x))$.

证明　(P6)由定义 2.18, $\forall x \in U$, $R^- (N(A(x))) = \inf\limits_{y \in U} \Psi_{S,N}(R(x,y),$ $N(A(y)))$,由于 $S(N(x),y) = N(T(x,N(y)))$,故 $\Psi_{S,N}(R(x,y),N(A(y))) = N(T(R(x,y),A(y)))$, N 为对合否定算子,因此,

$$R^- (N(A(x))) = \inf\limits_{y \in U} N(T(R(x,y),A(y)))$$
$$= N(\sup\limits_{y \in U} T(R(x,y),A(y))) = N(R^+ (A(x)))$$

同理可证 $R^+ N(A(x)) = N(R^- A(x))$. 证毕.

性质(P6)给出了直觉模糊上、下近似算子之间存在的对偶性质,蕴涵算子取 $\Psi_{S,N}$ 时对偶性成立,蕴涵算子取 Ψ_T 时(P6)的等号并不成立.

定理 2.20　设 IFAS $= (U, \boldsymbol{R}, \Psi, T)$, $T(a, \sup\limits_{b \in Y} b) = \sup\limits_{b \in Y} T(a,b)$, $\forall A \in$ IFS(U) , $\forall R \in \boldsymbol{R}$,

(P7) $R^- (A \bigcap B) = R^- A \bigcap R^- B$;

(P8) $R^+ (A \bigcup B) = R^+ A \bigcup R^+ B$.

证明　(P7)由已知及直觉模糊 S-蕴涵及 R-蕴涵的性质,可得, $\forall x \in U$,

$$R^- (A \bigcap B)(x) = \inf\limits_{y \in U} \Psi(R(x,y),A(y)) \bigwedge \inf\limits_{y \in U} \Psi(R(x,y),B(y))$$
$$= R^- A(x) \bigcap R^- B(x)$$

(P8)根据已知,可得, $\forall x \in U$,

$$R^+ (A \bigcup B)(x) = \sup\limits_{y \in U} (T(R(x,y),A(y)) \bigvee T(R(x,y),B(y)))$$
$$= \sup\limits_{y \in U} T(R(x,y),A(y)) \bigvee \sup\limits_{y \in U} T(R(x,y),B(y))$$
$$= R^+ A(x) \bigcup R^+ B(x)$$

证毕.

定理 2.21　设 IFAS $= (U, \boldsymbol{R}, \Psi, T)$, $\forall A \in$ IFS(U) , $\forall R \in \boldsymbol{R}$,

(P9) $R^+ (A \bigcap B) \subseteq R^+ A \bigcap R^+ B$;

(P10) $R^- (A \bigcup B) \supseteq R^- A \bigcup R^- B$.

证明　(P9)根据定义 2.18 及直觉模糊三角模 T 的单调性,可得, $\forall x \in U$,

$$R^+(A \cap B)(x) = \sup_{y \in U} T(R(x,y), A(y) \wedge B(y))$$

$$\leqslant \sup_{y \in U} (T(R(x,y), A(y)) \wedge T(R(x,y), B(y)))$$

$$= \sup_{y \in U} T(R(x,y), A(y)) \wedge \sup_{y \in U} T(R(x,y), B(y))$$

$$= R^+ A(x) \cap R^+ B(x)$$

(P10) 由定义 2.18 及蕴涵算子的性质, $\forall x \in U$,

$$R^-(A \cup B)(x) = \inf_{y \in U} \boldsymbol{\Psi}(R(x,y), A(y) \vee B(y))$$

$$\geqslant \inf_{y \in U} \boldsymbol{\Psi}(R(x,y), A(y)) \vee \inf_{y \in U} \boldsymbol{\Psi}(R(x,y), B(y))$$

$$= R^- A(x) \cup R^- B(x)$$

证毕.

　　性质(P7)～性质(P10)给出了被近似集的交、并的上、下近似与其上、下近似的交、并之间的关系,其中性质(P7)和性质(P8)只有在具备前提条件时才成立.

　　性质(P1)～性质(P10)是在直觉模糊近似空间中的 $\boldsymbol{R}$ 是等价关系的条件下研究的,若将直觉模糊等价关系弱化为相似关系,则其中的一些与 $\boldsymbol{R}$ 的传递性相关的性质将不再成立,如性质(P4)和性质(P5).

　　综上,IFRS-3 模型是 FRS 模型[24,25]与经典粗糙集模型[2]的直觉模糊化扩展,具有较完整的性质.与 FRS[24,25]和经典粗糙集[2]相比,IFRS-3 能够处理更加一般的数据,可以有效地描述模糊概念和模糊知识,拓展了粗糙集理论对多重不确定性(粗糙性与模糊性)信息的处理能力.另外,IFRS-3 考虑了直觉模糊集与 Pawlak 粗糙集上、下近似之间的联系来建模,比 IFRS-1 以及 IFRS-2 在模型的描述上更具优势,具有广阔的应用前景.

　　下面从包含度的角度研究直觉模糊粗糙集模型 IFRS-4,首先给出直觉模糊集的包含度概念和计算公式.

2.5　基于直觉模糊包含度的 IFRS-4 模型及性质

　　包含度是一种描述不确定性关系的有效度量方法[26-28],是对已有的不确定性推理方法,如概率推理方法、证据推理方法、模糊推理方法以及信息推理方法等的抽象和概括.本节的目标是将模糊包含度扩展到直觉模糊环境下,并给出直觉模糊包含度的计算公式.

　　在利用模糊集理论处理实际问题时,模糊集的包含关系过于苛刻,一般必须用模糊包含度加以代替.设 U 是有限非空论域,$P(U)$ 表示论域 U 上的经典子集的全体,$FS(U)$ 表示论域 U 上的模糊子集的全体.模糊包含度,即 $FS(U)$ 上的包含度,其定义如下.

定义 2.19(模糊包含度[26]) 设 $FS_0(U) \subseteq FS(U)$，$\forall A, B, C \in FS(U)$，若有数 $D(B/A)$ 对应，且满足：

(1) $0 \leqslant D(B/A) \leqslant 1$；

(2) $A \subseteq B \Rightarrow D(B/A) = 1$；

(3) $A \subseteq B \subseteq C \Rightarrow D(A/C) \leqslant D(A/B)$.

则称 D 为 $FS_0(U)$ 上的包含度(inclusion degree).

称 D 为 $FS_0(U)$ 上的强包含度，若 D 满足(1)～(3)和以下的(4)：

(4) $A \subseteq B \Rightarrow D(A/C) \leqslant D(B/C)$.

称 D 为 $FS_0(U)$ 上的弱包含度，若 D 满足(1)，(3)和以下的(2')：

(2')对于 $\forall A, B \in FS_0(U) \bigcap P(U)$，$A \subseteq B \Rightarrow D(B/A) = 1$.

从定义 2.19 可以看出，模糊包含度 $D(B/A)$ 用区间[0,1]中的一个数来表征模糊集 B 与模糊集 A 具有包含关系的程度.

文献[29]将模糊集上的包含度概念扩展到 Vague 集上，给出了相关定义和计算公式，但其中给出的 Vague 包含度仍然是区间[0,1]内的一个数，这意味着直觉模糊包含度不能充分利用直觉模糊集 A, B 所提供的有效信息：非隶属度 $\gamma_A(x)$，$\gamma_B(x)$ 与直觉指数 $\pi_A(x)$，$\pi_B(x)$，从而使直觉模糊集拓展所产生的优势也不能完整地体现. 作者认为，直觉模糊集的包含度应该取值于集合 L，即取值为一个直觉模糊值. 这样取值的优势在于，每一数对 (x_1, x_2) 为决策者提供了更详细而精确的关于所分析对象的模糊边界信息，也正体现了直觉模糊集的拓展优势. 为此，本节提出一种新的直觉模糊集的包含度定义，并对四种计算公式进行验证.

定义 2.20(直觉模糊包含度) 对于 $\forall A, B, C \in IFS_0(U) \subseteq IFS(U)$，有直觉模糊值 $I(A, B) \in L$ 对应，且满足：

(IC1) $0_L \leqslant_L I(A, B) \leqslant_L 1_L$；

(IC2) $A \subseteq B \Rightarrow I(A, B) = 1_L$；

(IC3) $A \subseteq B \subseteq C \Rightarrow I(C, A) \leqslant_L I(B, A)$.

则称 $I(A, B) = (I(A, B)_1, I(A, B)_2)$ 为 $IFS_0(U)$ 上的包含度，其中 $I(A, B)_1$ 为隶属度，$I(A, B)_2$ 为非隶属度.

称 $I(A, B)$ 为 $IFS_0(U)$ 上的强包含度，若 I 满足(IC1)～(IC3)和以下的(IC4)：

(IC4) $\forall A, B, C \in IFS_0(U)$，$A \subseteq B \Rightarrow I(C, A) \leqslant_L I(C, B)$.

称 $I(A, B)$ 为 $IFS(U)$ 上的弱包含度，若 I 满足(IC1)，(IC3)和以下的(IC2')：

(IC2') $\forall A, B \in IFS_0(U) \bigcap P(U)$，$A \subseteq B \Rightarrow I(A, B) = 1_L$.

(IC1)表明直觉模糊包含度取值于集合 L 的最小元 0_L 和最大元 1_L 之间，(IC2)表明如果直觉模糊集 A 包含于直觉模糊集 B，则 B 包含 A 的程度为最大值

1_L，(IC3)是直觉模糊包含度的单调性条件，表明较小的集合更容易被包含. 直觉模糊强包含度在包含度定义的基础上增加了单调性条件(IC4)，直觉模糊弱包含度将包含度的条件(IC2)弱化为(IC2′).

根据定义 2.20，当直觉模糊集 A,B 均退化为模糊集时，即 $\forall x \in U$，满足 $\mu_A(x) + \gamma_A(x) = 1$，$\mu_B(x) + \gamma_B(x) = 1$，则容易证明，定义 2.20 的直觉模糊包含度退化为定义 2.19 的模糊包含度，即如下定理成立.

定理 2.22　若 $A,B \in \mathrm{FS}(U)$，则 $I(A,B) = (I\,(A,B)_1, I\,(A,B)_2)$，$I\,(A,B)_1 + I\,(A,B)_2 = 1$，$I(A,B) = D(B/A)$.

常用的模糊包含度比较多，具体见文献[27]. 根据定义 2.20，可以证明式(2.22)和式(2.23)是直觉模糊包含度.

定理 2.23　设 $A,B \in \mathrm{IFS}(U)$，$I^0(A,B)$ 如式(2.22)所示，则 $I^0(A,B)$ 为 $\mathrm{IFS}(U)$ 上的强包含度，

$$I^0(A,B) = (\min\{L(A,B), H(A,B)\}, 1 - \max\{L(A,B), H(A,B)\})$$

$$(2.22)$$

其中，

$$L(A,B) = \sum_{x \in U} \min\{A\,(x)_1, B\,(x)_1\} \Big/ \sum_{x \in U} A\,(x)_1$$

$$H(A,B) = \sum_{x \in U} \min\{1 - A\,(x)_2, 1 - B\,(x)_2\} \Big/ \sum_{x \in U} (1 - A\,(x)_2)$$

证明　(IC1)显然. (IC2)若 $A \subseteq B$，即 $A(x) \leqslant_L B(x)$，$A\,(x)_1 \leqslant B\,(x)_1$，$A\,(x)_2 \geqslant B\,(x)_2$，根据式(2.22)，

$$I^0(A,B) = (\min\{L(A,B), H(A,B)\}, 1 - \max\{L(A,B), H(A,B)\}) = (1,0)$$

(IC3)　若 $A \subseteq B \subseteq C$，即 $A(x) \leqslant_L B(x) \leqslant_L C(x)$，$A\,(x)_1 \leqslant B\,(x)_1 \leqslant C\,(x)_1$，$A\,(x)_2 \geqslant B\,(x)_2 \geqslant C\,(x)_2$，

$$L(C,A) = \sum_{x \in U} \min\{C\,(x)_1, A\,(x)_1\} \Big/ \sum_x C\,(x)_1 = \sum_{x \in U} A\,(x)_1 \Big/ \sum_x C\,(x)_1$$

$$H(C,A) = \sum_{x \in U} \min\{1 - C\,(x)_2, 1 - A\,(x)_2\} \Big/ \sum_{x \in U} (1 - C\,(x)_2)$$

$$= \sum_{x \in U} 1 - A\,(x)_2 \Big/ \sum_{x \in U} (1 - C\,(x)_2)$$

$$L(B,A) = \sum_{x \in U} \min\{B\,(x)_1, A\,(x)_1\} \Big/ \sum_x B\,(x)_1 = \sum_{x \in U} A\,(x)_1 \Big/ \sum_x B\,(x)_1$$

$$H(B,A) = \sum_{x \in U} \min\{1 - B\,(x)_2, 1 - A\,(x)_2\} \Big/ \sum_{x \in U} (1 - B\,(x)_2)$$

$$= \sum_{x \in U} 1 - A\,(x)_2 \Big/ \sum_{x \in U} (1 - B\,(x)_2)$$

可得 $L(C,A) \leqslant L(B,A)$，$H(C,A) \leqslant H(B,A)$，所以 $I^0(C,A) \leqslant_L I^0(B,A)$；

(IC4)同理可得,证毕.

定理 2.24　设 $A,B \in \mathrm{IFS}(U)$，$I^1(A,B)$ 如式(2.23)所示，则 $I^1(A,B)$ 为 $\mathrm{IFS}(U)$ 上的强包含度，

$$I^1(A,B) = (\inf_{x \in U}\min\{1,1-A(x)_1+B(x)_1,1+A(x)_2-B(x)_2\},\sup_{x \in U}\max\{0,$$
$$\min\{A(x)_1-B(x)_1,B(x)_2-A(x)_2\}\}) \tag{2.23}$$

证明　(IC1)由式(2.23)可得

$$\max\{0,\min\{A(x)_1-B(x)_1,B(x)_2-A(x)_2\}\}$$
$$= 1-\min\{1,\max\{1-A(x)_1+B(x)_1,1+A(x)_2-B(x)_2\}\}$$

因为

$$\min\{1,\max\{1-A(x)_1+B(x)_1,1+A(x)_2-B(x)_2\}\}$$
$$\geqslant \min\{1,1-A(x)_1+B(x)_1,1+A(x)_2-B(x)_2\}$$

所以

$$1-\min\{1,\max\{1-A(x)_1+B(x)_1,1+A(x)_2-B(x)_2\}\}$$
$$+\min\{1,1-A(x)_1+B(x)_1,1+A(x)_2-B(x)_2\} \leqslant 1$$

即

$$(\min\{1,1-A(x)_1+B(x)_1,1+A(x)_2-B(x)_2\},\max\{0,\min\{A(x)_1-$$
$$B(x)_1,B(x)_2-A(x)_2\}\}) \in L$$

从而

$$I^1(A,B) = (\inf_{x \in U}\min\{1,1-A(x)_1+B(x)_1,1+A(x)_2-B(x)_2\},\sup_{x \in U}\max\{0,$$
$$\min\{A(x)_1-B(x)_1,B(x)_2-A(x)_2\}\}) \in L$$

即 $0_L \leqslant_L I^1(A,B) \leqslant_L 1_L$.

(IC2)设 $A,B \in \mathrm{IFS}(U)$，若 $A \subseteq B$，即 $A(x) \leqslant_L B(x)$，$A(x)_1 \leqslant B(x)_1$，$A(x)_2 \geqslant B(x)_2$，由式(3.12)可得 $I^1(A,B) = 1_L$.

(IC3)设 $A,B,C \in \mathrm{IFS}(U)$，若 $A \subseteq B \subseteq C$，即 $A(x) \leqslant_L B(x) \leqslant_L C(x)$，$A(x)_1 \leqslant B(x)_1 \leqslant C(x)_1$，$A(x)_2 \geqslant B(x)_2 \geqslant C(x)_2$，由式(2.23)可得 $I^1(C,A) \leqslant_L I^1(B,A)$.

(IC4)对于 $\forall A,B,C \in \mathrm{IFS}(U)$，若 $A \subseteq B$，由式(2.23)可得 $I^1(C,A) \leqslant I^1(C,B)$. 证毕.

例 2.2　若 $U = \{x_1,x_2,\cdots,x_{14}\}$，直觉模糊集 A 和 B 分别为

$A = \{(0,1)/x_1,(0,1)/x_2,(0,1)/x_3,(0,1)/x_4,(0,1)/x_5,(0,1)/x_6,(0,1)/x_7,(0,1)/x_8,$
$\quad (0,0.4)/x_9,(0.87,0.08)/x_{10},(1,0)/x_{11},(0.87,0.08)/x_{12},(0,0.4)/x_{13},(0,1)/x_{14}\}$

$B = \{(0,1)/x_1,(0,1)/x_2,(0,1)/x_3,(0,1)/x_4,(0,1)/x_5,(0,1)/x_6,(0,0.5)/x_7,(0.74,0.18)/$
$\quad x_8,(0.94,0.05)/x_9,(1,0)/x_{10},(0.94,0.05)/x_{11},(0.74,0.18)/x_{12},(0,0.5)/x_{13},(0,1)/x_{14}\}$

根据式 (2.22) 和式 (2.23)，可得 $I^0(A,B) = (0.9307, 0.0619)$，$I^1(A,B) = (0.87, 0.1)$．

根据定义 2.20，可以验证直觉模糊 R-蕴涵对应一类直觉模糊强包含度. 若给定直觉模糊 t-模 $T_L(x,y) = (\max\{x_1 + y_1 - 1, 0\}, \min\{x_2 + y_2, 1\})$，直觉模糊 R-蕴涵 Ψ_{T_L} 为

$$\Psi_{T_L}(x,y) = (\min\{1, 1 + y_1 - x_1, 1 + x_2 - y_2\}, \max\{0, y_2 - x_2\}) \quad (2.24)$$

若给定直觉模糊 t-模 T_W，

$$T_W(x,y) = (\max\{0, x_1 + y_1 - 1\}, \min\{1, 1 + x_2 - y_1, 1 + y_2 - x_1\}) \quad (2.25)$$

直觉模糊 R-蕴涵 Ψ_{T_W} 为

$$\Psi_{T_W}(x,y) = (\min\{1, 1 + y_1 - x_1, 1 + x_2 - y_2\}, \max\{0, y_2 + x_1 - 1\}) \quad (2.26)$$

定理 2.25　设 $A, B \in \text{IFS}(U)$，$\forall x \in U$，$\Psi_T(A(x), B(x))$ 为直觉模糊 R-蕴涵算子，则 $I(A,B) = \inf\limits_{x \in U} \Psi_T(A(x), B(x))$ 是一种直觉模糊强包含度.

证明　(IC1) 显然. 现证明 (IC2) 和 (IC3).

(IC2) 设 $A, B \in \text{IFS}(U)$，若 $A \subseteq B$，根据直觉模糊 R-蕴涵的定义，可得

$$\Psi_T(A(x), B(x)) = \sup\{\lambda \in L \mid T(A(x), \lambda) \leqslant_L B(x)\}$$

令其中的 $\lambda = 1_L$，根据直觉模糊三角模 T 的边界性质可得

$$T(A(x), 1_L) = A(x)$$

又因为 $A(x) \leqslant_L B(x)$，所以有

$$\Psi_T(A(x), B(x)) = \sup\{\lambda \in L \mid T(A(x), \lambda) \leqslant_L B(x)\} = 1_L, \inf\limits_{x \in U} \Psi_T(A(x), B(x)) = 1_L$$

(IC3) 设 $A, B, C \in \text{IFS}(U)$，若 $A \subseteq B \subseteq C$，即 $A(x) \leqslant_L B(x) \leqslant_L C(x)$，根据直觉模糊 R-蕴涵 Ψ_T 的左单调递减性，可得

$$\Psi_T(C(x), A(x)) \leqslant_L \Psi_T(B(x), A(x))$$

$$\inf\limits_{x \in U} \Psi_T(C(x), A(x)) \leqslant_L \inf\limits_{x \in U} \Psi_T(B(x), A(x))$$

(IC4) 对于 $\forall A, B, C \in \text{IFS}(U)$，根据直觉模糊 R-蕴涵 Ψ_T 右单调递增性，若 $A \subseteq B$，则

$$\Psi_T(C(x), A(x)) \leqslant_L \Psi_T(C(x), B(x))$$

$$\inf\limits_{x \in U} \Psi_T(C(x), A(x)) \leqslant_L \inf\limits_{x \in U} \Psi_T(C(x), B(x))$$

得证.

根据定理 2.25，下面给出另外两种直觉模糊包含度公式.

例 2.3　设 $A, B \in \text{IFS}(U)$，$I^2(A,B)$ 如式 (2.27) 所示，则 $I^2(A,B)$ 为 $\text{IFS}(U)$ 上的强包含度.

$$I^2(A,B) = \inf\limits_{x \in U} \Psi_{T_L}(A(x), B(x))$$

$$= (\inf_{x \in U} \min\{1, 1 + B(x)_1 - A(x)_1, 1 - B(x)_2 + A(x)_2\}, \sup_{x \in U} \max\{0,$$
$$B(x)_2 - A(x)_2\}) \tag{2.27}$$

若论域 U 及直觉模糊集 A,B 的定义同例 2.2，根据式（2.27）可得 $I^2(A,B) = (0.87, 0.1)$.

例 2.4 设 $A, B \in \text{IFS}(U)$，$I^3(A,B)$ 如式（2.28）所示，则 $I^3(A,B)$ 为 IFS(U) 上的强包含度.

$$I^3(A,B) = \inf_{x \in U} \Psi_{T_w}(A(x), B(x))$$
$$= (\inf_{x \in U} \min\{1, 1 + B(x)_1 - A(x)_1, 1 - B(x)_2 + A(x)_2\}, \sup_{x \in U} \max\{0,$$
$$B(x)_2 + A(x)_1 - 1\}) \tag{2.28}$$

若论域 U 及直觉模糊集 A,B 同例 2.2，根据式（2.28），可得 $I^3(A,B) = (0.87, 0.05)$.

例 2.5 $S_M(N(A(x)), B(x))$ 为一直觉模糊 S-蕴涵，下面通过一个例子验证直觉模糊 S-蕴涵不能对应一类直觉模糊包含度.

$$I^4(A,B) = \inf_{x \in U} S_M(N(A(x)), B(x))$$
$$= (\inf_{x \in U} \max\{A(x)_2, B(x)_1\}, \sup_{x \in U} \min\{A(x)_1, B(x)_2\}) \tag{2.29}$$

设 $U = \{x_1, x_2, x_3, x_4, x_5\}$，直觉模糊集 A 和 B 分别定义为
$A = \{(0.1, 0.9)/x_1, (0.2, 0.8)/x_2, (0.3, 0.7)/x_3, (0.4, 0.6)/x_4, (0.5, 0.5)/x_5\}$
$B = \{(0.2, 0.8)/x_1, (0.3, 0.7)/x_2, (0.4, 0.6)/x_3, (0.5, 0.5)/x_4, (0.6, 0.4)/x_5\}$

显然，$A \subseteq B$，根据定义 2.20 应该有 $I^4(A,B) = 1_L = (1,0)$ 成立，然而，根据式（2.29），计算得 $I^4(A,B) = (0.6, 0.4)$，因此，$I^4(A,B)$ 不是直觉模糊包含度，也不是模糊包含度.

本节利用直觉模糊集的隶属度、非隶属度与粗糙集的上、下近似之间的联系，建立一种基于直觉模糊包含度的 IFRS 模型——IFRS-4.

从现有文献可以看出，已有的 IFRS 模型均基于等价关系，而现实系统在出现噪声或随机干扰时，等价关系的限制就显得过于严格，且从实际系统中获取等价关系比较困难. 为此，这里将直觉模糊等价关系弱化为相似关系，基于直觉模糊包含度的概念，研究一种直觉模糊粗糙集模型 IFRS-4.

设 R 为直觉模糊相似关系，$R \in \text{IFR}(U \times U)$，当 U 为有限集时，R 可用直觉模糊相似矩阵表示，如式（2.30）所示，其中 $n = |U|$，$r_{ij} = (r_{ij\,1}, r_{ij\,2}) \in L$，$r_{ij} = r_{ji}$，$r_{ii} = (1,0)$，$i,j = 1, 2, \cdots, n$.

$$R = \begin{bmatrix} r_{11} & r_{12} & \cdots & r_{1n} \\ r_{21} & r_{22} & \cdots & r_{2n} \\ \vdots & \vdots & & \vdots \\ r_{n1} & r_{n2} & \cdots & r_{nn} \end{bmatrix} \tag{2.30}$$

直觉模糊相似关系 R 决定了一组直觉模糊相似类，$\forall x_i \in U$，$(x_i)_R$ 表示对象 x_i 的 R 模糊相似类，$(x_i)_R$ 为论域 U 上的直觉模糊子集 $(x_i)_R \in \mathrm{IFS}(U)$，$(x_i)_R = (r_{i1}/x_1, r_{i2}/x_2, \cdots, r_{in}/x_n)$．

定义 2.21（IFRS-4 模型）　设 U 为有限非空论域，$\boldsymbol{R}$ 是 U 上的一族直觉模糊相似关系，I 为 $\mathrm{IFS}(U)$ 上的包含度，称 $\mathrm{IFID} = (U, \boldsymbol{R}, I)$ 为直觉模糊包含近似空间．$\forall x_i \in U$，$X \subseteq U$，$R \in \boldsymbol{R}$，包含度 $I((x_i)_R, X) = (I((x_i)_R, X)_1, I((x_i)_R, X)_2) \in L$，$X$ 关于 R 的下近似 $R^- X$ 与上近似 $R^+ X$ 定义为

$$R^- X = \{x_i \mid I((x_i)_R, X)_1 = 1\}$$
$$R^+ X = \{x_i \mid I((x_i)_R, X)_2 < 1\} \tag{2.31}$$

X 关于 R 的边界域 $BN(X) = R^+ X - R^- X = \{x_i \mid 0 < I([x]_R, X)_2 < 1\}$．当 $R^- X = R^+ X$ 时，称 X 关于 R 是可定义集，否则称 X 关于 R 是直觉模糊粗糙集．

从定义 3.13 可以看出，X 关于 R 的下近似 $R^- X$ 是用直觉模糊包含度的隶属度定义的，当 X 包含 $(x_i)_R$ 的隶属度为 1 时，x_i 属于 X 的 R 下近似；X 关于 R 的上近似 $R^+ X$ 是用直觉模糊包含度的非隶属度定义的，当 X 包含 $(x_i)_R$ 的非隶属度小于 1 时，x_i 属于 X 的 R 上近似．

定义 2.22（变精度 IFRS-4 模型）　设 $\mathrm{IFID} = (U, \boldsymbol{R}, I)$ 为直觉模糊包含近似空间．$\forall x_i \in U$，$X \subseteq U$，$R \in \boldsymbol{R}$，包含度 $I((x_i)_R, X) = (I((x_i)_R, X)_1, I((x_i)_R, X)_2) \in L$，$X$ 关于 R 依参数 $0.5 \leqslant k \leqslant 1$，$0.5 < l \leqslant 1$ 的下近似 $R^- X$ 与上近似 $R^+ X$ 定义为

$$R^- X = \{x_i \mid I((x_i)_R, X)_1 \geqslant k\}$$
$$R^+ X = \{x_i \mid I((x_i)_R, X)_2 < l\} \tag{2.32}$$

X 关于 R 依参数 $k \geqslant 0.5$，$l \geqslant 0.5$ 的边界域 $BN(X) = R^+ X - R^- X = \{x_i \mid 1 - k < I((x_i)_R, X)_2 < l\}$．当 $R^- X = R^+ X$ 时，称 X 依参数 k, l 关于 R 是可定义集，否则称 X 依参数 k, l 关于 R 是直觉模糊粗糙集．

定义 2.22 在定义 2.21 的基础上引入了参数 k 和 l，即增加了变精度，容许一定程度的错误率存在，进一步完善了近似空间的概念．

当直觉模糊相似关系 R 退化为模糊相似关系 R，根据定理 2.22 可得，直觉模糊包含度 $I((x_i)_R, X)$ 退化为模糊包含度 $D(X/(x_i)_R)$，因此，$I((x_i)_R, X)_1 + I((x_i)_R, X)_2 = 1$，根据式(2.23)，有 $R^+ X = \{x_i \mid I((x_i)_R, X)_2 < l\} = \{x_i \mid 1 - I((x_i)_R, X)_1 < l\} = \{x_i \mid I((x_i)_R, X)_1 > 1 - l\}$，即

$$R^- X = \{x_i \mid D(X/(x_i)_R) \geqslant k\}, \quad R^+ X = \{x_i \mid D(X/(x_i)_R) > 1 - l\}$$

定义 2.22 的变精度近似算子退化为模糊环境下的变精度近似算子[26]．因此，变精

度模糊粗糙集模型是我们模型的一种特例. 下面对直觉模糊包含近似空间中变精度近似算子的一些重要性质进行研究.

定理 2.26　设 $IFID = (U, \boldsymbol{R}, I)$ 为直觉模糊包含近似空间, $X, Y \subseteq U$, $R, Q \in \boldsymbol{R}$, 则

(C1) 正规性: 若 $I = \inf_T \boldsymbol{\Psi}$, 则 $R^- \varnothing = \varnothing = R^+ \varnothing$;

(C2) 余正规性: $R^- U = U = R^+ U$;

(C3) $R^- X \subseteq R^+ X$;

(C4) 单调性: 若 $X \subseteq Y$, 则 $R^- X \subseteq R^- Y$, $R^+ X \subseteq R^+ Y$;

若 $I = \inf_T \boldsymbol{\Psi}$, $R \subseteq Q$, 则 $R^- X \supseteq Q^- X$, $R^+ X \supseteq Q^+ X$;

(C5) $R^- (X \bigcap Y) \subseteq R^- (X) \bigcap R^- (Y)$, $R^+ (X \bigcup Y) \supseteq R^+ (X) \bigcup R^+ (Y)$;

(C6) $R^- (X \bigcup Y) \supseteq R^- (X) \bigcup R^- (Y)$, $R^+ (X \bigcap Y) \subseteq R^+ (X) \bigcap R^+ (X)$.

证明　(C1) $\forall x_i \in U$, $\varnothing(x_i) = 0_L = (0, 1)$, x_i 对直觉模糊模糊相似类 $(x_i)_R$ 的隶属度与非隶属度为 $1_L = (1, 0)$, 因为 $I = \inf_T \boldsymbol{\Psi}$, 即 $I((x_i)_R, \varnothing) = \inf_{x_j \in U} \boldsymbol{\Psi}_T((x_i)_R(x_j), 0_L)$, $\forall x_j \in U$,

$$\boldsymbol{\Psi}_T((x_i)_R(x_j), 0_L) = \sup\{\lambda \in L \mid T((x_i)_R(x_j), \lambda) \leqslant_L 0_L\}$$

当 $x_j = x_i$ 时, $(x_i)_R(x_i) = 1_L$, 此时 $\lambda = 0_L$, 从而可得 $\inf_{x_j \in U} \boldsymbol{\Psi}_T((x_i)_R(x_j), 0_L) = 0_L$, 即 $I((x_i)_R, \varnothing) = 0_L$, $I((x_i)_R, \varnothing)_1 = 0$, $I((x_i)_R, \varnothing)_2 = 1$, 根据定义 2.22,

$$R^- \varnothing = \{x_i \mid I((x_i)_R, \varnothing)_1 \geqslant k\}, \quad R^+ \varnothing = \{x_i \mid I((x_i)_R, \varnothing)_2 < l\}$$

所以, $R^- \varnothing = \varnothing = R^+ \varnothing$.

(C2) $\forall x_i \in U$, $U(x_i) = 1_L = (1, 0)$, 因此 $(x_i)_R \subseteq U$, 根据定义 2.20, 可得

$$I((x_i)_R, U) = (I((x_i)_R, U)_1, I((x_i)_R, U)_2) = (1, 0)$$

根据定义 2.22,

$$R^- U = \{x_i \mid I((x_i)_R, U)_1 \geqslant k\}, \quad R^+ U = \{x_i \mid I((x_i)_R, U)_2 < l\}$$

故 $R^- U = U = R^+ U$.

(C3) 根据定义 2.22, $R^- X = \{x_i \mid I((x_i)_R, X)_1 \geqslant k\}$, 即 $\forall x_i \in R^- X$, $I((x_i)_R, X)_1 \geqslant k$. 因为 $I((x_i)_R, X)_1 + I((x_i)_R, X)_2 \leqslant 1$, 所以 $I((x_i)_R, X)_2 \leqslant 1 - k$. 由于 $0.5 \leqslant k \leqslant 1$, $0 \leqslant 1 - k \leqslant 0.5$, 而 $0.5 < l \leqslant 1$, $1 - k < l$, 因此, $x_i \in R^+ X$, 故 $R^- X \subseteq R^+ X$.

(C4) 若 $X \subseteq Y$, 则 $\forall x_i \in U$, $I((x_i)_R, X) \leqslant_L I((x_i)_R, Y)$, 即

$$I((x_i)_R, X)_1 \leqslant I((x_i)_R, Y)_1, \quad I((x_i)_R, X)_2 \geqslant I((x_i)_R, Y)_2$$

根据定义 2.22, $R^- X = \{x_i \mid I((x_i)_R, X)_1 \geqslant k\}$, $R^- Y = \{x_i \mid I((x_i)_R, Y)_1 \geqslant k\}$, $0.5 \leqslant k \leqslant 1$, $0.5 < l \leqslant 1$, 故 $R^- X \subseteq R^- Y$; 另外, $R^+ X = \{x_i \mid I((x_i)_R, X)_2 < l\}$, $R^+ Y = \{x_i \mid I((x_i)_R, Y)_2 < l\}$, 故 $R^+ X \subseteq R^+ Y$; 若 R

$\subseteq Q$，即 $(x_i)_R \subseteq (x_i)_Q$，$I = \inf_T \Psi$，根据直觉模糊 R-蕴涵的左单调性，

$$\forall\, x_i, x_j \in U,\ \Psi_T((x_i)_R(x_j), X(x_j)) \geqslant_L \Psi_T((x_i)_Q(x_j), X(x_j))$$

所以 $I((x_i)_R, X) \geqslant_L I((x_i)_Q, X)$，即

$$I((x_i)_R, X)_1 \geqslant I((x_i)_Q, X)_1, \quad I((x_i)_R, X)_2 \leqslant I((x_i)_Q, X)_2$$

根据定义 2.22，$R^- X = \{x_i \mid I((x_i)_R, X)_1 \geqslant k\}$，$Q^- X = \{x_i \mid I((x_i)_Q, X)_1 \geqslant k\}$，因此 $R^- X \supseteq Q^- X$；另外，$R^+ X = \{x_i \mid I((x_i)_R, X)_2 < l\}$，$Q^+ X = \{x_i \mid I((x_i)_Q, X)_2 < l\}$，故 $R^+ X \supseteq Q^+ X$.

（C5）因为 $X \cap Y \subseteq X$，$X \cap Y \subseteq Y$，根据（C4）单调性，可得 $R^-(X \cap Y) \subseteq R^-(X)$，$R^-(X \cap Y) \subseteq R^-(Y)$，所以 $R^-(X \cap Y) \subseteq R^-(X) \cap R^-(X)$；同理 $R^+(X \cup Y) \supseteq R^+(X) \cup R^+(X)$.

（C6）同理可证. 证毕.

定理 2.27　设 $\text{IFID} = (U, \boldsymbol{R}, I)$，$X \subseteq U$，$R \in \boldsymbol{R}$，$R^{-(1)} X$ 和 $R^{+(1)} X$ 是依 k_1，l_1 产生的近似算子，$R^{-(2)} X$ 和 $R^{+(2)} X$ 是依 k_2，l_2 产生的近似算子，若 $k_1 \leqslant k_2$，$l_1 \geqslant l_2$，则 $R^{-(1)} X \supseteq R^{-(2)} X$，$R^{+(1)} X \supseteq R^{+(2)} X$.

证明　由已知，

$$R^{-(1)} X = \{x_i \mid I((x_i)_R, X)_1 \geqslant k_1\}, \quad R^{-(2)} X = \{x_i \mid I((x_i)_R, X)_1 \geqslant k_2\}$$
$$R^{+(1)} X = \{x_i \mid I((x_i)_R, X)_2 < l_1\}, \quad R^{+(2)} X = \{x_i \mid I((x_i)_R, X)_2 < l_2\}$$

因为 $k_1 \leqslant k_2$，所以 $R^{-(1)} X$ 对包含度的隶属度限制较小，可得 $R^{-(1)} X \supseteq R^{-(2)} X$；

因为 $l_1 \leqslant l_2$，所以 $R^{+(1)} X$ 对包含度的非隶属度限制较小，可得 $R^{+(1)} X \supseteq R^{+(2)} X$. 证毕.

定理 2.27 说明了参数的变化所引起的近似算子的变化，当 $k_1 \leqslant k_2$，$l_1 \leqslant l_2$，$R^{-(1)} X \supseteq R^{-(2)} X$，$R^{+(1)} X \subseteq R^{+(2)} X$，综上，即下近似是关于 k 递减的，上近似是关于 l 递增的，这里的递增和递减是指包含关系"$\subseteq$".

可以看出，基于直觉模糊包含度的 IFRS-4 模型形式更为简洁，且加入了变精度，满足变精度粗糙集理论的基本性质，具有一定的容错能力，可以有效地处理信息系统中的混合数据类型，包括符号型数据、连续值数据、模糊性数据等，具有广泛的适用范围.

2.6　本章小结

现实世界中存在的不确定性问题往往带有多重不确定性，如既有模糊性又有粗糙性. 对此，需将多种理论进行有效融合才能得以描述和处理. 本章从经典的 Pawlak 意义下的粗糙集模型出发，利用直觉模糊集对粗糙集模型进行了扩展，分别定义了一般等价关系下直觉模糊粗糙集的模型和直觉模糊相似关系下的直觉模

糊粗糙集模型(IFRS-1 和 IFRS-2),详述了各模型的定义过程,并分析了 IFRS-2 模型的性质.另外,本章从直觉模糊逻辑算子角度,证明了直觉模糊逻辑算子与直觉模糊关系的若干有用性质,并提出直觉模糊粗糙集模型 IFRS-3,并对 IFRS-3 模型的 5 类重要性质进行了分类验证与讨论;分析表明,FRS 模型与粗糙集模型均为 IFRS-3 模型的特殊情形,IFRS-3 能处理更加一般的数据,将具有广阔的应用前景.

最后,从包含度角度,针对文献[29]中 Vague 包含度的定义仍然取值于区间 [0,1]这一问题,重新定义了取值于特殊格 L 的直觉模糊集的包含度,提出了基于包含度的直觉模糊粗糙集模型 IFRS-4,并对其中的变精度 IFRS-4 模型的重要性质进行了证明.

需要特别指出,IFRS-3 模型与 IFRS-4 模型是从不同角度将粗糙集与直觉模糊集相融合,相对而言,由于 IFRS-3 模型引入了逻辑算子,因而更为广义,上、下近似算子具备良好的性质,而 IFRS-4 将包含度作为直觉模糊集与粗糙集结合的桥梁,并引入了变精度,因此,具有一定的容错能力,且形式更为简单易于实现.

参 考 文 献

[1] Pawlak Z. Rough sets [J]. International Journal of Computer Information Science, 1982, 5: 341-356.

[2] Pawlak Z. Rough classification[J]. International Journal of Human-Computer Studies, 1999, 51: 369-383.

[3] Peters J F, Ziaei K, Ramanna S, et al. Adaptive fuzzy rough approximate time controller design methodology: concepts, petri net model and application[C]. Proc. IEEE Int. Conf. on Systems, Man, andCybernetics. 1998, 3: 2101-2106.

[4] Hu Q H, Xie Z X, Yu D R. Hybrid attributes reduction based on a novel fuzzy-rough model and information granulation[J]. Pattern Recognition, 2007, 40: 3509-3521.

[5] Jensen R, Shen Q. Fuzzy-rough sets assisted attribute selection[J]. IEEE Trans. On Fuzzy System, 2007, 15(1), 73-89.

[6] Kasemsiri W, Kimpan C. Printed thai character recognition using fuzzy-rough sets[C]. Proc. IEEE Region 10 Int. Conf. on Electrical and Electronic Technology. 2001, 1: 326-330.

[7] Atanassov K. Intuitionistic fuzzy sets[J]. Fuzzy Sets and Systems, 1986, 20 (1): 87-96.

[8] Chakrabarty K, Gedeon T, Koczy L. Intuitionistic fuzzy rough sets[C]. Proc. 4th Joint Conf. on Information Sciences, Durham, NC: JCIS, 1998: 211-214.

[9] Rizvi, S, Naqvi H J, Nadeem D. Rough intuitionistic fuzzy sets[C]. Proc. 6th Joint Conf. on Information Sciences, Durham, NC: JCIS, 2002: 101-104.

[10] Tripathy B K. Rough sets on intuitionistic fuzzy approximation spaces[C]. 3rd Int. IEEE Conf. Intelligent Systems, September 2006, 776-779.

[11] Cornelis C, de Cock M, Kerre E E. Intuitionistic fuzzy rough sets: at the crossroads of imperfect knowledge[J]. Expert Systems, 2003, 20(5): 260-270.

[12] Morsi N N, Yakout M M. Axiomatics for fuzzy rough sets[J]. Fuzzy Sets and Systems, 1998, 100:

327-342.

[13] Cornelis C, Deschrijver G, Kerre E E. Implication in intuitionistic fuzzy and interval-valued fuzzy set theory: construction, classification, application[J]. International Journal of Approximate Reasoning, 2004, 35(1): 55-95.

[14] Deschrijver G, Cornelis C, Kerre E E. Intuitionistic fuzzy connectives revisited[C]. Proc. 9th Int. Conf. Information Processing Management Uncertainty Knowledge-Based Systems, 2002: 1839-1844.

[15] Deschrijver G, Cornelis C, Kerre E E. On the representation of intuitionistic fuzzyt-norms and t-conorms[J]. IEEE Trans. Fuzzy Systems, 2004, 12 (1): 45-61.

[16] 张文修, 吴伟志, 梁吉业, 等. 粗糙集理论与方法[M]. 北京: 科学出版社, 2001.

[17] 黄正华, 胡宝清. 模糊粗糙集理论研究进展[J]. 模糊系统与数学, 2005, 19(4): 125-134.

[18] 吴伟志, 张文修, 徐宗本. 粗糙模糊集的构造与公理化方法. 计算机学报, 2004, 27(2):197-202.

[19] 郭海刚, 张振良, 高井贵. 相似关系下的模糊粗糙集[J]. 昆明理工大学学报(理工版), 2004, 29(6): 153-156.

[20] 陈奇南, 梁洪峻模糊集和粗糙集[J]. 计算机工程, 2002, 28(8): 138-140.

[21] 李红杰, 殷允强, 张振良. 模糊粗糙集的一些性质[J]. 红河学院学报, 2005, 3(6): 4-6.

[22] 赵磊, 舒兰. 模糊粗糙集的分解定理[J]. 电子科技大学学报, 2001, 30(6): 647-650.

[23] 程日, 莫智文. 模糊粗糙集的分解定理及表现定理[J]. 四川师范大学学报(自然科学版), 24(2): 111-113.

[24] Dubois D, Prade H. Rough fuzzy sets and fuzzy rough sets [J]. International Journal of General Systems, 1990, 17: 191-209.

[25] Dubois D, Prade H. Putting rough sets and fuzzy sets together[J]. Intelligent Decision Support: Handbook of Applications and Advances of the Rough Sets Theory. Dordrecht, the Netherlands: Kluwer, 1992, 203-222.

[26] 张文修, 徐宗本, 梁怡, 等. 包含度理论[J]. 模糊系统与数学, 1996, 10(4):1-9.

[27] 张文修, 梁怡, 徐萍. 基于包含度的不确定推理[M]. 北京:清华大学出版社, 2007.

[28] 曲开社, 翟岩慧. 偏序集、包含度与形式概念分析[J]. 计算机学报, 2006, 29(2):219-226.

[29] 黄国顺, 刘云生. 基于包含度的 Vague 集相似度量[J]. 小型微型计算机系统, 2006, 27(5): 873-877.

第 3 章　基于 IFRS 的逻辑推理方法

本章主要对直觉模糊条件推理中的蕴涵式、条件式、多重式、多维式、多重多维式直觉模糊推理进行扩展,研究基于三角模的 IFRS 推理. 内容包括:不确定性与模糊推理;直觉模糊集合中 CRI 算法;直觉模糊条件推理中的蕴涵式、条件式、多重式、多维式、多重多维式直觉模糊推理;IFRS 中基于蕴涵式、条件式、多重式、多维式及多重多维式直觉模糊推理的上、下近似推理算法;模糊粗糙集中基于三角模的模糊推理;IFRS 中基于直觉模糊三角模的模糊推理.

3.1　不确定性推理与模糊推理

所谓推理就是从已知事实出发,通过运用相关知识逐步推出结论或者证明某个假设成立或不成立的思维过程. 其中,已知事实和知识是构成推理的两个基本要素. 已知事实又称为证据,用以指出推理的出发点及推理时应该使用的知识;而知识是推理得以向前推进,并逐步达到最终目标的依据.

但是,现实世界中的事物以及事物之间的关系是极其复杂的,由于客观上存在的随机性,模糊性以及某些事物或现象暴露的不充分性,导致人们对它们的认识往往是不精确、不完全的,具有一定程度的不确定性. 这种认识上的不确定性反映到知识以及由观察所得到的证据上来,就分别形成了不确定性的知识及不确定性的证据.

不确定性推理[1]是建立在非经典逻辑基础上的一种推理,它是对不确定性知识的运用与处理. 严格地说,所谓不确定性推理就是从不确定性的初始证据出发,通过运用不确定性的知识,最终推出具有一定程度的不确定性但却是合理或者近乎合理的结论的思维过程.

不确定性推理中的"不确定性"一般分为两类:一是知识的不确定性;另一是证据的不确定性. 目前,关于不确定性推理方法的研究是沿着两条不同路线发展的. 一条路线是在推理一级上扩展确定性推理,其特点是把不确定的证据和不确定的知识分别与某种量度标准对应起来,并且给出更新结论不确定性的算法,从而构成了相应的不确定性推理的模型. 另一条路线是在控制策略一级处理不确定性,其特点是通过识别领域中引起不确定性的某些特征及相应的控制策略来限制或减少不确定性对系统产生的影响,这类方法没有处理不确定性的统一模型,其效果极大地依赖于控制策略,称为控制方法. 我们对推理的研究是基于第一条推理路线的.

　　模糊推理是利用模糊性知识进行的一种不确定性推理. 模糊推理的理论基础是模糊集理论以及在此基础上发展起来的模糊逻辑,它所处理的事物自身是模糊的,概念本身没有明确的外延,一个对象是否符合这个概念难以明确的确定,模糊推理是对这种不确定性,即模糊性的表示与处理[2].

3.2　直觉模糊环境下基于 CRI 合成规则的推理算法

3.2.1　直觉模糊集合的简单逻辑推理

　　1973 年,Zadeh 利用模糊关系定义模糊蕴涵,进而用模糊关系的合成运算给出近似推理的一个推理方法,即 CRI(compositional rule of inference)方法[3]. 直觉模糊集合作为模糊集合的扩展形式,也可以利用直觉模糊关系的合成运算进行推理.

　　IF 推理的最基本形式是直觉模糊取式推理(intuitionistic fuzzy modus ponens, IFMP)和直觉模糊拒取式推理(intuitionistic fuzzy modus tollens, IFMT). 其表述形式分别为

$$规则:\quad A \rightarrow B$$
$$输入:\quad A^*$$
$$输出:\qquad B^*$$

其中 A 与 A^* 是论域 U 上的 IF 集, B 与 B^* 是论域 V 上的 IF 集.

　　则 IF 环境下 IFMP 问题的 CRI 推理算法为

$$B^* = A^* \circ R(A,B)$$

其中 R 为 IF 集合 A , B 之间的直觉模糊关系为

$$规则:\quad A \rightarrow B$$
$$输入:\qquad B^*$$
$$输出:\quad A^*$$

其中 A 与 A^* 是论域 U 上的 IF 集, B 与 B^* 是论域 V 上的 IF 集.

　　则 IF 环境下 IFMT 问题的 CRI 推理算法为

$$A^* = R(A,B) \circ B^*$$

上述推理方法可用图 3.1 表示.

图 3.1　CRI 方法示意图

根据以上算法,可分别对 Zadeh 模糊关系、Mamdani 模糊关系、Larsen 模糊关系、Mizumoto 模糊关系等进行直觉模糊的逻辑推理.

3.2.2　蕴涵式直觉模糊推理

直觉模糊条件推理,包括蕴涵式直觉模糊推理,条件式直觉模糊推理,多重式直觉模糊推理,多维式直觉模糊推理,以及多重多维式直觉模糊推理. 其中蕴涵式直觉模糊推理算法如下.

设 $A,B \in [0,1]$ 是直觉模糊命题,且 A 在论域 X 上取值,B 在论域 Y 上取值. 直觉模糊逻辑中的蕴涵式"$A \rightarrow B$",其关系矩阵 $R(A;B)$ 是一个双矩阵,即

$$
\begin{aligned}
R_{A \rightarrow B} &= (A \times B) \bigcup (A^c \times Y) \\
&= \int_{X \times Y} \langle \mu_{A \rightarrow B}(x,y), \gamma_{A \rightarrow B}(x,y) \rangle/(x,y)
\end{aligned} \tag{3.1}
$$

其中

$$
\mu_{A \rightarrow B}(x,y) = (\mu_A(x) \wedge \mu_B(y)) \vee \gamma_A(x) \tag{3.1a}
$$

$$
\gamma_{A \rightarrow B}(x,y) = (\gamma_A(x) \vee \gamma_B(y)) \wedge \mu_A(x) \tag{3.1b}
$$

若已知 B^*,则 A^* 可由 R 与 B^* 的合成运算推理求得,即

$$
A^* = R_{A \rightarrow B} \circ B^* = \int_X \langle \mu_{A^*}(x), \gamma_{A^*}(x) \rangle/x \tag{3.2}
$$

其中

$$
\mu_{A^*}(x) = \bigvee_{y \in Y} (\mu_{A \rightarrow B}(x,y) \wedge \mu_{B^*}(y)) \tag{3.2a}
$$

$$
\gamma_{A^*}(x) = \bigwedge_{y \in Y} (\gamma_{A \rightarrow B}(x,y) \vee \gamma_{B^*}(y)) \tag{3.2b}
$$

3.2.3　条件式直觉模糊推理

设 $A,B,C \in [0,1]$ 是直觉模糊命题,且 A 在论域 X 上取值,B,C 在论域 Y 上取值. 直觉模糊逻辑中的条件式"$A \rightarrow B$, $A^c \rightarrow C$",其关系矩阵 $R(A;B,C)$:

$$
\begin{aligned}
R_{A \rightarrow B, A^c \rightarrow C} &= (A \times B) \bigcup (A^c \times C) \\
&= \int_{X \times Y} \langle \mu_{A \rightarrow B, A^c \rightarrow C}(x,y), \gamma_{A \rightarrow B, A^c \rightarrow C}(x,y) \rangle/(x,y)
\end{aligned} \tag{3.3}
$$

其中

$$
\begin{aligned}
\mu_{A \rightarrow B, A^c \rightarrow C}(x,y) &= (\mu_A(x) \wedge \mu_B(y)) \vee (\mu_{A^c}(x) \wedge \mu_C(y)) \\
&= (\mu_A(x) \wedge \mu_B(y)) \vee (\gamma_A(x) \wedge \mu_C(y))
\end{aligned} \tag{3.3a}
$$

$$
\begin{aligned}
\gamma_{A \rightarrow B, A^c \rightarrow C}(x,y) &= (\gamma_A(x) \vee \gamma_B(y)) \wedge (\gamma_{A^c}(x) \wedge \gamma_C(y)) \\
&= (\gamma_A(x) \vee \gamma_B(y)) \wedge (\mu_A(x) \wedge \gamma_C(y))
\end{aligned} \tag{3.3b}
$$

若已知 A^*，则 B^* 可由 A^* 与关系矩阵 R 的合成运算推理求得，即

$$B^* = A^* \circ R^* = \int_Y \langle \mu_{B^*}(y), \gamma_{B^*}(y) \rangle / y \tag{3.4}$$

其中

$$\mu_{B^*}(y) = \bigvee_{x \in X} (\mu_{A^*}(x) \wedge \mu_{R^*}(x,y)) \tag{3.4a}$$

$$\gamma_{B^*}(y) = \bigwedge_{x \in X} (\gamma_{A^*}(x) \vee \gamma_{R^*}(x,y)) \tag{3.4b}$$

式中 R^* 为 $R_{A \to B, A^c \to C}$，即 $\mu_{R^*}(x,y)$ 与 $\gamma_{R^*}(x,y)$ 分别取为 $\mu_{A \to B, A^c \to C}(x,y)$ 和 $\gamma_{A \to B, A^c \to C}(x,y)$．

这一推理合成运算也适应于蕴涵式直觉模糊推理规则，即式中 R^* 可以取为 $R_{A \to B}$，即 $\mu_{R^*}(x,y)$ 与 $\gamma_{R^*}(x,y)$ 分别取为 $\mu_{A \to B}(x,y)$ 和 $\gamma_{A \to B}(x,y)$．

3.2.4　多重式直觉模糊推理

设 $A_i, B_i \in [0,1]$ 是直觉模糊命题，且 A_i 在论域 X 上取值，B_i 在论域 Y 上取值，$A_i \to B_i$ 有关系 $R_i, i = 1, 2, \cdots, n$，则 $(A_1 \to B_1, A_2 \to B_2, \cdots, A_n \to B_n)$ 称为多重条件推理，其总的合成关系 $R(A_1 \to B_1, A_2 \to B_2, \cdots, A_n \to B_n)$ 为

$$\begin{aligned}
R_{A_1 \to B_1, A_2 \to B_2, \cdots, A_n \to B_n} &= \bigcup_{i=1}^n R_i(A_i, B_i) \\
&= \int_{X \times Y} \langle \mu_{A_1 \to B_1, A_2 \to B_2, \cdots, A_n \to B_n}(x,y), \gamma_{A_1 \to B_1, A_2 \to B_2, \cdots, A_n \to B_n}(x,y) \rangle / (x,y)
\end{aligned}$$

$$\tag{3.5}$$

其中

$$\begin{aligned}
\mu_{A_1 \to B_1, A_2 \to B_2, \cdots, A_n \to B_n}(x,y) &= \bigvee_{i=1}^n (\mu_{A_i}(x) \wedge \mu_{B_i}(y)) \\
&= (\mu_{A_1}(x) \wedge \mu_{B_1}(y)) \vee (\mu_{A_2}(x) \wedge \mu_{B_2}(y)) \vee \cdots \vee \\
&\quad (\mu_{A_n}(x) \wedge \mu_{B_n}(y))
\end{aligned}$$

$$\tag{3.5a}$$

$$\begin{aligned}
\gamma_{A_1 \to B_1, A_2 \to B_2, \cdots, A_n \to B_n}(x,y) &= \bigwedge_{i=1}^n (\gamma_{A_i}(x) \vee \gamma_{B_i}(y)) \\
&= (\gamma_{A_1}(x) \vee \gamma_{B_1}(y)) \wedge (\gamma_{A_2}(x) \vee \gamma_{B_2}(y)) \wedge \cdots \wedge (\gamma_{A_n}(x) \vee \\
&\quad \gamma_{B_n}(y))
\end{aligned}$$

$$\tag{3.5b}$$

若已知 A^*，则 B^* 可由 A^* 与 $R_{A_1 \to B_1, A_2 \to B_2, \cdots, A_n \to B_n}$ 的合成运算 $B^* = A^* \circ R_{A_1 \to B_1, A_2 \to B_2, \cdots, A_n \to B_n}$ 求得. 反之，若已知 B^*，则 A^* 可由 $R_{A_1 \to B_1, A_2 \to B_2, \cdots, A_n \to B_n}$ 与 B^* 的合成运算 $A^* = R_{A_1 \to B_1, A_2 \to B_2, \cdots, A_n \to B_n} \circ B^*$ 求得.

3.2.5 多维式直觉模糊推理

设 $A_i, B \in [0,1]$ 是直觉模糊命题，且 A_i 在论域 X 上取值，B 在论域 Y 上取值，$i = 1,2,\cdots,n$，则多维条件推理的形式为 $A_1 \times A_2 \times \cdots \times A_n \rightarrow B$. 此时，令 $A = A_1 \times A_2 \times \cdots \times A_n$，则上式可简记为 $A \rightarrow B$，即

$$\mu_A(x) = \bigwedge_{i=1}^{n} \mu_{A_i}(x) = \mu_{A_1}(x) \wedge \mu_{A_2}(x) \wedge \cdots \wedge \mu_{A_n}(x) \tag{3.6a}$$

$$\gamma_A(x) = \bigvee_{i=1}^{n} \gamma_{A_i}(x) = \gamma_{A_1}(x) \vee \gamma_{A_2}(x) \vee \cdots \vee \gamma_{A_n}(x) \tag{3.6b}$$

关系矩阵 $R(A_1, A_2, \cdots, A_n; B)$ 为

$$R_{A_1 \times A_2 \times \cdots \times A_n \rightarrow B} = (A_1 \times A_2 \times \cdots \times A_n \times B) \bigcup \overline{(A_1 \times A_2 \times \cdots \times A_n \times Y)}$$

$$= \int_{X \times Y} \langle \mu_{A_1 \times A_2 \times \cdots \times A_n \rightarrow B}(x,y), \gamma_{A_1 \times A_2 \times \cdots \times A_n \rightarrow B}(x,y) \rangle / (x,y) \tag{3.7}$$

式(3.7)可简化为

$$\mu_{A_1 \times A_2 \times \cdots \times A_n \rightarrow B}(x,y) = (\mu_A(x) \wedge \mu_B(y)) \vee \gamma_A(x) \tag{3.7a}$$

$$\gamma_{A_1 \times A_2 \times \cdots \times A_n \rightarrow B}(x,y) = (\gamma_A(x) \vee \gamma_B(y)) \wedge \mu_A(x) \tag{3.7b}$$

若已知 $A^* = A_1^* \times A_2^* \times \cdots \times A_n^*$，则 B^* 可由 A^* 与 $R_{A_1 \times A_2 \times \cdots \times A_n \rightarrow B}$ 的合成运算 $B^* = A^* \circ R_{A_1 \times A_2 \times \cdots \times A_n \rightarrow B}$ 求得.

3.2.6 多重多维式直觉模糊推理

对于多重多维式直觉模糊推理，即既含有多重推理又含有多维推理的形式，可以分解进行推理合成运算，即先进行多重推理计算，即按式(3.5)~式(3.5b)进行推理合成运算，再进行多维推理计算，即按式(3.6a)~式(3.7b)进行推理合成运算.

3.3 IFRS 中基于直觉模糊关系的上、下近似逻辑推理

3.3.1 基于蕴涵式直觉模糊推理的上、下近似推理方法

设 $A, B \in [0,1]$ 是直觉模糊粗糙集合，且 A 在论域 X 上取值，B 在论域 Y 上取值. 基于直觉模糊逻辑中的蕴涵式"若 A 则 B"的上、下近似推理算法为

$$R_{A^- \rightarrow B^-} = (A^- \times B^-) \bigcup (A^c \times Y)$$

$$= \int_{X \times Y} \langle \mu_{A^- \rightarrow B^-}(x,y), \gamma_{A^- \rightarrow B^-}(x,y) \rangle / (x,y) \tag{3.8}$$

其中

$$\mu_{A^- \rightarrow B^-}(x,y) = (\mu_{\bar{A}}(x) \wedge \mu_{\bar{B}}(y)) \vee \gamma_{\bar{A}}(x) \tag{3.8a}$$

$$\gamma_{A^- \to B^-}(x, y) = (\gamma_A^-(x) \vee \gamma_B^-(y)) \wedge \mu_A^-(x) \tag{3.8b}$$

$$R_{A^+ \to B^+} = (A^+ \times B^+) \bigcup (A^{+c} \times Y)$$

$$= \int_{X \times Y} \langle \mu_{A^+ \to B^+}(x, y), \gamma_{A^+ \to B^+}(x, y) \rangle / (x, y) \tag{3.9}$$

其中

$$\mu_{A^+ \to B^+}(x, y) = (\mu_A^+(x) \wedge \mu_B^+(y)) \vee \gamma_A^+(x) \tag{3.9a}$$

$$\gamma_{A^+ \to B^+}(x, y) = (\gamma_A^+(x) \vee \gamma_B^+(y)) \wedge \mu_A^+(x) \tag{3.9b}$$

若已知 B^*，则 A^* 可由 R 和 B^* 与的合成运算推理求得，即

$$A^{-*} = R_{A^- \to B^-} \circ B^{-*} = \int_X \langle \mu_{A^*}^-(x), \gamma_{A^*}^-(x) \rangle / x \tag{3.10}$$

其中

$$\mu_{A^*}^-(x) = \bigvee_{y \in Y} (\mu_{A^- \to B^-}(x, y) \wedge \mu_{B^*}^-(y)) \tag{3.10a}$$

$$\gamma_{A^*}^-(x) = \bigwedge_{y \in Y} (\gamma_{A^- \to B^-}(x, y) \vee \gamma_{B^*}^-(y)) \tag{3.10b}$$

$$A^{+*} = R_{A^+ \to B^+} \circ B^{+*} = \int_X \langle \mu_{A^*}^+(x), \gamma_{A^*}^+(x) \rangle / x \tag{3.11}$$

其中

$$\mu_{A^*}^+(x) = \bigvee_{y \in Y} (\mu_{A^+ \to B^+}(x, y) \wedge \mu_{B^*}^+(y)) \tag{3.11a}$$

$$\gamma_{A^*}^+(x) = \bigwedge_{y \in Y} (\gamma_{A^+ \to B^+}(x, y) \vee \gamma_{B^*}^+(y)) \tag{3.11b}$$

对于上、下近似的计算，可选择如下公式进行，其中 R 是论域 U 上的一个普通等价关系，A 是 U 上的一个直觉模糊集合.

$$A^-{}_R(x) = \{\langle x, \inf\{\mu_y \mid y \in [x]_R\}, \sup\{\gamma_y \mid y \in [x]_R\}\rangle \mid x \in U\}$$

$$A^+{}_R(x) = \{\langle x, \sup\{\mu_y \mid y \in [x]_R\}, \inf\{\gamma_y \mid y \in [x]_R\}\rangle \mid x \in U\} \tag{3.12}$$

3.3.2　基于条件式直觉模糊推理的上、下近似推理方法

设 $A, B, C \in [0, 1]$ 是直觉模糊粗糙集合，且 A 在论域 X 上取值，B, C 在论域 Y 上取值. 基于直觉模糊逻辑中的条件式"若 A 则 B 否则 C"的上、下近似推理算法为

$$R_{A^- \to B^-, A^{-c} \to C^-} = (A^- \times B^-) \bigcup (A^{-c} \times C^-)$$

$$= \int_{X \times Y} \langle \mu_{A^- \to B^-, A^{-c} \to C^-}(x, y), \gamma_{A^- \to B^-, A^{-c} \to C^-}(x, y) \rangle / (x, y)$$

$$\tag{3.13}$$

其中

$$\mu_{A^- \to B^-, A^{-c} \to C^-}(x, y) = (\mu_A^-(x) \wedge \mu_B^-(y)) \vee (\gamma_A^-(x) \wedge \mu_C^-(y)) \tag{3.13a}$$

$$\gamma_{A\to B^-,A^{-c}\to C^-}(x,y) = (\gamma_A^-(x) \bigvee \gamma_B^-(y)) \bigwedge (\mu_A^-(x) \bigwedge \gamma_C^-(y)) \quad (3.13\text{b})$$

$$R_{A^+\to B^+,A^{+c}\to C^+} = (A^+ \times B^+) \bigcup (A^{+c} \times C^+)$$

$$= \int_{X\times Y} \langle \mu_{A^+\to B^+,A^{+c}\to C^+}(x,y), \gamma_{A^+\to B^+,A^{+c}\to C^+}(x,y)\rangle/(x,y)$$

其中

$$\mu_{A^+\to B^+,A^{+c}\to C^+}(x,y) = (\mu_A^+(x) \bigwedge \mu_B^+(y)) \bigvee (\gamma_A^+(x) \bigwedge \mu_C^+(y))$$

$$\gamma_{A^+\to B^+,A^{+c}\to C^+}(x,y) = (\gamma_A^+(x) \bigvee \gamma_B^+(y)) \bigwedge (\mu_A^+(x) \bigwedge \gamma_C^+(y))$$

若已知 A^*，则 B^* 可由 A^* 与 R 的合成运算推理求得，即

$$B^{-*} = A^{-*} \circ R_{A^-\to B^-,A^{-c}\to C^-} = \int_X \langle \mu_{B^*}^-(x), \gamma_{B^*}^-(x)\rangle/x \quad (3.14)$$

其中

$$\mu_{B^*}^-(y) = \bigvee_{x\in X} (\mu_{A^*}^-(x) \bigwedge \mu_{A^-\to B^-,A^{-c}\to C^-}(x,y)) \quad (3.14\text{a})$$

$$\gamma_{B^*}^-(y) = \bigwedge_{x\in X} (\gamma_{A^*}^-(x) \bigvee \gamma_{A^-\to B^-,A^{-c}\to C^-}(x,y)) \quad (3.14\text{b})$$

$$B^{+*} = A^{+*} \circ R_{A^+\to B^+,A^{+c}\to C^+} = \int_X \langle \mu_{B^*}^+(x), \gamma_{B^*}^+(x)\rangle/x \quad (3.15)$$

其中

$$\mu_{B^*}^+(y) = \bigvee_{x\in X} (\mu_{A^*}^+(x) \bigwedge \mu_{A^+\to B^+,A^{+c}\to C^+}(x,y)) \quad (3.15\text{a})$$

$$\gamma_{B^*}^+(y) = \bigwedge_{x\in X} (\gamma_{A^*}^+(x) \bigvee \gamma_{A^+\to B^+,A^{+c}\to C^+}(x,y)) \quad (3.15\text{b})$$

3.3.3 基于多重式直觉模糊推理的上、下近似推理方法

设 $A_i,B_i \in [0,1]$ 是直觉模糊粗糙集，且 A_i 在论域 X 上取值，B_i 在论域 Y 上取值，基于直觉模糊逻辑中的多重式（$A_1 \to B_1, A_2 \to B_2, \cdots, A_n \to B_n$）的上、下近似推理算法为

$$R_{A_1^-\to B_1^-,A_2^-\to B_2^-,\cdots,A_n^-\to B_n^-} = \bigcup_{i=1}^{n} R_i(A_i^-,B_i^-)$$

$$= \int_{X\times Y} \langle \mu_{A_1^-\to B_1^-,A_2^-\to B_2^-,\cdots,A_n^-\to B_n^-}(x,y), \gamma_{A_1^-\to B_1^-,A_2^-\to B_2^-,\cdots,A_n^-\to B_n^-}(x,y)\rangle/(x,y)$$

$$(3.16)$$

其中

$$\mu_{A_1^-\to B_1^-,A_2^-\to B_2^-,\cdots,A_n^-\to B_n^-}(x,y) = \bigvee_{i=1}^{n} (\mu_{A_i^-}(x) \bigwedge \mu_{B_i^-}(y))$$

$$= (\mu_{A_1^-}(x) \bigwedge \mu_{B_1^-}(y)) \bigvee (\mu_{A_2^-}(x) \bigwedge \mu_{B_2^-}(y)) \bigvee \cdots$$

$$\bigvee (\mu_{A_n^-}(x) \bigwedge \mu_{B_n^-}(y)) \quad (3.16\text{a})$$

$$\gamma_{A_1^- \to B_1^-, A_2^- \to B_2^-, \cdots, A_n^- \to B_n^-}(x,y) = \bigwedge_{i=1}^{n} (\gamma_{A_i^-}(x) \vee \gamma_{B_i^-}(y))$$

$$= (\gamma_{A_1^-}(x) \vee \gamma_{B_1^-}(y)) \wedge (\gamma_{A_2^-}(x) \vee \gamma_{B_2^-}(y)) \wedge \cdots$$

$$\wedge (\gamma_{A_n^-}(x) \vee \gamma_{B_n^-}(y)) \tag{3.16b}$$

$$R_{A_1^+ \to B_1^+, A_2^+ \to B_2^+, \cdots, A_n^+ \to B_n^+} = \bigcup_{i=1}^{n} R_i(A_i^+, B_i^+)$$

$$= \int_{X \times Y} \langle \mu_{A_1^+ \to B_1^+, A_2^+ \to B_2^+, \cdots, A_n^+ \to B_n^+}(x,y), \gamma_{A_1^+ \to B_1^+, A_2^+ \to B_2^+, \cdots, A_n^+ \to B_n^+}(x,y) \rangle$$

$$/(x,y) \tag{3.17}$$

其中

$$\mu_{A_1^+ \to B_1^+, A_2^+ \to B_2^+, \cdots, A_n^+ \to B_n^+}(x,y) = \bigvee_{i=1}^{n} (\mu_{A_i^+}(x) \wedge \mu_{B_i^+}(y))$$

$$= (\mu_{A_1^+}(x) \wedge \mu_{B_1^+}(y)) \vee (\mu_{A_2^+}(x) \wedge \mu_{B_2^+}(y)) \vee \cdots$$

$$\vee (\mu_{A_n^+}(x) \wedge \mu_{B_n^+}(y)) \tag{3.17a}$$

$$\gamma_{A_1^+ \to B_1^+, A_2^+ \to B_2^+, \cdots, A_n^+ \to B_n^+}(x,y) = \bigwedge_{i=1}^{n} (\gamma_{A_i^+}(x) \vee \gamma_{B_i^+}(y))$$

$$= (\gamma_{A_1^+}(x) \vee \gamma_{B_1^+}(y)) \wedge (\gamma_{A_2^+}(x) \vee \gamma_{B_2^+}(y)) \wedge \cdots$$

$$\wedge (\gamma_{A_n^+}(x) \vee \gamma_{B_n^+}(y)) \tag{3.17b}$$

若已知 A^* 或 B^*,则推理合成算法同基于蕴涵式与条件式上、下近似的逻辑推理算法.

3.3.4　基于多维式直觉模糊推理的上、下近似推理方法

设 $A_i, B \in [0,1]$ 是直觉模糊粗糙集,且 A_i 在论域 X 上取值,B 在论域 Y 上取值,$i = 1,2,\cdots,n$,基于直觉模糊逻辑中的多维式"若 A_1 且 A_2 且 $\cdots$ 且 A_n,则 B"的上、下近似推理算法如下.

记

$$\mu_{\bar{A}}(x) = \bigwedge_{i=1}^{n} \mu_{\bar{A_i}}(x) = \mu_{\bar{A_1}}(x) \wedge \mu_{\bar{A_2}}(x) \wedge \cdots \wedge \mu_{\bar{A_n}}(x) \tag{3.18a}$$

$$\gamma_{\bar{A}}(x) = \bigvee_{i=1}^{n} \gamma_{\bar{A_i}}(x) = \gamma_{\bar{A_1}}(x) \vee \gamma_{\bar{A_2}}(x) \vee \cdots \vee \gamma_{\bar{A_n}}(x) \tag{3.18b}$$

$$\mu_{A}^+(x) = \bigwedge_{i=1}^{n} \mu_{A_i}^+(x) = \mu_{A_1}^+(x) \wedge \mu_{A_2}^+(x) \wedge \cdots \wedge \mu_{A_n}^+(x) \tag{3.19a}$$

$$\gamma_{A}^+(x) = \bigvee_{i=1}^{n} \gamma_{A_i}^+(x) = \gamma_{A_1}^+(x) \vee \gamma_{A_2}^+(x) \vee \cdots \vee \gamma_{A_n}^+(x) \tag{3.19b}$$

则

$$R_{A_1^- \times A_2^- \times \cdots \times A_n^- \to B^-} = (A_1^- \times A_2^- \times \cdots \times A_n^- \times B^-) \bigcup ((A_1^- \times A_2^- \times \cdots \times A_n^-)^c \times Y)$$

$$= \int_{X \times Y} \langle \mu_{A_1^- \times A_2^- \times \cdots \times A_n^- \to B^-}(x,y), \gamma_{A_1^- \times A_2^- \times \cdots \times A_n^- \to B^-}(x,y) \rangle / (x,y)$$

$$(3.20)$$

其中

$$\mu_{A_1^- \times A_2^- \times \cdots \times A_n^- \to B^-}(x,y) = (\mu_A^-(x) \wedge \mu_B^-(y)) \vee \gamma_A^-(x) \qquad (3.20a)$$

$$\gamma_{A_1^- \times A_2^- \times \cdots \times A_n^- \to B^-}(x,y) = (\gamma_A^-(x) \vee \gamma_B^-(y)) \wedge \mu_A^-(x) \qquad (3.20b)$$

$$R_{A_1^+ \times A_2^+ \times \cdots \times A_n^+ \to B^+} = (A_1^+ \times A_2^+ \times \cdots \times A_n^+ \times B^+) \bigcup ((A_1^+ \times A_2^+ \times \cdots \times A_n^+)^c \times Y)$$

$$= \int_{X \times Y} \langle \mu_{A_1^+ \times A_2^+ \times \cdots \times A_n^+ \to B^+}(x,y), \gamma_{A_1^+ \times A_2^+ \times \cdots \times A_n^+ \to B^+}(x,y) \rangle / (x,y)$$

$$(3.21)$$

其中

$$\mu_{A_1^+ \times A_2^+ \times \cdots \times A_n^+ \to B^+}(x,y) = (\mu_A^+(x) \wedge \mu_B^+(y)) \vee \gamma_A^+(x) \qquad (3.21a)$$

$$\gamma_{A_1^+ \times A_2^+ \times \cdots \times A_n^+ \to B^+}(x,y) = (\gamma_A^+(x) \vee \gamma_B^+(y)) \wedge \mu_A^+(x) \qquad (3.21b)$$

若已知 A^* 或 B^*,则推理合成算法同基于蕴涵式与条件式上、下近似的逻辑推理算法.

3.3.5　基于多重多维式直觉模糊推理的上、下近似推理方法

对于多重多维直觉模糊推理的上、下近似推理,即既含有多重推理又含有多维推理的形式,可以分解进行推理合成运算,亦即先进行多重推理计算,即按式(3.16)~式(3.17b)进行推理合成运算,再进行多维推理计算,即按式(3.18a)~式(3.21b)进行推理合成运算.

3.3.6　算例一

设论域 $U = \{x_i | i = 1,2,3,4,5,6\}$,关于 U 的一个 R 等价类为 $U/R = \{\{x_1,x_5\},\{x_2,x_6\},\{x_3,x_4,\}\}$. 设直觉模糊粗糙集合 A,B 分别表示两个不同的模糊粗糙概念,可用隶属度和非隶属度表示:

$$A = \{\langle 1,0 \rangle/x_1, \langle 0.3,0.6 \rangle/x_2, \langle 0.3,0.5 \rangle/x_3, \langle 0.6,0.2 \rangle/x_4, \langle 0.9,0.07 \rangle/x_5,$$
$$\langle 0.8,0.1 \rangle/x_6\}$$

$$B = \{\langle 0.1,0.8 \rangle/x_1, \langle 0.3,0.5 \rangle/x_2, \langle 0.2,0.7 \rangle/x_3, \langle 1,0 \rangle/x_4, \langle 0.5,0.4 \rangle/x_5,$$
$$\langle 0.6,0.2 \rangle/x_6,\}$$

由公式(3.12)得集合 A,B 的上、下近似分别为

$$A_R^- = \{\langle 0.9,0.07 \rangle/x_1, \langle 0.3,0.6 \rangle/x_2, \langle 0.3,0.5 \rangle/x_3, \langle 0.3,0.5 \rangle/x_4, \langle 0.9,$$

$$0.07\rangle/x_5, \langle 0.3, 0.6\rangle/x_6\}$$

$A_R^+ = \{\langle 1,0\rangle/x_1, \langle 0.8,0.1\rangle/x_2, \langle 0.6,0.2\rangle/x_3, \langle 0.6,0.2\rangle/x_4, \langle 1,0\rangle/x_5,$
$\quad \langle 0.8,0.1\rangle/x_6\}$

$B_R^- = \{\langle 0.1,0.8\rangle/x_1, \langle 0.3,0.5\rangle/x_2, \langle 0.2,0.7\rangle/x_3, \langle 0.2,0.7\rangle/x_4, \langle 0.1,$
$\quad 0.8\rangle/x_5, \langle 0.3,0.5\rangle/x_6\}$

$B_R^+ = \{\langle 0.5,0.4\rangle/x_1, \langle 0.6,0.2\rangle/x_2, \langle 1,0\rangle/x_3, \langle 1,0\rangle/x_4, \langle 0.5,0.4\rangle/x_5,$
$\quad \langle 0.6,0.2\rangle/x_6\}$

若 $R_{A\to B}$ 为 $R_m = (A\times B)\bigcup(\overline{A}\times Y)$，由基于蕴涵式直觉模糊推理的上、下近似推理方法可得

$$R_{A^-\to B^-} = \begin{bmatrix} \langle 0.1,0.8\rangle & \langle 0.3,0.5\rangle & \langle 0.2,0.7\rangle & \langle 0.2,0.7\rangle & \langle 0.1,0.8\rangle & \langle 0.3,0.5\rangle \\ \langle 0.6,0.3\rangle & \langle 0.6,0.3\rangle & \langle 0.6,0.3\rangle & \langle 0.6,0.3\rangle & \langle 0.6,0.3\rangle & \langle 0.6,0.3\rangle \\ \langle 0.5,0.3\rangle & \langle 0.5,0.3\rangle & \langle 0.5,0.3\rangle & \langle 0.5,0.3\rangle & \langle 0.5,0.3\rangle & \langle 0.5,0.3\rangle \\ \langle 0.5,0.3\rangle & \langle 0.5,0.3\rangle & \langle 0.5,0.3\rangle & \langle 0.5,0.3\rangle & \langle 0.5,0.3\rangle & \langle 0.5,0.3\rangle \\ \langle 0.1,0.8\rangle & \langle 0.3,0.5\rangle & \langle 0.2,0.7\rangle & \langle 0.2,0.7\rangle & \langle 0.1,0.8\rangle & \langle 0.3,0.5\rangle \\ \langle 0.6,0.3\rangle & \langle 0.6,0.3\rangle & \langle 0.6,0.3\rangle & \langle 0.6,0.3\rangle & \langle 0.6,0.3\rangle & \langle 0.6,0.3\rangle \end{bmatrix}$$

$$R_{A^+\to B^+} = \begin{bmatrix} \langle 0.5,0.4\rangle & \langle 0.6,0.2\rangle & \langle 1,0\rangle & \langle 1,0\rangle & \langle 0.5,0.4\rangle & \langle 0.6,0.2\rangle \\ \langle 0.5,0.4\rangle & \langle 0.6,0.2\rangle & \langle 0.8,0.1\rangle & \langle 0.8,0.1\rangle & \langle 0.5,0.4\rangle & \langle 0.6,0.2\rangle \\ \langle 0.5,0.4\rangle & \langle 0.6,0.2\rangle & \langle 0.6,0.2\rangle & \langle 0.6,0.2\rangle & \langle 0.5,0.4\rangle & \langle 0.6,0.2\rangle \\ \langle 0.5,0.4\rangle & \langle 0.6,0.2\rangle & \langle 0.6,0.2\rangle & \langle 0.6,0.2\rangle & \langle 0.5,0.4\rangle & \langle 0.6,0.2\rangle \\ \langle 0.5,0.4\rangle & \langle 0.6,0.2\rangle & \langle 1,0\rangle & \langle 1,0\rangle & \langle 0.5,0.4\rangle & \langle 0.6,0.2\rangle \\ \langle 0.5,0.4\rangle & \langle 0.6,0.2\rangle & \langle 0.8,0.1\rangle & \langle 0.8,0.1\rangle & \langle 0.5,0.4\rangle & \langle 0.6,0.2\rangle \end{bmatrix}$$

若已知

$B^* = \{\langle 0.06,0.8\rangle/x_1, \langle 0.8,0.2\rangle/x_2, \langle 0.1,0.8\rangle/x_3, \langle 0.7,0.2\rangle/x_4, \langle 0.3,$
$\quad 0.6\rangle/x_5, \langle 0.7,0.1\rangle/x_6\}$

计算 B^* 的上、下近似为

$B_R^{-*} = \{\langle 0.06,0.8\rangle/x_1, \langle 0.7,0.2\rangle/x_2, \langle 0.1,0.8\rangle/x_3, \langle 0.1,0.8\rangle/x_4, \langle 0.06,$
$\quad 0.8\rangle/x_5, \langle 0.7,0.2\rangle/x_6\}$

$B_R^{+*} = \{\langle 0.3,0.6\rangle/x_1, \langle 0.8,0.1\rangle/x_2, \langle 0.7,0.2\rangle/x_3, \langle 0.7,0.2\rangle/x_4, \langle 0.3,$
$\quad 0.6\rangle/x_5, \langle 0.8,0.1\rangle/x_6\}$

则 A^* 的上、下近似可由下式计算得出

$A_R^{-*} = R_{A^-\to B^-} \circ B_R^{-*}$

$\quad = \{\langle 0.3,0.5\rangle/x_1, \langle 0.6,0.3\rangle/x_2, \langle 0.5,0.3\rangle/x_3, \langle 0.5,0.3\rangle/x_4, \langle 0.3,0.5\rangle/x_5, \langle 0.6,$
$\quad 0.3\rangle/x_6\}$

$A_R^{+*} = R_{A^+ \to B^+} \circ B_R^{+*}$

$\quad = \{\langle 0.7, 0.2 \rangle / x_1, \langle 0.7, 0.2 \rangle / x_2, \langle 0.6, 0.2 \rangle / x_3, \langle 0.6, 0.2 \rangle / x_4, \langle 0.7, 0.2 \rangle / x_5, \langle 0.7,$

$\quad\quad 0.2 \rangle / x_6 \}$

若 $R_{A \to B}$ 为 $R_c = A \times B$，由基于蕴涵式直觉模糊推理的上、下近似推理方法可得

$$R_{A^- \to B^-} = \begin{bmatrix} \langle 0.1, 0.8 \rangle & \langle 0.3, 0.5 \rangle & \langle 0.2, 0.7 \rangle & \langle 0.2, 0.7 \rangle & \langle 0.1, 0.8 \rangle & \langle 0.3, 0.5 \rangle \\ \langle 0.1, 0.8 \rangle & \langle 0.3, 0.6 \rangle & \langle 0.2, 0.7 \rangle & \langle 0.2, 0.7 \rangle & \langle 0.1, 0.8 \rangle & \langle 0.3, 0.6 \rangle \\ \langle 0.1, 0.8 \rangle & \langle 0.3, 0.5 \rangle & \langle 0.2, 0.7 \rangle & \langle 0.2, 0.7 \rangle & \langle 0.1, 0.8 \rangle & \langle 0.3, 0.5 \rangle \\ \langle 0.1, 0.8 \rangle & \langle 0.3, 0.5 \rangle & \langle 0.2, 0.7 \rangle & \langle 0.2, 0.7 \rangle & \langle 0.1, 0.8 \rangle & \langle 0.3, 0.5 \rangle \\ \langle 0.1, 0.8 \rangle & \langle 0.3, 0.5 \rangle & \langle 0.2, 0.7 \rangle & \langle 0.2, 0.7 \rangle & \langle 0.1, 0.8 \rangle & \langle 0.3, 0.5 \rangle \\ \langle 0.1, 0.8 \rangle & \langle 0.3, 0.6 \rangle & \langle 0.2, 0.7 \rangle & \langle 0.2, 0.7 \rangle & \langle 0.1, 0.8 \rangle & \langle 0.3, 0.6 \rangle \end{bmatrix}$$

$$\boldsymbol{R}_{A^+ \to B^+} = \begin{bmatrix} \langle 0.5, 0.4 \rangle & \langle 0.6, 0.2 \rangle & \langle 1, 0 \rangle & \langle 1, 0 \rangle & \langle 0.5, 0.4 \rangle & \langle 0.6, 0.2 \rangle \\ \langle 0.5, 0.4 \rangle & \langle 0.6, 0.2 \rangle & \langle 0.8, 0.1 \rangle & \langle 0.8, 0.1 \rangle & \langle 0.5, 0.4 \rangle & \langle 0.6, 0.2 \rangle \\ \langle 0.5, 0.4 \rangle & \langle 0.6, 0.2 \rangle & \langle 0.6, 0.2 \rangle & \langle 0.6, 0.2 \rangle & \langle 0.5, 0.4 \rangle & \langle 0.6, 0.2 \rangle \\ \langle 0.5, 0.4 \rangle & \langle 0.6, 0.2 \rangle & \langle 0.6, 0.2 \rangle & \langle 0.6, 0.2 \rangle & \langle 0.5, 0.4 \rangle & \langle 0.6, 0.2 \rangle \\ \langle 0.5, 0.4 \rangle & \langle 0.6, 0.2 \rangle & \langle 1, 0 \rangle & \langle 1, 0 \rangle & \langle 0.5, 0.4 \rangle & \langle 0.6, 0.2 \rangle \\ \langle 0.5, 0.4 \rangle & \langle 0.6, 0.2 \rangle & \langle 0.8, 0.1 \rangle & \langle 0.8, 0.1 \rangle & \langle 0.5, 0.4 \rangle & \langle 0.6, 0.2 \rangle \end{bmatrix}$$

则 A^* 的上、下近似可由下式计算得出

$A_R^{-*} = R_{A^- \to B^-} \circ B_R^{-*}$

$\quad = \{\langle 0.3, 0.5 \rangle / x_1, \langle 0.3, 0.6 \rangle / x_2, \langle 0.3, 0.5 \rangle / x_3, \langle 0.3, 0.5 \rangle / x_4, \langle 0.3, 0.5 \rangle / x_5, \langle 0.3,$

$\quad\quad 0.6 \rangle / x_6 \}$

$A_R^{+*} = R_{A^+ \to B^+} \circ B_R^{+*}$

$\quad = \{\langle 0.7, 0.2 \rangle / x_1, \langle 0.7, 0.2 \rangle / x_2, \langle 0.6, 0.2 \rangle / x_3, \langle 0.6, 0.2 \rangle / x_4, \langle 0.7, 0.2 \rangle / x_5, \langle 0.7,$

$\quad\quad 0.2 \rangle / x_6 \}$

3.3.7　算例二

设 $U = \{x_i \mid 1 \leqslant i \leqslant 6\}$，$V = \{y_i \mid 1 \leqslant i \leqslant 6\}$（$i$ 为整数）关于 U 与 V 的 R 等价类为

$U/R = \{\{x_1, x_5\}, \{x_2, x_6\}, \{x_3, x_4,\}\}$，$V/R = \{\{y_1, y_5\}, \{y_2, y_6\}, \{y_3, y_4,\}\}$

直觉模糊集合 A, B, C 分别为

$A = \{\langle 1, 0 \rangle / x_1, \langle 0.3, 0.6 \rangle / x_2, \langle 0.3, 0.5 \rangle / x_3, \langle 0.6, 0.2 \rangle / x_4, \langle 0.9, 0.07 \rangle / x_5, \langle 0.8, 0.1 \rangle / x_6\}$

$B = \{\langle 0.1, 0.8 \rangle / y_1, \langle 0.3, 0.5 \rangle / y_2, \langle 0.2, 0.7 \rangle / y_3, \langle 1, 0 \rangle / y_4, \langle 0.5, 0.4 \rangle / y_5, \langle 0.6, 0.2 \rangle / y_6,\}$

$C = \{\langle 0.2, 0.75\rangle/y_1, \langle 0.83, 0.1\rangle/y_2, \langle 0,1\rangle/y_3, \langle 1,0\rangle/y_4, \langle 0.9, 0.07\rangle/y_5, \langle 0.4, 0.5\rangle/y_6\}$

则 A, B 的上、下近似同算例一.

计算 C 的上、下近似分别为

$C_R^- = \{\langle 0.2, 0.75\rangle/y_1, \langle 0.4, 0.5\rangle/y_2, \langle 0,1\rangle/y_3, \langle 0,1\rangle/y_4, \langle 0.2, 0.75\rangle/y_5, \langle 0.4, 0.5\rangle/y_6\}$

$C_R^+ = \{\langle 0.9, 0.07\rangle/y_1, \langle 0.83, 0.1\rangle/y_2, \langle 1,0\rangle/y_3, \langle 1,0\rangle/y_4, \langle 0.9, 0.07\rangle/y_5, \langle 0.83, 0.1\rangle/y_6\}$

则由基于条件式直觉模糊推理的上、下近似推理方法可得

$$R_{A^- \to B^-, A^{-c} \to C^-} = \begin{bmatrix} \langle 0.1, 0.75\rangle & \langle 0.3, 0.5\rangle & \langle 0.2, 0.7\rangle & \langle 0.2, 0.7\rangle & \langle 0.1, 0.75\rangle & \langle 0.3, 0.5\rangle \\ \langle 0.2, 0.3\rangle & \langle 0.4, 0.3\rangle & \langle 0.2, 0.3\rangle & \langle 0.2, 0.3\rangle & \langle 0.2, 0.3\rangle & \langle 0.4, 0.3\rangle \\ \langle 0.2, 0.3\rangle & \langle 0.4, 0.3\rangle & \langle 0.2, 0.3\rangle & \langle 0.2, 0.3\rangle & \langle 0.2, 0.3\rangle & \langle 0.4, 0.3\rangle \\ \langle 0.2, 0.3\rangle & \langle 0.4, 0.3\rangle & \langle 0.2, 0.3\rangle & \langle 0.2, 0.3\rangle & \langle 0.2, 0.3\rangle & \langle 0.4, 0.3\rangle \\ \langle 0.1, 0.75\rangle & \langle 0.3, 0.5\rangle & \langle 0.2, 0.7\rangle & \langle 0.2, 0.7\rangle & \langle 0.1, 0.75\rangle & \langle 0.3, 0.5\rangle \\ \langle 0.2, 0.3\rangle & \langle 0.4, 0.3\rangle & \langle 0.2, 0.3\rangle & \langle 0.2, 0.3\rangle & \langle 0.2, 0.3\rangle & \langle 0.4, 0.3\rangle \end{bmatrix}$$

$$R_{A^+ \to B^+, A^{+c} \to C^+} = \begin{bmatrix} \langle 0.5, 0.4\rangle & \langle 0.6, 0.1\rangle & \langle 1,0\rangle & \langle 1,0\rangle & \langle 0.5, 0.4\rangle & \langle 0.6, 0.1\rangle \\ \langle 0.5, 0.07\rangle & \langle 0.6, 0.1\rangle & \langle 0.8, 0\rangle & \langle 0.8, 0\rangle & \langle 0.5, 0.07\rangle & \langle 0.6, 0.1\rangle \\ \langle 0.5, 0.07\rangle & \langle 0.6, 0.1\rangle & \langle 0.6, 0.2\rangle & \langle 0.6, 0.2\rangle & \langle 0.5, 0.07\rangle & \langle 0.6, 0.1\rangle \\ \langle 0.5, 0.07\rangle & \langle 0.6, 0.1\rangle & \langle 0.6, 0.2\rangle & \langle 0.6, 0.2\rangle & \langle 0.5, 0.07\rangle & \langle 0.6, 0.1\rangle \\ \langle 0.5, 0.4\rangle & \langle 0.6, 0.1\rangle & \langle 1,0\rangle & \langle 1,0\rangle & \langle 0.5, 0.4\rangle & \langle 0.6, 0.1\rangle \\ \langle 0.5, 0.07\rangle & \langle 0.6, 0.1\rangle & \langle 0.8, 0\rangle & \langle 0.8, 0\rangle & \langle 0.5, 0.07\rangle & \langle 0.6, 0.1\rangle \end{bmatrix}$$

若已知 $A^* = \{\langle 0.07, 0.8\rangle/x_1, \langle 0.9, 0.01\rangle/x_2, \langle 0.3, 0.6\rangle/x_3, \langle 0.8, 0.2\rangle/x_4,$
$\langle 0.7, 0.2\rangle/x_5, \langle 0.2, 0.6\rangle/x_6\}$, 由公式(3.12)得 A^* 的上、下近似为

$\quad A_R^{-*} = \{\langle 0.07, 0.8\rangle/x_1, \langle 0.2, 0.6\rangle/x_2, \langle 0.3, 0.6\rangle/x_3, \langle 0.3, 0.6\rangle/x_4,$
$\qquad \langle 0.07, 0.8\rangle/x_5, \langle 0.2, 0.6\rangle/x_6\}$

$\quad A_R^{+*} = \{\langle 0.7, 0.2\rangle/x_1, \langle 0.9, 0.01\rangle/x_2, \langle 0.8, 0.2\rangle/x_3, \langle 0.8, 0.2\rangle/x_4,$
$\qquad \langle 0.7, 0.2\rangle/x_5, \langle 0.9, 0.01\rangle/x_6\}$

则 B^* 的上、下近似可由下式计算得出:

$B_R^{-*} = A_R^{-*} \circ R_{A^- \to B^-, A^{-c} \to C^-}$

$\quad = \{\langle 0.2, 0.6\rangle/x_1, \langle 0.3, 0.6\rangle/x_2, \langle 0.2, 0.6\rangle/x_3, \langle 0.2, 0.6\rangle/x_4, \langle 0.2, 0.6\rangle/x_5, \langle 0.3,$
$\qquad 0.6\rangle/x_6\}$

$B_R^{+*} = A_R^{+*} \circ R_{A^+ \to B^+, A^{+c} \to C^+}$

$\quad = \{\langle 0.5, 0.07\rangle/x_1, \langle 0.6, 0.1\rangle/x_2, \langle 0.8, 0.01\rangle/x_3, \langle 0.8, 0.01\rangle/x_4, \langle 0.5, 0.07\rangle/x_5,$
$\qquad \langle 0.6, 0.1\rangle/x_6\}$

3.4　基于直觉模糊三角模的 IFRS 逻辑推理

3.4.1　基于三角模的模糊推理

在简单模糊合成推理规则中,首先要构造出 A 与 B 之间的模糊关系 R,然后通过 R 与证据的合成求出结论. 在前提 A^* 给定的条件下,我们在 CRI 推理方法中得出的最终模糊推理结果仅仅是一个确定的值,但是,在很多情况下,在实际的推理过程中存在许多特殊的限制,若最终的模糊推理结果能在一个区间范围内取值,则会在很大程度上满足那些特殊限制,也使推理结果更加合理.

定理 3.1　设 U 与 V 都是非空论域,R 为 $U \times V$ 上的一个模糊二元关系,若 T 为 I 上的一个 T 模,Γ 为 T 的剩余蕴涵,则有如下结论:

(1) $R^{+T}:[0,1]^U \to [0,1]^V$ 是一个上近似算子,当

$$R^{+T}(A)(y) = \sup_{x \in U} T(R(x,y), A(x)), \quad \forall A \in [0,1]^U$$

(2) $R_{\Gamma}^-:[0,1]^U \to [0,1]^V$ 是一个下近似算子,当

$$R_{\Gamma}^-(A)(y) = \inf_{x \in U} \Gamma(R(x,y), A(x)), \quad \forall A \in [0,1]^U$$

证明　(1)若 $T(a,b)$ 是关于 a 的单调递增函数,$\forall y \in V$,有

$$R^{+T}(\varnothing)(y) = \sup_{x \in U} T(R(x,y), 0) \leqslant T(1,0) = 0, \text{则 } R^{+T}(\varnothing) = \varnothing.$$

(2)若 $\Gamma(a,b)$ 是关于 a 的单调递减函数,$\forall y \in V$,有

$$R_{\Gamma}^-(U)(y) = \inf_{x \in U} \Gamma(R(x,y), 1) \geqslant \Gamma(1,1) = 1, \text{则 } R_{\Gamma}^-(U) = V.$$

由定理 3.1 可得出结论,可通过计算 A^* 的下近似 $R_{\Gamma}^-(A^*)$ 和上近似 $R^{+T}(A^*)$ 得到一个区间值 $[R_{\Gamma}^-(A^*), R^{+T}(A^*)]$,记作 $[l,u]$,最终的模糊推理结果应介于这个区间值范围内,在这个区间范围内取值. 特别地,对三角模的模糊推理来说,由 CRI 方法得到的结果正是 A^* 的上近似.

下面从截集的概念说明以 A^* 的上近似作为最终推理结果的合理性.

设 E 为非空论域,C 为 E 上的模糊集合,$r \in [0,1]$,则模糊集合 C 的 r-截集为 $l_R(C) = \{z \in E \mid C(z) > r\}$,若 R 为集合 A,B 的模糊关系,U,V 为两个非空论域,则可定义 $l_r(r) = \{(x,y) \in U \times V \mid R(x,y) > r\}$,易证 $l_r(B^*) = \mathrm{apr}_{l_r(R)}^+ l_R(A^*)$,即 $l_r(B^*)$ 是关于 $l_r(R)$ 的 $l_r(A^*)$ 的上近似. 如图 3.2 和图 3.3 所示,A^* 和 B^* 分别为所给前提和模糊推理结果,且 $r_1, r_2 \in [0,1]$. 在图 3.2 中,$[a,d]$ 和 $[b,c]$ 分别为 A^* 的 r_1-截集与 r_2-截集,在图 3.3 中,$[e,h]$ 和 $[f,g]$ 分别为 B^* 的 r_1-截集与 r_2-截集,则

$$[e,h]= l_{r_1}(B^*) = \mathrm{apr}^+_{l_{r_1}(R)} l_{r_1}(A^*) = \mathrm{apr}^+_{l_{r_1}(R)}[a,d]$$

$$[f,g]= l_{r_2}(B^*) = \mathrm{apr}^+_{l_{r_2}(R)} l_{r_2}(A^*) = \mathrm{apr}^+_{l_{r_2}(R)}[b,c]$$

即 $B^* = A^{+*}$.

因此,将 A^* 的上近似作为最终推理结果 B^* 是合理的.

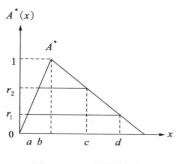

图 3.2 A^* 的截集图

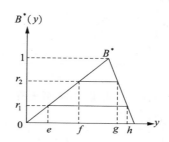

图 3.3 B^* 的截集图

3.4.2 基于直觉模糊三角模的模糊推理

在 3.4.1 小节中讨论了模糊粗糙集中基于三角模的模糊推理,得出了最终的模糊推理结果是介于 $[A^{-*}(X)(x),A^{+*}(X)(x)]$ 这个区间值范围内的,且对于经典 CRI 方法来说 B^* 其实就是所给事实 A^* 的上近似. 在本节当中,将三角模扩展为直觉模糊三角模,将模糊粗糙集扩展为直觉模糊粗糙集,若给出的事实 A^* 为直觉模糊集合,通过计算 A^* 的上、下近似,也可以得到两个区间值范围,$[\mu_{A^{-*}}(x),\mu_{A^{+*}}(x)]$ 与 $[\gamma_{A^{-*}}(x),\gamma_{A^{+*}}(x)]$,最终的直觉模糊推理结果同样是介于这两个区间范围内的,其中 CRI 推理结果为 A^* 的上近似.

同样从截集的概念说明上述推理过程的合理性.

设 E 为非空论域,C 为 E 上的直觉模糊集合,$r_1,r_2 \in [0,1]$,则 C 的截集为 $l_{r_1,r_2}(\mu,\gamma) = \{z \in E | \mu(z) \geqslant r_1, \gamma(z) \leqslant r_2\}$,若 R 为集合 A,B 的直觉模糊关系,U,V 为两个非空论域,则可定义 $l_{r_1,r_2}(R) = \{(x,y) \in U \times V | \mu_R(x,y) \geqslant r_1, \gamma_R(x,y) \leqslant r_2)\}$,易证 $l_{r_1,r_2}(B^*) = \mathrm{apr}^+_{l_{r_1,r_2}(R)} l_{r_1,r_2}(A^*)$,假设 A,B 的直觉模糊指数 π 为 0.1,则可分别画出它们的隶属度函数图形和非隶属度函数图形上的截集,如图 3.4~图 3.7 所示,A^* 和 B^* 分别为所给前提和直觉模糊推理结果,且 $r_1,r_2 \in [0,1]$. 在图 3.4 和图 3.5 中,$[a,b]$ 和 $[c,d]$ 分别为 A^* 隶属度函数和非隶属度函数的截集,在图 3.6 和图 3.7 中,$[e,f]$ 和 $[g,h]$ 分别为 B^* 隶属度函数和非隶属度函的截集,则

对隶属度函数,有

$$[e,f]= l_{r_1}(\mu_{B^*}) = \mathrm{apr}^+_{l_{r_1}(R)} l_{r_1}(\mu_{A^*}) = \mathrm{apr}^+_{l_{r_1}(R)}[a,b]$$

对非隶属度函数,有

$$[g,h] = l_{r_2}(\gamma_{B^*}) = \mathrm{apr}^+_{l_{r_2}(R)} l_{r_2}(\gamma_{A^*}) = \mathrm{apr}^+_{l_{r_2}(R)}[c,d]$$

即 $B^* = A^{+*}$.

因此，将 A^* 的上近似作为最终推理结果 B^* 是合理的.

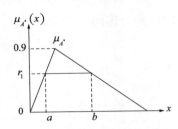

图 3.4　A^* 隶属度函数截集图

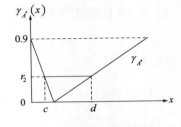

图 3.5　A^* 非隶属度函数截集图

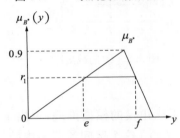

图 3.6　B^* 隶属度函数截集图

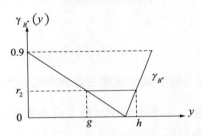

图 3.7　B^* 非隶属度函数截集图

3.4.3　算例一

设

$$U = V = \{1,2,3,4,5\}$$
$$A = 1/1 + 0.5/2$$
$$B = 0.4/3 + 0.6/4 + 1/5$$

并设模糊知识及模糊证据分别为

$$\mathrm{IF}\quad x\ \mathrm{is}\ A\qquad \mathrm{THEN}\quad y\quad \mathrm{is}\quad B$$
$$x\quad \mathrm{is}\quad A^*$$

其中，A^* 的模糊集为

$$A^* = 1/1 + 0.4/2 + 0.2/3$$

则由模糊知识可分别得到 R_m 与 R_a：

$$R_m = \begin{bmatrix} 0 & 0 & 0.4 & 0.6 & 1 \\ 0.5 & 0.5 & 0.5 & 0.5 & 0.5 \\ 1 & 1 & 1 & 1 & 1 \\ 1 & 1 & 1 & 1 & 1 \\ 1 & 1 & 1 & 1 & 1 \end{bmatrix}$$

$$R_a = \begin{bmatrix} 0 & 0 & 0.4 & 0.6 & 1 \\ 0.5 & 0.5 & 0.9 & 1 & 1 \\ 1 & 1 & 1 & 1 & 1 \\ 1 & 1 & 1 & 1 & 1 \\ 1 & 1 & 1 & 1 & 1 \end{bmatrix}$$

对 R_m，计算 A^* 的上、下近似为

$$A^{-*}(X)(x) = \bigwedge_{x \in U} \theta(R(x,y), A^*(x))$$

$$= \bigwedge_{x \in U} \theta(R_m, A^*(x))$$

$$= \{0, 0, 0.4, 0.6, 1\}$$

$$A^{+*}(X)(x) = \bigvee_{x \in U} T(R(x,y), A^*(x))$$

$$= \bigvee_{x \in U} T(R_a, A^*(x))$$

$$= \{0.4, 0.4, 0.4, 0.6, 1\}$$

对 R_a，计算 A^* 的上、下近似为

$$A^{-*}(X)(x) = \bigwedge_{x \in U} \theta(R(x,y), A^*(x))$$

$$= \bigwedge_{x \in U} \theta(R_a, A^*(x))$$

$$= \{0, 0, 0.4, 0.6, 1\}$$

$$A^{+*}(X)(x) = \bigvee_{x \in U} T(R(x,y), A^*(x))$$

$$= \bigvee_{x \in U} T(R_a, A^*(x))$$

$$= \{0.4, 0.4, 0.4, 0.6, 1\}$$

（这里，取 T 为 min，θ_T 为 min 下的 R 蕴涵算子（剩余蕴涵））

因此最终的推理结果 B^* 的隶属度应介于 $[A^{-*}(X)(x), A^{+*}(X)(x)]$ 的值之间，即：

对 R_m 来说，$[R_T^-(A^*), R^{+T}(A^*)]$ 为 $\{[0,0.4], [0,0.4][0.4,0.4], [0.6, 0.6], [1,1]\}$；

对 R_a 来说，$[R_T^-(A^*), R^{+T}(A^*)]$ 为 $\{[0,0.4], [0,0.4][0.4,0.4], [0.6, 0.6], [1,1]\}$.

再由 CRI 方法计算得出最终推理结果为

$$B_m^* = A^* \circ R_m$$

$$= \{1, 0.4, 0.2, 0, 0\} \circ \begin{bmatrix} 0 & 0 & 0.4 & 0.6 & 1 \\ 0.5 & 0.5 & 0.5 & 0.5 & 0.5 \\ 1 & 1 & 1 & 1 & 1 \\ 1 & 1 & 1 & 1 & 1 \\ 1 & 1 & 1 & 1 & 1 \end{bmatrix}$$

$$= \{0.4, 0.4, 0.4, 0.6, 1\}$$

$$B_a^* = A^* \circ R_a$$

$$= \{1, 0.4, 0.2, 0, 0\} \circ \begin{bmatrix} 0 & 0 & 0.4 & 0.6 & 1 \\ 0.5 & 0.5 & 0.9 & 1 & 1 \\ 1 & 1 & 1 & 1 & 1 \\ 1 & 1 & 1 & 1 & 1 \\ 1 & 1 & 1 & 1 & 1 \end{bmatrix}$$

$$= \{0.4, 0.4, 0.4, 0.6, 1\}$$

可以看出,由 CRI 方法计算得出的推理结果是介于上面算得的区间值范围内的. 并且,进一步可知,由 CRI 方法得出的结果 B^* 其实就是所给事实 A^* 的上近似. 由此,我们可以得出另一种计算推理结果的方法,就是求 A^* 的上近似.

3.4.4 算例二

设 $X = Y = \{1, 2, 3, 4, 5\}$,$A, B$ 是两个直觉模糊集合,若

$$A = \langle 1, 0 \rangle / 1 + \langle 0.5, 0.4 \rangle / 2 + \langle 0.33, 0.6 \rangle / 3 + \langle 0.25, 0.65 \rangle / 4 + \langle 0.2, 0.7 \rangle / 5$$
$$B = \langle 0.2, 0.7 \rangle / 1 + \langle 0.4, 0.5 \rangle / 2 + \langle 0.6, 0.3 \rangle / 3 + \langle 0.8, 0.1 \rangle / 4 + \langle 1, 0 \rangle / 5$$

设 $A^* = \langle 1, 0 \rangle / 1 + \langle 0.5, 0.4 \rangle / 2 + \langle 0.33, 0.6 \rangle / 3 + \langle 0.25, 0.65 \rangle / 4 + \langle 0.2, 0.7 \rangle / 5$,由直觉模糊关系的定义计算得到

$$R_m = \begin{bmatrix} \langle 0.2, 0.7 \rangle & \langle 0.4, 0.5 \rangle & \langle 0.6, 0.3 \rangle & \langle 0.8, 0.1 \rangle & \langle 1, 0 \rangle \\ \langle 0.4, 0.5 \rangle & \langle 0.4, 0.5 \rangle & \langle 0.5, 0.4 \rangle & \langle 0.5, 0.4 \rangle & \langle 0.5, 0.4 \rangle \\ \langle 0.6, 0.33 \rangle & \langle 0.6, 0.33 \rangle & \langle 0.6, 0.33 \rangle & \langle 0.6, 0.33 \rangle & \langle 0.6, 0.33 \rangle \\ \langle 0.65, 0.25 \rangle & \langle 0.65, 0.25 \rangle & \langle 0.65, 0.25 \rangle & \langle 0.65, 0.25 \rangle & \langle 0.65, 0.25 \rangle \\ \langle 0.7, 0.2 \rangle & \langle 0.7, 0.2 \rangle & \langle 0.7, 0.2 \rangle & \langle 0.7, 0.2 \rangle & \langle 0.7, 0.2 \rangle \end{bmatrix}$$

进而,根据基于三角模的直觉模糊粗糙集近似算子计算下近似、上近似如下:

$$A_R^{-*}(X)(x) = \inf_{y \in U} \Theta(R(y, x), X(y))$$

$$= \inf_{y \in U} \Theta(R_m, A^*)$$

$$= \{\langle 0.2, 0.7 \rangle, \langle 0.4, 0.5 \rangle, \langle 0.6, 0.3 \rangle, \langle 0.8, 0.1 \rangle, \langle 1, 0 \rangle\}$$

$$A_R^{+*}(X)(x) = \sup_{y \in U} \Phi(R(y,x), X(y))$$

$$= \sup_{y \in U} \Phi(R_m, A^*)$$

$$= \{\langle 0.4, 0.5 \rangle, \langle 0.4, 0.5 \rangle, \langle 0.6, 0.3 \rangle, \langle 0.8, 0.1 \rangle, \langle 1, 0 \rangle\}$$

则得出推理区间为

$[\mu_{A^{-*}}(x), \mu_{A^{+*}}(x)]$ 为 $\{[0.2, 0.4], [0.4, 0.4], [0.6, 0.6], [0.8, 0.8], [1, 1]\}$

$[\gamma_{A^{-*}}(x), \gamma_{A^{+*}}(x)]$ 为 $\{[0.5, 0.7], [0.5, 0.5], [0.3, 0.3], [0.1, 0.1], [0, 0]\}$

推理结果应在这个区间范围内取值.

　　由 CRI 方法可以得到一个确定的值,即

$B^* = A^* \circ R_m$

$= \{\langle 1, 0 \rangle, \langle 0.5, 0.4 \rangle, \langle 0.33, 0.6 \rangle \langle 0.25, 0.65 \rangle \langle 0.2, 0.7 \rangle\}$

$$\circ \begin{bmatrix} \langle 0.2, 0.7 \rangle & \langle 0.4, 0.5 \rangle & \langle 0.6, 0.3 \rangle & \langle 0.8, 0.1 \rangle & \langle 1, 0 \rangle \\ \langle 0.4, 0.5 \rangle & \langle 0.4, 0.5 \rangle & \langle 0.5, 0.4 \rangle & \langle 0.5, 0.4 \rangle & \langle 0.5, 0.4 \rangle \\ \langle 0.6, 0.33 \rangle & \langle 0.6, 0.33 \rangle & \langle 0.6, 0.33 \rangle & \langle 0.6, 0.33 \rangle & \langle 0.6, 0.33 \rangle \\ \langle 0.65, 0.25 \rangle & \langle 0.65, 0.25 \rangle & \langle 0.65, 0.25 \rangle & \langle 0.65, 0.25 \rangle & \langle 0.65, 0.25 \rangle \\ \langle 0.7, 0.2 \rangle & \langle 0.7, 0.2 \rangle & \langle 0.7, 0.2 \rangle & \langle 0.7, 0.2 \rangle & \langle 0.7, 0.2 \rangle \end{bmatrix}$$

$= \{\langle 0.4, 0.5 \rangle, \langle 0.4, 0.5 \rangle, \langle 0.6, 0.3 \rangle, \langle 0.8, 0.1 \rangle, \langle 1, 0 \rangle\}$

　　从合成结果可看出,B^* 的隶属度和非隶属度等于 A^{+*} 的隶属度和非隶属度.

3.5　本章小结

　　本章介绍了 IFRS 中基于直觉模糊关系的上、下近似逻辑推理,建立了 IFRS 模型,证明了其上、下近似的性质;将直觉模糊条件推理中的蕴涵式、条件式、多重式、多维式、多重多维式直觉模糊推理扩展到 IFRS 环境下,提出了 IFRS 中基于蕴涵式、条件式、多重式、多维式及多重多维式直觉模糊推理的上、下近似推理算法,并以两个算例说明其可行性. 然后,研究了模糊粗糙集的逻辑推理和直觉模糊粗糙集的逻辑推理,提出了一种新的基于上、下近似的推理算法,该算法推理结果为一个区间,因此更加合理. 最后与经典 CRI 方法的推理结果进行比较,证明这种新的推理算法的正确性.

参 考 文 献

[1] 王万森. 人工智能原理及其应用[M]. 北京:电子工业出版社,2007.

[2] 吴望名. 模糊推理的原理和方法[M]. 贵阳:贵州科技出版社,1994.

[3] 王国俊. 模糊推理的全蕴涵三 I 算法[J]. 中国科学(E 辑), 1999, 29(1): 43-53.

[4] 马茜. 关于模糊粗糙集若干问题的讨论[D]. 天津:河北工业大学硕士学位论文,2007.

[5] 陈奇南;梁洪峻. 模糊集和粗糙集[J]. 计算机工程, 2002, 8: 138-140.

[6] 黄正华,胡宝清. 模糊粗糙集理论研究进展[J]. 模糊系统与数学,2005,12:125-134.

[7] 周磊. 粗糙集理论模型研究 [D]. 西安:电子科技大学硕士学位论文,2006.

[8] 张文修,梁怡,吴伟志. 信息系统与知识发现[M]. 北京:科学出版社,2003.

[9] 徐优红. 模糊环境下粗糙近似算子的表示[J]. 工程数学学报,2003,20(1):99-103.

[10] 张家录. 模糊粗糙集的模糊邻域算子刻画[J]. 模糊系统与数学,2003,4(17):48-54.

[11] 米据生,吴伟志,张文修. 粗糙集的构造与公理化方法[J]. 模式识别与人工智能,2002,15（3）:280-284.

第 4 章　基于 IFRS 的逻辑推理系统设计

本章介绍直觉模糊粗糙推理系统(intuitionistic fuzzy rough inference system，IFRIS)的设计与实现. 内容包括：现有模糊逻辑工具软件介绍与对比；IFRIS 的功能与结构；IFRIS 的设计与实现.

4.1　现有模糊逻辑工具软件介绍与对比

现有的模糊逻辑推理软件主要有 Matlab 模糊逻辑工具箱[1,2]和直觉模糊推理系统(intuitionistic fuzzy inference system，IFIS). 这两种推理系统都能够处理普通模糊推理,不同的是 IFIS 还能够进行直觉模糊推理,表现非隶属度和直觉指数,更精准地描述模糊集合.

4.1.1　Matlab 模糊逻辑工具箱与 IFRIS

Matlab 模糊逻辑工具箱是数字计算机环境下的函数集成体,可以利用它所提供的工具在 Matlab 框架下设计、建立以及测试模糊推理系统,结合 Simulink,还可以对模糊系统进行模拟仿真,也可以编写独立的 C 语言程序来调用 Matlab 中所设计的模糊系统. 对于一些简单的应用,Matlab 模糊逻辑工具箱提供了图形用户界面(GUI)帮助使用者方便、快速地完成工作. 这些工作也可以通过命令行语句或程序来完成. Matlab 模糊逻辑工具箱提供三种类型的工具：命令行函数、图形交互工具以及仿真模块和示例. 其模糊逻辑与相关工具之间的关系如图 4.1 所示.

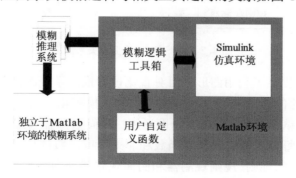

图 4.1　Matlab 模糊逻辑与相关工具应用框图

然而 Matlab 模糊逻辑工具箱是建立在经典模糊集基础上,主要针对普通模糊逻辑推理,创建和测试普通模糊推理系统. 它无法将直觉模糊集中的非隶属度函数、直觉指数等内容很好地表示出来,更无法体现粗糙集中上、下近似的概念,所以在建立要求比较细腻的直觉模糊推理系统和直觉模糊粗糙集推理系统中,Matlab模糊逻辑工具箱明显表现不足.

4.1.2　直觉模糊推理系统 IFIS 与 IFRIS

　　IFIS 是建立在直觉模糊集基础上,针对直觉模糊逻辑推理而设计开发的具有模糊产生器和模糊消除器的直觉模糊逻辑推理系统(Mamdani 型). 与 Matlab 不同的是,IFIS 可以进行模糊推理,还可以很好地进行直觉模糊推理,并对推理结果进行仿真. 同 Matlab 相似的是,IFIS 具有友好的图形用户界面,方便使用者快速完成工作.

　　IFIS 以 GUI 方式让用户更加容易、快速地完成直觉模糊推理工作. 在 IFIS 中,主要有五个 GUI 工具:IFIS 编辑器、隶属度/非隶属度函数编辑器、规则编辑器、规则观测器、曲面观测器,它们之间是动态连接的,编辑器所作的修改能够及时地体现在观测器上. IFIS 的五个 GUI 工具的关系如图 4.2 所示.

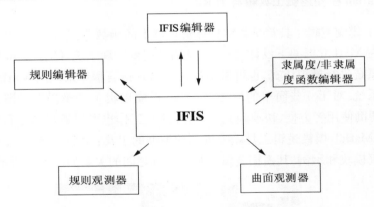

图 4.2　IFIS 的 GUI 工具关系图

　　IFIS 编辑器提供了利用图形界面对直觉模糊推理系统的高层属性的编辑、修改功能,这些属性包括输入、输出变量的个数和去模糊化方法等. 用户在 IFIS 编辑器中可以通过菜单选择激活其他几个图形用户界面编辑器. 隶属度/非隶属度函数编辑器用来定义每个变量的隶属度函数和非隶属度函数的形状及参数. 规则编辑器用来编辑 IFIS 的规则. 规则观测器和曲面观测器分别用来观察 IFIS 的规则和输出曲面.

　　以上所提到的模糊逻辑工具软件都无法完成直觉模糊粗糙集及模糊粗糙集逻辑推理的功能,而直觉模糊粗糙集和模糊粗糙集又将模糊集和粗糙集这两种处理不精确信息的方法有效结合在一起,能更好地描述客观世界. 由此需要设计出直觉模糊粗糙集及模糊粗糙集逻辑推理软件. 从文献[3]可知模糊推理是直觉模糊推理的特例,即只用隶属度函数来刻画一个元素肯定属于一个集合的程度. 且由模糊粗糙集和直觉模糊粗糙集的定义可知,模糊粗糙集可看成由隶属度表示的上、下近似这两个集合中的模糊集合;而直觉模糊粗糙集可看成由隶属度和非隶属度表示的上、下近似这两个集合中的直觉模糊集合. 因此,可选择在 IFIS 平台的基础上建立直觉模糊粗糙集及模糊粗糙集逻辑推理软件.

4.2　IFRIS 的功能与结构

4.2.1　系统的功能

IFRIS 是在 IFIS 的基础上设计并开发的具有粗糙集计算功能的直觉模糊粗糙推理系统,因此在原有系统功能之上,除能进行隶属度/非隶属度函数编辑、规则编辑、IFIS 编辑、规则观测和曲面观测等功能外,本系统又增加了计算集合上、下近似的功能,通过求所给前提 A^* 的上、下近似得出最终推理结果,并能和经典 CRI 方法推理结果进行比较分析,给出一种新的计算模糊推理结果和直觉模糊推理结果的方法.

4.2.2　系统的结构

模糊推理本质上就是将一个给定输入空间通过模糊逻辑的方法映射到一个特定的输出空间的计算过程. 最常见的模糊推理系统有三类[1,2]:纯模糊逻辑系统、高木-关野(Takagi-Sugeno)型模糊逻辑系统以及具有模糊产生器和模糊消除器的模糊逻辑系统(Mamdani 型).

纯模糊逻辑系统的输入与输出均为模糊集合,如图 4.3 所示. 图中的模糊规则库由若干"if-then"规则构成,模糊推理机在模糊推理系统中起着核心作用,它将输入模糊集合按照模糊规则映射为输出模糊集合. 纯模糊逻辑系统的输入输出均为模糊集合,它提供了一种量化专家语言信息和在模糊逻辑原则下系统的利用这类语言信息的一般化模式.

高木-关野型模糊逻辑系统又常称为 Sugeno 型或 Takagi-Sugeno 型系统,它是一类较为特殊的模糊逻辑系统,其模糊规则不同于一般的模糊规则形式. 通常的模糊规则的前项条件和后项结论均为模糊语言值,即具有如下形式:

$$\text{If } x_1 \text{ is } A_1 , x_2 \text{ is } A_2 , \cdots , x_n \text{ is } A_n , \text{ then } y \text{ is } B$$

其中, $A_i (i = 1, 2, \cdots, n)$ 是输入模糊语言值, B 是输出模糊语言值.

高木-关野型模糊逻辑系统中,采用如下形式的模糊规则:

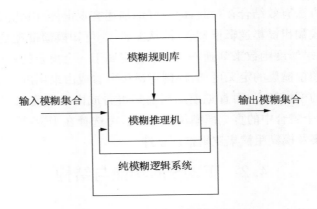

图 4.3　纯模糊逻辑系统框图

$$\text{If } x_1 \text{ is } A_1 \text{ , } x_2 \text{ is } A_2, \cdots, x_n \text{ is } A_n \text{ , then } y \text{ is } y = c_0 + \sum_{i=1}^{n} c_i x_i$$

其中，$A_i(i = 1, 2, \cdots, n)$ 是输入模糊语言值，$c_i(i = 0, 1, 2, \cdots, n)$ 是确定值参数，如图 4.4 所示. 可以看出，高木-关野型模糊逻辑系统的输出量在没有模糊消除器的情况下仍然是精确值.

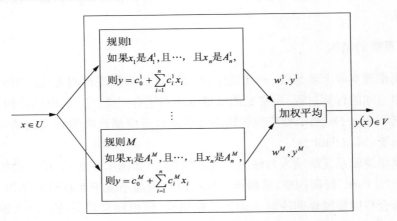

图 4.4　高木-关野模糊系统结构

由于 IFIS 是在 Mamdani 型模糊逻辑系统基础上改进的，是具有模糊产生器和模糊消除器的直觉模糊逻辑系统，而 IFRIS 是在 IFIS 基础上设计并开发的，因此具有与 IFIS 相同的内部结构. 如图 4.5 所示.

模糊规则库是由若干模糊"if-then"规则的总和组成，它是模糊系统的核心部分，系统其他部分的功能在于解释和利用这些模糊规则来解决具体问题. 一般模糊规则的获取可通过如下两种途径：请教专家或采用基于测量数据的学习算法.

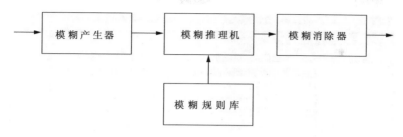

图 4.5　IFRIS 的内部结构

模糊推理机主要包括将模糊规则库中的模糊"if-then"规则转换成某种映射，即将输入空间上的直觉模糊集合映射到输出空间的直觉模糊集合. 主要包括连接词的计算、"if-then"规则表示、直觉推理判据和一些相关的运算性质.

模糊产生器的作用是将一个确定的点映射为输入空间的一个直觉模糊集合，也称模糊化. 模糊消除器的目的是将输出空间的一个模糊集合映射为一个确定的点，以达到实际运用的目的，又称解模糊化、去模糊化、逆模糊化或清晰化.

在 IFRIS 中，系统的外部结构主要包括直觉模糊粗糙集逻辑推理界面和模糊粗糙集逻辑推理界面两个模块，如图 4.6 和图 4.7 所示.

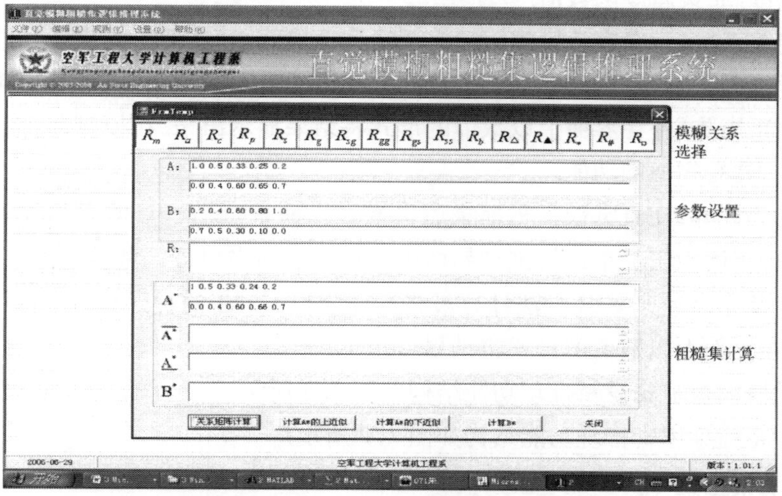

图 4.6　直觉模糊粗糙集逻辑推理模块

每个模块包含参数设置、模糊关系选择和粗糙集计算三个部分，下面简要介绍各部分的功能.

参数设置：在直觉模糊粗糙集逻辑推理界面中，这部分的主要功能是获取集合 A 与 B 的当前隶属度/非隶属度函数值；在模糊粗糙集逻辑推理界面中，主要功能

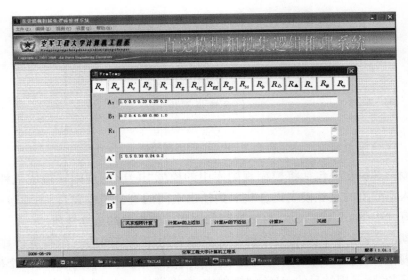

图 4.7　模糊粗糙集逻辑推理模块

为获取集合 A 与 B 的隶属度函数值.并且为了方便逻辑推理计算,还可增加和更改其隶属度/非隶属度函数值.

模糊关系选择:在直觉模糊粗糙集逻辑推理界面中,这部分的主要功能是获取当前直觉模糊关系,并可根据需要选择其余类型的直觉模糊关系;计算两集合之间的模糊关系矩阵,并在界面上以数值的形式将结果显示出来.在模糊粗糙集逻辑推理界面中,具有相似的功能.

粗糙集计算:在直觉模糊粗糙集逻辑推理界面中,设置 A^* 的隶属度和非隶属度函数值;在模糊粗糙集逻辑推理界面中,设置 A^* 的隶属度函数值.计算 A^* 的上、下近似以及通过经典 CIR 方法计算最终推理结果 B^*,将两种计算方法的结果进行比较,并在界面上以数值的形式将结果显示出来.

直觉模糊粗糙集逻辑推理功能结构如图 4.8 所示.

模糊粗糙集逻辑推理功能结构如图 4.9 所示.

4.2.3　开发工具

目前比较主流的开发工具有 Visual C＋＋、Visual Basic、Visual J＋＋、Delphi、Visual C♯等.不同的开发工具基于不同的编程语言,不同的编程语言都有其优缺点.在以上开发工具中,Visual C＋＋基于 C＋＋语言,Visual Basic 基于 Basic 语言,Visual J＋＋基于 Java 语言,Delphi 基于 Pascal 语言,Visual C♯基于 C♯语言.IFRIS 是在 .NET 平台上选择 C♯语言进行编程实现的.在 .NET 平台上运行

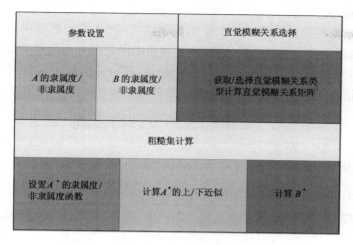

图 4.8　直觉模糊粗糙集逻辑推理功能结构图

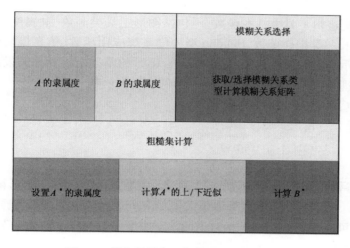

图 4.9　模糊粗糙集逻辑推理功能结构图

的程序代码还有 VB. NET 等. 由于 VB 不是一种面向对象的程序语言,因此较大的应用程序就显的结构失序而难于维护[3],因为它的语法为了兼容而继承了 BAS-IC 语言的语法,所以就显得较松散了. 而 C♯程序语言是一个全新的面向对象的程序语言,它使得程序员能够在新的微软 . NET 平台上快速开发种类丰富的应用程序. . NET 平台提供了大量的工具和服务,能够最大限度地发掘和使用计算及通信能力. 由于其一流的面向对象的设计,从构建组件形式的高层商业对象到构造系统级应用程序,C♯都是最合适的选择. 它由 C、C++和 Java 发展而来,采纳了这三种语言最优秀的特点,具有语法简洁、与 web 紧密结合、安全、错误处理能力强、兼容性好等特点. 尤其是在数值处理和图形处理方面, C#体现出明显的优势[4,5].

直觉模糊粗糙推理过程涉及大量的数学模型, 这些模型都要用相应的程序去描述, 同时推理结果又要以图形化显示, 又涉及图形处理方面的相关算法. 由于 IFRIS 基于 IFIS 设计并开发, 为具有一致性和兼容性, 并对以上几种开发平台及所对应的编程语言进行综合比较后, 我们选择 Visual C#作为 IFRIS 的开发工具.

4.3　IFRIS 的设计与实现

4.3.1　IFRIS 的设计思想

IFRIS 中直觉模糊粗糙集逻辑推理计算流程如图 4.10 所示.

模糊粗糙集的逻辑推理计算流程与图 4.10 近似, 只是图中处理对象只包含隶属度函数. 通过流程图, 可以很清楚地看到 IFRIS 的编程思想.

4.3.2　IFRIS 中的隶属度函数类函数

直觉模糊逻辑工具中基本函数[1,2]包括图形工具类函数、隶属度函数类函数、IFIS 结构的相关类操作函数、Sugeno 型模糊系统应用函数、仿真模块库相关操作函数以及演示范例程序函数等. IFRIS 是在 IFIS 的基础上设计并开发的具有新功能的逻辑推理系统, 因此具有与 IFIS 相似的隶属度函数.

(1)函数 trimf.

功能: 建立三角形隶属度函数.

格式: $y = \text{trimf}(x, \text{params})$,

$\qquad y = \text{trimf}(x, [a, b, c])$.

说明: 参数 x 用于指定变量的论域范围, 参数 a, b, c 指定三角形函数的形状, 要求 $a \leqslant b \leqslant c$. 该函数在 b 点处取最大值 1, a, c 点为 0(如果要获得顶点小于 1 的三角形函数可以使用 trapmf), 函数返回该隶属度函数对应于坐标矩阵 x 的函数值矩阵. 其表达式如下:

$$f(x; a, b, c, d) = \begin{cases} 0, & x \leqslant a, \\ \dfrac{x-a}{b-a}, & a \leqslant x \leqslant b, \\ \dfrac{c-x}{c-b}, & b \leqslant x \leqslant c, \\ 0, & c \leqslant x \end{cases}$$

$$\text{或 } f(x, a, b, c, d) = \max\left(\left(\min\left(\frac{x-a}{b-a}, \frac{c-x}{c-b}\right)\right), 0\right)$$

(2)函数 trapmf.

功能: 建立梯形隶属度函数.

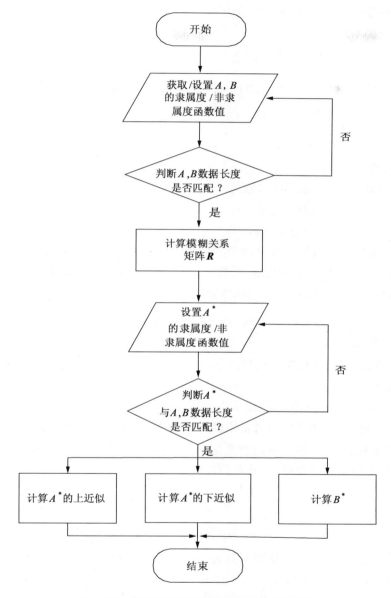

图 4.10　直觉模糊粗糙集逻辑推理计算流程

格式:$y = \mathrm{trapmf}(x, \mathrm{params})$,

　　　$y = \mathrm{trapmf}(x, [a, b, c, d])$.

说明:参数 x 用于指定变量的论域范围,参数 a, b, c 和 d 用于指定梯形隶属度函数的形状,要求 $a \leqslant b$ 且 $c \leqslant d$,如果 $b \geqslant c$ 函数退化为三角形.函数返回该隶属

度函数对应于坐标矩阵 x 的函数值矩阵. 其表达式如下:

$$f(x,a,b,c,d) = \begin{cases} 0, & x \leqslant a, \\ \dfrac{x-a}{b-a}, & a \leqslant x \leqslant b, \\ 1, & b \leqslant x \leqslant c, \\ \dfrac{d-x}{d-c}, & c \leqslant x \leqslant d, \\ 0, & x \geqslant d \end{cases} \text{或} f(x,a,b,c,d) = \max\left(\min\left(\dfrac{x-a}{b-a},1,\dfrac{d-x}{d-c}\right),0\right)$$

（3）函数 gaussmf.

功能: 建立高斯型隶属度函数.

格式: $y = \text{gaussmf}(x, \text{params})$,

　　　　$y = \text{gaussmf}(x,[\text{sig},c])$.

说明: 高斯型函数的形状由两个参数决定: sig 和 c, 其中 c 决定了函数的中心点, sig 决定了函数曲线的宽度 σ. 参数 x 是用于指定变量论域的矩阵, 函数返回该隶属度函数对应于坐标矩阵 x 的函数值矩阵. 其表达式如下:

$$f(x,\sigma,c) = \mathrm{e}^{-\frac{(x-c)^2}{2\sigma^2}}$$

（4）函数 gauss2mf.

功能: 建立双边高斯型隶属度函数.

格式: $y = \text{gauss2mf}(x,\text{params})$,

　　　　$y = \text{gauss2mf}(x,[\text{sig1},c1,\text{sig2},c2])$.

说明: 参数 x 是用于指定变量论域的矩阵, 函数返回该隶属度函数对应于坐标矩阵 x 的函数值矩阵. 矩阵双边高斯型函数的曲线由两个中心点相同的高斯型函数的左、右半边曲线组合而成, 其左、右两段表达式如下:

$$y = \begin{cases} \mathrm{e}^{-\frac{(x-c1)^2}{\sigma_1{}^2}}, & x < c1 \\ \mathrm{e}^{-\frac{(x-c2)^2}{\sigma_2{}^2}}, & x \geqslant c2 \end{cases}$$

参数 $\text{sig1},c1,\text{sig2},c2$ 分别对应左、右半边高斯型函数的宽度与中心点, 当 $c1 \leqslant c2$ 时, 双边高斯型函数在 $(c1,c2)$ 段达到最大值 1, 否则最大值小于 1.

（5）函数 gbellmf.

功能: 建立钟型隶属度函数.

格式: $y = \text{gbellmf}(x,\text{params})$,

　　　　$y = \text{gbellmf}(x,[a,b,c])$.

说明: 参数 x 是用于指定变量论域的矩阵, 函数返回该隶属度函数对应于坐标矩阵 x 的函数值矩阵. $[a,b,c]$ 用于指定钟型函数的形状和位置, 其中, c 决定函数的中心位置，a,b 决定函数的形状，一般为正数. 钟型函数的表达式如下：

$$f(x,a,b,c) = \frac{1}{1 + \left(\dfrac{x-c}{a}\right)^{2b}}$$

（6）函数 sigmf.

功能：建立 sigmoid 型隶属度函数.

格式：$y = \text{sigmf}(x, \text{params})$，

　　　$y = \text{sigmf}(x, [a,c])$.

说明：参数 x 用于指定变量的论域范围，函数返回该隶属度函数对应于坐标矩阵 x 的函数值矩阵. $[a,c]$ 决定了 sigmoid 型函数的形状，图像关于点 $(a, 0.5)$ 中心对称. 其表达式如下：

$$f(x,a,c) = \frac{1}{1 + e^{-a(x-c)}}$$

（7）函数 psigmf.

功能：由两个 sigmoid 型函数的乘积构造的隶属度函数.

格式：$y = \text{psigmf}(x, \text{params})$，

　　　$y = \text{psigmf}(x, [a1,c1,a2,c2])$.

说明：参数 x 用于指定变量的论域范围，函数返回该隶属度函数对应于坐标矩阵 x 的函数值矩阵. 参数 $a1, c1$ 和 $a2, c2$ 分别用于指定两个 sigmoid 型函数的形状. 新的函数表达式如下：

$$y = \frac{1}{(1 + e^{-a1(x-c1)})(1 + e^{-a2(x-c2)})}$$

（8）函数 dsigmf.

功能：由两个 sigmoid 型函数之差的绝对值构造的隶属度函数.

格式：$y = \text{dsigmf}(x, \text{params})$，

　　　$y = \text{dsigmf}(x, [a1,c1,a2,c2])$.

说明：参数 x 用于指定变量的论域范围，函数返回该隶属度函数对应于坐标矩阵 x 的函数值矩阵. 此函数的用法与 psigmf 类似，参数 $a1, c1$ 和 $a2, c2$ 分别用于指定两个 sigmoid 型函数的形状. 新的函数表达式如下：

$$y = \left| \frac{1}{1 + e^{-a1(x-c1)}} - \frac{1}{1 + e^{-a2(x-c2)}} \right|$$

（9）函数 zmf.

功能：建立 Z 型隶属度函数.

格式：$y = \text{zmf}(x, \text{params})$，

　　　$y = \text{zmf}(x, [a,b])$.

说明:Z 型函数是一种基于样条插值的函数,两个参数 a 和 b 分别定义了样条插值的起点和终点.当 $a < b$ 时,曲线在 (a,b) 之间是光滑的样条曲线,在 a 左段为 1,b 右段为 0;当 $a \geqslant b$ 时,曲线为阶梯 0-1 的阶梯函数,跳跃点是 $(a+b)/2$;参数 x 用于指定变量的论域范围,函数返回该隶属度函数对应于坐标矩阵 x 的函数值矩阵.

(10)函数 smf.

功能:建立 S 型隶属度函数曲线.

格式:$y = \mathrm{smf}(x, \mathrm{params})$,

　　　$y = \mathrm{smf}(x, [a,b])$.

说明:S 型函数是一种基于样条插值的函数,两个参数 a 和 b 分别定义了样条插值的起点和终点.当 $a < b$ 时,曲线在 (a,b) 之间是光滑的样条曲线,在 a 左段为 0,b 右段为 1;当 $a \geqslant b$ 时,曲线为阶梯 0-1 的阶梯函数,跳跃点是 $(a+b)/2$;对于相同的输入参数,函数 smf 与函数 zmf 的图形是左右对称的.参数 x 用于指定变量的论域范围,函数返回该隶属度函数对应于坐标矩阵 x 的函数值矩阵.

(11)函数 pimf.

功能:建立 Π 型隶属度函数.

格式:$y = \mathrm{pimf}(x, \mathrm{params})$,

　　　$y = \mathrm{pimf}(x, [a,b,c,d])$.

说明:Π 型函数是 S 型曲线与 Z 型曲线的乘积所得,由于其形状类似符号 π 而得名.Π 型函数也是一种基于样条曲线的函数.参数 x 用于指定函数的自变量范围,函数返回该隶属度函数对应于坐标矩阵 x 的函数值矩阵.$[a,b,c,d]$ 决定函数的形状.

4.3.3　直觉模糊关系矩阵实现算法

直觉模糊粗糙集逻辑推理模块和模糊粗糙集逻辑推理模块中,在进行矩阵运算功能时所涉及的算法如下.

(1)$R_a = (\overline{A} \times V) \oplus (U \times B)$

$$= \int_{U \times V} \langle \mu_{R_a}(x,y), \gamma_{R_a}(x,y) \rangle / (x,y)$$

其中

$$\mu_{R_a}(x,y) = 1 \wedge (\mu_{\overline{A}}(x) + \mu_B(y))$$
$$= 1 \wedge (\gamma_A(x) + \mu_B(y))$$
$$\gamma_{R_a}(x,y) = 1 \wedge (\gamma_{\overline{A}}(x) + \gamma_B(y))$$
$$= 1 \wedge (\mu_A(x) + \gamma_B(y))$$

$(2)R_m = (A \times B) \bigcup (\overline{A} \times Y)$

$$= \int_{X \times Y} \langle \mu_{R_m}(x,y), \gamma_{R_m}(x,y) \rangle / (x,y)$$

其中

$$\mu_{R_m}(x,y) = (\mu_A(x) \wedge \mu_B(y)) \vee \mu_{\overline{A}}(x)$$

$$= (\mu_A(x) \wedge \mu_B(y)) \vee \gamma_A(x)$$

$$\gamma_{R_m}(x,y) = (\gamma_A(x) \vee \gamma_B(y)) \wedge \gamma_{\overline{A}}(x)$$

$$= (\gamma_A(x) \vee \gamma_B(y)) \wedge \mu_A(x)$$

$(3)R_c = A \times B$

$$= \int_{X \times Y} \langle \mu_{R_c}(x,y), \gamma_{R_c}(x,y) \rangle / (x,y)$$

其中

$$\mu_{R_c}(x,y) = \mu_A(x) \vee \mu_B(y)$$

$$\gamma_{R_c}(x,y) = \gamma_A(x) \vee \gamma_B(y)$$

$(4)R_p = A \times B$

$$= \int_{X \times Y} \langle \mu_{R_p}(x,y), \gamma_{R_p}(x,y) \rangle / (x,y)$$

其中

$$\mu_{R_p}(x,y) = \mu_A(x)\mu_B(y)$$

$$\gamma_{R_p}(x,y) = \gamma_A(x) \vee \gamma_B(y)$$

$(5)R_s = A \times U \xrightarrow[s]{} V \times B$

$$= \int_{U \times V} (\mu_A(u), \gamma_A(u)) \xrightarrow[s]{} (\mu_B(v), \gamma_B(v))$$

$$= \int_{U \times V} (\mu_{R_s}(u,v), \gamma_{R_s}(u,v)) / (u,v)$$

其中

$$(\mu_{R_s}(u,v), \gamma_{R_s}(u,v)) = \begin{cases} (1,0), & \mu_A(u) \leqslant \mu_B(v), \gamma_A(u) \geqslant \gamma_B(v) \\ (0,1), & \mu_A(u) \leqslant \mu_B(v), \gamma_A(u) < \gamma_B(v) \\ (0,0), & \mu_A(u) > \mu_B(v), \gamma_A(u) \geqslant \gamma_B(v) \\ (0,1), & \mu_A(u) > \mu_B(v), \gamma_A(u) < \gamma_B(v) \end{cases}$$

$(6)\ R_g = A \times U \xrightarrow[g]{} V \times B$

$$= \int_{U \times V} (\mu_{R_g}(u,v), \gamma_{R_g}(u,v)) / (u,v)$$

其中

$$(\mu_{R_g}(u,v),\gamma_{R_g}(u,v)) = \begin{cases} (1,0), & \mu_A(u) \leqslant \mu_B(v), \gamma_A(u) \geqslant \gamma_B(v) \\[2mm] (1-\gamma_B(v),\gamma_B(v)), & \mu_A(u) \leqslant \mu_B(v), \gamma_A(u) < \gamma_B(v) \\[2mm] (\mu_B(v),0), & \mu_A(u) > \mu_B(v), \gamma_A(u) \geqslant \gamma_B(v) \\[2mm] (\mu_B(v),\gamma_B(v)), & \mu_A(u) > \mu_B(v), \gamma_A(u) < \gamma_B(v) \end{cases}$$

利用直觉化的 R_s 和 R_g 的交集,可得直觉模糊关系 R_{sg},R_{gg},R_{gs} 和 R_{ss} 计算公式.

(7) $R_b = (\overline{A} \times Y) \bigcup (X \times B)$

$$= \int_{X \times Y} \langle \mu_{R_b}(x,y),\gamma_{R_b}(x,y) \rangle /(x,y)$$

其中

$$\mu_{R_b}(x,y) = \mu_{\overline{A}}(x) \bigvee \mu_B(y) = \gamma_A(x) \bigvee \mu_B(y)$$
$$\gamma_{R_b}(x,y) = \gamma_{\overline{A}}(x) \bigwedge \gamma_B(y) = \mu_A(x) \bigwedge \gamma_B(y)$$

(8) $R_{\triangle} = (A \times Y \underset{\triangle}{\rightarrow} X \times B)$

$$= \int_{X \times Y} \langle \mu_{R_{\triangle}}(x,y),\gamma_{R_{\triangle}}(x,y) \rangle /(x,y)$$

其中

$$\mu_{R\triangle}(x,y) = \mu_A(x) \underset{\triangle}{\rightarrow} \mu_B(y)$$
$$\gamma_{R\triangle}(x,y) = \gamma_A(x) \underset{\triangle}{\rightarrow} \gamma_B(y)$$
$$\mu_A(x) \underset{\triangle}{\rightarrow} \mu_B(y) = \begin{cases} 1, & \mu_A(x) \leqslant \mu_B(y) \\ \mu_B(y)/\mu_A(x), & \mu_A(x) > \mu_B(y) \end{cases}$$
$$\gamma_A(x) \underset{\triangle}{\rightarrow} \gamma_B(y) = \begin{cases} \gamma_A(x)/\gamma_B(y), & \gamma_A(x) \leqslant \gamma_B(y) \\ 0, & \gamma_A(x) > \gamma_B(y) \end{cases}$$

(9) $R_{\blacktriangle} = (A \times Y \underset{\blacktriangle}{\rightarrow} X \times B)$

$$= \int_{X \times Y} \langle \mu_{R\blacktriangle}(x,y),\gamma_{R\blacktriangle}(x,y) \rangle /(x,y)$$

其中

$$\mu_{R\blacktriangle}(x,y) = \mu_A(x) \underset{\blacktriangle}{\rightarrow} \mu_B(y)$$
$$\gamma_{R\blacktriangle}(x,y) = \gamma_A(x) \underset{\blacktriangle}{\rightarrow} \gamma_B(y)$$
$$\mu_A(x) \underset{\blacktriangle}{\rightarrow} \mu_B(y) = \begin{cases} 1, & \mu_A(x) = 0 \text{ 或 } \gamma_B(y) = 0 \\ 1 \bigwedge \dfrac{\mu_B(y)}{\mu_A(x)} \bigwedge \dfrac{\gamma_A(x)}{\gamma_B(y)}, & \mu_A(x) > 0 \text{ 或 } \gamma_B(y) > 0 \end{cases}$$
$$\gamma_A(x) \underset{\blacktriangle}{\rightarrow} \gamma_B(y) = \begin{cases} 0, & \gamma_A(x) = 1 - \pi(x) \text{ 或 } \mu_B(y) = 1 - \pi(y) \\ \dfrac{\gamma_B(y)}{\gamma_A(x)} \bigwedge \dfrac{\mu_A(x)}{\mu_B(y)}, & \gamma_A(x) > 0 \text{ 或 } \mu_B(y) > 0 \end{cases}$$

$$(10) R_* = (A \times Y \underset{*}{\to} X \times B)$$

$$= \int_{X \times Y} \langle \mu_{R_*}(x,y), \gamma_{R_*}(x,y) \rangle /(x,y)$$

其中

$$\mu_{R_*}(x,y) = \mu_A(x) \underset{*}{\to} \mu_B(y)$$

$$\gamma_{R_*}(x,y) = \gamma_A(x) \underset{*}{\to} \gamma_B(y)$$

$$\mu_A(x) \underset{*}{\to} \mu_B(y) = \gamma_A(x) + \mu_A(x)\mu_B(y)$$

$$\gamma_A(x) \underset{*}{\to} \gamma_B(y) = \mu_A(x) + \gamma_A(x)\gamma_B(y)$$

$$(11) R_\# = (A \times Y \underset{\#}{\to} X \times B)$$

$$= \int_{X \times Y} \langle \mu_{R_\#}(x,y), \gamma_{R_\#}(x,y) \rangle /(x,y)$$

其中

$$\mu_{R_\#}(x,y) = \mu_A(x) \underset{\#}{\to} \mu_B(y)$$

$$\gamma_{R_\#}(x,y) = \gamma_A(x) \underset{\#}{\to} \gamma_B(y)$$

$$\mu_A(x) \underset{\#}{\to} \mu_B(y) = (\gamma_A(x) \vee \mu_B(y)) \wedge (\mu_A(x) \vee \gamma_A(x)) \wedge (\mu_B(y) \vee \gamma_B(y))$$

$$\gamma_A(x) \underset{\#}{\to} \gamma_B(y) = (\mu_A(x) \wedge \gamma_B(y)) \vee (\gamma_A(x) \wedge \mu_A(x)) \vee (\gamma_B(y) \wedge \mu_B(y))$$

$$(12) R_\square = (A \times Y \underset{\square}{\to} X \times B)$$

$$= \int_{X \times Y} \langle \mu_{R_\square}(x,y), \gamma_{R_\square}(x,y) \rangle /(x,y)$$

其中

$$\mu_{R_\square}(x,y) = \mu_A(x) \underset{\square}{\to} \mu_B(y)$$

$$\gamma_{R_\square}(x,y) = \gamma_A(x) \underset{\square}{\to} \gamma_B(y)$$

$$\mu_A(x) \underset{\square}{\to} \mu_B(y) = \begin{cases} 1, & \mu_A(x) < 1 - \pi(x) \text{ 或 } \mu_B(y) = 1 - \pi(y) \\ 0, & \mu_A(x) = 1 - \pi(x) \text{ 或 } \mu_B(y) < 1 - \pi(y) \end{cases}$$

$$\gamma_A(x) \underset{\square}{\to} \gamma_B(y) = \begin{cases} 0, & \gamma_A(x) > 0 \text{ 或 } \gamma_B(y) = 0 \\ 1, & \gamma_A(x) = 0 \text{ 或 } \gamma_B(y) > 0 \end{cases}$$

4.3.4　实例分析

输入直觉模糊集合 A 与 B 的值分别为

$$\mu_A : 0.1, 0.3, 0.5, 0.9, 0.7, 0.25$$

$$\gamma_A : 0.7, 0.6, 0.5, 0.1, 0.2, 0.65$$

μ_A 和 γ_A 分别表示集合 A 的隶属度和非隶属度.

$$\mu_B : 0.9, 0.07, 0.8, 0.1, 0.7, 0.2$$

$$\gamma_B : 0.06, 0.83, 0.1, 0.9, 0.2, 0.67$$

μ_B 和 γ_B 分别表示集合 B 的隶属度和非隶属度.

在 IFRIS 直觉模糊粗糙集逻辑推理界面中,计算 A 与 B 的关系矩阵 R_m 为

$$
\begin{bmatrix}
\langle 0.7,0.1\rangle & \langle 0.7,0.1\rangle & \langle 0.7,0.1\rangle & \langle 0.7,0.1\rangle & \langle 0.7,0.1\rangle & \langle 0.7,0.1\rangle \\
\langle 0.6,0.3\rangle & \langle 0.6,0.3\rangle & \langle 0.6,0.3\rangle & \langle 0.6,0.3\rangle & \langle 0.6,0.3\rangle & \langle 0.6,0.3\rangle \\
\langle 0.5,0.5\rangle & \langle 0.5,0.5\rangle & \langle 0.5,0.5\rangle & \langle 0.5,0.5\rangle & \langle 0.5,0.5\rangle & \langle 0.5,0.5\rangle \\
\langle 0.9,0.1\rangle & \langle 0.1,0.83\rangle & \langle 0.8,0.1\rangle & \langle 0.1,0.9\rangle & \langle 0.7,0.2\rangle & \langle 0.2,0.67\rangle \\
\langle 0.7,0.2\rangle & \langle 0.2,0.7\rangle & \langle 0.7,0.2\rangle & \langle 0.2,0.7\rangle & \langle 0.7,0.2\rangle & \langle 0.2,0.67\rangle \\
\langle 0.65,0.25\rangle & \langle 0.65,0.25\rangle & \langle 0.65,0.25\rangle & \langle 0.65,0.25\rangle & \langle 0.65,0.25\rangle & \langle 0.65,0.25\rangle
\end{bmatrix}
$$

若 A^* 的隶属度和非隶属度分别为

$$\mu_{A^*} : 1,0.5,0.33,0.24,0.2,0.3$$
$$\gamma_{A^*} : 0,0.4,0.6,0.66,0.7,0.6$$

可计算得

$A^{+*} = \{\langle 0.7,0.1\rangle,\langle 0.7,0.1\rangle,\langle 0.7,0.1\rangle,\langle 0.7,0.1\rangle,\langle 0.7,0.1\rangle,\langle 0.7,0.1\rangle\}$

$A^{-*} = \{\langle 0.7,0.1\rangle,\langle 0.1,0.83\rangle,\langle 0.7,0.1\rangle,\langle 0.1,0.9\rangle,\langle 0.7,0.1\rangle,\langle 0.2,0.67\rangle\}$

$B^* = \{\langle 0.7,0.1\rangle,\langle 0.7,0.1\rangle,\langle 0.7,0.1\rangle,\langle 0.7,0.1\rangle,\langle 0.7,0.1\rangle,\langle 0.7,0.1\rangle\}$

在直觉模糊粗糙集逻辑推理界面上显示如图 4.11 所示.

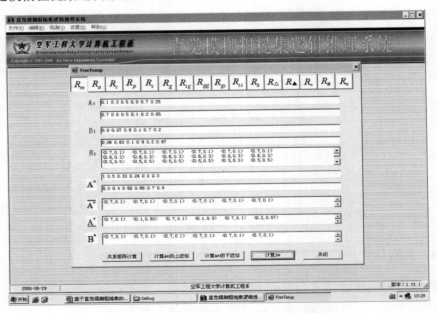

图 4.11　直觉模糊粗糙集逻辑推理界面

若要求其他几种类型的 R 可用相似的方法求得,并可求得相应的推理结果和上、下近似,从图中可以看到,A^* 的上近似等于 B^*,符合所证结论.

输入模糊集合 A 与 B 的值分别为

$$\mu_A : 1.0, 0.5, 0.33, 0.25, 0.2$$

$$\mu_B : 0.2, 0.4, 0.60, 0.80, 1.0$$

在 IFRIS 模糊粗糙集逻辑推理界面中,计算 A 与 B 的关系矩阵 R_m 为

$$\begin{bmatrix} 0.2 & 0.4 & 0.6 & 0.8 & 1 \\ 0.5 & 0.5 & 0.5 & 0.5 & 0.5 \\ 0.67 & 0.67 & 0.67 & 0.67 & 0.67 \\ 0.75 & 0.75 & 0.75 & 0.75 & 0.75 \\ 0.8 & 0.8 & 0.8 & 0.8 & 0.8 \end{bmatrix}$$

若 A^* 的隶属度为

$$\mu_{A^*} : 1, 0.5, 0.33, 0.24, 0.2$$

可计算得

$$A^{+*} = \{0.5, 0.5, 0.6, 0.8, 1.0\}$$

$$A^{-*} = \{0.2, 0.4, 0.6, 0.8, 1.0\}$$

$$B^* = \{0.5, 0.5, 0.6, 0.8, 1.0\}$$

在模糊粗糙集逻辑推理界面上显示如图 4.12 所示.

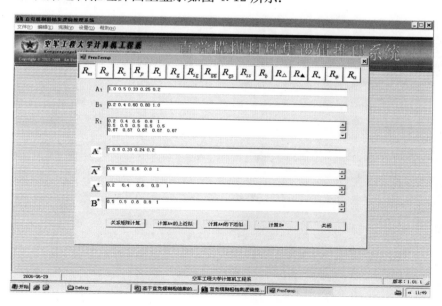

图 4.12　模糊粗糙集逻辑推理界面

若要求其他几种类型的 R 可用相似的方法求得,并可求得相应的推理结果和上、下近似,从图 4.12 中可以看到,A^* 的上近似等于 B^*,符合所证结论.

4.4　本章小结

本章介绍了直觉模糊粗糙集推理系统的设计与实现. 首先对现有模糊逻辑工具软件进行了简单介绍和对比, 讨论了 IFRIS 与它们的区别; 其次设计了 IFRIS 的功能和结构; 最后阐明了 IFRIS 的总体设计思想, 给出程序流程图, 并叙述了 IFRIS 设计与实现中的细节, 且进行了实例演示.

参 考 文 献

[1] 吴晓莉, 林哲辉. MATALAB 辅助模糊系统设计[M]. 西安: 西安电子科技大学出版社, 2002.
[2] 楼顺天, 胡昌华, 张伟等. 基于 MATALAB 系统分析与设计: 模糊系统[M]. 西安: 西安电子科技大学出版社, 2001.
[3] 明日科技. Visual C# 开发技术大全[M]. 北京: 人民邮电出版社, 2007.
[4] 李兰友, 韩广峰, 裴旭光. C# 图形程序设计实例[M]. 北京: 国防工业出版社, 2003.
[5] 梅晓冬, 颜烨青. Visual C# 网络编程技术与实践[M]. 北京: 清华大学出版社, 2008.

第5章 直觉模糊粗糙逻辑规则库的完备性

本章对直觉模糊粗糙逻辑规则库的完备性问题进行研究. 主要内容包括:研究直觉模糊粗糙集所需的预备知识;几种常见关系下的直觉模糊粗糙集模型;直觉模糊粗糙逻辑规则库的完备性定义和要求;直觉模糊粗糙逻辑规则库的完备性检验算法.

5.1 预 备 知 识

5.1.1 粗糙 Vague 集的相关概念

定义 5.1(粗糙 Vague 集[4]) 设非空有限论域 X,R 是 X 上的一个等价关系. 其中,$X/R = \{X_1, X_2, \cdots, X_n\}$ 表示 X 上 R 的所有等价类构成的集合,$V(X)$ 表示 X 中的 Vague 集全体,任意 $A \in V(X)$ 在 X 中的上、下近似为 A^+,A^-,且

$$t_{A^-}(X_i) = \inf_{x \in X_i} t_A(x), f_{A^-}(X_i) = \sup_{x \in X_i} f_A(x), \quad i = 1, 2, \cdots, n \quad (5.1)$$

$$t_{A^+}(X_i) = \sup_{x \in X_i} t_A(x), f_{A^+}(X_i) = \inf_{x \in X_i} f_A(x), \quad i = 1, 2, \cdots, n \quad (5.2)$$

则称 $\wedge = (A^-, A^+)$ 为一个粗糙 Vague 集. 其中,$0 \leqslant t_A(x) + f_A(x) \leqslant 1, 0 \leqslant t_{A^-}(X_i) + f_{A^-}(X_i) \leqslant 1, 0 \leqslant t_{A^+}(X_i) + f_{A^+}(X_i) \leqslant 1$,$i = 1, 2, \cdots, n$.

需要说明的是,任意一个 Vague 集都是用一个真隶属函数 $t(x)$ 和一个假隶属函数 $f(x)$ 表示,$t(x)$ 是从支持 $x \in A$ 的证据所导出的隶属度下界,$f(x)$ 是从否定 $x \in A$ 的证据所导出的隶属度下界,就其本质而言,Vague 集实际上就是一种直觉模糊集,故在此不再赘述.

5.1.2 直觉模糊集相似度量的相关概念

定义 5.2(直觉模糊集的相似度[5]) 设一非空有限论域 U, A 为 U 上的直觉模糊集,$x = \langle \mu_A(x), \gamma_A(x) \rangle$ 和 $y = \langle \mu_A(y), \gamma_A(y) \rangle$ 是 A 中的两个直觉模糊值,则 x 和 y 之间的相似度可由函数 $m(x, y)$ 来计算:

$$m(x, y) = 1 - \frac{1}{3}(|\mu_A(x) - \mu_A(y)| + |\gamma_A(x) - \gamma_A(y)| + |\pi_A(x) - \pi_A(y)|) \quad (5.3)$$

$m(x, y)$ 的值越大,两个直觉模糊值就越相似,反之,若 $m(x, y)$ 的值越小,则直觉模糊值之间的差异就越大.

性质 5.1(直觉模糊集相似度量的相关性质[5])   根据定义 5.2,相似度函数满足下列性质:

(1) $m(x,y) \in [0,1]$;

(2) $m(x,y) = m(y,x)$;

(3) $m(x,y) = m(x^c, y^c)$;

(4) 若 $x = y$,则 $m(x,y) = 1$.

定义 5.3(直觉模糊集间的相似度[5])   设一非空有限论域 $U = \{x_1, x_2, \cdots, x_n\}$,$A, B$ 为 U 上的直觉模糊集,则直觉模糊集 A, B 间的相似程度可由函数 $S(A, B)$ 来计算:

$$S(A,B) = \frac{1}{n} \sum_{i=1}^{n} M(x_{iA}, x_{iB})$$
$$= \frac{1}{n} \sum_{i=1}^{n} \left[1 - \frac{1}{3} (|\mu_A(x_i) - \mu_A(y_i)| + |\gamma_A(x_i) - \gamma_A(y_i)| + |\pi_A(x_i) - \pi_A(y_i)|) \right] \quad (5.4)$$

其中,$x_{iA} = \langle \mu_A(x_i), \gamma_A(x_i) \rangle$ 和 $x_{iB} = \langle \mu_B(x_i), \gamma_B(x_i) \rangle$ 分别为 x_i 在直觉模糊集 A 和 B 中的直觉模糊值,$i = 1, 2, \cdots, n$.

性质 5.2(直觉模糊集间相似度量的相关性质[5])   根据定义 5.3,相似度函数满足下列性质:

(1) $S(A,B) \in [0,1]$;

(2) $S(A,B) = S(B,A)$;

(3) 若 $A = B$,则 $S(A,B) = 1$.

针对规则库的完备性问题,本节介绍一般等价关系及模糊相容关系下的 IFRS 模型,并给出一种广义的直觉模糊粗糙集模型.

5.1.3   基于一般等价关系的直觉模糊粗糙集模型

所谓一般等价关系,是指一个非空有限论域中的所有对象均已明确地属于某个等价类,也就是说,每个对象要么完全属于某一个等价类,要么绝不属于这个等价类,这种等价关系满足自反性、对称性和传递性.下面给出一般等价关系下的直觉模糊粗糙集的定义.

定义 5.4(一般等价关系下的直觉模糊粗糙集)   设 X 是一个非空有限论域,R 是 X 上的一个等价关系,$X/R = \{X_1, X_2, \cdots, X_n\}$ 为 X 上 R 的所有等价类集合,IFS(X) 表示 X 上的直觉模糊集的全体,$x \in X$,且任意 $A \in$ IFS(X) 关于 (U, R) 的一对上、下近似 A^+, A^- 有

$$\mu_{A^-}(X_i) = \inf_{x \in X_i} \mu_A(x), \gamma_{A^-}(X_i) = \sup_{x \in X_i} \gamma_A(x), \quad i = 1, 2, \cdots, n \quad (5.5)$$

$$\mu_{A^+}(X_i) = \sup_{x \in X_i} \mu_A(x), \gamma_{A^+}(X_i) = \inf_{x \in X_i} \gamma_A(x), \quad i=1,2,\cdots,n \qquad (5.6)$$

$A = (A^-, A^+)$ 被称为论域 U 上的一个直觉模糊粗糙集. 其中 $\mu_{A^-}(x):X \to$ $[0,1]$ 和 $\mu_{A^+}(x):X \to [0,1]$ 分别代表 A 的下近似隶属函数和上近似隶属函数, $\gamma_{A^-}(x):X \to [0,1]$ 和 $\gamma_{A^+}(x):X \to [0,1]$ 分别代表 A 的下近似非隶属函数和上近似非隶属函数.

通过上述变换不难发现:原先粗糙集领域内的上、下近似分别被扩展为一个直觉模糊集,因而,可以将直觉模糊粗糙集理解为两个直觉模糊集. 对应直觉模糊集中直觉指数的概念,直觉模糊粗糙集的直觉指数应有两个:

$$\pi_{A^-}(X_i) = 1 - \mu_{A^-}(X_i) - \gamma_{A^-}(X_i), \quad i=1,2,\cdots,n \qquad (5.7)$$

$$\pi_{A^+}(X_i) = 1 - \mu_{A^+}(X_i) - \gamma_{A^+}(X_i), \quad i=1,2,\cdots,n \qquad (5.8)$$

其中, $0 \leqslant \mu_A(x) + \gamma_A(x) \leqslant 1$, $0 \leqslant \mu_{A^-}(X_i) + \gamma_{A^-}(X_i) \leqslant 1$, $0 \leqslant \mu_{A^+}(X_i) + \gamma_{A^+}(X_i) \leqslant 1$, $i=1,2,\cdots,n$.

5.1.4　基于模糊相容关系的直觉模糊粗糙集模型

模糊相容关系下的集合中的元素可以以一定的隶属程度同时属于若干个等价类,而不是像在一般等价关系下只能确定地属于某一个等价类,此外,这种关系只满足自反性和对称性,而不满足传递性. 下面给出基于模糊相容关系的直觉模糊粗糙集的定义.

定义 5.5(模糊相容关系下的直觉模糊粗糙集)　设非空有限论域 $U = \{x_1, x_2, \cdots, x_n\}$, X 是 U 上的一个直觉模糊集,在模糊相容关系 R 下,定义其相容直觉模糊粗糙集为

$$R(X) = (R^-(x), R^+(x)) \qquad (5.9)$$

对于模糊相容类 $F_i (i=1,2,\cdots,n)$,相容直觉模糊粗糙集的下、上近似对应隶属度和非隶属度为

$$\mu_{R^-(x)}(F_i) = \inf_x \max\{1 - \mu_{Fi}(x), \mu_X(x)\}, \quad \forall i \qquad (5.10)$$

$$\gamma_{R^-(x)}(F_i) = \sup_x \min\{1 - \gamma_{Fi}(x), \gamma_X(x)\}, \quad \forall i \qquad (5.11)$$

$$\mu_{R^+(x)}(F_i) = \sup_x \min\{\mu_{Fi}(x), \mu_X(x)\}, \quad \forall i \qquad (5.12)$$

$$\gamma_{R^+(x)}(F_i) = \inf_x \max\{\gamma_{Fi}(x), \gamma_X(x)\}, \quad \forall i \qquad (5.13)$$

5.1.5　广义的直觉模糊粗糙集模型

文献[6]中对广义下的模糊粗糙集模型进行介绍,并将其视为模糊粗糙集发展的另一领域,类似地,广义直觉模糊粗糙集也可以视为直觉模糊粗糙集发展的一个新兴领域,下面给出广义直觉模糊粗糙集的定义.

定义 5.6(广义直觉模糊粗糙集) 设 (U,R) 是模糊近似空间,即 R 是论域 U 上的模糊等价关系. f 是边缘蕴涵算子,g 是 t-模. (U,R) 上的(f,g)-模糊粗糙近似是一个映射 $\mathrm{Apr}^{f,g}$:

$$F(U) \to F(U) \times F(U), \forall F \in F(U), \mathrm{Apr}^{f,g}(F) = (R_f^- F, R^{+g}F), \quad \forall x \in U$$

$$A_{R_f F}(x) = \inf_{y \in U} f(R(x,y), X(y))$$

$$A_{R^g F}(x) = \sup_{y \in U} g(R(x,y), X(y))$$

其中,直觉模糊集 $R_f^- F(R^{+g}F)$ 称为 F 在 (U,R) 中的 f-下直觉模糊粗糙近似(g-上直觉模糊粗糙近似).

提出这几种直觉模糊粗糙集模型之后,不禁产生疑问:由于上、下近似的隶属度和非隶属度是通过计算各等价类的上、下确界而获得的,那么得出的下近似隶属度和非隶属度之和、上近似隶属度和非隶属度之和是否仍在 $[0,1]$ 范围内呢?

为此,我们在这里给出证明,以定义 5.4 中的式(5.5)为例,前提条件同定义 5.4.

证明 令等价类 X_i 中有 p 个元素,即 $X_i = \{x_1, \cdots, x_p\}$,其中 $i > 0, p > 0$. 根据定义 5.4 有

$$\mu_{A^-}(X_i) = \inf_{x \in X_i} \mu_A(x) = \min_{x \in X_i} \mu_A(x)$$

$$\gamma_{A^-}(X_i) = \sup_{x \in X_i} \gamma_A(x) = \max_{x \in X_i} \gamma_A(x)$$

因为

$$\mu_{A^-}(X_i) + \gamma_{A^-}(X_i) = \min_{x \in X_i} \mu_A(x) + \max_{x \in X_i} \gamma_A(x)$$

$$= \min_{x \in X_i} \mu_A(x) + 1 - \min_{x \in X_i}(\mu_A(x) + \pi_A(x))$$

又因为

$$\min_{x \in X_i} \mu_A(x) \leqslant \min_{x \in X_i}(\mu_A(x) + \pi_A(x)) \leqslant 1$$

所以

$$0 \leqslant \min_{x \in X_i} \mu_A(x) + 1 - \min_{x \in X_i}(\mu_A(x) + \pi_A(x)) \leqslant 1$$

故得证.

通过上述证明过程可知:定义 5.4 仍然符合直觉模糊集中隶属度与非隶属度之和的限制条件,因而该定义是合理的,同理可证其他几种模型也是满足限制条件的,在此不再赘述.

文献[4]对粗糙 Vague 集理论进行了研究,并对其包含关系和粗糙相等性进行了研究. 由于粗糙 Vague 集与直觉模糊粗糙集存在一定的相似性,受它的启发,可以得出直觉模糊粗糙集的包含性质和粗糙相等性质.

性质 5.3(包含性质) 直觉模糊粗糙集 A,B 存在 $(A^-,A^+) \subseteq (B^-,B^+)$ 当且仅当 $A^- \subseteq B^-$ 且 $A^+ \subseteq B^+$,即

$$\mu_{A^-}(x) \leqslant \mu_{B^-}(x), \gamma_{A^-}(x) \geqslant \gamma_{B^-}(x) \text{ 且 } \mu_{A^+}(x) \leqslant \mu_{B^+}(x), \gamma_{A^+}(x) \geqslant \gamma_{B^+}(x)$$

性质 5.4(粗糙相等性质) 直觉模糊粗糙集 A,B 粗糙相等当且仅当 $A^- = B^-$ 且 $A^+ = B^+$,即

$$\mu_{A^-}(x) = \mu_{B^-}(x), \gamma_{A^-}(x) = \gamma_{B^-}(x) \text{ 且 } \mu_{A^+}(x) = \mu_{B^+}(x), \gamma_{A^+}(x) = \gamma_{B^+}(x)$$

5.2 直觉模糊粗糙逻辑规则库的完备性

完备性检验是逻辑规则库检验的一项重要内容和指标,同时也是相对较易实现的一项指标. 雷英杰等阐述的规则库检验中的完备性定义,是建立在直觉模糊集理论之上的. 本节则是在他们研究的基础上,融入粗糙集理论进行深入研究,提出直觉模糊粗糙逻辑规则库的完备性定义.

为了更直观地描述直觉模糊粗糙逻辑规则库的完备性定义和直觉模糊逻辑规则库完备性定义的异同,首先引入文献[7]中给出的直觉模糊逻辑规则库的完备性定义.

定义 5.7(直觉模糊逻辑规则库的完备性[7]) 设规则库为:若输入为 Y_i,输出为 U_i,$i = 1,2,\cdots,n$,其中,输入 $Y_i \in \mathrm{IFS}(Y)$ 为各输入论域上的直觉模糊子集的笛卡儿积.

若对所有输入 $y \in \mathrm{IFS}(Y)$,总有一个 $i \in \{1,2,\cdots,n\}$,满足 $Y_i(y) > \varepsilon$,即

$$\forall y \in Y, \exists i \in [1,n], Y_i(y) > \varepsilon \tag{5.14}$$

式(5.14)中 $\varepsilon \in [0,1]$,则称规则库是完备的.

定义 5.7 中的输入论域、输出论域和所有输入对象均为直觉模糊集,$Y_i(y)$ 代表 Y_i 的真值,ε 是任取的一个实数,式(5.14)所要求的条件就是所有 Y_i 的真值中,只要有一个真值大于 ε 就可以认为该规则库是完备的.

对定义 5.7 进行分析得知:输入 Y_i 是各输入论域上的直觉模糊子集的笛卡儿积,也就是说,Y_i 是一个 n 元直觉模糊关系,n 表示输入论域的个数. Y_i 可能是一个连续区间或是若干个离散值. 定义 5.7 只是从理论上进行了阐述,在实际应用中,输入 y 会限定在一定范围中,可以采取适当的算法将其归结为一个点,求出其真值,并将这个真值与给定的实数 ε 进行比较而得出结论.

以上是从直觉模糊集的角度来分析完备性的意义,作为同样是处理不确定问题手段之一的粗糙集理论也可以对完备性的意义加以诠释. 例如,一个拥有若干条规则($N_1 \sim N_i$)的规则库,如果它在某一阈值下是完备的,则可以任取一条规则 N_{i+1}(或若干条规则,在此称其为测试规则)与前 i 条规则的前件进行相似度量分析并得到一个相似度矩阵(如果属性值是离散的则首先需要进行直觉模糊化处

理),然后根据一个阈值 λ 对该矩阵进行截集处理,从而将所有规则划分成若干个等价类.在这些等价类中,N_{i+1} 必定不会被其余规则所排斥,即 N_{i+1} 所在的等价类中一定还包含有前 i 条规则中的若干条规则.反之,如果规则 N_{i+1} 所在等价类仅含有 N_{i+1} 一个元素,则说明用于测试的规则 N_{i+1} 与原先规则库中的所有规则都不太相似,代表了一种新的输入情况,这表明原先的规则库并不完备.下面就给出直觉模糊粗糙逻辑规则库的完备性定义.

定义 5.8(直觉模糊粗糙逻辑规则库的完备性)　设规则库中有 N_k 条规则,若输入为 Y_k,输出为 U_k,$k=1,2,\cdots,i$,其中输入 $Y_k \in \mathrm{IFS}(Y)$ 为各输入论域上的直觉模糊子集的笛卡儿积.

若对所有输入 $y \in \mathrm{IFS}(Y)$,经相似度量处理和阈值 λ 划分后,测试规则前件 N_{k+1} 所在的等价类 $C_j,j=1,2,\cdots,n$ 中至少包含一条原规则库中的规则,即

$$\exists k \in [1,i], \quad N_k \in C_j \tag{5.15}$$

式(5.15)中 $\lambda \in [0,1]$,则称规则库是完备的.

在这里需要说明的有两点:①完备性要求的含义是指对任何一种输入状态,总可以在规则库中找到一条规则,使这个输入状态和该规则前件的匹配度大于给定阈值 λ,该规则可以在 λ 程度上被激活.②阈值 λ 应在区间 $[0,1]$ 内适当选取,若 λ 太小,测试规则只需与原规则库中的规则保持较低的相似程度即可与某条规则分在同一类中,这相当于降低了相似比较的门槛,从而使规则的完备性变坏;反之,若 λ 太大,则要满足规则的完备性,需要测试规则与原规则库中的规则保持较高的相似程度,甚至是苛刻的,这样系统的推理控制作用就会不灵敏.在这里,通常情况下,可取 $\lambda = 0.8$.

此外,在讨论直觉模糊粗糙逻辑规则库时,首先需要将各条规则的前件进行相似性度量分析得到一个关系矩阵.其次取一个实数 λ 得到一个截集矩阵,该矩阵经过验证满足自反性、对称性和传递性,因而它所对应的关系是一个一般等价关系.它可以将各条规则分成若干等价类,有了等价类就可以利用定义 5.8 对逻辑规则库的完备性情况进行讨论.

5.3　直觉模糊粗糙逻辑规则库的完备性检验算法

5.2 节对直觉模糊粗糙逻辑规则库的完备性定义和要求进行了分析,但在实际讨论过程中还显得比较抽象,下面就针对这些概念给出直觉模糊粗糙逻辑规则库的完备性检验算法.

算法 5.1　直觉模糊粗糙逻辑规则库的完备性检验算法.

输入:一个直觉模糊逻辑规则库,其中输入 $Y_k \in \mathrm{IFS}(Y)$ 为各条规则的前件,$k=1,2,\cdots,i.$ Y_{k+1} 为一条测试规则的前件;

输出:该规则库完备性检验的结果.

初始状态:给定一个规则库.

步骤 1:将各条规则的前件 $Y_1,\cdots,Y_k,Y_{k+1}$ 综合起来求解相似度量矩阵 E_1;

步骤 2:给定一个阈值 λ 对 E_1 进行处理得到截集矩阵 E_2;

步骤 3:根据矩阵 E_2 将 $k+1$ 条规则前件划分成若干个等价类;

步骤 4:对等价类进行分析,如果测试规则前件 Y_{k+1} 所在的等价类中还包含原规则库中若干规则的前件,则该规则库是完备的,否则该规则库是不完备的.

该算法的时间复杂度为 $o(n^2)$.

5.4　算例分析

上述算法在软件编辑中将成为实现完备性检验功能的一段重要代码. 为了说明问题,下面通过一个简单的例子加以验证,方便起见,例中的每条输入 Y_i 只取一个属性.

考虑经典的流感患者问题. 每位患者在描述症状后,医生会根据所测得的各个患者的温度值而作出该患者是否已患上流感的结论,据此可以得到一个规则库. 其中"体温"为条件属性,采用"体温正常、体温较高、体温高"来表示患者的体温情况,阈值 λ 取 0.8,试讨论该规则库的完备性.

分析:首先,作为条件属性的"体温"存在多种语义算子:体温正常、体温较高、体温高. 面对这三种情况,应当建立相应的隶属函数模型进行讨论.

其次,对模型应该有以下限定:

(1)正常人的体温位于 $36.7\sim37.2\,℃$,因而在建立隶属函数时,$35.7℃$ 和 $37.2℃$ 都将是临界点;

(2)如果一个人的体温很高,那么相对"体温较高"的隶属函数而言,它对应的隶属度取值将会较小;

(3)"体温正常"的隶属函数曲线随着体温的升高应趋向递减,"体温较高"的隶属函数曲线应是三角隶属函数,而"体温高"的隶属函数曲线则是趋向递增的.

最后,我们决定采用梯形分布中的中间型函数曲线来描述体温正常的隶属度函数,它的表达式为

$$\mu(x)=\begin{cases}0, & x<30℃\\(x-30)/6.7, & 30℃\leqslant x<36.7℃\\1, & 36.7℃\leqslant x<37.2℃\\1.25(38-x), & 37.2℃\leqslant x<38℃\\0, & x\geqslant38℃\end{cases}$$

采用类似抛物线分布中的偏大型函数曲线来描述体温较高和体温高的隶属度

函数,它们的表达式分别为

$$\mu(x) = \begin{cases} 1.25x - 46.5, & 37.2℃ \leqslant x < 38℃ \\ -1.25x + 48.5, & 38℃ \leqslant x < 38.8℃ \\ 0, & 其他 \end{cases}$$

$$\mu(x) = \begin{cases} 0, & x < 38℃ \\ 1.25x - 47.5, & 38℃ \leqslant x < 38.8℃ \\ 1, & x \geqslant 38.8℃ \end{cases}$$

"体温"属性的隶属度函数曲线如图 5.1 所示.

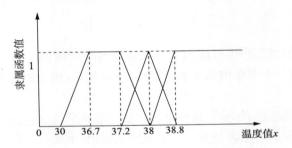

图 5.1 "体温"属性的隶属度函数曲线

假设已测得的温度值(单位:℃)分别为 37.2,37.6,37.9,38.3,38.5,39.1,39.3,39.8,这些温度值对应三种语义算子的隶属度和非隶属度结果如表 5.1 所示. 为了计算方便,直觉指数 π 取 0.1.

表 5.1 温度对应三种语义算子的隶属度和非隶属度结果

	体温正常	体温较高	体温高
Y_1	⟨1,0⟩	⟨0,0.90⟩	⟨0, 0.90⟩
Y_2	⟨0.50, 0.40⟩	⟨0.50,0.40⟩	⟨0, 0.90⟩
Y_3	⟨0.13, 0.77⟩	⟨0.88,0.02⟩	⟨0, 0.90⟩
Y_4	⟨0, 0.90⟩	⟨0.63,0.27⟩	⟨0.38, 0.52⟩
Y_5	⟨0, 0.90⟩	⟨0.38,0.52⟩	⟨0.63,0.27⟩
Y_6	⟨0, 0.90⟩	⟨0, 0.90⟩	⟨1,0⟩
Y_7	⟨0, 0.90⟩	⟨0, 0.90⟩	⟨1,0⟩
Y_8	⟨0, 0.90⟩	⟨0, 0.90⟩	⟨1,0⟩

现引入一条温度值(单位:℃)为 38.1 时对应的规则作为测试规则,记为 Y_9,它所对应三种语义算子的隶属度和非隶属度分别为⟨0,0.9⟩,⟨0.88,0.02⟩,⟨0.13,0.77⟩. 接下来计算包括测试规则前件在内的所有规则前件之间的相似度,结果如表 5.2

所示.

表 5.2　所有规则前件之间的相似度

	Y_1	Y_2	Y_3	Y_4	Y_5	Y_6	Y_7	Y_8	Y_9
Y_1	1	0.78	0.61	0.55	0.55	0.56	0.56	0.56	0.55
Y_2	0.78	1	0.83	0.78	0.72	0.56	0.56	0.56	0.78
Y_3	0.61	0.83	1	0.83	0.72	0.55	0.55	0.55	0.94
Y_4	0.55	0.78	0.83	1	0.89	0.72	0.72	0.72	0.89
Y_5	0.55	0.72	0.72	0.89	1	0.83	0.83	0.83	0.78
Y_6	0.56	0.56	0.55	0.72	0.83	1	1	1	0.61
Y_7	0.56	0.56	0.55	0.72	0.83	1	1	1	0.61
Y_8	0.56	0.56	0.55	0.72	0.83	1	1	1	0.61
Y_9	0.55	0.78	0.94	0.89	0.78	0.61	0.61	0.61	1

若取 $\lambda = 0.80$，则对应的截集矩阵为

$$\begin{bmatrix} 1 & 0 & 0 & 0 & 0 & 0 & 0 & 0 & 0 \\ 0 & 1 & 1 & 0 & 0 & 0 & 0 & 0 & 0 \\ 0 & 1 & 1 & 1 & 0 & 0 & 0 & 0 & 1 \\ 0 & 0 & 1 & 1 & 1 & 0 & 0 & 0 & 1 \\ 0 & 0 & 0 & 1 & 1 & 1 & 1 & 1 & 0 \\ 0 & 0 & 0 & 0 & 1 & 1 & 1 & 1 & 0 \\ 0 & 0 & 0 & 0 & 1 & 1 & 1 & 1 & 0 \\ 0 & 0 & 0 & 0 & 1 & 1 & 1 & 1 & 0 \\ 0 & 0 & 1 & 1 & 0 & 0 & 0 & 0 & 1 \end{bmatrix}$$

可以看出,该矩阵是满足自反性、对称性和传递性的,因而该矩阵描述的是一个一般等价关系,它将规则库的前件划分成了七个等价类: $\{\{Y_1\}, \{Y_2\}, \{Y_3\}, \{Y_4\}, \{Y_5\}, \{Y_6, Y_7, Y_8\}, \{Y_9\}\}$.

根据分类结果可以得知:对于 Y_9 这种输入状态,无法在规则库中找到至少一条规则与之匹配度大于给定的阈值 λ,因而,可以认为测试规则 Y_9 无法在 λ 程度上被激活,故该规则库是不完备的.

结果与结论:在这里,我们吸纳了粗糙集中的分类思想,针对一个既定规则库,如果要说明它是完备的,就是要验证如果再提供若干条与该规则库中所有规则均不雷同的规则,"后来者"总是"合群"的. 就该算例而言,利用本章提出的完备性检验算法我们得知: Y_9 这个"后来者"并不"合群",至少无法在 $\lambda = 0.80$ 的程度上与其余规则相匹配;另一方面,从直观的角度来看,测试规则 Y_9 只同规则 Y_3, Y_4 的

数值比较接近,通过计算规则前件之间的相似度得出了同样的判断,分别为 0.94 和 0.89,对应的截集矩阵也反映出相同的结论,因而,通过检验算法得出的最终结论与直观上的判断相一致,从而,直觉模糊粗糙逻辑规则库的完备性检验算法是有效的,也是合理的.

5.5　本章小结

　　本章对基于直觉模糊粗糙逻辑的规则完备性问题进行了研究,提出了完备性检验算法.首先介绍了研究直觉模糊粗糙集所需的理论基础,并研究了几种常用的直觉模糊粗糙集模型;然后通过和直觉模糊逻辑规则库的完备性定义进行比较,运用直觉模糊集和粗糙集的相关理论对属性值为连续值的规则进行了处理,提出了直觉模糊粗糙逻辑规则库的完备性定义和要求;最后设计了完备性的检验算法,并通过一个简单的算例加以验证.算例分析与理论研究表明,该算法不仅可以有效地对规则库的完备性能进行检验,而且还可以根据具体情况调整阈值以满足不同用户的需要.

参 考 文 献

[1] Atanassov K. Intuitionistic fuzzy sets[J]. Fuzzy Sets and Systems,1986,20(1):87-96.

[2] 雷英杰,王宝树,苗启广. 直觉模糊关系及其合成运算[J]. 系统工程理论与实践,2005,25(2):113-118.

[3] 张文修,吴伟志,梁吉业,等. 粗糙集理论与方法[M]. 北京:科学出版社,2006.

[4] 朱六兵,王迪焕,杨斌. 粗糙 Vague 集及其相似度量[J]. 模糊系统与数学,2006,20(3):130-134.

[5] 刘富春. 模糊粗糙集的相似度量和相似性方向[J]. 计算机工程与应用,2005,41(35):35-37.

[6] 黄正华,胡宝清. 模糊粗糙集理论研究进展[J]. 模糊系统与数学,2005,19(4):125-134.

[7] Lei Y J, Lu Y L, Li Z Y. Techniques for checking rulebases with intuitionistic fuzzy reasoning [A]. PR-ICAI06,Guilin City,China,8-11 August,2006.

第6章　直觉模糊粗糙逻辑规则库的互作用性

本章的主要内容包括:基于直觉模糊三角模的广义直觉模糊粗糙集模型;直觉模糊粗糙逻辑规则库的互作用性定义;系统设计的理想输出和实际输出的关系(定理 6.1);直觉模糊粗糙逻辑规则间不存在相互作用的条件(定理 6.2);影响规则间相互作用大小的因素(定理 6.3);直觉模糊粗糙逻辑规则库的互作用性检验算法.

6.1　引　　言

互作用性检验是逻辑规则库检验中的一项重要内容和指标,它研究的主要内容是:当对一个给定规则库采用某种关系 R 和一定的合成规则时,可以比较合成后隶属函数、非隶属函数的值和相应规则后件中的对应值的异同,通过这些异同点可以得知所采用的规则是否存在相互作用,是否具备可还原性.雷英杰等阐述的规则库检验中的互作用性定义是基于直觉模糊集理论之上的,本章则是在他们研究的基础上,融入粗糙集理论的相关思想进行深入研究,为此,本章将采用一个新的直觉模糊粗糙集模型,该模型将有助于讨论直觉模糊粗糙逻辑规则库的互作用性指标.

6.2　本章研究模型

结合广义直觉模糊粗糙集模型,本节提出本章研究过程中需要建立的基于直觉模糊三角模的广义直觉模糊粗糙集模型.

定义 6.1(基于直觉模糊三角模的广义直觉模糊粗糙集模型[1])　设 R 为论域 U 上的一个直觉模糊 ϕ 相似关系,称 (U,R) 是直觉模糊粗糙近似空间,对于任意的 $X \in U$, X 关于近似空间 (U,R) 的下近似 $A_R^-(X)$ 和上近似 $A_R^+(X)$ 是定义在 U 上的一对直觉模糊集,其隶属函数和非隶属度函数定义为

$$A_R^-(X) = \inf_{y \in U} \Theta(R(y,x), X(y)), \quad x \in U \tag{6.1}$$

$$A_R^+(X) = \sup_{y \in U} \phi(R(y,x), X(y)), \quad x \in U \tag{6.2}$$

称 $(A_R^-(X), A_R^+(X))$ 为直觉模糊粗糙集,直觉模糊集 $A_R^-(X)(A_R^+(X))$ 称为 X 在 (U,R) 中的 Θ-下模糊粗糙近似(ϕ-上模糊粗糙近似),其中, Θ 是边缘蕴涵算子、ϕ 是 t-模.其中,

$$\Theta(x,y) = (\theta(x_1,y_1) \wedge \theta(1-x_2,1-y_2), 1-\theta(1-x_2,1-y_2)), \quad x,y \in L^*$$

$$\tag{6.3}$$

$$\phi(x,y) = (T(x_1,y_1), 1 - T(1 - x_2, 1 - y_2)), \quad x,y \in L^* \qquad (6.4)$$

定义 6.1 将直觉模糊粗糙集中上、下近似对应的直觉模糊集分别采用三角模的形式表达出来,在后面我们将利用这一模型对直觉模糊粗糙逻辑下的规则互作用性问题进行研究.

6.3　直觉模糊粗糙逻辑规则库的互作用性

在研究之前,首先需要了解互作用性的含义. 在直觉模糊逻辑推理中,通常需要根据一条已知规则推出前件和后件之间的关系,进而利用其与另一规则的前件加以合成进行推理. 如果推理得出的实际规则后件与理想规则后件相符,则可以认为所采用的规则不存在相互作用,是可还原的、双向的、理想的,即如果将关系与另一规则的理想后件加以合成也可推出该前件;反之,得出的实际规则后件不等于理想规则后件,则可视为该条规则存在相互作用,是不可还原的、单向的.

为了便于对直觉模糊粗糙逻辑规则库的互作用性进行研究,首先引入直觉模糊逻辑规则库的互作用性定义.

定义 6.2(直觉模糊逻辑规则库的互作用性[2])　设规则库为:若输入为 Y_i,输出为 U_i,$i = 1, 2, \cdots, n$,其中输入 $Y_i \in \mathrm{IFS}(Y)$ 为各输入论域上的直觉模糊子集的笛卡儿积,R 表示其直觉模糊关系. 若下式成立:

$$\exists i \in [1,n], \quad Y_i \circ R \neq U_i \qquad (6.5)$$

即

$$\exists i \in [1,n], \exists u \in U, \mu_{(Y_i \circ R)}(u) \neq \mu_{U_i}(u) \text{ 且 } \gamma_{(Y_i \circ R)}(u) \neq \gamma_{U_i}(u) \qquad (6.6)$$

则所采用的规则有相互作用,或称为有强相互作用.

可以看出,在这种情形下,直觉模糊关系 R 和采用的合成规则修改了预先设定的输出 U_i,造成了该条规则的不可还原性. 基于上述定义,给出一个推论.

推论 6.1　前提条件同定义 6.2,若

$$\exists i \in [1,n], \exists u \in U, \mu_{(Y_i \circ R)}(u) \neq \mu_{U_i}(u) \text{ 且 } \gamma_{(Y_i \circ R)}(u) = \gamma_{U_i}(u)$$
$$\text{或 } \mu_{(Y_i \circ R)}(u) = \mu_{U_i}(u) \text{ 且 } \gamma_{(Y_i \circ R)}(u) \neq \gamma_{U_i}(u) \qquad (6.7)$$

则所采用的规则有弱相互作用.

根据定义 6.1,由于直觉模糊粗糙集涉及两组隶属度和非隶属度函数,因而经过关系和合成规则的作用得出的实际输出也是一个直觉模糊粗糙集,要对它们进行关系描述就不得不进行关系合成后的上、下近似的研究. 在本章中将采用基于直觉模糊三角模的广义直觉模糊粗糙集模型. 需要提及的是,简便起见,本章研究模型中的 T 取 T_1,θ_T 取 θ_{T1},这样得出的结果会比较简单. 虽然直觉模糊粗糙集涉及的参数较多,但在确定了 T 和 θ_T 之后,我们发现:定义 6.2 中合成后得出的隶属度

和非隶属度实质上就是规则前件上近似对应的隶属度和非隶属度,而运用模糊粗糙集中基于三角模的逻辑加以推理后也可以得出同样的结论.回过头来分析定义 6.1 也能发现,上、下近似函数中分别有一个隶属函数和非隶属函数,如果对应的隶属函数取 sup,则隶属函数取 inf;反之,如果对应的隶属函数取 inf,则隶属函数取 sup,将其与定义 6.2 相比较也可得到逻辑推理中的结论,不仅如此,在计算下近似函数时,剩余蕴涵取 θ_{T1} 还有着自己独特的优势.

因为

$$\Theta(x,y) = (\theta(x_1,y_1) \wedge \theta(1-x_2,1-y_2), 1-\theta(1-x_2,1-y_2))$$

所以,当 $x_1 > y_1$ 且 $x_2 < y_2$ 时,

$$\Theta(x,y) = (y_1 \wedge (1-y_2), y_2) = (y_1, y_2)$$

当 $x_1 > y_1$ 且 $x_2 \geqslant y_2$ 时,

$$\Theta(x,y) = (y_1, 0)$$

当 $x_1 \leqslant y_1$ 且 $x_2 \leqslant y_2$ 时,

$$\Theta(x,y) = (1-y_2, y_2)$$

当 $x_1 \leqslant y_1$ 且 $x_2 \geqslant y_2$ 时,

$$\Theta(x,y) = (1, 0)$$

可见,运用 θ_{T1} 求出的下近似函数中隶属函数和非隶属函数是与关系 R 无关的,这有利于简化运算.因此,在讨论直觉模糊粗糙逻辑规则库的互作用性时,只需对上近似函数进行分析,下面就给出直觉模糊粗糙逻辑规则库的互作用性定义.

定义 6.3(直觉模糊粗糙逻辑规则库的互作用性)　设规则库为:若输入为 Y_i,输出为 U_i, $i=1,2,\cdots,n$,其中输入 $Y_i \in \mathrm{IFS}(Y)$ 为各输入论域上的直觉模糊粗糙子集的笛卡儿积, R' 表示其直觉模糊关系.若下式成立:

$$\exists i \in [1,n], \quad Y_i \circ R' \neq U_i \tag{6.8}$$

即

$$\exists i \in [1,n], \exists u \in U$$
$$\mu_{(Y_i \circ R')^+}(u) \neq \mu_{U_i}(u), \quad \gamma_{(Y_i \circ R')^+}(u) \neq \gamma_{U_i}(u) \tag{6.9}$$

则所采用的规则有强相互作用.

对此情形,可以得知同直觉模糊逻辑下的情况类似,直觉模糊关系 R' 和所采用的合成规则修改了预先设定的输出 U_i.

推论 6.2　前提条件同定义 6.3,若

$$\exists i \in [1,n], \exists u \in U, \mu_{(Y_i \circ R')^+}(u) \neq \mu_{U_i}(u) \text{ 且 } \gamma_{(Y_i \circ R')^+}(u) = \gamma_{U_i}(u)$$
$$\text{或 } \mu_{(Y_i \circ R')^+}(u) = \mu_{U_i}(u) \text{ 且 } \gamma_{(Y_i \circ R')^+}(u) \neq \gamma_{U_i}(u) \tag{6.10}$$

则所采用的规则有弱相互作用.

　　有了互作用性的定义,可以从宏观上判断规则是否存在相互作用,然而,如果存在相互作用,影响相互作用大小的因素又是什么? 如果不存在相互作用,那规则又必须满足什么条件? 针对这一系列问题,后面几节将对互作用性的三个定理展开讨论. 这三个定理中,定理 6.1 讨论了系统设计的理想输出与合成作用下实际输出之间的关系;定理 6.2 讨论了直觉模糊粗糙逻辑规则间不存在相互作用的条件;定理 6.3 对影响相互作用大小的因素进行了研究. 下面就将给出直觉模糊粗糙逻辑规则库互作用性的三个定理,并进行相应的证明.

6.4　理想输出和实际输出的关系

　　在直觉模糊逻辑推理中知道,理想输出总是实际输出的子集,在直觉模糊粗糙逻辑推理中,得到的实际输出是一个直觉模糊粗糙集,它的上近似和下近似分别对应一个直觉模糊集,那么这两个直觉模糊集同理想输出之间的关系又将如何呢? 下面将给出定理 6.1 对直觉模糊粗糙逻辑下的理想输出和实际输出间的关系加以讨论研究.

　　定理 6.1　设规则库为:输入为 Y_i,输出为 $U_i, i = 1, 2, \cdots, n$, 其中输入 $Y_i \in$ IFS(Y) 为各输入论域上的直觉模糊粗糙子集的笛卡儿积. 如果直觉模糊关系 R 是 Y_i 和 U_i 的笛卡儿积的并集且是一个直觉模糊 ϕ 相似关系,并且所有 Y_i 均为正规直觉模糊集,则对于所有输入 Y_i, 由“$\vee-\wedge$”合成规则求得的输出满足

$$\forall i \in [1, n], U_i \subseteq (Y_i \circ R)^+ \tag{6.11}$$

　　证明　可以根据直觉模糊三角模来研究上近似对应直觉模糊集的隶属度和非隶属度:

$$A_R^+(X)(u) = \sup_{y \in Y} \phi(R(y, u), X(y))$$

在这里, $\phi(x, y) = (T(x_1, y_1), 1 - T(1 - x_2, 1 - y_2))$, 三角模 T 取 T_1. 因而,上近似对应隶属函数为

$$\begin{aligned}
\mu_{(Y_i \circ R)^+}(u) &= \sup_{y \in Y}\{T(\mu_{Y_i}(y), \mu_R(y, u))\} \\
&= \sup_{y \in Y}\{\mu_{Y_i}(y) \wedge \mu_R(y, u)\} \\
&= \sup_{y \in Y}\{\mu_{Y_i}(y) \wedge [\bigvee_{j=1}^n (\mu_{Y_j}(y) \wedge \mu_{U_j}(u))]\} \\
&\geqslant \sup_{y \in Y}\{\mu_{Y_i}(y) \wedge [\mu_{Y_i}(y) \wedge \mu_{U_i}(u)]\} \\
&= \sup_{y \in Y}\{\mu_{Y_i}(y) \wedge \mu_{U_i}(u)\} \\
&= \{\sup_{y \in Y}\{\mu_{Y_i}(y)\}\} \wedge \mu_{U_i}(u)
\end{aligned}$$

上近似对应非隶属函数为

$$\gamma_{(Y_i \cdot R)^+}(u) = \inf_{y \in Y}\{1 - T(1 - \gamma_{Y_i}(y), 1 - \gamma_R(y,u))\}$$

$$= \inf_{y \in Y}\{S(\gamma_{Y_i}(y), \gamma_R(y,u))\}$$

$$= \inf_{y \in Y}\{\gamma_{Y_i}(y) \vee [\bigwedge_{j=1}^{n}(\gamma_{Y_j}(y) \vee \gamma_{U_j}(u))]\}$$

$$\leqslant \inf_{y \in Y}\{\gamma_{Y_i}(y) \vee [\gamma_{Y_i}(y) \vee \gamma_{U_i}(u)]\}$$

$$= \inf_{y \in Y}\{\gamma_{Y_i}(y) \vee \gamma_{U_i}(u)\}$$

$$= \{\inf_{y \in Y}\{\gamma_{Y_i}(y)\} \vee \gamma_{U_i}(u)\}$$

因为 Y_i 均为正规直觉模糊集，即 $\sup\limits_{y \in Y}\mu_{Y_i}(y) = 1$ 且 $\inf\limits_{y \in Y}\gamma_{Y_i}(y) = 0$ 故 $\mu_{(Y_i \cdot R)^+}(u) \geqslant \mu_{U_i}(u), \gamma_{(Y_i \cdot R)^+}(u) \leqslant \gamma_{U_i}(u)$．故有 $U_i \subseteq (Y_i \circ R)^+$

定理 6.1 的含义是系统设计的理想输出 U_i 包含于由系统输入 Y_i 作用下的实际输出 $(Y_i \circ R)^+$，也就是说直觉模糊关系 R' 和所采用的合成规则可能会修改预先设定的输出 U_i．

6.5　规则间不存在相互作用的条件

定理 6.2　设规则库同定理 6.1. 若 Y_i, Y_j 均为正规直觉模糊集并且两两不相交，即 $Y_i \bigcap Y_j = \varnothing, i, j = 1, 2, \cdots, n$ 且 $i \neq j$，即

$$\mu_{Y_i}(y) \wedge \mu_{Y_j}(y) = 0 \text{ 且 } \gamma_{Y_i}(y) \vee \gamma_{Y_j}(y) = 1$$

则下式成立：

$$\forall i \in [1, n], \quad U_i = (Y_i \circ R)^+ \tag{6.12}$$

证明　$A_R^+(X)(u) = \sup\limits_{y \in Y}\phi(R(y,u), X(y))$．

在这里，$\phi(x, y) = (T(x_1, y_1), 1 - T(1 - x_2, 1 - y_2))$，三角模 T 取 T_1．因而，上近似对应隶属函数为

$$\mu_{(Y_i \cdot R)^+}(u) = \sup_{y \in Y}\{T(\mu_{Y_i}(y), \mu_R(y,u))\}$$

$$= \sup_{y \in Y}\{\mu_{Y_i}(y) \wedge \mu_R(y,u)\}$$

$$= \sup_{y \in Y}\{\mu_{Y_i}(y) \wedge [\bigvee_{j=1}^{n}(\mu_{Y_j}(y) \wedge \mu_{U_j}(u))]\}$$

$$= \sup_{y \in Y}\bigvee_{j=1}^{n}[\mu_{Y_i}(y) \wedge \mu_{Y_j}(y) \wedge \mu_{U_j}(u)]\}$$

$$(i \neq j \text{ 时}, \mu_{Y_i}(y) \wedge \mu_{Y_j}(y) = 0)$$

$$= \sup_{y \in Y}\{\mu_{Y_i}(y) \wedge \mu_{Y_i}(y) \wedge \mu_{U_i}(u)\}$$

$$= \sup_{y \in Y}\{\mu_{Y_i}(y) \wedge \mu_{U_i}(u)\}$$

$$= \{\sup_{y \in Y}\{\mu_{Y_i}(y)\} \wedge \mu_{U_i}(u)\}$$

上近似对应非隶属函数为

$$\gamma_{(Y_i \circ R)^+}(u) = \inf_{y \in Y}\{1 - T(1 - \gamma_{Y_i}(y), 1 - \gamma_R(y,u))\}$$

$$= \inf_{y \in Y}\{S(\gamma_{Y_i}(y), \gamma_R(y,u))\}$$

$$= \inf_{y \in Y}\{\gamma_{Y_i}(y) \vee \gamma_R(y,u)\}$$

$$= \inf_{y \in Y}\{\gamma_{Y_i}(y) \vee [\bigwedge_{j=1}^{n}(\gamma_{Y_j}(y) \vee \gamma_{U_j}(u))]\}$$

$$= \inf_{y \in Y}\{\bigwedge_{j=1}^{n}[\gamma_{Y_i}(y) \vee \gamma_{Y_j}(y) \vee \gamma_{U_j}(u)]\}$$

$$(i \neq j \text{ 时}, \gamma_{Y_i}(y) \vee \gamma_{Y_j}(y) = 1)$$

$$= \inf_{y \in Y}\{\gamma_{Y_i}(y) \vee \gamma_{Y_i}(y) \vee \gamma_{U_i}(u)\}$$

$$= \inf_{y \in Y}\{\gamma_{Y_i}(y) \vee \gamma_{U_i}(u)\}$$

$$= \{\inf_{y \in Y}\{\gamma_{Y_i}(y)\} \vee \gamma_{U_i}(u)\}$$

因为 $\bigvee_{y \in Y}\mu_{Y_i}(y) = 1$, $\bigwedge_{y \in Y}\gamma_{Y_i}(y) = 0$ 故 $\mu_{(Y_i \circ R)^+}(u) = \mu_{U_i}(u)$, $\gamma_{(Y_i \circ R)^+}(u) = \gamma_{U_i}(u)$.
故有 $U_i = (Y_i \circ R)^+$.

定理得证.

根据定理 6.2, 我们会发现该定理实际上给出了直觉模糊粗糙逻辑规则间不存在相互作用的条件, 这为检验规则间无互作用性提供了依据.

6.6   影响规则间相互作用大小的因素

定理 6.3   设规则库同定理 6.1. 若 Y_i, Y_j 均为正规直觉模糊粗糙集并且相交, 即 $Y_i \cap Y_k \neq \varnothing, i, k = 1, 2, \cdots, n$ 且 $i \neq k$, 即

$$\forall i \in [1,n], \quad U_i \neq (Y_i \circ R)^+ \tag{6.13}$$

证明   设 $Y_i \cap Y_j = \varnothing, i, j, k = 1, 2, \cdots, n$ 且 $i \neq j$ 但 $j = k$ 除外, 即 Y_i 与 Y_k 相交, $i \neq k$, 则相交系数

$$\bigvee_{y \in Y}\{\mu_{Y_i}(y) \wedge \mu_{Y_k}(y)\} = a, \quad 0 < a \leqslant 1$$

$$\bigwedge_{y \in Y} \{\gamma_{Y_i}(y) \vee \gamma_{Y_k}(y)\} = b, \quad 0 \leqslant b < 1$$

$$A_R^+(X)(u) = \sup_{y \in Y} \phi(R(y,u), X(y))$$

在这里，$\phi(x,y) = (T(x_1,y_1), 1 - T(1-x_2, 1-y_2))$，三角模 T 取 T_1. 因而，上近似对应隶属函数为

$$\mu_{(Y_i \circ R)^+}(u) = \sup_{y \in Y}\{T(\mu_{Y_i}(y), \mu_R(y,u))\}$$

$$= \sup_{y \in Y}\{\mu_{Y_i}(y) \wedge \mu_R(y,u)\}$$

$$= \sup_{y \in Y}\{\mu_{Y_i}(y) \wedge [\bigvee_{j=1}^{n}(\mu_{Y_j}(y) \wedge \mu_{U_j}(u))]\}$$

$$= \sup_{y \in Y}\{\bigvee_{j=1}^{n}[\mu_{Y_j}(y) \wedge \mu_{Y_i}(y) \wedge \mu_{U_j}(u)]\}$$

$$= \sup_{y \in Y}\{[\mu_{Y_i}(y) \wedge \mu_{Y_i}(y) \wedge \mu_{U_i}(u)] \vee [\mu_{Y_i}(y) \wedge \mu_{Y_k}(y) \wedge \mu_{U_k}(u)]\}$$

$$= [(\sup_{y \in Y}\mu_{Y_i}(y)) \wedge \mu_{U_i}(u)] \vee \{[\bigvee_{y \in Y}(\mu_{Y_i}(y) \wedge \mu_{Y_k}(y))] \wedge \mu_{U_k}(u)\}$$

$$= \mu_{U_i}(u) \vee [a \wedge \mu_{Y_k}(u)]$$

$$\geqslant \mu_{U_i}(u)$$

上近似对应非隶属函数为

$$\gamma_{(Y_i \circ R)^+}(u) = \inf_{y \in Y}\{1 - T(1 - \gamma_{Y_i}(y), 1 - \gamma_R(y,u))\}$$

$$= \inf_{y \in Y}\{S(\gamma_{Y_i}(y), \gamma_R(y,u))\}$$

$$= \inf_{y \in Y}\{\gamma_{Y_i}(y) \vee \gamma_R(y,u)\}$$

$$= \inf_{y \in Y}\{\gamma_{Y_i}(y) \vee [\bigwedge_{j=1}^{n}(\gamma_{Y_j}(y) \vee \gamma_{U_j}(u))]\}$$

$$= \inf_{y \in Y}\{\bigwedge_{j=1}^{n}[\gamma_{Y_j}(y) \vee \gamma_{Y_j}(y) \vee \gamma_{U_j}(u)]\}$$

$$= \inf_{y \in Y}\{[\gamma_{Y_i}(y) \vee \gamma_{Y_i}(y) \vee \gamma_{U_i}(u)] \wedge [\gamma_{Y_i}(y) \vee \gamma_{Y_k}(y) \vee \gamma_{U_k}(u)]\}$$

$$= [\inf_{y \in Y}(\gamma_{Y_i}(y)) \vee \gamma_{U_i}(u)] \wedge \{[\bigwedge_{y \in Y}(\gamma_{Y_i}(y) \vee \gamma_{Y_k}(y))] \vee \gamma_{U_k}(u)\}$$

$$= \gamma_{U_i}(u) \wedge [b \vee \gamma_{Y_k}(u)]$$

$$\leqslant \gamma_{U_i}(u)$$

从而 $Y_i \circ R' \supseteq U_i$，即 $Y_i \circ R' \neq U_i$.

不难发现，定理 6.3 的结论正是直觉模糊粗糙逻辑下的规则互作用性的定义，因而该定理的前提条件也就是规则满足互作用性的条件. 只要输入的直觉模糊粗糙子集存在一定的相交，它们之间就会存在相互作用. 而相互作用的大小取决于

$\mu_{U_i}(u)$ 与 $\mu_{U_i}(u) \vee [a \wedge \mu_{Y_k}(u)]$，$\gamma_{U_i}(u)$ 与 $\gamma_{U_i}(u) \wedge [b \vee \gamma_{Y_k}(u)]$ 的相异程度.

容易看出：相交系数 a 的值越大，b 的值越小，规则的互作用性程度就越大.

上述三个定理分别从不同的角度刻画了直觉模糊粗糙集的互作用性. 定理 6.1 揭示了直觉模糊关系 R' 和所采用的合成规则可能会修改预先设定的输出；定理 6.2 揭示了规则间不存在相互作用的条件；定理 6.3 说明，只要有输入直觉模糊粗糙子集相交，它们之间就存在相互作用. 有了这三个定理，我们可以对规则库的互作用性进行较为全面的检验，不仅可以知道给定规则库中的直觉模糊粗糙规则间是否存在相互作用，而且还可以宏观把握其相互作用的大小.

6.7　直觉模糊粗糙逻辑规则库的互作用性检验算法

在对互作用性的定义和三个定理进行分析之后，下面给出直觉模糊粗糙逻辑规则库互作用性的检验算法.

算法 6.1　直觉模糊粗糙逻辑规则库互作用性的检验算法.

输入：一给定规则库的输入为 Y_i，输出为 U_i，其中 $i = 1, 2, \cdots, n$，$Y_i \in$ IFS(Y) 为各输入论域上的直觉模糊子集的笛卡儿积，R' 为一个直觉模糊关系，采用"$\vee - \wedge$"合成规则；

输出：该规则库互作用性检验结果.

初始状态：给定一个规则库，$i = 1$.

步骤 1：取输入 Y_i，将其与直觉模糊关系 R' 合成后进行粗糙化，根据定义 6.1 计算出 $\mu_{(Y_i \cdot R')^+}(u)$，$\gamma_{(Y_i \cdot R')^+}(u)$；

步骤 2：如果 $\mu_{(Y_i \cdot R')^+}(u) \neq \mu_{U_i}(u)$，$\gamma_{(Y_i \cdot R')^+}(u) \neq \gamma_{U_i}(u)$，则该规则有强相互作用，如果只满足其中的一条，则该规则有弱相互作用，否则该规则不存在相互作用，检验完一条规则后，再对 i 进行判断；

步骤 3：如果 $i \neq n$，则 $i = i + 1$，返回步骤 1；如果 $i = n$，则检验结束.

该算法的时间复杂度为 $O(n)$.

算法对应的伪代码如下：

```
For(int i= 0; i< n; i+ + )   //n表示规则的总条数,用 i 表示一个计量单位
{
```

$\mu_{(Y_i \cdot R')^+}(u)$，$\gamma_{(Y_i \cdot R')^+}(u)$　 /＊分别计算出每条规则合成后的上近似对应隶属度和

```
if(
```
$\mu_{(Y_i \cdot R')^+}(u) \neq \mu_{U_i}(u)$ `&&`$\gamma_{(Yi \cdot R')^+}(u) \neq \gamma_{Ui^+}(u)$`)`　　非隶属度＊/

则该规则有强相互作用！

```
else if(
```
$\mu_{(Y_i \cdot R')^+}(u) \neq \mu_{Ui^+}(u)$ `||` $\gamma_{(Yi \cdot R')^+}(u) \neq \gamma_{Ui^+}(u)$`)`

则该规则有弱相互作用！

```
else
```

该规则无相互作用!

}

6.8　算 例 分 析

上述算法在软件编辑中将成为实现互作用性检验功能的一段重要代码. 为了说明问题, 我们将以第 5 章的算例为基础, "体温"属性值保持不变, 添加一个名为"头痛"的条件属性和一个名为"流感"的决策属性, 它们的属性值为离散型的"是"或"否", 具体数值如表 6.1 所示.

表 6.1　经典流感问题

	体温/℃	头痛	流感
Y_1	37.2	否	否
Y_2	37.6	是	是
Y_3	37.9	否	是
Y_4	38.3	是	否
Y_5	38.5	否	是
Y_6	39.1	是	否
Y_7	39.3	否	是
Y_8	39.8	是	否

分析: 在该算例中, 有两个条件属性"体温"和"头痛", 一个决策属性"流感", 其中, "体温"的属性值为连续型属性值, 在此可以采用第 5 章中定义的几种隶属度函数曲线将各属性值分别转化成直觉模糊集的形式; 而对于"头痛"和"流感"属性而言, 其中的属性值皆为离散型属性值, 本例中可以将其扩展成一个仅由直觉模糊值 $\langle 1, 0 \rangle$ 和 $\langle 0, 1 \rangle$ 构成的直觉模糊集合. 这样, 整个规则库就可以转化成直觉模糊集的形式, 具体数值如表 6.2 所示.

从表 6.1 我们可以看出, 每条规则的输入前件均为一个正规直觉模糊集合, 同样, 它们的后件也是一个正规直觉模糊集合. 下面将把上述合成后上近似对应的直觉模糊集和规则库的后件进行比较, 结果如表 6.3 和表 6.4 所示.

表 6.2　直觉模糊化处理后的经典流感问题

属性	体温			头痛		流感	
n	正常	较高	高	是	否	是	否
Y_1	$\langle 1, 0 \rangle$	$\langle 0, 0.90 \rangle$	$\langle 0, 0.90 \rangle$	$\langle 0, 1 \rangle$	$\langle 1, 0 \rangle$	$\langle 0, 1 \rangle$	$\langle 1, 0 \rangle$
Y_2	$\langle 0.50, 0.40 \rangle$	$\langle 0.50, 0.40 \rangle$	$\langle 0, 0.90 \rangle$	$\langle 1, 0 \rangle$	$\langle 0, 1 \rangle$	$\langle 1, 0 \rangle$	$\langle 0, 1 \rangle$

属性	体温			头痛		流感	
n	正常	较高	高	是	否	是	否
Y_3	$\langle 0.13, 0.77 \rangle$	$\langle 0.88, 0.02 \rangle$	$\langle 0, 0.90 \rangle$	$\langle 0, 1 \rangle$	$\langle 1, 0 \rangle$	$\langle 1, 0 \rangle$	$\langle 0, 1 \rangle$
Y_4	$\langle 0, 0.90 \rangle$	$\langle 0.63, 0.27 \rangle$	$\langle 0.38, 0.52 \rangle$	$\langle 1, 0 \rangle$	$\langle 0, 1 \rangle$	$\langle 0, 1 \rangle$	$\langle 1, 0 \rangle$
Y_5	$\langle 0, 0.90 \rangle$	$\langle 0.38, 0.52 \rangle$	$\langle 0.63, 0.27 \rangle$	$\langle 0, 1 \rangle$	$\langle 1, 0 \rangle$	$\langle 1, 0 \rangle$	$\langle 0, 1 \rangle$
Y_6	$\langle 0, 0.90 \rangle$	$\langle 0, 0.90 \rangle$	$\langle 1, 0 \rangle$	$\langle 1, 0 \rangle$	$\langle 0, 1 \rangle$	$\langle 0, 1 \rangle$	$\langle 1, 0 \rangle$
Y_7	$\langle 0, 0.90 \rangle$	$\langle 0, 0.90 \rangle$	$\langle 1, 0 \rangle$	$\langle 0, 1 \rangle$	$\langle 1, 0 \rangle$	$\langle 1, 0 \rangle$	$\langle 0, 1 \rangle$
Y_8	$\langle 0, 0.90 \rangle$	$\langle 0, 0.90 \rangle$	$\langle 1, 0 \rangle$	$\langle 1, 0 \rangle$	$\langle 0, 1 \rangle$	$\langle 0, 1 \rangle$	$\langle 1, 0 \rangle$

表 6.3　$(\mu_{(Yi \cdot R')}{}^+(1), \mu_{(Yi \cdot R')}{}^+(2))$ 的值

$(\mu_{(Yi \cdot R')}{}^+(1), \mu_{(Yi \cdot R')}{}^+(2))$	值	$(\mu_{Ui}(1), \mu_{Ui}(2))$	值
$(\mu_{(Y1 \cdot R')}{}^+(1), \mu_{(Y1 \cdot R')}{}^+(2))$	$(1,1)$	$(\mu_{U1}(1), \mu_{U1}(2))$	$(0,1)$
$(\mu_{(Y2 \cdot R')}{}^+(1), \mu_{(Y2 \cdot R')}{}^+(2))$	$(1,1)$	$(\mu_{U2}(1), \mu_{U2}(2))$	$(1,0)$
$(\mu_{(Y3 \cdot R')}{}^+(1), \mu_{(Y3 \cdot R')}{}^+(2))$	$(1,1)$	$(\mu_{U3}(1), \mu_{U3}(2))$	$(1,0)$
$(\mu_{(Y4 \cdot R')}{}^+(1), \mu_{(Y4 \cdot R')}{}^+(2))$	$(1,1)$	$(\mu_{U4}(1), \mu_{U4}(2))$	$(0,1)$
$(\mu_{(Y5 \cdot R')}{}^+(1), \mu_{(Y5 \cdot R')}{}^+(2))$	$(1,1)$	$(\mu_{U5}(1), \mu_{U5}(2))$	$(1,0)$
$(\mu_{(Y6 \cdot R')}{}^+(1), \mu_{(Y6 \cdot R')}{}^+(2))$	$(1,1)$	$(\mu_{U6}(1), \mu_{U6}(2))$	$(0,1)$
$(\mu_{(Y7 \cdot R')}{}^+(1), \mu_{(Y7 \cdot R')}{}^+(2))$	$(1,1)$	$(\mu_{U7}(1), \mu_{U7}(2))$	$(1,0)$
$(\mu_{(Y8 \cdot R')}{}^+(1), \mu_{(Y8 \cdot R')}{}^+(2))$	$(1,1)$	$(\mu_{U8}(1), \mu_{U8}(2))$	$(0,1)$

表 6.4　$(\gamma_{(Yi \cdot R')}{}^+(1), \gamma_{(Yi \cdot R')}{}^+(2))$ 的值

$(\gamma_{(Yi \cdot R')}{}^+(1), \gamma_{(Yi \cdot R')}{}^+(2))$	值	$(\gamma_{Ui}(1), \gamma_{Ui}(2))$	值
$(\gamma_{(Y1 \cdot R')}{}^+(1), \gamma_{(Y1 \cdot R')}{}^+(2))$	$(0,0)$	$(\gamma_{U1}(1), \gamma_{U1}(2))$	$(1,0)$
$(\gamma_{(Y2 \cdot R')}{}^+(1), \gamma_{(Y2 \cdot R')}{}^+(2))$	$(0,0)$	$(\gamma_{U2}(1), \gamma_{U2}(2))$	$(0,1)$
$(\gamma_{(Y3 \cdot R')}{}^+(1), \gamma_{(Y3 \cdot R')}{}^+(2))$	$(0,0)$	$(\gamma_{U3}(1), \gamma_{U3}(2))$	$(0,1)$
$(\gamma_{(Y4 \cdot R')}{}^+(1), \gamma_{(Y4 \cdot R')}{}^+(2))$	$(0,0)$	$(\gamma_{U4}(1), \gamma_{U4}(2))$	$(1,0)$
$(\gamma_{(Y5 \cdot R')}{}^+(1), \gamma_{(Y5 \cdot R')}{}^+(2))$	$(0,0)$	$(\gamma_{U5}(1), \gamma_{U5}(2))$	$(1,0)$
$(\gamma_{(Y6 \cdot R')}{}^+(1), \gamma_{(Y6 \cdot R')}{}^+(2))$	$(0,0)$	$(\gamma_{U6}(1), \gamma_{U6}(2))$	$(1,0)$
$(\gamma_{(Y7 \cdot R')}{}^+(1), \gamma_{(Y7 \cdot R')}{}^+(2))$	$(0,0)$	$(\gamma_{U7}(1), \gamma_{U7}(2))$	$(0,1)$
$(\gamma_{(Y8 \cdot R')}{}^+(1), \gamma_{(Y8 \cdot R')}{}^+(2))$	$(0,0)$	$(\gamma_{U8}(1), \gamma_{U8}(2))$	$(1,0)$

比较上面几个表中的数据并结合直觉模糊粗糙逻辑规则库互作用性的有关结论,得知:该规则库的所有规则均存在弱相互作用.

结果与结论:在这里,采取的是"∨—∧"合成规则,我们发现,当一个直觉模糊集同一个直觉模糊关系进行合成后,它的隶属度和非隶属度函数将可能发生改变,依据本章所提出的若干定义和结论,可以对规则库中的所有规则进行分析并给出结论. 不仅如此,比较四个参数还可以发现,$U_i \subseteq (Y_i \circ R)^+$ 总是成立的,这符合互作用性定理 6.1 中的结论,故本章提出的规则互作用性检验算法是合理有效的. 需要提及的是,本章算例中的计算结果之所以简单,是由于该算例中的决策属性个数较少,且属性值皆为二值型的离散值,故得出上述结论,在此仅为说明问题.

6.9　本 章 小 结

本章对直觉模糊粗糙逻辑规则的互作用性问题进行研究,提出了互作用性检验算法. 首先简要介绍了本章用到的基于直觉模糊三角模的广义直觉模糊粗糙集模型;其次通过和直觉模糊逻辑中互作用性定义进行比较,给出了直觉模糊粗糙集逻辑规则的互作用性定义;再次又推导出了直觉模糊粗糙逻辑下规则互作用性的三个重要定理,进一步研究了理想输出和实际输出之间的关系,规则间不存在相互作用的条件以及影响规则间相互作用大小的因素;最后对规则库互作用性检验算法进行了研究,并通过一个算例加以说明. 算例分析与理论研究表明,该方法得出的结论完全符合互作用性定理的结论,是合理、有效的.

参 考 文 献

[1] 张文修,吴伟志,梁吉业,等. 粗糙集理论与方法[M]. 北京:科学出版社,2006.

[2] Lei Y J,Lu Y L,Li Z Y. Techniques for checking rulebases with intuitionistic fuzzy reasoning [A]. PRIC-AI06,Guilin City,China,8-11 August 2006.

[3] 李鸿明,毕翔,魏振春,等. 基于模糊控制的规则化描述方法研究[J]. 合肥工业大学学报(自然科学版),2011,34(4):493-496.

[4] 杜蕾,管延勇,杨芳. 优势关系下模糊目标信息系统的决策规则优化[J]. 计算机工程与应用,2010,46(35):136-138.

[5] 王永富,王殿辉,柴天佑. 一个具有完备性和鲁棒性的模糊规则提取算法[J]. 自动化学报,2010,36(9):1337-1342.

[6] 陈刚,王海晶. 关于模糊规则独立性问题的研究[J]. 模糊系统与数学,2010,24(2):119-129.

[7] 黄正华,胡宝清. 模糊粗糙集理论研究进展[J]. 模糊系统与数学,2005,19(4):125-134

[8] 黄正华. 模糊粗糙集理论研究[D]. 武汉:武汉大学硕士学位论文,2005.

第7章 直觉模糊粗糙逻辑规则库的相容性

本章的主要内容包括:基于包含度的直觉模糊粗糙集模型;直觉模糊粗糙逻辑规则的相关性定义;直觉模糊粗糙逻辑规则的相容性定义和不相容度定义;直觉模糊粗糙逻辑规则库的相容性检验算法.

7.1 引 言

相容性检验是逻辑规则库检验中的第三项重要指标,它研究的主要内容是:通过对一个给定规则库中每两条规则之间的前件和后件进行分析,从而量化出每条规则与整个规则库间不相容程度的大小,不仅如此,在分析规则相容性过程中,还可以从侧面了解规则的完备性程度和互作用性程度.因而,相容性检验是规则库检验过程中一项非常重要的工作.目前,比较成熟的相容性定义是由雷英杰等提出的基于直觉模糊集的相容性定义.本章则是在他们研究的基础上,采用基于包含度的直觉模糊粗糙集模型进一步研究逻辑规则的相容性检验问题.

7.2 本章研究模型

在知识表示系统中,论域中的概念是用知识库中的知识来描述的,在决策表中还可以提取决策规则.从协调的决策表中可以抽取确定性规则,而从不协调的决策表中只能抽取不确定性规则或可能性规则,这是因为在不协调的系统中存在着矛盾的事例.这种从决策表中抽取规则的推理的实质是一种广义的包含关系,本章所研究的模型就是基于包含度的直觉模糊粗糙集模型,它是对基于包含度的粗糙集模型的一种推广,下面就来介绍这种模型.

设 U 是非空有限集合,$P(U)$ 表示 U 中经典集合的全体,$F(U)$ 表示 U 中模糊集合全体.

定义 7.1(包含度[1]) 设 $A,B \in F(U)$,记 $n(A,B) = \{x \in \text{supp}B \mid B(x) \leqslant A(x)\}$,定义

$$D(A/B) = \frac{|n(A,B)|}{|\text{supp}B|}, \quad B \neq \varnothing \qquad (7.1)$$

当 $B \neq \varnothing$ 时,约定 $D(A/B) = 1$,则 D 是 $F(U)$ 上的包含度.

定理 7.1 设 T 是 $I = [0,1]$ 上的三角模,θ 为对应的剩余蕴涵,则 $D(b/a) = \theta(a,b)$ 是 I 上的包含度.

在基于包含度的直觉模糊粗糙集模型中,将为包含度函数确定一个取值区间,其中强包含度视为包含度的上近似,定理 7.1 确定的包含度下确界视为下近似. 此外,由于在讨论规则的相容性时只涉及隶属度的相关计算,因而在讨论模型时也只论及隶属度的相关问题.

前面已对 T 模及与其对应的剩余蕴涵 θ 进行了阐述,在此可以利用这些概念对定理 7.1 加以推广,得到下述推论.

推论 7.1　设 T 是 $I = [0,1]$ 上的三角模,θ 为对应的剩余蕴涵,则 $D(b/a) = \sup(T(a,b))$ 是 I 上的强包含度,这里 T 取 T_1.

因而,在基于包含度的直觉模糊粗糙集模型中,包含度的值将由上、下近似两组值来表示,在 7.3 节中我们将看到直觉模糊逻辑规则的相关性和相容性定义实际上讨论的就是规则间的强包含度问题,即基于包含度的直觉模糊粗糙集模型中的包含度上近似问题,对下近似没有进行研究,下面将从上、下近似两方面对规则的相容性问题加以研究.

7.3　直觉模糊粗糙逻辑规则的相关性

规则间的相关性是由可能性和必要性两部分组成的. 为了便于对直觉模糊粗糙逻辑规则的相容性进行表述和研究,首先引入直觉模糊逻辑规则的相关性定义.

定义 7.2(直觉模糊逻辑下的规则相关性[2])　设 $A,B \in \text{IFS}(X)$,A 与 B 相关的可能性定义为

$$P'(A \mid B) = \bigvee_{x \in X} \left[\mu_A(x) \wedge \mu_B(x) \right] \tag{7.2}$$

A 与 B 相关的必要性定义为

$$N'(A \mid B) = \bigwedge_{x \in X} \left[\mu_A(x) \wedge \mu_B(x) \right] \tag{7.3}$$

很明显地,式(7.2)讨论的就是 A,B 之间的强包含度问题,在直觉模糊逻辑下,规则间的相关性是用两个直觉模糊集的隶属度来表示的,$P'(A \mid B)$ 反映了 A 与 B 重叠的程度,而 $N'(A \mid B)$ 反映了 B 包含于 A 的程度. 因此,定义 7.2 可以用来表示直觉模糊粗糙逻辑下的规则间的完备性和互作用性. 由于直觉模糊粗糙集涉及两组隶属度,因而在讨论直觉模糊粗糙逻辑下的规则相关性定义时,就需要对直觉模糊逻辑下的相关性定义进行修改.

定义 7.3(直觉模糊粗糙逻辑下的规则相关性)　设 $A,B \in \text{IFRS}(X)$,A 与 B 相关的可能性定义为

$$P(A \mid B) = \left[\inf_{x \in X} (\theta(B,A)), \sup_{x \in X} (T(A,B)) \right] \tag{7.4}$$

设 Y_i, Y_j 是相互邻接的,$i \neq j, i,j \in [1,n]$,当 Y_i, Y_j 的重叠程度越大,即 $P(Y_i \mid Y_j)$ 的水平越大,式(7.4)的取值越大,规则的完备程度也越大. 同时,相交系

数 a 也增大,从而使规则的互作用程度增大. 在 $P(Y_i \mid Y_j)$ 相同的情况下,若 $P(U_i \mid U_j)$ 越大,即 U_i,U_j 重叠程度越大,则规则间的互作用越小.

7.4　直觉模糊粗糙逻辑规则的相容性

　　规则的相容性指标是讨论规则库检验问题的第三个重要指标,通过对它的讨论,我们不仅可以从宏观角度把握整个规则库的相容性情况,而且还可以定量地分析出每条规则与其余规则的相容性程度. 与直觉模糊逻辑下的规则相容性定义相似,在分析任意两条规则的相容性指标时,需要同时考虑两条规则的输入和输出,下面首先来回顾直觉模糊逻辑下的规则相容性定义.

　　定义 7.4(直觉模糊逻辑下的规则相容性)　设规则库为:输入为 Y_i, 输出为 U_i, $i = 1,2,\cdots,n$, 其中输入 $Y_i \in \mathrm{IFS}(Y)$ 为各输入论域上的直觉模糊子集的笛卡儿积. 第 $i \in [1,n]$ 条规则与第 $j \in [1,n]$ 条规则的不相容性指标 $C_{ij} \in [0,1]$ 定义为

$$
\begin{aligned}
C_{ij} &= \mid P(Y_i \mid Y_j) - P(U_i \mid U_j) \mid \\
&= \mid \bigvee_{y \in Y} [\mu_{Y_i}(y) \wedge \mu_{Y_j}(y)] - \bigvee_{u \in U} [\mu_{U_i}(u) \wedge \mu_{U_j}(u)] \mid
\end{aligned}
\tag{7.5}
$$

　　由于在直觉模糊粗糙逻辑规则库中,输入 Y_i 和输出 U_i 在粗糙化处理过后,均由两组隶属度和非隶属度组成,因而直觉模糊粗糙逻辑下的规则相容性定义需要在定义 7.1 的基础上加以修改.

　　定义 7.5(直觉模糊粗糙逻辑下的规则相容性)　设规则库为:输入为 Y_i,输出为 U_i, $i = 1,2,\cdots,n$, 其中输入 $Y_i \in \mathrm{IFS}(Y)$ 为各输入论域上的直觉模糊子集的笛卡儿积. 在对其进行粗糙化以后,第 $i \in [1,n]$ 条规则与第 $j \in [1,n]$ 条规则的不相容性指标 $C_{ij} \in [0,1]$ 有两组定义:

$$
P(Y_i \mid Y_j) = \left[\inf_{x \in X}(\theta(Y_j,Y_i)), \sup_{x \in X}(T(Y_i,Y_j))\right]
$$
$$
P(U_i \mid U_j) = \left[\inf_{x \in X}(\theta(U_j,U_i)), \sup_{x \in X}(T(U_i,U_j))\right]
$$

则

$$
C_{ij}^- = \mid \inf_{x \in X}(\theta(Y_j,Y_i)) - \inf_{x \in X}(\theta(U_j,U_i)) \mid, \ C_{ij}^+ = \mid \sup_{x \in X}(T(Y_i,Y_j)) - \sup_{x \in X}(T(U_i,U_j)) \mid
$$
$$
\tag{7.6}
$$

　　由式(7.6)可以看出,由于对直觉模糊逻辑下的输入和输出进行了粗糙化,直觉模糊粗糙逻辑下规则的不相容性指标将涉及上、下近似两组数值,但不同于完备性检验的是,这里的下近似对应数值之差的绝对值未必就比上近似的小,因而在计算规则间的不相容度时,也就必须从上、下近似两个角度分别进行考虑.

7.5　直觉模糊粗糙逻辑规则的不相容度

　　通过 7.4 节的描述,可以看出利用定义 7.5 可以计算出规则库中任意两条规则间的不相容性指标,因而也就可以利用这个定义计算出任意一条规则和规则库

中其余所有规则间的不相容度.

定义 7.6(直觉模糊粗糙逻辑下的规则不相容度)　设规则库为:输入为 Y_i ,输出为 U_i , $i=1,2,\cdots,n$,其中输入 $Y_i \in \mathrm{IFS}(Y)$ 为各输入论域上的直觉模糊子集的笛卡儿积. 粗糙化以后,第 $i \in [1,n]$ 条规则与其他所有规则的不相容度 C_i 定义为

$$C_i^- = \sum_{j=1}^n C_{ij}^-, \quad C_i^+ = \sum_{j=1}^n C_{ij}^+ \tag{7.7}$$

通常利用属性约简和数据挖掘知识得出的规则库是一个非常庞杂的数据集合体,如何对现有的规则库进行相容性分析检验,很重要一条就是将每条规则同其余规则的不相容度求出来,再根据预先设定的阈值 λ 来决定是否需要对该规则进行撤销或修改处理. 但由于直觉模糊粗糙逻辑下的不相容度会有两组,在此,需设置两个阈值 λ^-,λ^+ 分别对两个不相容度进行衡量,如果上、下近似对应两个不相容度值中有任意一个超过了所给阈值,则就有必要对规则进行再处理.

需要说明的是,运用直觉模糊逻辑计算得出的规则不相容度总是介于通过上、下近似得出的两个不相容度值之间,这在本章最后的算例中得到了验证.

当然,阈值的选取也要相对合理,如果给定的阈值过于苛刻,将导致多数规则不符合相容性要求,规则的推理控制作用不灵敏;反之将使规则的相容性变坏. 基于上述思想,我们设计了直觉模糊粗糙逻辑下的规则库不相容度检验算法.

7.6　直觉模糊粗糙逻辑规则库的相容性检验算法

下面给出直觉模糊粗糙逻辑规则库的相容性检验算法.

算法 7.1　直觉模糊粗糙逻辑规则库的相容性检验算法.

输入:已经粗糙化了的一个直觉模糊粗糙逻辑规则库,规则前件为 Y_i ,规则后件为 U_i , $i=1,2,\cdots,n$,且输入 $Y_i \in \mathrm{IFRS}(Y)$ 和输出 $U_i \in \mathrm{IFRS}(U)$ 为已粗糙化了的直觉模糊粗糙子集;

输出:该规则库相容性分析结果.

初始状态:给定一个规则库; $i=1$.

步骤 1:取第 $i \in [1,n]$ 条规则(前件 Y_i 和后件 U_i),根据式(7.6)计算与所有第 $j \in [1,n]$ 条规则(前件 Y_j 和后件 U_j)的不相容性指标 C_{ij}^-,C_{ij}^+ ;

步骤 2:根据式(7.7)计算 C_i^-,C_i^+ ;

步骤 3:如果 C_i^-,C_i^+ 中有任意一个超过了给定阈值,则对该规则进行撤销或修改处理;如果均未超过给定阈值,则不作修改,接着对 i 进行判断;

步骤 4:如果 $i \neq n$,则 $i=i+1$,返回步骤 1;如果 $i=n$,检验结束.

该算法的时间复杂度为 $O(n^2)$.

利用步骤 1 计算两条规则的不相容性指标时,注意以下两点:

(1)如果所有规则的前件和后件在粗糙化处理前均为正规直觉模糊集,则根据

上述算法得出的任何一条规则 i 与其自身计算所得的不相容性指标 C_{ii}^-, C_{ii}^+ 均恒为零,因而在计算时可以省略计算规则自身与自身的不相容度计算;

(2)根据式(7.6),由于第 $i \in [1, n]$ 条规则(前件 Y_i 和后件 U_i)与第 $j \in [1, n]$ 条规则(前件 Y_j 和后件 U_j)计算所得的 C_{ij}^+ 与第 $j \in [1, n]$ 条规则(前件 Y_j 和后件 U_j)与第 $i \in [1, n]$ 条规则(前件 Y_i 和后件 U_i)计算所得的 C_{ji}^+ 相同,因而建议计算规则的不相容性指标时,采取顺序计算(即升序依次计算或降序依次计算),这样不易出现遗漏,也降低了一半的工作量.

算法对应的伪代码如下:

```
For(int i= 0;i< n;i+ + )  //n 表示规则的总条数,用 i 表示一个计量单位
{
    for(int j= 0;j< n;j+ + )  //n 表示规则的总条数,用 j 表示一个计量单位
    {
    Cᵢ⁻ += Cᵢⱼ⁻;Cᵢ⁺ += Cᵢⱼ⁺;   //求出每条规则上、下近似对应的不相容度
    }
    if((Cᵢ⁻ > λ⁻ || Cᵢ⁺ > λ⁺))
    {
        该条规则建议进行再处理! / * 如果有一条规则的不相容度大于给定阈值,
                          则建议进行处理 */
    }
}
```

7.7　算 例 分 析

算法 7.1 在软件编辑中将成为实现相容性检验功能的一段重要代码. 为了说明问题,我们仍将沿用第 6 章的算例对相容性检验算法进行验证. 在该例中,由于规则相容性问题只讨论隶属度问题,因而简单起见,结合第 6 章现给出数据如表 7.1 所示.

表 7.1　经典流感问题

n	体温			头痛		流感	
	正常	较高	高	是	否	是	否
Y_1	1	0	0	0	1	0	1
Y_2	0.50	0.50	0	1	0	1	0
Y_3	0.13	0.88	0	0	1	1	0
Y_4	0	0.63	0.38	1	0	0	1
Y_5	0	0.38	0.63	0	1	1	0
Y_6	0	0	1	0	1	0	1
Y_7	0	0	1	0	1	1	0
Y_8	0	0	1	1	0	0	1

表 7.1 中,"体温"和"头痛"是条件属性,即为输入;"流感"是决策属性,为输

出;每条规则中"体温"和"头痛"对应的属性值为规则前件;"头痛"对应的属性值为规则后件;"头痛"和"流感"原先的属性值为"是"或"否". 在这里,将其扩展成了一个直觉模糊集. 下面我们就利用式(7.6)将 C_{ij}^-, C_{ij}^+ 分别计算出来,结果如表 7.2 所示.

表 7.2　(C_{ij}^-, C_{ij}^+) 的值

C_{ij}	Y_1	Y_2	Y_3	Y_4	Y_5	Y_6	Y_7	U_8
Y_1	(0,0)	(0,0.5)	(0,1)	(1,1)	(0,1)	(1,1)	(0,1)	(1,1)
Y_2	(0,0.5)	(0,0)	(1,0.5)	(0,1)	(1,0.62)	(0,1)	(1,1)	(0,1)
Y_3	(0.13,1)	(1,0.5)	(0,0)	(0,0.63)	(1,0)	(0,0)	(1,0)	(0,0)
Y_4	(1,1)	(0,1)	(0,0.63)	(0,0)	(0,0.38)	(0.62,0)	(0,0.38)	(0.62,0)
Y_5	(0,1)	(1,0.62)	(1,0)	(0,0.38)	(0,0)	(0,0.63)	(0.37,0)	(0,0.63)
Y_6	(1,1)	(0,1)	(0,0)	(1,0)	(0,0.63)	(0,0)	(0,1)	(0,0)
Y_7	(0,1)	(1,1)	(1,0)	(0,0.38)	(1,0)	(0,1)	(0,0)	(0,1)
Y_8	(1,1)	(0,1)	(0,0)	(1,0)	(0,0.63)	(0,0)	(0,1)	(0,0)

有了 C_{ij}^-, C_{ij}^+ 的结果,就可以依据式(7.7)计算出 C_i^-, C_i^+ 的值,结果如表 7.3 所示.

表 7.3　(C_i^-, C_i^+) 的值

C_i	C_i^-	C_i^+
C_1	3.0	6.5
C_2	3.0	5.62
C_3	3.13	2.13
C_4	2.24	3.39
C_5	2.37	3.26
C_6	2.0	3.63
C_7	3.0	4.38
C_8	2.0	3.63

求出 C_i^-, C_i^+ 的值后,就可以依据给定的两个阈值对规则库中的所有规则进行分析,如果有任意一组值大于所给定阈值,则建议对该条规则进行再处理.

结论分析:以往研究直觉模糊逻辑规则库相容性问题的学者只用一组隶属度加以衡量,将得出的结果与阈值进行比对得出结论;本章利用基于包含度的直觉模糊粗糙集模型对规则库检验中的相容性问题进行了深入研究,在讨论规则的不相容度时,计算出上、下近似两组数值进行衡量. 不难看出直觉模糊逻辑下的计算结果实际上就是上近似对应的结果,同时下近似计算数值的引入使检验过程更加合理、更具可信度,尤其是在当若干条规则的上近似数值小于规定阈值,而下近似对应数值却分布在规定阈值两侧时,可以更合理地对规则是否需要再处理进行判断,从而可使我们对规则库相容性的检验更为有效.

7.8　本章小结

　　本章对基于直觉模糊粗糙集的规则相容性问题进行了研究,提出了相容性检验算法.首先,简要介绍了本章用到的基于包含度的直觉模糊粗糙集模型;其次,通过和直觉模糊逻辑中相关性和相容性定义进行比较,给出了直觉模糊粗糙逻辑规则的相容性定义;再次,又对直觉模糊粗糙逻辑规则的不相容度问题进行了深入研究,给出了定义并进行了较为详细的阐述;最后,给出了规则相容性检验算法,并通过一个算例加以说明.算例分析与理论研究表明,该方法得出的结论比单纯采用直觉模糊逻辑处理手段得出的结论更为合理、客观.

参 考 文 献

[1] 张文修,吴伟志,梁吉业,等.粗糙集理论与方法[M].北京:科学出版社,2006.

[2] Lei Y J, Lu Y L, Li Z Y. Techniques for checking rulebases with intuitionistic fuzzy reasoning [A]. PRIC-AI06,Guilin City,China,8-11 August 2006.

[3] 张文修,徐宗本,梁怡,等.包含度理论[J].模糊系统与数学, 1996,10(4):1-9.

[4] 张文修,梁怡,徐萍.基于包含度的不确定推理[M].北京:清华大学出版社, 2007.

[5] 李鸿明,毕翔,魏振春,等.基于模糊控制的规则化描述方法研究[J].合肥工业大学学报(自然科学版),2011,34(4):493-496.

[6] 黄春娥,张振良.基于截集的变精度模糊粗糙集模型[J].模糊系统与数学,2004,18(9):200-203

[7] 张诚一,卢昌荆.关于模糊粗糙集的相似度量[J].计算机工程与应用,2004,40(9):58-59

[8] 张诚一,周厚勇.关于模糊粗糙集的一个注记[J].兰州大学学报(自然科学版),2005,41(4):118-120.

第8章 直觉模糊粗糙逻辑规则库检验软件的设计

本章主要介绍直觉模糊粗糙规则库检验系统(intuitionistic fuzzy rough rulebases check system，IFRRCS)的设计与实现,利用该软件可以有效检验前几章中直觉模糊粗糙集下规则库检验理论的正确性. 本章的主要内容包括:IFRRCS 的特点;IFRRCS 的界面、功能与结构;IFRRCS 的设计与实现.

8.1 IFRRCS 的特点

IFRRCS 是建立在直觉模糊粗糙集基础上,针对直觉模糊粗糙逻辑而设计开发的规则库检验系统. 同以往的推理系统和验证系统不同的是,IFRRCS 结合了 ADO. NET 的知识,可以与数据源进行连接、提交查询,对给定的直觉模糊集合进行粗糙化,并得出检验的结论. 但同 Matlab 等工具相似的是,IFRRCS 具有友好的用户界面,方便使用者快速完成工作.

8.2 IFRRCS 的界面、功能与结构

8.2.1 IFRRCS 的界面

IFRRCS 的界面上方是菜单栏,菜单栏由文件菜单和功能菜单两部分组成. 其中文件菜单中包括三个菜单项:查看、保存和退出. 其中"查看"项可以将该系统对应的整个数据库展示给用户;"保存"项可以在整个数据库已展示的前提下,对其中的数据进行添加、删除和修改;"退出"项用于整个系统环境的退出. 而功能菜单中包括五个菜单项:显示规则总条数、数据库连接检验、规则库完备性检验、规则库互作用性检验以及规则库相容性检验. "显示规则总条数"用于将整个规则库的规则数量反馈给用户;"数据库连接检验"用于检验数据库的连接状况;另外三个菜单项分别对规则库的三项指标进行检验. 界面中部是一个 DataGrid 控件,它主要用于实时显示整个规则库中的数据并方便用户对其中的数据进行必要的修改,在它的下方有一个 Label 控件用于实时显示规则库中的规则总条数. Label 控件的下方是三个 TextBox 控件,它们分别用于输出三项检验指标的结果. 三个 TextBox 控件的右侧是一个 RichTextBox 控件,它用于显示三条检验中的一些中间数据,以使检验结果能够更加一目了然,它的下方还有两个 TextBox 控件,允许用户对相容性检验的两个阈值进行设置.

8.2.2 IFRRCS 的功能

IFRRCS 通过与 SQL 数据库连接可以让用户更加容易、直观、快速地完成直觉模糊逻辑规则库检验工作. 在 IFRRCS 中,DataGrid 中展示的数据和 SQL 数据库中的数据是动态连接的,数据库中数据所作的修改能即时地体现在 DataGrid 中,而不需要对软件的代码段作任何的修改. 概括起来,IFRRCS 主要有四项功能:检验与数据库的连接;对规则库进行完备性检验;对规则库进行互作用性检验;对规则库进行相容性检验. 除此之外,IFRRCS 还可以显示规则条数,对规则库进行实时地查看和修改. IFRRCS 功能关系如图 8.1 所示.

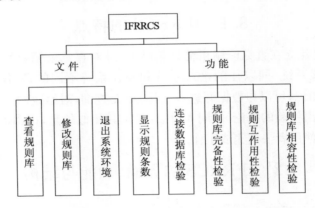

图 8.1　IFRRCS 的功能关系图

"连接数据库检验"这一功能是其余几项功能得以实现的前提和保证,因为 IFRRCS 对规则库进行检验的一系列工作都是基于数据库的,只有和数据库连接成功,该系统才可以对其中的数据进行粗糙化并作进一步分析. 完备性检验功能是对规则输入前件进行粗糙化并分析它们之间的相似程度,从而判定给定的规则库在阈值 λ 程度上是否完备. 互作用性检验功能是对经过合成的规则前件进行粗糙化处理,并将其结果同规则后件加以对比分析. 相容性检验功能是对每条规则与整个规则库的不相容性程度进行分析,IFRRCS 允许用户对阈值进行设定,设定完毕后系统会根据给定的阈值自行对整个规则库中所有规则的不相容性程度进行分析,并将结果展示给用户.

8.2.3 IFRRCS 的结构

IFRRCS 是具有粗糙化处理机和规则库逻辑处理机的直觉模糊粗糙逻辑检验系统. IFRRCS 的内部结构如图 8.2 所示.

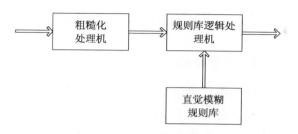

图 8.2 IFRRCS 的内部结构

图 8.2 中,直觉模糊规则库是由具有隶属函数值和非隶属函数值的若干直觉模糊规则的总和组成,它是 IFRRCS 的核心部分,IFRRCS 的其他部分功能在于解释和利用这些模糊规则来解决具体问题.关于直觉模糊规则的获得,需要一些相关的专业和实践知识.一般直觉模糊规则可以由如下两种途径获得:请教专家或采用基于测量数据的学习算法.粗糙化处理机主要包括将直觉模糊规则库中的前件、后件以及合成后的前件分别求出它们的上、下近似所对应的直觉模糊集的隶属度和非隶属度.而规则库逻辑处理机是将由粗糙化处理机处理后的结果与直觉模糊粗糙逻辑规则库检验的三项指标进行比对,并将比对的结果显示在软件界面上反馈给用户,主要包括:检验规则与原规则库中所有规则的分类结果;合成后的规则前件上近似对应隶属度、非隶属度与规则后件对应的隶属度、非隶属度比对结果以及每条规则相对整个规则库的不相容度与给定阈值的比对结果,这些内容在前几章已详细介绍并给出了算法,这些算法转化成代码后便构成了 IFRRCS 软件功能的主体.

8.2.4 开发平台的选择

直觉模糊粗糙逻辑规则库检验涉及大量的数据处理,这些处理过程都要用相应的程序去描述.目前比较主流的开发平台有 Visual C++、Visual Basic、Visual J++、Delphi、Visual C#……不同的开发平台基于不同的编程语言,不同的编程语言都有其优缺点.在以上开发平台中,Visual C++基于 C++语言,Visual Basic 基于 Basic 语言,Visual J++基于 Java 语言,Delphi 基于 Pascal语言,Visual C#基于 C#语言.其中,C#语言是从 C、C++和 Java 发展而来,它采纳了这三种语言最优秀的特点,并加入了它自己的特性.在数值处理方面,C#体现出明显的优势.根据 IFRRCS 的特点,对以上几种开发平台及所对应的编程语言进行综合比较后,我们选择 Visual C#作为 IFRRCS 的开发平台.

8.3   IFRRCS 的设计与实现

8.3.1   连接数据库功能的设计与实现

IFRRCS 连接数据库功能主要就是为了检验 IFRRCS 是否已同 SQL 数据库连接成功,只有验证连接成功才可以进行下一步的规则库检验工作. 每个 SQLServer 服务管理器都有一个服务器名,而且相同的软件在不同用户的机器上运行都需要修改服务器名,在这种情况下,我们可能会想到去修改代码段中的 loginName. 在 IFRRCS 中,不需要这么做,在编写代码的时候,引入了 APPConfig 类、CReadXml 类和 CWriteXml 类. 其中,APPConfig 类可以存取系统的配置信息,CReadXml 类可以读取 Xml 文件,CWriteXml 类可以将数据写到 Xml 文件中,利用这几个类就可以实时地对服务器名进行修改了.

在核实了服务器名之后,用户只需点击功能菜单中的"连接数据库"菜单项便可检验与数据库的连接是否成功,如果成功,便会弹出一个对话框;当然,如果失败,系统也不会置若罔闻,因为我们在代码的编写中使系统可以捕捉到这个异常,并将其显示给用户.

8.3.2   规则库完备性检验功能的设计与实现

规则库完备性检验功能是用来验证一个给定规则库是否在一定程度上满足完备性,即对任何一种输入状态,是否总可以在规则库中至少找到一条规则,使这个输入状态和该规则前件的匹配度大于给定阈值 λ,其实际意义是检验一个给定规则库中是否已将问题所有可能出现的情况都包含在内. 该功能的设计是以包括检验规则在内的所有规则间的相似程度为核心的,它运用完备性检验算法进行代码的编译,并将最终结果以文本框(TextBox)的方式反馈给用户;同时,如果检验规则在给定阈值 λ 程度上与原规则库中的若干条规则隶属同一等价类,该系统还会将这一情况显示在 RichTextBox 控件上供用户参照,该功能的具体界面如图 8.3 所示.

8.3.3   规则库互作用性检验功能的设计与实现

规则库互作用性检验功能是用来验证一个规则库中的规则前件在进行合成处理和粗糙化处理后上近似对应的隶属度、非隶属度同规则后件的关系,从而对规则的作用性程度作出判断,其实际意义是检验一个给定规则库中的所有规则是否具备可还原性. 该功能的设计是运用互作用性检验算法进行代码的编译,并将最终结果以文本框(TextBox)的方式反馈给用户,如图 8.4 所示.

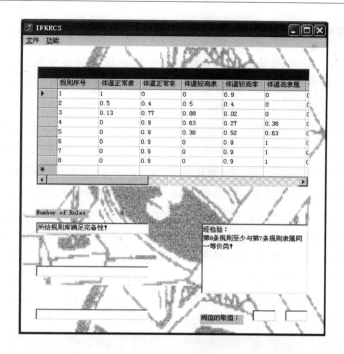

图 8.3　完备性检验功能界面

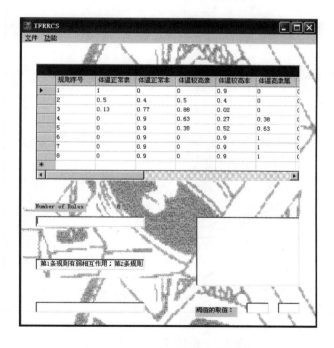

图 8.4　互作用性检验功能界面

8.3.4　规则库相容性检验功能的设计与实现

　　规则库相容性检验用来分析一个规则库中所有规则与整个规则库的不相容性程度,它将规则前件在进行粗糙化处理后得出的隶属度与规则后件的隶属度综合起来处理,最终得到两个相容度,再将它们分别同两个阈值进行比较,从而向用户提出建议,最终结果以文本框(TextBox)的方式返回给用户,RichTextBox 空间中也会将每条规则对应的两个不相容度给出,供用户分析.该功能的核心思想来源于相容性检验算法.该功能主要以粗糙化处理后的规则前件和后件的隶属度为核心.同时,为了满足不同用户的要求,该系统在运行相容性检验功能时,还允许用户自行设定上、下近似对应的两个阈值,如果由于疏忽未对阈值进行设置,IFRRCS 将会弹出一个对话框提示用户进行设置,否则该功能将无法运行.在这里,需要说明的是,用户应对上、下近似对应的两个阈值进行较为合理的设置,如果设置的数值与所有规则的不相容度水平出入过大,尽管程序也可以运行,但文本框(TextBox)中得出的结果往往十分极端,不利于用户对整个规则库进行评估和处理.该项功能的具体界面如图 8.5 所示.

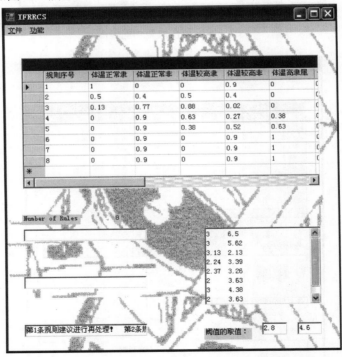

图 8.5　相容性检验功能界面

8.3.5 规则库检索与修改功能的设计与实现

最后介绍一下 IFRRCS 软件的规则库检索与修改功能. 这一功能主要是通过 DataGrid 控件和"文件"菜单中的"查看"项和"保存"项来实现的. 通过对两个子菜单项进行编程, 可以将数据库中的规则实时地反映在 DataGrid 上, 不仅如此, 还可以对其中的规则进行一定的修改处理. 有了这一功能, 就可以在 IFRRCS 的 DataGrid 控件内直接对数据进行变更, 而不必再进入 SQLServer 企业管理器对相应数据库的表内数据进行修改. 具体界面如图 8.6 所示.

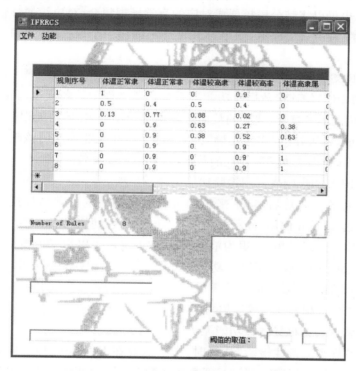

图 8.6 检索与修改功能界面

8.4 实 例 分 析

本节将从 IFRRCS 设计与实现的角度对经典的流感患者问题进行分析, 为了简便以及说明问题, 我们仍将使用第 5 章中算例的数据, 从程序实现的角度来验证前 3 章中所给算法的合理有效性.

例 考虑经典的流感患者问题. 每位患者在来到医院描述过症状之后, 医生会根据患者描述的"头痛"情况和实际测得的体温值, 进而分析该患者是否已患上流感.其中"体温"和"头痛"为条件属性,采用"体温正常、体温较高、体温高"来表示患者的体温情况,采用"是、否"来描述患者的头痛情况,根据这些数据医生作出了结论,我们可以相应地得到一个规则库,试对该规则库进行检验,其中参考值 λ 取0.8,相容度的上、下阈值分别取 4.6 和 2.8.

IFRRCS 实现步骤如下.

(1)数据处理.

该例中的两个条件属性对应的属性值分别为连续的和离散的.对于连续属性值,可以采用相应地隶属度函数图像将各属性值描述成直觉模糊集合的形式;对于离散属性值,也可以将其分段扩展成对应的直觉模糊集合,对决策属性值的处理方法也是类似的.在处理完毕后,使用 SQLServer 创建一个数据库,并输入处理后的数据.

(2)IFRRCS 的调试.

运用 IFRRCS 的连接数据库功能将系统配置文件中的各项填写正确,其中包括所在计算机的服务器名、建立的数据库名和登录用户名.填写无误后,运用 IFR-RCS 加以验证,如果弹出"连接正确"的对话框,则可以继续使用该软件的其余功能;否则 IFRRCS 无法连接所建立的数据库,其余功能无效.

(3)IFRRCS 的规则库三项检验功能的注意事项.

① 数据库连接成功后,接下来我们可以对规则库的三项指标逐个进行检验了,但要注意必须首先使用"显示规则条数"功能,这一功能可以将整个规则库中的规则总条数实时地显示出来,更为重要的是,它的显示可以为三项指标检验程序中的 for 循环设定上限值,有了这一功能,当规则库中的规则条数发生变化后,不必再对程序进行修改,所要做的只是再运行一次"显示规则条数"功能.

② 运行"规则相容性检验"功能时,用户需要自行对上下阈值进行设定,否则将弹出一个错误对话框导致该功能无法运行.

③ 运行"规则完备性检验"功能时,由于需要在 DataGrid 控件中添加测试规则,因此添加完毕后应再次运行"显示规则条数"功能,以达到对完备性检验程序段进行动态变更的目的.

在遵循上述几条注意事项的基础上,便可以使用 IFRRCS 对规则库进行分析了,在本例中,测试规则取"温度值为 38.1,头痛,结论为流感".IFRRCS 运行后,我们会分别得到图 8.3～图 8.5 中的结果,这些结果与前 3 章中得出的结果是吻合的.

(4)讨论.

本节通过一个完整的实例验证了 IFRRCS 的功能.运行结果表明,IFRRCS 是可行的,这也证明了直觉模糊粗糙逻辑的规则完备性检验算法,直觉模糊粗糙集的规则互作用性检验算法, 直觉模糊粗糙集的规则相容性检验算法都是正确和有效的.

8.5　本 章 小 结

本章介绍了直觉模糊粗糙逻辑规则库检验软件的设计与实现. 首先分析了 IF-RRCS 的特点; 其次介绍了 IFRRCS 的界面、功能与结构; 再次对 IFRRCS 的设计与实现进行了阐述; 最后进行了实例分析. 整个软件系统的设计与实现从应用的角度验证了直觉模糊粗糙逻辑规则库检验理论的合理性.

参 考 文 献

[1] 吴晓莉, 林哲辉. Matlab 辅助模糊系统设计[M]. 西安: 西安电子科技大学出版社, 2002.

[2] 刘烨, 吴中元. C♯编程及应用程序开发教程[M]. 北京: 清华大学出版社, 2003.

[3] 孔韦韦, 雷英杰. 直觉模糊粗糙推理的规则互作用性研究. 计算机工程与设计, 2008, 29(10): 2626-2628.

[4] 孔韦韦, 雷英杰. 直觉模糊粗糙推理的规则库完备性研究[J]. 计算机应用与软件, 2008, 25(10): 93-94.

[5] 孔韦韦, 雷英杰. 直觉模糊粗糙集推理规则的相容性研究[J]. 计算机应用, 2007, 27(9): 2279-2280&2283.

[6] 张文修, 吴伟志, 梁吉业, 等. 粗糙集理论与方法[M]. 北京: 科学出版社, 2006.

[7] Lei Y J, Lu Y L, Li Z Y. Techniques for checking rulebases with intuitionistic fuzzy reasoning [A]. PRIC-AI06, Guilin City, China, 8-11 August 2006.

[8] 张文修, 徐宗本, 梁怡, 等. 包含度理论[J]. 模糊系统与数学, 1996, 10(4): 1-9.

第9章 面向数据挖掘的 IFRS 的数据预处理方法

针对粗糙集理论在数据预处理时对连续属性离散化所造成的信息丢失问题, 给出基于直觉模糊粗糙集模型(IFRS-1、IFRS-2)的属性约简方法. 首先, 给出基于直觉模糊集理论的连续属性直觉模糊化方法; 其次, 给出基于直觉模糊属性重要性与依赖度的属性约简算法; 再次, 给出基于区分加权矩阵的直觉模糊粗糙属性约简算法; 最后, 通过实例验证上述方法的有效性.

9.1 引 言

数据库与信息系统中信息膨胀的方向主要有两个: 横向与纵向. 横向指的是属性与属性字段的不断增加, 而纵向指的是对象与记录数的不断增加. 数据挖掘就是要从信息系统中挖掘出知识, 为了提高挖掘的效率与质量, 必须对数据库进行简化, 这样, 横向的简化就是属性约简, 而纵向的简化就是值约简. 本章将着重讨论属性约简的内容.

Pawlak 粗糙集中的属性约简与核的概念是粗糙集的重要研究与应用方向. 在数据挖掘领域中, 约简实际上相当于机器学习中属性子集的选取问题, 只是约简定义的数学意义更加明确. 它在不降低信息系统分类能力的基础上, 用能区分所有对象的最小属性子集代替原来的属性集. 计算属性约简有助于提取信息系统的规则, 实现数据挖掘的目的. 对于大系统而言, 如果能删除冗余属性, 可以提高系统潜在知识的清晰度.

目前, 基于粗糙集的属性约简算法主要有基于可辨识矩阵和逻辑运算的属性约简算法、归纳属性约简算法、基于互信息的属性约简算法和基于特征选择的属性约简算法, 其中基于可辨识矩阵和逻辑运算的属性约简算法是最常用的一种属性约简算法.

针对粗糙集理论在属性约简前对连续属性离散化所造成的信息丢失问题, 文献[1]提出了一种基于模糊粗糙集的属性约简算法(fuzzy-rough set attribute reduction, FRSAR), 文献[2]~[4]是该算法的实际应用. 文献[5]提出一种基于可辨识矩阵(区分矩阵)和逻辑运算的属性约简方法. 本章结合模糊粗糙集在处理不确定信息系统的原理与算法, 再根据直觉模糊粗糙集理论, 提出了基于直觉模糊粗糙集的快速约简算法, 验证了算法的有效性. 然后针对文献[1]中没有考虑到核的概念以及约简的结构不清晰等缺点, 给出了一种基于属性权重的区分矩阵直觉模糊粗糙属性约简算法. 此算法能够更好地克服连续属性离散化所造成的信息丢失问题, 并且更好地完成特征选择, 更完整地保留原始数据的知识和信息.

9.2　基于直觉模糊集理论的连续属性直觉模糊化方法

传统的基于粗糙集的约简算法只能有效地处理包含离散值的数据集, 但是对连续属性处理能力非常有限. 而现实世界中大多数的数据集, 属性值可能是符号型或者是实数型的数据, 这些连续数据大多具有模糊性, 概念之间的界限并不十分明确. 因此, 在利用粗糙集理论进行属性约简之前, 必须对连续属性进行离散化, 这一过程将造成边界划分过硬和某种程度的信息损失, 因为离散化后的属性值没有保留属性值在实数值上存在的差异. 对于信息系统中的连续属性值, 利用直觉模糊集理论对其边界进行软划分, 这样不仅减少了信息的损失, 而且为进一步的属性约简与规则提取提供了先决条件.

语言变量的方法用于处理那些太复杂、较难定义而不能用常规的定量方法处理的情形. 在多属性决策规则挖掘的过程中, 决策者往往给出模糊的语义, 如对一个问题严重性的表述"很不重要"、"不重要"、"一般"、"比较重要"和"很重要"等, 这些模糊语义变量就将属性划分为若干个子属性.

在直觉模糊粗糙集的应用中, 直觉模糊相似类的划分是必须考虑的问题. 在粗糙集中, 属性对应的等价类是普通集合, 而在直觉模糊粗糙集中, 属性对应的相似类是直觉模糊集. 因此, 作者将属性的相似类划分过程称为属性直觉模糊化过程. 在粗糙集中, 每个对象属于且仅属于一个等价类, 而在直觉模糊粗糙集中, 每个对象可以属于多个直觉模糊相似类. 对于直觉模糊相似类, 既可以保留同一子区间内属性值的差异性, 又能体现相邻子区间内的属性值之间的过渡性.

具有连续属性的关系型数据库如表 9.1 所示, 其中 $U = \{x_1, x_2, \cdots, x_n\}$ 表示对象集合, $R = \{r_1, r_2, \cdots, r_m\}$ 表示属性集合, d_{ij} 表示数据库中第 $i(i = 1, \cdots, n)$ 个对象对应的第 $j(j = 1, \cdots, m)$ 个属性值. 表 9.1 中的数据库可以看成是一个具有连续属性值的信息系统.

表 9.1　关系型数据库

	r_1	r_2	$\cdots$	r_m
x_1	d_{11}	d_{12}	$\cdots$	d_{1m}
x_2	d_{21}	d_{22}	$\cdots$	d_{2m}
$\vdots$	$\vdots$	$\vdots$		$\vdots$
x_n	d_{n1}	d_{n2}	$\cdots$	d_{nm}

对于信息系统中任意一个连续属性 d_{ij}, 对连续属性进行直觉模糊化的关键是

确定隶属度与非隶属度函数,常用的隶属度函数分布曲线有三角隶属度函数和梯形隶属度函数等,这里所采用的方法是三角隶属度函数. 根据属性值域的大小和属性值的分布,可以把其直觉模糊化为 k 个语义变量,令其中每一个属性都有若干个语义变量 $P_1, P_2, \cdots, P_k$. 例如,对于身高这个属性,它们就代表高、中、低等模糊语义 $(k = 1, 2, 3)$;如果是温度,则它们可以代表温暖、寒冷、炎热等模糊语义. 如图9.1 所示(实线表示隶属度函数分布曲线;虚线表示非隶属度函数分布曲线), x 表示属性值, k 个直觉模糊划分的中心 $m_i (i = 1, \cdots, k)$ 可以由 Kohonen 网络自组织映射算法确定,为保证直觉模糊划分的完备性,两个相邻隶属度函数相交处的函数值取值为 0.5;而两个相邻非隶属度函数相交处的函数值取值为 0.4.

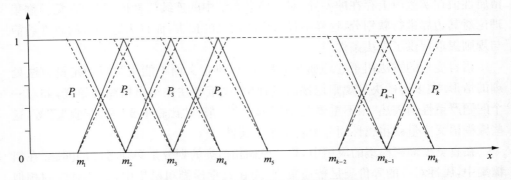

图 9.1　三角隶属度函数与非隶属度函数

如果对表 9.1 中的每一个属性都直觉模糊化,将得到表 9.2,其中 $\langle \mu_{ij}^h, \gamma_{ij}^h \rangle$ 表示对象 x_i 对于属性 r_j 的语义变量 P_h 所具有的隶属度与非隶属度.

表 9.2　对表 9.1 中的属性直觉模糊化

	w_1			$\cdots$	w_m			
	$P_1,$	$P_2,$	$\cdots,$ P_k	$\cdots$	$P_1,$	$P_2,$	$\cdots,$	P_s
x_1	$\langle \mu_{11}^1, \gamma_{11}^1 \rangle$	$\langle \mu_{11}^2, \gamma_{11}^2 \rangle$	$\cdots \langle \mu_{11}^k, \gamma_{11}^k \rangle$	$\cdots$	$\langle \mu_{1m}^1, \gamma_{1m}^1 \rangle$	$\langle \mu_{1m}^2, \gamma_{1m}^2 \rangle$	$\cdots$	$\langle \mu_{1m}^s, \gamma_{1m}^s \rangle$
x_2	$\langle \mu_{21}^1, \gamma_{21}^1 \rangle$	$\langle \mu_{21}^2, \gamma_{21}^2 \rangle$	$\cdots \langle \mu_{21}^k, \gamma_{21}^k \rangle$	$\cdots$	$\langle \mu_{2m}^1, \gamma_{2m}^1 \rangle$	$\langle \mu_{2m}^2, \gamma_{2m}^2 \rangle$	$\cdots$	$\langle \mu_{2m}^s, \gamma_{2m}^s \rangle$
$\vdots$	$\vdots$	$\vdots$	$\vdots$		$\vdots$	$\vdots$		$\vdots$
x_n	$\langle \mu_{n1}^1, \gamma_{n1}^1 \rangle$	$\langle \mu_{n1}^2, \gamma_{n1}^2 \rangle$	$\cdots \langle \mu_{n1}^k, \gamma_{n1}^k \rangle$	$\cdots$	$\langle \mu_{nm}^1, \gamma_{nm}^1 \rangle$	$\langle \mu_{nm}^2, \gamma_{nm}^2 \rangle$	$\cdots$	$\langle \mu_{nm}^s, \gamma_{nm}^s \rangle$

表 9.2 是一个直觉模糊化的信息系统,下一步将利用此表来计算直觉模糊相似类.

等价类是计算粗糙集的基础,等价关系将信息系统中的对象分为多个等价类,等价类中的对象在各个属性上的值均相同. 对于连续属性,用上述方法求出的直觉模糊隶属度与非隶属度,是论域中对象对于单个属性直觉模糊相似类的归属程度,这样的对象所构成的集合就是直觉模糊相似类. 但是为了进行直觉模糊属性约简与直觉模糊规则的提取,需要求复合属性(属性集合)的直觉模糊相似类.

首先,为了方便理解,先从经典的粗糙集理论出发,复合属性对论域的划分可以表示为

$$U/A = U/\text{ind}(A) = \otimes \{U/r_i \mid r_i \in A\} \tag{9.1}$$

其中 U/r_i 是属性 r_i 对论域 U 进行划分后得到的等价类,$\otimes$ 算子可以表示为

$$U/r_i \otimes U/r_j = \{X_i \cap Y_i \mid X_i \in U/r_i, Y_i \in U/r_j, X_i \cap Y_i \neq \varnothing\} \tag{9.2}$$

因此表达式(9.1)就可以写成

$$U/A = U/\text{ind}(A)$$
$$= \{X_{1i} \cap X_{2i} \cap \cdots \cap X_{ni} \mid X_{1i} \in U/r_1, X_{2i} \in U/r_2, \cdots, X_{ni} \in U/r_n\} \tag{9.3}$$

表达式(9.3)是在经典粗糙集理论中计算等价类的方法,而在直觉模糊粗糙集理论当中,$X_{1i}, X_{2i}, \cdots, X_{ni}$ 都是直觉模糊的,用 $F_{1i}, F_{2i}, \cdots, F_{ni}$ 表示,就得到

$$U/A = U/\text{ind}(A)$$
$$= \{F_{1i} \cap F_{2i} \cap, \cdots, \cap F_{ni} \mid F_{1i} \in U/r_1, F_{2i} \in U/r_2, \cdots, F_{ni} \in U/r_n\} \tag{9.4}$$

用 $F_1, F_2, \cdots, F_n$ 表示表达式(9.4)中属性集 A 对论域 U 进行的直觉模糊划分后得到的相似类,那么得到对象 $x \in U$ 对于 $F_i(i = 1, \cdots, n)$ 的隶属度与非隶属度为

$$\begin{cases} \mu_{F_i}(x) = \mu_{r_1 P_i}(x) \wedge \mu_{r_2 P_i}(x) \wedge \cdots \wedge \mu_{r_n P_i}(x) = \min\{\mu_{r_1 P_i}(x), \mu_{r_2 P_i}(x), \cdots, \mu_{r_n P_i}(x)\} \\ \gamma_{F_i}(x) = \gamma_{r_1 P_i}(x) \vee \gamma_{r_2 P_i}(x) \vee \cdots \vee \gamma_{r_n P_i}(x) = \max\{\gamma_{r_1 P_i}(x), \gamma_{r_2 P_i}(x), \cdots, \gamma_{r_n P_i}(x)\} \end{cases}$$
$$\tag{9.5}$$

其中 $\langle \mu_{r_1 P_i}(x), \gamma_{r_1 P_i}(x) \rangle$ 代表属性 r_1 的第 i 个语言变量的隶属度与非隶属度,以此类推.

结合表(9.2)与表达式(9.5),可以得出计算直觉模糊相似类的算法.

算法 9.1　计算直觉模糊相似类.

输入:直觉模糊化后的信息系统 $S = (U, A', V', f')$,属性集合 $R' = \{r_1, r_2, \cdots, r_t\} \subseteq R$;

输出:直觉模糊相似关系 R' 上的所有相似类.

步骤 1:赋初值 $i = 1, j = 1, h = 1$,利用循环嵌套,分别计算每一个对象对于 R' 中每一个属性中的每一个语义变量的合成得到的隶属度函数与非隶属度函数.

步骤 2:输出具有相同语义变量合成的直觉模糊相似类.

将该算法的伪代码表示如下:

输入: $S = (U, A', V', f')$,其中 $A' = \{r_1\{P_1, P_2, \cdots, P_k\}, r_2\{P_1, P_2, \cdots, P_l\}, \cdots, r_m\{P_1, P_2, \cdots, P_s\}\}$,

$V' = \{\langle \mu_{ij}^h, \gamma_{ij}^h \rangle \mid i = 1, \cdots, n, j = 1, \cdots, m, h = 1, \cdots, k; 1, \cdots, l; \cdots; 1, \cdots, s\}$ $f' : U \times A' \rightarrow V'$

$R' = \{r_1, r_2, \cdots, r_t\} \subseteq R$

输出:直觉模糊相似关系 R' 上的所有相似类.

```
for (i= 1;i≤n; i++ )
    {Record[q]= ∅ ;q= 1;
    If record[q] has not appeared then q++ and
        If j= 1 then randomPh from P1,P2,⋯,Pk and a1 = μij^h,a2 = γij^h ;
        If j= 2 then randomPh from P1,P2⋯,Pl and b1 = μij^h,b2 = γij^h ;
        ⋯⋯⋯⋯⋯⋯⋯⋯⋯⋯⋯⋯⋯⋯⋯⋯⋯⋯⋯⋯⋯⋯⋯⋯⋯⋯⋯ ;
        If j= t then randomPh from P1,P2⋯,Pv and t1 = μij^h,t2 = γij^h ;
        Record[q]= r1Ph ∧ r2Ph ∧ ⋯ ∧ rtPh ;
        μ xi record= min{a1,b1,⋯,t1};γxi record = max{a2,b2,⋯,t2} ;
        printf " xi is belongs to the class record[q]";
    }//计算对象 xi
```

对每一个复合属性集进行划分得到的直觉模糊相似类中的隶属程度与非隶属程度.

```
    class[q] = ∅ ;
Ifxi and xj are belong to the same class record[q] then
    Addxi and xj to class[q];
    printf class[q];//输出具有相同语义变量合成的直觉模糊等价类.
```

该算法的时间复杂度为 $O(\mid U \mid \times k \times l \times \cdots \times v)$,它是随着 R' 中属性的增加而成倍增长的.

对于该节所介绍的连续属性直觉模糊化与直觉模糊相似类的计算方法,通过下列实例加以验证.

例 1991~2003 年我国八个省份(市)经济增长规律,如表 9.3(部分数据来源于文献[6])所示,其中 P_1 代表人力资本,P_2 代表固定资产(万亿元),P_3 代表投入资金(千亿元/年),P_4 代表人均 GDP(万元/人).

表 9.3　我国八个省份经济发展指标

地区	人力资本	固定资产	投入资金	人均 GDP
北京(1)	1.309	5.9489	2.434	2.0576
上海(2)	1.717	8.0396	2.909	3.0674
江苏(3)	1.082	2.2450	2.887	1.2933
广东(4)	1.045	2.7298	2.713	1.3681
浙江(5)	0.850	3.1038	2.876	1.4629
陕西(6)	0.975	1.9968	1.665	0.8679
吉林(7)	0.415	1.2361	1.336	0.6342
山东(8)	0.838	2.0329	2.083	1.2354

首先,将表 9.3 中的四个连续属性划分成直觉模糊语义变量:人力资本{高(H),中(M),低(L)},固定资产{多(O),中(M),少(F)},投入资金{多(O),少(F)},人均 GDP{高(H),中(M),低(L)},得到图 9.2~图 9.5.

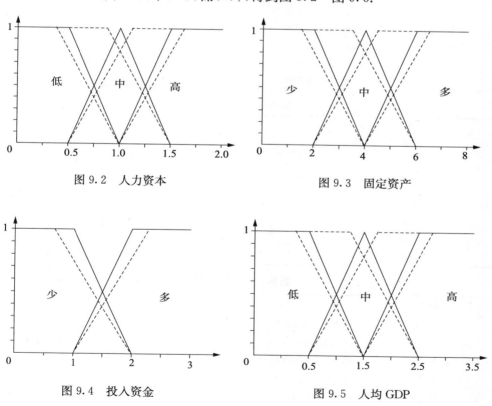

图 9.2　人力资本　　　　　　　　图 9.3　固定资产

图 9.4　投入资金　　　　　　　　图 9.5　人均 GDP

其次,将表 9.3 直觉模糊化后得到表 9.4~表 9.7.

表 9.4　人力资本

地区	高(H)	中(M)	低(L)
北京(1)	⟨0.681，0.252⟩	⟨0.298，0.549⟩	⟨0.000，1.000⟩
上海(2)	⟨1.000，0.000⟩	⟨0.000，1.000⟩	⟨0.000，1.000⟩
江苏(3)	⟨0.205，0.635⟩	⟨0.805，0.163⟩	⟨0.000，1.000⟩
广东(4)	⟨0.155，0.662⟩	⟨0.835，0.125⟩	⟨0.000，1.000⟩
浙江(5)	⟨0.000，1.000⟩	⟨0.691，0.235⟩	⟨0.295，0.565⟩
陕西(6)	⟨0.000，1.000⟩	⟨0.935，0.038⟩	⟨0.052，0.760⟩
吉林(7)	⟨1.000，0.000⟩	⟨0.000，1.000⟩	⟨0.000，0.942⟩
山东(8)	⟨0.000，1.000⟩	⟨0.695，0.235⟩	⟨0.295，0.560⟩

表 9.5　固定资产

地区	多(O)	中(M)	少(F)
北京(1)	⟨0.961，0.024⟩	⟨0.039，0.772⟩	⟨0.000，1.000⟩
上海(2)	⟨1.000，0.000⟩	⟨0.000，1.000⟩	⟨0.000，1.000⟩
江苏(3)	⟨0.000，1.000⟩	⟨0.124，0.700⟩	⟨0.870，0.120⟩
广东(4)	⟨0.000，1.000⟩	⟨0.420，0.458⟩	⟨0.580，0.340⟩
浙江(5)	⟨0.000，1.000⟩	⟨0.539，0.370⟩	⟨0.460，0.440⟩
陕西(6)	⟨0.000，1.000⟩	⟨0.000，0.830⟩	⟨1.000，0.000⟩
吉林(7)	⟨0.000，1.000⟩	⟨0.000，1.000⟩	⟨1.000，0.000⟩
山东(8)	⟨0.000，1.000⟩	⟨0.032，0.770⟩	⟨0.960，0.025⟩

表 9.6　投入资金

地区	多(O)	少(F)
北京(1)	⟨1.000，0.000⟩	⟨0.000，1.000⟩
上海(2)	⟨1.000，0.000⟩	⟨0.000，1.000⟩
江苏(3)	⟨1.000，0.000⟩	⟨0.000，1.000⟩
广东(4)	⟨1.000，0.000⟩	⟨0.000，1.000⟩
浙江(5)	⟨1.000，0.000⟩	⟨0.000，1.000⟩
陕西(6)	⟨0.580，0.320⟩	⟨0.419，0.451⟩
吉林(7)	⟨0.295，0.530⟩	⟨0.710，0.225⟩
山东(8)	⟨1.000，0.000⟩	⟨0.000，0.825⟩

表 9.7　人均 GDP

地区	高(H)	中(M)	低(L)
北京(1)	⟨0.540，0.360⟩	⟨0.460，0.440⟩	⟨0.000，1.000⟩
上海(2)	⟨1.000，0.000⟩	⟨0.000，1.000⟩	⟨0.000，1.000⟩
江苏(3)	⟨0.000，0.940⟩	⟨0.820，0.145⟩	⟨0.195，0.660⟩
广东(4)	⟨0.000，0.920⟩	⟨0.870，0.100⟩	⟨0.135，0.695⟩
浙江(5)	⟨0.000，0.870⟩	⟨0.910，0.065⟩	⟨0.095，0.780⟩
陕西(6)	⟨0.000，1.000⟩	⟨0.370，0.515⟩	⟨0.660，0.310⟩
吉林(7)	⟨0.000，1.000⟩	⟨0.175，0.660⟩	⟨0.860，0.150⟩
山东(8)	⟨0.000，1.000⟩	⟨0.700，0.245⟩	⟨0.315，0.565⟩

由算法 9.1,并根据表 9.4～表 9.7,计算出直觉模糊属性集合 $P = \{P_1, P_2,$ $P_3, P_4\}$ 将论域划分成的直觉模糊相似类如下:

$P_1(H) \wedge P_2(O) \wedge P_3(O) \wedge P_4(H)$ 相似类为 $1/\langle 0.540, 0.452 \rangle + 2/\langle 0.941,$ $0.00 \rangle$;

$P_1(H) \wedge P_2(O) \wedge P_3(O) \wedge P_4(M)$ 相似类为 $1/\langle 0.452, 0.541 \rangle$;

$P_1(H) \wedge P_2(O) \wedge P_3(O) \wedge P_4(L)$ 相似类为 $\varnothing$;

$P_1(M) \wedge P_2(O) \wedge P_3(O) \wedge P_4(H)$ 相似类为 $1/\langle 0.368, 0.560 \rangle$;

$P_1(M) \wedge P_2(O) \wedge P_3(O) \wedge P_4(M)$ 相似类为 $1/\langle 0.368, 0.560 \rangle$;

$P_1(M) \wedge P_2(M) \wedge P_3(O) \wedge P_4(M)$ 相似类为 $1/\langle 0.145, 0.776 \rangle + 3/\langle 0.196,$ $0.690 \rangle + 4/\langle 0.292, 0.654 \rangle + 5/\langle 0.581, 0.353 \rangle + 8/\langle 0.068, 0.810 \rangle$;
等等.

从理论上讲,将表 9.3 直觉模糊化后得到整个属性集的直觉模糊相似类的个数为 $3 \times 3 \times 2 \times 3 = 54$(个),但是有的相似类为空集,因此,得到的相似类个数要小于预期的个数.

从上面的例子可以看到,经典的属性集(一般等价关系)将论域进行经典划分,而直觉模糊属性集(直觉模糊相似关系)将论域进行直觉模糊划分,后者得到相似类的数量要远远高于前者.直觉模糊属性所划分出的语言变量越多,边界的软化程度就越高,得到的直觉模糊相似类就越多.直觉模糊相似类是基于直觉模糊粗糙集理论的规则提取的基础.

9.3　基于直觉模糊属性重要性与依赖度的属性约简算法

经典 Pawlak 意义下粗糙集理论中的属性约简与核的概念非常重要,在应用中,一个分类相对于另外一个分类的关系是十分重要的,因此相对约简与相对核的概念就显得尤为重要.

要进行属性约简,首先需要介绍正域的概念.

定义 9.1(经典粗糙集理论的正域[7])　令 P 和 Q 为论域 U 中的一般等价关系,Q 的 P 正域记为 $\mathrm{pos}_P(Q)$,即 $\mathrm{pos}_P(Q) = \bigcup_{X \in U/Q} P^- X$,$Q$ 的 P 正域是 U 中所有根据分类 U/P 的信息可以准确地划分到关系 Q 的等价类中去的对象集合.

令 P 和 Q 为等价关系族,$R \in P$,如果 $\mathrm{pos}_{\mathrm{ind}(P)}(\mathrm{ind}(Q)) = \mathrm{pos}_{\mathrm{ind}(P-\{R\})}(\mathrm{ind}(Q))$,则称 R 为 P 中 Q 不必要的,否则称 R 为 P 中 Q 必要的.将 $\mathrm{pos}_{\mathrm{ind}(P)}(\mathrm{ind}(Q))$ 简写成为 $\mathrm{pos}_P(Q)$,如果 P 中每个 R 都为 Q 必要的,则称 P 为 Q 独立的.

定义 9.2(经典粗糙集理论的相对约简与相对核)　设 $S \subseteq P$,S 为 P 的 Q 约简当且仅当 S 是 P 的 Q 独立子族且 $\mathrm{pos}_S(Q) = \mathrm{pos}_P(Q)$,$P$ 的 Q 约简简称为相对

约简. P 中所有 Q 必要的原始关系构成的集合称为 P 的 Q 核,简称为相对核,记为 $\text{core}_Q(P)$. 相对约简与相对核有关系 $\text{core}_Q(P) = \bigcap \text{red}_Q(P)$,其中 $\text{red}_Q(P)$ 是所有 P 的 Q 约简构成的集合.

本章在定义 9.1 的基础之上,结合直觉模糊粗糙集理论,重新定义了正域的概念.

定义 9.3(直觉模糊粗糙集理论下的正域)　类似经典粗糙集理论中的正域的定义,通过扩展定理,$\forall x \in U$,P,Q 为直觉模糊属性,则直觉模糊正域的隶属度与非隶属度可以定义为

$$\mu_{\text{pos}_p(Q)}(x) = \sup_{x \in U/Q} \mu^-(x); \qquad \gamma_{\text{pos}_P(Q)}(x) = \inf_{x \in U/Q} \gamma^-(x) \qquad (9.6)$$

其中 $\mu^-(x)$,$\gamma^-(x)$ 分别代表一个直觉模糊概念 X 在直觉模糊相似关系族 P 下的下近似的隶属度与非隶属度.

由此,就可以用一个数对 $\langle \mu_{\text{pos}_p(Q)}(x), \gamma_{\text{pos}_P(Q)}(x) \rangle$ 来表示直觉模糊粗糙集的正域. Q 的 P 正域是论域 U 中所有根据直觉模糊分类 U/P 的信息可以模糊地划分到直觉模糊关系 Q 的相似类中去的对象集合. 令 P 和 Q 为直觉模糊相似关系族,$R \in P$,如果

$$\text{pos}_{\text{ind}(P)}(\text{ind}(Q)) = \text{pos}_{\text{ind}(P-\{R\})}(\text{ind}(Q))$$

则称 R 为 P 中 Q 不必要的,否则称 R 为 P 中 Q 必要的.

在 9.2 节中详细分析过直觉模糊相似类的构造方法,如果令 P 为条件属性集,Q 为决策属性,F_i 是条件属性集对论域进行直觉模糊划分后的直觉模糊相似类族,f_i 是决策属性对论域进行直觉模糊划分后得到的直觉模糊相似类族. 由表达式(9.6),F_i 能够直觉模糊划分到 f_i 中去的隶属度与非隶属度为

$$\mu_{\text{pos}_P(Q)}(F_i) = \sup\{\mu^-_{f_i}(F_i)\}; \qquad \gamma_{\text{pos}_P(Q)}(F_i) = \inf\{\gamma^-_{f_i}(F_i)\}, F_i \in U/P, f_i \in U/Q$$
$$(9.7)$$

直觉模糊相似关系下的直觉模糊粗糙集模型在直觉模糊相似关系组 P 和 Q 下的相似类的定义形式为

$$\begin{cases} \mu^-_{f_i}(F_i) = \inf\{\max[\mu_{f_i}(y), 1 - \mu_{F_i}(x,y)] \mid y \in U\} \\ \gamma^-_{f_i}(F_i) = \sup\{\min[\gamma_{f_i}(y), 1 - \gamma_{F_i}(x,y)] \mid y \in U\} \\ \mu^+_{f_i}(F_i) = \sup\{\min[\mu_{f_i}(y), \mu_{F_i}(x,y)] \mid y \in U\} \\ \gamma^+_{f_i}(F_i) = \inf\{\max[\gamma_{f_i}(y), \gamma_{F_i}(x,y)] \mid y \in U\} \end{cases} \qquad (9.8)$$

对于论域 U 中的任意一个对象 x,结合表达式(9.7)与表达式(9.8),得到它对直觉模糊正域的隶属程度和非隶属程度可表示为

$$\mu_{\text{pos}_P(Q)}(x) = \sup\{\min[\mu_{F_i}(x), \mu_{\text{pos}_P(Q)}(F_i)]\};$$

$$\gamma_{\mathrm{pos}_P(Q)}(x) = \inf\{\max[\gamma_{F_i}(x), \gamma_{\mathrm{pos}_P(Q)}(F_i)]\} \tag{9.9}$$

其中 $F_i \in U/P, f_i \in U/Q$.

属性组的依赖性表示的是两个属性组的包含关系,即当属性组 B 依赖于属性组 A 时(记作 $A \Rightarrow B$),当且仅当 $\mathrm{ind}(A) \subseteq \mathrm{ind}(B)$. 依赖性可以由数值来衡量,这就是依赖度.

定义 9.4(粗糙集的依赖度)　对于属性 P 和 Q,P 依赖于 Q 的程度可以定义为 $\lambda_P(Q) = \mu_{\mathrm{pos}_p(Q)}(x)/|U|$,这时称属性 Q 是 $\lambda_P(Q)$ 度依赖于属性 P 的.

当 $\lambda_P(Q) = 1$ 时属性 Q 是完全依赖于属性 P 的;当 $0 < \lambda_P(Q) < 1$ 时,属性 Q 是粗糙依赖于属性 P 的;当 $\lambda_P(Q) = 0$ 时,属性 Q 是完全独立于属性 P 的.

由于直觉模糊集还能反映出相对的概念,因此在直觉模糊粗糙集理论中,加入了非依赖度的概念.

定义 9.5(直觉模糊粗糙集的属性依赖度与非依赖度)　由模糊正域的定义,对于直觉模糊属性 P, Q,可以定义属性 P 对于属性 Q 的依赖程度为

$$\lambda_P(Q) = \mu_{\mathrm{pos}_p(Q)}(x)/|U| = \sum_{x \in U} \mu_{\mathrm{pos}_p(Q)}(x)/|U|$$

由于直觉模糊集合理论还有一个衡量的参数——非隶属度,因此,作者在这里又定义了非依赖度的概念,即直觉模糊属性 P 不依赖于 Q 的程度:

$$\kappa_P(Q) = \gamma_{\mathrm{pos}_p(Q)}(x)/|U| = \sum_{x \in U} \gamma_{\mathrm{pos}_p(Q)}(x)/|U|$$

以此来更加细腻形象地描述属性 P, Q 之间的依赖关系.

因此,利用表达式(9.7),表达式(9.9)以及定义 9.5 就可以得出属性间的依赖度与非依赖度为

$$
\begin{cases}
\lambda_P(Q) = \displaystyle\sum_{x \in U} \sup\{\min\{\mu_{F_i}(x), \max[\mu_{f_i}(y), \\
\qquad\qquad 1 - \mu_{F_i}(x, y)]\mid x, y \in U\}\}/|U| \\
\kappa_P(Q) = \displaystyle\sum_{x \in U} \inf\{\max\{\gamma_{F_i}(x), \min[\gamma_{f_i}(y), \\
\qquad\qquad 1 - \gamma_{F_i}(x, y)]\mid x, y \in U\}\}/|U|
\end{cases}
\tag{9.10}
$$

在决策表中,不同的属性可能具有不同的重要性,为了找出某些属性(或属性集)的重要性,粗糙集利用的方法是从表中去掉一些属性,再来考察没有该属性后分类会怎样变化. 若去掉该属性后,相应的分类变化较大,则说明该属性的强度大,重要性高;反之说明该属性的重要性低.

令 P, Q 分别为条件属性和决策属性,属性子集 $P' \subseteq P$ 关于 Q 的重要性定义为 $\sigma_{PQ}(P') = \lambda_P(D) - \lambda_{P-P'}(D)$;类似地,可以定义属性子集 $P' \subseteq P$ 关于 Q 的不重要性为 $\tau_{PQ}(P') = \kappa_P(D) - \kappa_{P-P'}(D)$. 由此可见,属性的重要性与不重要性是和属

性依赖度与非依赖度密切相关的.

由依赖度与非依赖度的定义可以知道 $P \Rightarrow Q$ 时,由 Q 导出的直觉模糊分类 U/Q 的正域可能覆盖知识库 $K = (U, P)$ 的 $\gamma_P(Q) \times 100\%$ 的元素,不可能覆盖知识库 $K = (U, P)$ 的 $\kappa_P(Q) \times 100\%$ 的元素;同时,也可以理解为 $\gamma_P(Q) \times 100\%$ 的对象可能通过知识 P 划入到直觉模糊分类 U/Q 的模块中去, $\kappa_P(Q) \times 100\%$ 的对象不可能通过知识 P 划入到直觉模糊分类 U/Q 的模块中去. 因此,系数 $\gamma_P(Q)$ 和 $\kappa_P(Q)$ 可以看成 P, Q 间的依赖关系和非依赖关系.

直觉模糊属性间的依赖关系和非依赖关系是约简的基础,对于条件属性集 P 来说,决策属性 Q 对于 P 中属性的依赖性越大,说明该属性的重要性就越强,也就是该属性的独立性就强,则它反过来对于 Q 的作用也就越大,那么它是不该被去掉的属性;反过来,决策属性 Q 对于 P 中属性的非依赖性越大,说明该属性的非重要性就越强,也就是该属性的独立性就弱,则它反过来对于 Q 的作用也就越小,那么它是该被去掉的属性. 属性约简去掉了对决策属性影响小的冗余属性,精简了决策表,提高了决策规则的正确性. 下面介绍基于直觉模糊属性重要性与依赖度的属性约简算法(称为算法 9.2).

直觉模糊相似关系 $R \subset P$ 是 P 的 Q 约简,当且仅当 P 是 Q 独立子族,并且有条件 $\text{pos}_{S(R)}(Q) = \text{pos}_{S(P)}(Q)$. 核 $\text{core}_P(Q)$,由公式 $\text{core}_P(Q) = \bigcap \text{Red}_P(Q)$ 得出,其中 $\text{Red}_P(Q)$ 是 P 中的所有约简族.

基于直觉模糊属性依赖性的属性约简算法的基本思想是根据决策属性 Q 对条件属性集 $S \in P$ 的依赖度与非依赖度来分层识别相关属性. 属性集 S 约简后的子集 L 必须与属性集 S 有相同的信息内容,并且是约简后子集的依赖度尽可能的趋于 1,非依赖度尽可能的趋于 0 即可.

首先,在进行该算法之前,必须对决策表中的数据进行数据预处理,在 9.2 节中已经详细介绍过,采用三角隶属度函数对连续属性进行直觉模糊化,得到每个对象对于各直觉模糊属性的隶属度,再由专家给出的直觉指数 $\pi(x)$,由公式 $\gamma(x) = 1 - \mu(x) - \pi(x)$ 求出非隶属度 $\gamma(x)$,这样就可以用数对 $\langle \mu(x), \gamma(x) \rangle$ 来表示各属性值.

算法符号的约定: L 为存放每一层的选择变量; T 为存放每一层的临时变量; λ'_{best} 为当前层的最大依赖度; κ'_{best} 为当前层的最小非依赖度; λ'_{prev} 为前一层的最大依赖度, κ'_{prev} 为前一层的最小非依赖度.

算法 9.2 基于直觉模糊属性依赖性的属性约简算法.

输入:预处理后的决策表 $S = (U, P' \bigcup Q', V', f')$;

输出:约简后的直觉模糊集 L.

步骤 1:初始化 L, λ'_{best}, κ'_{best}, λ'_{prev}, κ'_{prev}.

步骤 2:根据表达式(9.10)循环计算决策属性 Q 对条件属性集 $P_i \in P$ 的依赖

度与非依赖度.

步骤 3:选出依赖度最大而非依赖度最小的条件属性,并将其加入到子集 L 中,返回约简后的子集 L.

该算法的核心伪代码描述如下:

```
L ← {} , λ'_best = 0 , κ'_best = 1 , λ'_prev = 0 , κ'_prev = 1 //初始化
Do          //循环计算决策属性 Q 对条件属性集 P_i ∈ P 的依赖度与非依赖度
  { P ← L ; λ'_prev ← λ'_best ; κ'_prev ← κ'_best ; ∀ P_i ∈ (P−L) ;
     If( λ'_{L∪{P_i}}(Q) > λ'_L(Q) )and( κ'_{L∪{P_i}}(Q) < κ'_L(Q) )
       { T ← L ∪ {P_i} ; λ'_best(Q) ← λ'_L(Q) ; κ'_best(Q) ← κ'_L(Q) ; L ← T ;}
Until λ'_best = λ'_prev ; κ'_best = κ'_prev
Return L          //返回约简后的子集 L
```

此算法是一个树结构的组合搜索过程.它自上而下在每一层计算决策属性 Q 对条件属性集 $P_i \in P$ 的依赖度与非依赖度,如果条件属性的个数为 n,则最坏情况下,要计算 $2^n - 1$ 个可能组合的依赖度与非依赖度,最多计算 $n(n+1)/2$ 个节点,即时间复杂度为 $O(n(n+1)/2)$. 此算法以新的依赖函数 γ' 和非依赖函数 κ' 为选择属性加入到候选集中,结束条件以 γ' 和 κ' 不再改变为止.其计算复杂度将会随论域中的元素个数倍增而随之增长,导致计算效率急剧下降.

基于直觉模糊属性依赖性的属性约简算法是处理连续属性值决策表的有效算法,它在每层计算决策属性 Q 对条件属性集 $P_i \in P$ 的依赖度与非依赖度.此算法有效地解决了传统的离散技术造成的信息丢失问题.

根据算法 9.2,下面将 9.2 节经过数据预处理后得到的实例,进行属性约简,假设人均 GDP 是一个地区经济发展的决定性条件,即决策属性 Q,人均 GDP 高,说明该地区经济就发达,反之,说明该地区经济欠发达.

根据算法 9.2 的流程,逐次计算决策属性 Q 对条件属性集 P 中元素所有组合的依赖度与非依赖度.

第一层:

$$\gamma_{\langle P_1 \rangle}(Q) = 3.8/8 , \kappa_{\langle P_1 \rangle}(Q) = 3.1/8 ; \gamma_{\langle P_2 \rangle}(Q) = 2.1/8 , \kappa_{\langle P_2 \rangle}(Q) = 4.2/8 ;$$
$$\gamma_{\langle P_3 \rangle}(Q) = 2.7/8 , \kappa_{\langle P_3 \rangle}(Q) = 3.7/8$$

属性 P_1 的依赖度最高,非依赖度最小,因此选择属性 P_1 加入到候选子集 L 中,故 $L = \{P_1\}$.

第二层:

$$\gamma_{\langle P_1,P_2 \rangle}(Q) = 4.1/8 , \kappa_{\langle P_1,P_2 \rangle}(Q) = 2.1/8 ; \gamma_{\langle P_1,P_3 \rangle}(Q) = 5.2/8 , \kappa_{\langle P_1,P_3 \rangle}(Q) = 1.5/8$$

属性 P_1,P_3 依赖度最高,非依赖度最小,因此选择属性 P_3 加入到候选子集 L 中,故 $L = \{P_1,P_3\}$.

第三层：

$$\gamma_{\langle P_1,,P_2,P_3\rangle}(Q) = 5.2/8 , \qquad \kappa_{\langle P_1,P_2,P_3\rangle}(Q) = 1.5/8$$

因此,最后约简的结果为 $L = \{P_1, P_3\}$.

整个过程可以由图 9.6 直观看出.

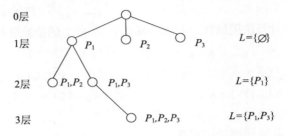

图 9.6　算法 9.2 的约简过程

由此可以看出人力资本与固定资产与经济发展水平息息相关,而投入资金则是次要因素. 此实例表明了基于直觉模糊属性依赖性的属性约简算法的可用性.

但是,此算法还存在几点不足:首先,它的计算复杂度将会随论域中的元素个数倍增而随之增长,导致计算效率急剧下降. 其次,如果第 $n+1$ 层的最大依赖度高于第 n 层,此算法将添加一个新变量到选择属性集中;如果至少有一个属性组合不满足此条件,那么它在树的新搜索层将不添加任何属性,这将导致无限搜索循环. 最后,如果在某一层达到条 $\lambda'_{best} = \lambda'_{prev}, \kappa'_{best} = \kappa'_{prev}$,搜索过程将终止,此时,算法只选出了到第 n 层的约简属性集,但其他组合可能会产生更高的函数依赖,可见选出的属性子集并不总是可靠的.

9.4　基于区分加权矩阵的直觉模糊粗糙属性约简算法

区分矩阵(discernibility matrix)是由波兰华沙大学的著名数学家 Skowron 提出,基于区分矩阵的属性约简算法是目前常用的一种属性约简方法,是在粗糙集约简上出现的一个有力的工具. 利用区分矩阵可以将存在于复杂的信息系统中的全部不可区分关系表达出来. 本章根据 IFRS-2,提出了一种基于属性权重的区分矩阵直觉模糊粗糙属性约简算法. 此算法能够更好地克服连续属性离散化所造成的信息丢失问题,以及算法 9.2 中没有考虑到核的概念以及约简的结构不清晰等缺点. 并且更好地完成特征选择,更完整地保留原始数据的知识和信息,提高了在智能信息处理领域中的数据约简的准确性.

利用区分矩阵产生最小约简的算法关键在于如何求取区分函数的最小析取范式(即最小属性集). 但由区分函数计算最小析取范式是 NP 问题,所以目前提出了一些启发式信息算法,找出最优或次优约简. 例如,利用属性重要性,或者由用户为各个属性指定属性重要性等. Martin 提出对属性设定权重表示属性的重要性以来,设定属性的权重已经成为多属性决策模型中不可缺少的组成部分. 权重的概念包含:①决策人对目标的重要程度;②各目标的属性值;③各目标属性值的可靠程度. 但是,我们只能根据经验来选择权重,这就依赖于人的先验知识. 粗糙集理论中的属性依赖度表达了在当前的数据环境下属性对决策规则的影响,但它不能反映决策者的先验知识,因此,将二者结合作为选择有效属性的准则不失为一种合理的解决方案.

在经典粗糙集理论当中,计算区分矩阵中的元素是靠比较两个对象间的各属性值,取那些值不同的属性集作为区分矩阵中的元素. 但是,在直觉模糊粗糙集理论当中,具有连续属性的决策表直觉模糊化后得到的属性值不可能完全相等,但又不能把所有的属性都作不相等处理,因此必须有一套行之有效的度量机制来分析两个对象在同一属性上的属性值,现对直觉模糊粗糙集模型下区分矩阵的相关概念描述如下.

令 $U = \{x_1, x_2, \cdots, x_n\}$ 是 n 个对象的非空有限集合,称为论域; $P = \{r_1, r_2, \cdots, r_m\}$ 为一组直觉模糊条件属性集, Q 是直觉模糊决策属性,直觉模糊相似关系 R 对于论域 U 进行直觉模糊划分,即 $U/R = U/\mathrm{IND}(P) = \{F_i : i = 1, \cdots, k\}$. 此时的模糊决策系统就可以写成 $(U, P \bigcup Q)$. 令 $S(P)(x, y) = \bigcap \{r(x, y) \mid (x, y) \in U \times U, r(x, y) \in P\}$,是若干条件属性组成的集合,显然它也是一个直觉模糊相似关系. 下面仿效文献[7]对模糊粗糙集的定义方式,定义如下截集形式的直觉模糊粗糙集的正域.

定义 9.6(截集形式的正域)　形如:

$$(X_{\alpha,\beta}^-)_P(x) = \begin{cases} (0,1), & \inf\{\max[\mu_X(y), 1 - \mu_{F_i}(x,y)]\} \geqslant \alpha; \\ & \sup\{\min[\gamma_X(y), 1 - \gamma_{F_i}(x,y)]\} \leqslant \beta \\ (\alpha,\beta), & \inf\{\max[\mu_X(y), 1 - \mu_{F_i}(x,y)]\} < \alpha; \\ & \sup\{\min[\gamma_X(y), 1 - \gamma_{F_i}(x,y)]\} > \beta \end{cases} \quad (9.11)$$

则称为正域,其中 $(X_{\alpha,\beta}^-)_P(x)$ 为直觉模糊集的截集.

对于上面正域的定义形式,可以得出以下结论:

(1) $P^- X = \bigcup \{(X_{\alpha,\beta}^-)_P(x) \mid (X_{\alpha,\beta}^-)_P(x) \subseteq X\}$;

(2) $\forall (X_{\alpha,\beta}^-)_P(x), (X_{\alpha,\beta}^-)_P(y)$,如果 $\forall (X_{\alpha,\beta}^-)_P(x) \neq (X_{\alpha,\beta}^-)_P(y)$,则有

$$\forall (X_{\alpha,\beta}^-)_P(x) \bigcap (X_{\alpha,\beta}^-)_P(y) = \varnothing$$

(3)当且仅当 $\forall (X_{\alpha,\beta}^-)_P(x) = (X_{\alpha,\beta}^-)_P(y)$,时,有

$$(X_{\alpha,\beta}^-)_{S(P)} = \bigcap_{r \in P} (X_{\alpha,\beta}^-)_R, r \in P, \quad (X_{\alpha,\beta}^-)_{S(P)} = (X_{\alpha,\beta}^-)_{S(P)}$$

(4)如果 $(X_{\alpha,\beta}^-)_{S(P)} \subseteq [y]_Q$,则 $(X_{\alpha,\beta}^-)_{S(P)} \subseteq [x]_Q$.

定理 9.1　直觉模糊相似关系 $R \subset P$ 是 P 的相对 Q 约简,当且仅当 R 是 P 的最小子集,$(X_{\alpha,\beta}^-)_{S(P)} \subseteq [x]_Q$ 且 $(\alpha,\beta) = S(P) * ([x]_Q)(x)$,$x \in U$,当 $(X_{\alpha,\beta}^-)_{S(P)} \not\subset [x]_Q$ 时,有

$$S(P)(x,y) \leqslant (1-\alpha, 1-\beta)$$

定义 9.7(直觉模糊粗糙区分矩阵)　令 $S = (U, P \cup Q, V, f)$ 是一直觉模糊知识表达系统,$|U| = n$,S 的直觉模糊是一个 $n \times n$ 矩阵,其中元素为

$$C_{ij} = \{r \in P \mid r(x_i, x_j) = S(P)(x_i, x_j), w(x_i, x_j), x_i, x_j \in U\} \quad (9.12)$$

条件 $w(x_i, x_j)$ 满足 $\alpha_i < \alpha_j, \beta_i > \beta_j$; $(\alpha_i, \beta_i) = S(P) * ([x_i]_Q)(x_i)$,$(\alpha_j, \beta_j) = S(P) * ([x_j]_Q)(x_j)$. 如果不满足条件 $w(x_i, x_j)$,则 $C_{ij} = \varnothing$.

由定义 9.9 的内容可以得出 $\text{core}_P(Q) = \{r \mid C_{ij} = \{r\}, 1 \leqslant i, j \leqslant n\}$,当 $R \cap C_{ij} \neq \varnothing, C_{ij} \neq \varnothing$ 时,直觉模糊相似关系 $R \subset P$ 是 P 的相对 Q 约简,且 R 是 P 的最小子集.

算法的基本思想:首先对决策表的连续属性根据文献[8]的标准化方法进行直觉模糊化,然后计算 $S(P)$, $S(P) * ([x]_Q)(x)$,根据这两个结果得出直觉模糊粗糙区分矩阵 $M_Q(U, P)$,然后计算每个属性的权值,取权值最大的属性,将其放到候选子集当中;将区分矩阵中包含此属性的组合删掉,然后重新构造区分矩阵,如此循环直至计算出约简为止. 算法 9.3 的基本步骤描述如下.

算法 9.3　基于区分加权矩阵的属性约简算法.

输入:决策表 $S = (U, P \cup Q, V, f)$;

输出:约简后的直觉模糊集 R.

步骤 1:数据标准化. 根据文献[8]给出的公式,令

$$\mu_{x_i r_j} = \frac{v_{x_i r_j} - \min_{i=1,\cdots,n}(v_{x_i r_j})}{\max_{i=1,\cdots,n}(v_{x_i r_j}) - \min_{i=1,\cdots,n}(v_{x_i r_j})} \quad (9.13)$$

其中 $\mu_{x_i r_j}$ 代表对象 x_i,在属性 r_j 的标准化属性值,$v_{x_i r_j}$ 代表对象 x_i,在属性 r_j 的属性值. 经此处理后得到的结果在 $[0,1]$,再根据由专家给出的直觉指数 $\pi_{x_i r_j}$,由公式 $\gamma_{x_i r_j} = 1 - \mu_{x_i r_j} - \pi_{x_i r_j}$ 求出非隶属度 $\gamma_{x_i r_j}$,这样就可以用数对 $\langle \mu_{x_i r_j}, \gamma_{x_i r_j} \rangle$ 来表示各直觉模糊属性的属性值(此方法是在 9.1 节介绍的数据预处理以前进行的,在约简后应将各属性值进行还原).

步骤 2:计算直觉模糊相似关系 $S(P)$. 由公式 $S(P)(x,y) = \bigcap \{r(x,y) \mid (x,y) \in U \times U, r(x,y) \in P\}$,即每个直觉模糊属性 r_k 的相似关系为

$$R_k = \begin{cases} (\min\{\mu_{r_k(x_i)}, \mu_{r_k(x_j)}\}, \max\{\gamma_{r_k(x_i)}, \gamma_{r_k(x_j)}\}), & r_k(x_i) \neq r_k(x_j) \\ (1, 0), & r_k(x_i) = r_k(x_j) \end{cases} \quad (9.14)$$

步骤 3:计算 $S(P) * ([x]_Q)(x)$,其中 $[x]_Q$ 是决策属性 Q 的等价类.

步骤 4:计算 C_{ij},由公式 $C_{ij} = \{r \in P \mid r(x_i, x_j) = S(P)(x_i, x_j), w(x_i, x_j),$

$x_i, x_j \in U\}$ 得出,其中条件 $w(x_i, x_j)$ 满足

$$\alpha_i < \alpha_j, \beta_i > \beta_j; \ (\alpha_i, \beta_i) = S(P) * (\llbracket x_i \rrbracket_Q)(x_i), \quad (\alpha_j, \beta_j) = S(P) * (\llbracket x_j \rrbracket_Q)(x_j)$$

步骤 5:计算每个直觉模糊条件属性 r_k 的权值,由公式 $w(r_k) = \sum_{i=2}^{m} \sum_{j=1}^{i-1} \left[\dfrac{|P|}{|C_{ij}|} \right]$ 得出,并计算每个属性 r_k 的 $\mathrm{Card}(r_k)$ 值.

步骤 6:选取权值最大的属性加入到候选集 R 中,如果权值相同,则选取 $\mathrm{Card}(r_k)$ 较大的属性加入到候选集 R 中,并将区分矩阵中包含此属性的组合置空,然后重新构造区分矩阵,如此循环直至计算出约简为止.

直觉模糊粗糙属性约简算法掌握了直觉模糊特征属性的特点,计算出每个属性的特征权重,描述了每个属性对决策表的贡献大小. 如果两属性的特征权重相等,意味着它们对决策表的贡献相等,则选择它们的 Card 值较大者. 算法设定的属性特征权重基于下述两个原因:

(1)区分矩阵中出现频率越高的属性,越有可能是最后约简的结果中一员;

(2)区分矩阵中越短的属性组合,越有可能是最后约简中的一员.

由于属性可能存在相等的权重,本算法得到的属性约简是决策表的近似约简,它是一个次优约简,算法的时间复杂度为 $O((|P| + \log U)|U|^2)$. 但是此算法在直觉模糊信息系统约简之前,需要求出信息表中的所有示例的直觉模糊区分矩阵,这项工作的时间复杂度大,所占的内存过大,只适合于小的数据集. 对海量数据处理此算法的拓展性较差.

根据上面的算法,利用简单的实例来验证算法的有效性,为了方便起见,算法中的步骤一就不加以实现. 表 9.8 是一个直觉模糊标准化后得到的决策表,论域 U 中有九个对象,条件属性集 P 有六条属性(令表中 $\pi_{x_i r_j} = 0.1$).

表 9.8　直觉模糊标准化后得到的决策表

U	r_1	r_2	r_3	r_4	r_5	r_6	Q
X_1	⟨0.8, 0.1⟩	⟨0.1, 0.8⟩	⟨0.1, 0.8⟩	⟨0.5, 0.4⟩	⟨0.2, 0.7⟩	⟨0.3, 0.6⟩	1
X_2	⟨0.3, 0.6⟩	⟨0.5, 0.4⟩	⟨0.2, 0.7⟩	⟨0.8, 0.1⟩	⟨0.1, 0.8⟩	⟨0.1, 0.8⟩	1
X_3	⟨0.2, 0.7⟩	⟨0.2, 0.7⟩	⟨0.6, 0.3⟩	⟨0.7, 0.2⟩	⟨0.3, 0.6⟩	⟨0.2, 0.7⟩	0
X_4	⟨0.6, 0.3⟩	⟨0.3, 0.6⟩	⟨0.1, 0.8⟩	⟨0.2, 0.7⟩	⟨0.5, 0.4⟩	⟨0.3, 0.6⟩	1
X_5	⟨0.3, 0.6⟩	⟨0.4, 0.5⟩	⟨0.3, 0.6⟩	⟨0.3, 0.6⟩	⟨0.6, 0.3⟩	⟨0.1, 0.8⟩	0
X_6	⟨0.2, 0.7⟩	⟨0.3, 0.6⟩	⟨0.5, 0.4⟩	⟨0.3, 0.6⟩	⟨0.5, 0.4⟩	⟨0.2, 0.7⟩	0
X_7	⟨0.3, 0.6⟩	⟨0.3, 0.6⟩	⟨0.4, 0.5⟩	⟨0.2, 0.7⟩	⟨0.6, 0.3⟩	⟨0.2, 0.7⟩	1
X_8	⟨0.3, 0.6⟩	⟨0.4, 0.5⟩	⟨0.3, 0.6⟩	⟨0.1, 0.8⟩	⟨0.4, 0.5⟩	⟨0.5, 0.4⟩	0
X_9	⟨0.3, 0.6⟩	⟨0.2, 0.7⟩	⟨0.5, 0.4⟩	⟨0.4, 0.5⟩	⟨0.4, 0.5⟩	⟨0.2, 0.7⟩	0

计算表中直觉模糊相似关系 $S(P)$（此矩阵是对称的）得到

$$
S(P)(x_i,x_j) = \begin{bmatrix}
(1,0) & & & & & & & & \\
(0.1,0.8) & (1,0) & & & & & & & \\
(0.1,0.8) & (0.1,0.8) & (1,0) & & & & & & \\
(0.1,0.8) & (0.1,0.8) & (0.1,0.8) & (1,0) & & & & & \\
(0.1,0.8) & (0.1,0.8) & (0.1,0.8) & (0.1,0.8) & (1,0) & & & & \\
(0.1,0.8) & (0.1,0.8) & (0.2,0.7) & (0.1,0.8) & (0.1,0.8) & (1,0) & & & \\
(0.1,0.8) & (0.1,0.8) & (0.1,0.8) & (0.1,0.8) & (0.1,0.8) & (0.2,0.7) & (1,0) & & \\
(0.1,0.8) & (0.1,0.8) & (0.2,0.7) & (0.1,0.8) & (0.1,0.8) & (0.1,0.8) & (0.1,0.8) & (1,0) & \\
(0.1,0.8) & (0.1,0.8) & (0.2,0.7) & (0.1,0.8) & (0.1,0.8) & (0.2,0.7) & (0.2,0.7) & (0.1,0.8) & (1,0)
\end{bmatrix}
$$

$[x]_Q = \{\{x_1,x_2,x_4,x_7\},\{x_3,x_5,x_6,x_8,x_9\}\}$，令 $[x]_Q = \{A,B\}$ 计算：

$$
S(P)*(A)(x_i) = \begin{cases}
(0.9,0), & x = x_1, \\
(0.9,0), & x = x_2, \\
(0.9,0), & x = x_4, \\
(0.8,0.1), & x = x_7, \\
(0,1), & \text{其他};
\end{cases}
\qquad
S(P)*(B)(x_i) = \begin{cases}
(0.8,0.1), & x = x_3 \\
(0.9,0), & x = x_5 \\
(0.8,0.1), & x = x_6 \\
(0.9,0), & x = x_8 \\
(0.8,0.1), & x = x_9 \\
(0,1), & \text{其他}
\end{cases}
$$

计算区分矩阵 $M_Q(U,P)$ 得

$$
M_Q(U,P) = \begin{bmatrix}
\varnothing & \varnothing & \{2,3\} & \varnothing & \{2,3,6\} & \{2,3\} & \{2,3\} & \{2,3,4\} & \{2,3\} \\
\varnothing & \varnothing & \{5,6\} & \varnothing & \{5\} & \{5,6\} & \{5,6\} & \{4,5,6\} & \{5,6\} \\
\{1,2,3,5,6\} & \{1,2,3,5,6\} & \varnothing & \{1,2,3,4,6\} & \varnothing & \varnothing & \{1,2,4\} & \varnothing & \varnothing \\
\varnothing & \varnothing & \{3\} & \varnothing & \{3,6\} & \{3\} & \{3\} & \{3,4\} & \{3\} \\
\{2,3,6\} & \{5\} & \{6\} & \{3,6\} & \varnothing & \{6\} & \{6\} & \varnothing & \{6\} \\
\{1,2,3,5,6\} & \{1,3,5,6\} & \varnothing & \{1,3,4,6\} & \varnothing & \varnothing & \{1,4\} & \varnothing & \varnothing \\
\varnothing & \varnothing & \{1,2,4\} & \varnothing & \{4,6\} & \{1,4\} & \varnothing & \{4,6\} & \{2,4\} \\
\{2,3,4\} & \{4,5,6\} & \{4\} & \{3,4\} & \varnothing & \{4\} & \{4\} & \varnothing & \{4\} \\
\{2,3,5,6\} & \{2,3,5,6\} & \varnothing & \{2,3,4,6\} & \varnothing & \varnothing & \{2,4\} & \varnothing & \varnothing
\end{bmatrix}
$$

计算直觉模糊粗糙区分矩阵中个属性的权值：

$W(r_1) = 22$，$W(r_2) = 47$，$W(r_3) = 90$，$W(r_4) = 89$，$W(r_5) = 49$，$W(r_6) = 84$

经第一轮计算得 $\text{Red}(P) = \{r_3\}$，将区分矩阵中包含属性 r_3 的组合置空，同时计算此时各属性的权值，得

$W(r_1) = 14$，$W(r_2) = 14$，$W(r_4) = 72$，$W(r_5) = 40$，$W(r_6) = 62$

经第二轮计算得 $\text{Red}(P) = \{r_3,r_4\}$，再将区分矩阵中包含属性 r_4 的组合置空，计算得

$W(r_1) = 0$，$W(r_2) = 0$，$W(r_5) = 31.5$，$W(r_6) = 54$

经第三轮计算得 $\text{Red}(P) = \{r_3,r_4,r_6\}$，再将区分矩阵中包含属性 r_6 的组合置空，

计算得

$$W(r_1) = 0 \, , \, W(r_2) = 0 \, , \, W(r_5) = 18$$

所以最终得到的约简的结果为 $\mathrm{Red}(P) = \{r_3, r_4, r_5, r_6\}$.

讨论：算法 9.3 是基于权重思想的区分矩阵属性约简算法，它在属性值间的度量机制是根据表达式（9.14）得出的，即计算属性的最小隶属程度和最大非隶属程度. 另外，还可以利用属性值的相似性程度来度量，这样就可以不经过步骤 1 的标准化处理. 例如，可以利用欧氏距离来度量：

$$d(x_i, x_j) = \sqrt{\frac{1}{2N} \sum_{i=1}^{N} (\mid \mu_{x_i P_h} - \mu_{x_j P_h} \mid^2 + \mid \gamma_{x_i P_h} - \gamma_{x_j P_h} \mid^2)} \qquad (9.15)$$

其中，$\langle \mu_{x_i P_h}, \gamma_{x_i P_h} \rangle$，$\langle \mu_{x_j P_h}, \gamma_{x_j P_h} \rangle$ 分别表示对象 x_i, x_j 在属性 r_k 的语义变量 P_h 上的隶属度与非隶属度，直觉指数 $\pi_{x_j P_h}$ 为定值，N 表示属性 r_k 所具有的语义变量的个数，得到对象间的相似度量矩阵，然后取一个域值 ξ，使得当 $d(x_i, x_j) \geqslant \zeta$ 时，两个对象在属性 r_k 上相似程度大，则该属性就不应该放入区分矩阵的相应位置；反之当 $d(x_i, x_j) < \zeta$ 时，两个对象在属性 r_k 上相似程度小，则该属性就应该放入区分矩阵的相应位置. 然后再根据得出的区分矩阵结合权重思想来计算直觉模糊属性约简. 此方法也不失为一个属性约简的方法.

9.5　本章小结

本章首先讨论了对具有连续属性的决策的表直觉模糊化方法，然后提出了计算直觉模糊相似类的算法（算法 9.1）. 根据 IFRS-2 的定义，重新定义了粗糙集中依赖度与重要性的概念，并且提出了非依赖度与非重要性的概念，再结合经典的快速约简算法，提出了基于直觉模糊粗糙集的快速约简算法（算法 9.2），最后通过实例验证了此算法的有效性. 随后结合可辨识区分矩阵以及用权重来代替属性重要性的思想提出了基于直觉模糊粗糙集的区分加权矩阵属性约简算法（算法 9.3），此算法对于小数据集的处理效果要优于算法 9.2，但是对于大数据集，算法 9.3 的效率要比算法 9.2 差.

参 考 文 献

[1] Wang L X . A Course in Fuzzy Systems and Control[M]. Beijing：Tsinghua University Press, 2003.

[2] 王丽，冯山 . 基于模糊粗糙集的两种属性约简算法[J]. 计算机应用,2006,26(3)：635-637.

[3] 于锟，刘知贵，黄正良 . 一种改进的基于模糊粗糙集的属性约简算法[J]. 微计算机信息, 2006, 20(6)：272-274.

[4] 周丽芳，李伟生，吴渝 . 基于模糊粗糙集属性约简的人脸识别技术[J]. 计算机应用, 2006, 26：125-127.

[5] Jensen R, Shen Q. Semantics-preserving dimensionality reduction. Rough and Fuzzy-Rough-Based Ap-

proaches [J]. IEEE Trans. on Knowledge and Data Engineering, 2004, 16(12):1457-1471.

[6] 郭海湘, 诸克军, 贺勇, 等. 基于模糊聚类和粗糙集提取我国经济增长的模糊规则[J]. 管理学报, 2005, 2 (4): 437-439.

[7] 张文修, 吴伟志, 梁吉业, 等. 粗糙集理论与方法[M]. 西安: 科学出版社. 2001:3-23.

[8] Zhang C P. Statistic analysis technique and application [J]. Chongqing: Chongqing University Press, 1998, 14 (23): 147-154.

第 10 章　面向数据挖掘的 IFRS 规则挖掘方法

本章针对利用粗糙集理论在进行规则挖掘时,连续属性离散化带来区间的组合爆炸以及可能产生大量没有意义的无用规则的问题,提出利用直觉模糊集理论的双重阈值对规则提取标准进行约束,给出基于直觉模糊粗糙集理论的规则挖掘方法.首先,讨论分类规则与关联规则的区别与联系;其次,给出基于直觉模糊粗糙集的分类规则的提取与规则库的生成方法;再次,给出基于经典关联规则挖掘思想的直觉模糊关联规则挖掘算法;最后,验证上述方法的有效性.

10.1　引　　言

直觉模糊规则的提取是直觉模糊粗糙集理论在智能信息处理中的一项重要应用,与其他方法(如神经网络)相比,使用该理论生成带有模糊性的规则是相对简单和直接的,基于直觉模糊粗糙集理论的规则提取的方法为构造专家系统提供直觉模糊知识库提供了一条崭新的途径.在数据挖掘领域当中,规则主要有两种形式,一个是分类规则,另外一个是关联规则.它们所涉及的挖掘方法不同,规则的约束条件也不同.

在关系数据库中挖掘分类规则是数据挖掘领域中的一个非常重要的研究课题.到目前为止,已经提出了许多有效的算法,如多循环方式的挖掘算法、增量式更新算法、并行发现算法、挖掘一般或多层分类规则算法、挖掘多值属性分类规则算法、基于约束的分类规则挖掘算法等.对于模糊分类规则挖掘问题,文献[1]~[7]已经有了很好的阐述.此外,基于模糊粗糙集的规则挖掘与知识发现的文章还有很多,这体现了该理论在应用方面的成熟性.

在事物数据库中挖掘关联规则也是数据挖掘领域中一个非常重要的研究课题.关联规则挖掘是数据挖掘最早、研究成果最多、相对比较成熟的分支.Agrawal等的关联规则挖掘方法是建立在项目集空间理论及经典的 Apriori 算法的基础之上的.文献[8]和文献[9]给出了模糊关联规则的挖掘方法.

本章首先详细讨论分类规则与关联规则的区别与联系,然后根据直觉模糊相似关系下的直觉模糊粗糙集模型定义了相关概念,进行分类规则的挖掘,通过一个实例来构建一个分类规则库;随后利用直觉模糊集理论,结合经典的关联规则挖掘的思想,提出了直觉模糊关联规则挖掘算法,同样通过一个实例来构建一个关联规则库.

10.2　分类规则与关联规则的区别与联系

关联规则的概念由 Agrawal 等在 1993 年提出,它是发现大量数据库中项集之间的关联关系[10]. 起初,关联规则是发现交易数据库中不同商品(项)之间的联系,通过这些规则找出顾客购买行为模式,如购买了面包对购买牛奶的影响,这种规则可以应用于超市商品货架设计、货物摆放以及根据购买模式对用户进行分类等. 从而引申至找出一个变量间不同选择之间的关系,或找出不同变量间的关系.

设 $I = \{i_1, i_2, \cdots, i_m\}$ 是一个项目集(itemset),其中每个项目 $i_k(k = 1, \cdots, m)$ 可以是购物篮中的物品,也可以是保险公司的顾客等. 设与任务相关的数据集 $D = \{t_1, t_2, \cdots, t_n\}$ 是一个事务集,其中每个事务 $t_j(j = 1, \cdots, n)$ 都对应若干个项目,对每一个事务有唯一的标识号,即事务号,记作 TID. 关联规则是如下形式的逻辑蕴涵: $A{\Rightarrow}B$,其中 $A \subset I$,$B \subset I$,且 $A \bigcap B = \varnothing$. A 是规则的前提,B 是规则的结论. 关联规则具有如下两个重要的属性.

(1)支持度:$P(A \bigcup B)$,即 A 和 B 两个项目集在事务集 D 中同时出现的概率,如有 50% 的人既买了面包又买了牛奶,那么支持度为 50%.

(2)可信度:$P(B \mid A)$,即在出现项目集 A 的事务集 D 中,项目集 B 也同时出现的概率,如买面包的人中有 60% 的人买了牛奶,那么可信度为 60%.

同时满足最小支持度阈值和最小置信度阈值的规则称为强规则. 给定一个事务集 D,挖掘关联规则问题就是产生支持度和可信度分别大于用户给定的最小支持度和最小可信度的关联规则,也就是产生强规则的问题.

分类是数据挖掘中应用领域极其广泛的重要技术之一,至今已经提出很多算法. 所谓分类,就是把给定的数据划分到一定的类别中. 分类的关键是对数据按照什么标准或什么规则进行分类.

分类主要是通过分析训练数据样本,产生关于类别的精确描述,它代表了这类数据的整体信息. 这种类别通常由分类规则组成,可以用来对未来的数据进行分类预测. 由于分类技术解决问题的关键是构造分类器,要构造分类器,需要有一个训练样本数据集作为输入. 训练集由一组数据库记录或元组构成,每个元组是一个由特征值(又称属性值)组成的特征向量,此外,训练样本还有一个类别标记. 一个具体样本的形式可以表示为 $(v_1, v_2, \cdots, v_n; c)$,其中 $v_k(k = 1, \cdots, n)$ 表示字段值,而 c 表示类别.

分类器的构造方法有统计方法、机器学习方法、神经网络方法等. 分类器的构造方法不同,分类规则的描述形式也不同.

现将关联规则与分类规则的区别总结如下.

(1)挖掘的目的:关联规则挖掘主要是发现大量数据库中项目集之间的关联关系,而分类规则挖掘则是提出一个分类函数或分类模型(常称为分类器),把数据库中的数据项映射到给定类别中的某一个.

（2）发现规则的算法：发现关联规则的算法是无指导的学习方法，也就是没有给定的类别作参考，在事务数据库中都是一些项，根据设定的支持度与置信度两个域值来找出项目及之间的关系；而发现分类规则的算法是有指导的学习方法，在分类规则挖掘的过程中需要训练集和测试集，其中训练集中的数据将被用于建立分类器或模型，且训练集中数据的类别都是预先确定的，测试集则是用来对分类器进行测试的.

（3）结论是否约束：关联规则的结论是不约束的，只要是若干属性的组合即可；而分类规则的结论部分则被限定只能是决策属性的组合.

关联规则与分类规则的联系总结如下.

（1）分类规则可以看成是特殊情况下的关联规则. 分类规则和关联规则的表示形式都可以写成 $A \Rightarrow B$ 的蕴涵式，但是分类规则的结果 B 是固定的属性，即决策属性，而关联规则的结果则可以由满足条件的属性组成. 如果对发现的关联规则的某几个属性进行约束，那么就可以得到分类规则. 因此，分类规则可以看成是特殊情况下的关联规则.

（2）在发现分类规则的过程中可以采用关联规则挖掘的技术来解决分类规则挖掘方法无法处理的问题，从而建立更加精确的分类器. 例如，对于分类规则来说，有时数据库中的数据不是很精确，这时的数据集不能够划分为正例和反例，那么就不能用示例学习的方法发现分类规则. 但是，结合关联规则挖掘的技术就可实现分类规则的发现. 利用关联规则技术把原始数据集转换成决策表，使决策表具有无噪声和代表性高的特点，通过决策表进行示例学习从而发现分类规则.

10.3　基于直觉模糊粗糙集的分类规则的提取与规则库的生成

从数据挖掘的角度来讲，对于具有连续属性的决策表直觉模糊化、直觉模糊相似类的计算和属性约简的方法，这些都是在数据预处理阶段所要进行的步骤，而接下来就要进行规则的挖掘.

在直觉模糊决策表中，最重要的就是决策规则的产生. 设 $S = (U, P' \bigcup Q', V', f')$ 是一个直觉模糊决策表，其中 $P' = \{r_1\{P_1, P_2, \cdots, P_k\}, r_2\{P_1, P_2, \cdots, P_l\}, \cdots, r_m\{P_1, P_2, \cdots, P_s\}\}$，$Q' = \{d\}$，$f': U \times A' \rightarrow V'$，$V' = \{\langle \mu_{ijh}, \gamma_{ijh} \rangle \mid i = 1, \cdots, n, j = 1, \cdots, m, h = 1, \cdots, k; 1, \cdots, l; \cdots; 1, \cdots, s\}$，$P' \bigcap Q' = \varnothing$，$P'$ 为条件属性，Q' 为决策属性. 令 F_i, f_j 分别代表 U/P' 与 U/Q' 中的各个直觉模糊相似类，$\mathrm{des}(F_i)$ 表示对相似类 F_i 的描述，即直觉模糊相似类 F_i 对于各条件属性值的直觉模糊取值，或直觉模糊语义变量；而 $\mathrm{des}(f_j)$ 表示对相似类 f_j 的描述，即等价类 f_j 对于各条件属性值的特定取值.

定义 10.1（直觉模糊规则及确定性因子和不确定性因子）　对于条件属性 P' 和决策属性 Q'，F_i 与 F_j 分别为它们对论域进行划分后得到的相似类，$\mathrm{des}(F_i)$，$\mathrm{des}(F_j)$ 分别代表相似类的描述，则决策规则定义如下：$r_{ij}: \mathrm{des}(F_i) \rightarrow \mathrm{des}(F_j)$，

$F_i \bigcap F_j \neq \varnothing$，规则的确定性因子和不确定性因子可以定义为

$$\begin{cases} \delta(F_i,f_j) = \left| \sum_{x \in F_i, y \in f_j} \inf\{\mu(x),\mu(y)\} \right| \Big/ \left| \sum_{x \in F_i} \mu(x) \right|, 0 < \delta(F_i,f_j) \leqslant 1 \\ \chi(F_i,f_j) = 1 - \left| \sum_{x \in F_i} \gamma(x) \right| \Big/ \left| \sum_{x \in F_i, y \in f_j} \sup\{\gamma(x),\gamma(y)\} \right|, 0 \leqslant \chi(F_i,f_j) < 1 \end{cases}$$

$$(10.1)$$

当 $\delta(F_i,f_j) = 1$，$\chi(F_i,f_j) = 0$ 时，r_{ij} 是确定的；当 $0 < \delta(F_i,f_j) < 1$，$0 < \chi(F_i,f_j) < 1$ 时，r_{ij} 是不确定的.

在定义 10.1 的基础上，我们提出了直觉模糊决策规则挖掘算法.

算法 10.1　直觉模糊决策规则挖掘算法.

输入：具有连续属性值的决策表 $S = (U, P \bigcup Q, V, f)$；

输出：决策表中的直觉模糊规则.

步骤 1：将具有连续属性值决策表 $S = (U, P \bigcup Q, V, f)$ 直觉模糊化后得到直觉模糊决策表 $S = (U, P' \bigcup Q', V', f')$；

步骤 2：利用算法 9.2（如果是小数据集则利用算法 9.3 比较好）对直觉模糊决策表 $S = (U, P' \bigcup Q', V', f')$ 进行约简，去掉冗余属性；

步骤 3：利用算法 9.1 计算约简后条件属性 P' 下的直觉模糊相似类 F_i 以及在决策属性 Q' 下的直觉模糊相似类 f_j；

步骤 4：归纳出决策规则，由定义 10.1 给出的公式，输出 $\delta(F_i,f_j) = 1$，$\chi(F_i, f_j) = 0$ 的确定性规则，输出 $0 < \delta(F_i,f_j) < 1$，$0 < \chi(F_i,f_j) < 1$ 的不确定性规则.

应用实例来说明此算法，为了方便起见将步骤 1 直觉模糊化与步骤 2 约简省略，假设表 10.1 是一个直觉模糊化并约简后得到的决策表.

表 10.1　直觉模糊化并约简后得到的决策表

对象	P_1		P_2		P_3		Q	
	H	L	H	L	H	L	H	L
1	⟨0.69, 0.11⟩	⟨0.31, 0.49⟩	⟨0.81, 0.16⟩	⟨0.16, 0.76⟩	⟨0.31, 0.61⟩	⟨0.60, 0.34⟩	⟨0.10, 0.71⟩	⟨0.85, 0.11⟩
2	⟨0.68, 0.12⟩	⟨0.32, 0.48⟩	⟨0.90, 0.04⟩	⟨0.08, 0.88⟩	⟨0.89, 0.06⟩	⟨0.09, 0.79⟩	⟨0.12, 0.82⟩	⟨0.75, 0.07⟩
3	⟨0.26, 0.59⟩	⟨0.74, 0.06⟩	⟨0.17, 0.69⟩	⟨0.80, 0.12⟩	⟨0.17, 0.64⟩	⟨0.76, 0.22⟩	⟨0.17, 0.69⟩	⟨0.80, 0.12⟩
4	⟨0.11, 0.69⟩	⟨0.71, 0.06⟩	⟨0.12, 0.75⟩	⟨0.78, 0.13⟩	⟨0.19, 0.61⟩	⟨0.76, 0.04⟩	⟨0.11, 0.72⟩	⟨0.65, 0.17⟩
5	⟨0.13, 0.80⟩	⟨0.77, 0.09⟩	⟨0.09, 0.82⟩	⟨0.90, 0.06⟩	⟨0.23, 0.67⟩	⟨0.66, 0.14⟩	⟨0.16, 0.64⟩	⟨0.71, 0.09⟩
6	⟨0.23, 0.57⟩	⟨0.77, 0.03⟩	⟨0.07, 0.73⟩	⟨0.69, 0.19⟩	⟨0.10, 0.70⟩	⟨0.54, 0.26⟩	⟨0.04, 0.76⟩	⟨0.69, 0.11⟩
7	⟨0.19, 0.61⟩	⟨0.74, 0.06⟩	⟨0.09, 0.71⟩	⟨0.65, 0.15⟩	⟨0.18, 0.62⟩	⟨0.75, 0.05⟩	⟨0.05, 0.75⟩	⟨0.78, 0.02⟩
8	⟨0.16, 0.66⟩	⟨0.72, 0.08⟩	⟨0.10, 0.70⟩	⟨0.90, 0.06⟩	⟨0.27, 0.53⟩	⟨0.64, 0.16⟩	⟨0.13, 0.77⟩	⟨0.64, 0.16⟩

表中的每一个属性都有两个语义变量:低(L)、高(H). 根据算法 10.1 得到条件属性 P' 下的直觉模糊相似类为 8 个,分别为

F_1 : $1/\langle 0.31,0.61\rangle + 2/\langle 0.68,0.12\rangle + 3/\langle 0.17,0.69\rangle + 4/\langle 0.11,0.75\rangle$
$\quad + 5/\langle 0.09,0.82\rangle + 6/\langle 0.07,0.73\rangle + 7/\langle 0.09,0.71\rangle + 8/\langle 0.10,0.70\rangle$,
$$\mathrm{des}(F_1) = P_1(H) \wedge P_2(H) \wedge P_3(H)$$

F_2 : $1/\langle 0.60,0.34\rangle + 2/\langle 0.09,0.79\rangle + 3/\langle 0.17,0.69\rangle + 4/\langle 0.11,0.75\rangle$
$\quad + 5/\langle 0.09,0.82\rangle + 6/\langle 0.07,0.73\rangle + 7/\langle 0.09,0.71\rangle + 8/\langle 0.10,0.70\rangle$,
$$\mathrm{des}(F_2) = P_1(H) \wedge P_2(H) \wedge P_3(L)$$

F_3 : $1/\langle 0.16,0.76\rangle + 2/\langle 0.08,0.88\rangle + 3/\langle 0.17,0.64\rangle + 4/\langle 0.11,0.69\rangle$
$\quad + 5/\langle 0.13,0.80\rangle + 6/\langle 0.10,0.70\rangle + 7/\langle 0.18,0.62\rangle + 8/\langle 0.16,0.66\rangle$,
$$\mathrm{des}(F_3) = P_1(H) \wedge P_2(L) \wedge P_3(H)$$

F_4 : $1/\langle 0.16,0.76\rangle + 2/\langle 0.08,0.88\rangle + 3/\langle 0.26,0.59\rangle + 4/\langle 0.11,0.69\rangle$
$\quad + 5/\langle 0.13,0.80\rangle + 6/\langle 0.23,0.57\rangle + 7/\langle 0.19,0.61\rangle + 8/\langle 0.16,0.66\rangle$,
$$\mathrm{des}(F_4) = P_1(H) \wedge P_2(L) \wedge P_3(L)$$

F_5 : $1/\langle 0.31,0.49\rangle + 2/\langle 0.32,0.48\rangle + 3/\langle 0.17,0.69\rangle + 4/\langle 0.12,0.75\rangle$
$\quad + 5/\langle 0.09,0.82\rangle + 6/\langle 0.10,0.70\rangle + 7/\langle 0.09,0.71\rangle + 8/\langle 0.10,0.70\rangle$,
$$\mathrm{des}(F_5) = P_1(L) \wedge P_2(H) \wedge P_3(H)$$

F_6 : $1/\langle 0.31,0.49\rangle + 2/\langle 0.09,0.79\rangle + 3/\langle 0.17,0.69\rangle + 4/\langle 0.12,0.75\rangle$
$\quad + 5/\langle 0.09,0.82\rangle + 6/\langle 0.07,0.73\rangle + 7/\langle 0.09,0.71\rangle + 8/\langle 0.10,0.70\rangle$,
$$\mathrm{des}(F_6) = P_1(L) \wedge P_2(H) \wedge P_3(L)$$

F_7 : $1/\langle 0.61,0.79\rangle + 2/\langle 0.08,0.88\rangle + 3/\langle 0.17,0.64\rangle + 4/\langle 0.19,0.61\rangle$
$\quad + 5/\langle 0.23,0.67\rangle + 6/\langle 0.10,0.70\rangle + 7/\langle 0.18,0.62\rangle + 8/\langle 0.27,0.53\rangle$,
$$\mathrm{des}(F_7) = P_1(L) \wedge P_2(L) \wedge P_3(H)$$

F_8 : $1/\langle 0.16,0.76\rangle + 2/\langle 0.08,0.88\rangle + 3/\langle 0.74,0.22\rangle + 4/\langle 0.71,0.13\rangle$
$\quad + 5/\langle 0.66,0.14\rangle + 6/\langle 0.54,0.26\rangle + 7/\langle 0.65,0.15\rangle + 8/\langle 0.64,0.16\rangle$,
$$\mathrm{des}(F_8) = P_1(L) \wedge P_2(L) \wedge P_3(L)$$

决策属性 Q' 下的直觉模糊相似类为 2 个,分别为

f_1 : $1/\langle 0.10,0.71\rangle + 2/\langle 0.12,0.82\rangle + 3/\langle 0.17,0.69\rangle + 4/\langle 0.11,0.72\rangle$
$\quad + 5/\langle 0.16,0.64\rangle + 6/\langle 0.04,0.76\rangle + 7/\langle 0.05,0.75\rangle + 8/\langle 0.13,0.77\rangle$,
$$\mathrm{des}(f_1) = Q(H)$$

f_2 : $1/\langle 0.85,0.11\rangle + 2/\langle 0.75,0.07\rangle + 3/\langle 0.80,0.12\rangle + 4/\langle 0.65,0.17\rangle$
$\quad + 5/\langle 0.71,0.09\rangle + 6/\langle 0.69,0.11\rangle + 7/\langle 0.78,0.02\rangle + 8/\langle 0.64,0.16\rangle$,
$$\mathrm{des}(f_2) = Q(L)$$

由此得到规则库中的直觉模糊规则为 16 条:

$R_{11}: P_1(H) \wedge P_2(H) \wedge P_3(H) \Rightarrow Q(H)$，$\delta(F_1, f_1) = 0.503$，$\chi(F_1, f_1) = 0.155$

$R_{21}: P_1(H) \wedge P_2(H) \wedge P_3(L) \Rightarrow Q(H)$，$\delta(F_2, f_1) = 0.568$，$\chi(F_2, f_1) = 0.089$

$R_{31}: P_1(H) \wedge P_2(L) \wedge P_3(H) \Rightarrow Q(H)$，$\delta(F_3, f_1) = 0.798$，$\chi(F_3, f_1) = 0.062$

$R_{41}: P_1(H) \wedge P_2(L) \wedge P_3(L) \Rightarrow Q(H)$，$\delta(F_4, f_1) = 0.614$，$\chi(F_4, f_1) = 0.045$

$R_{51}: P_1(L) \wedge P_2(H) \wedge P_3(H) \Rightarrow Q(H)$，$\delta(F_5, f_1) = 0.600$，$\chi(F_5, f_1) = 0.120$

$R_{61}: P_1(L) \wedge P_2(H) \wedge P_3(L) \Rightarrow Q(H)$，$\delta(F_6, f_1) = 0.721$，$\chi(F_6, f_1) = 0.060$

$R_{71}: P_1(L) \wedge P_2(L) \wedge P_3(H) \Rightarrow Q(H)$，$\delta(F_7, f_1) = 0.459$，$\chi(F_7, f_1) = 0.098$

$R_{81}: P_1(L) \wedge P_2(L) \wedge P_3(L) \Rightarrow Q(H)$，$\delta(F_8, f_1) = 0.201$，$\chi(F_8, f_1) = 0.451$

$R_{12}: P_1(H) \wedge P_2(H) \wedge P_3(H) \Rightarrow Q(L)$，$\delta(F_1, f_2) = 1$，$\chi(F_1, f_2) = 0$

$R_{22}: P_1(H) \wedge P_2(H) \wedge P_3(L) \Rightarrow Q(L)$，$\delta(F_2, f_2) = 1$，$\chi(F_2, f_2) = 0$

$R_{32}: P_1(H) \wedge P_2(L) \wedge P_3(H) \Rightarrow Q(L)$，$\delta(F_3, f_2) = 1$，$\chi(F_3, f_2) = 0$

$R_{42}: P_1(H) \wedge P_2(L) \wedge P_3(L) \Rightarrow Q(L)$，$\delta(F_4, f_2) = 1$，$\chi(F_4, f_2) = 0$

$R_{52}: P_1(L) \wedge P_2(H) \wedge P_3(H) \Rightarrow Q(L)$，$\delta(F_5, f_2) = 1$，$\chi(F_5, f_2) = 0$

$R_{62}: P_1(L) \wedge P_2(H) \wedge P_3(L) \Rightarrow Q(L)$，$\delta(F_6, f_2) = 1$，$\chi(F_6, f_2) = 0$

$R_{72}: P_1(L) \wedge P_2(L) \wedge P_3(H) \Rightarrow Q(L)$，$\delta(F_7, f_2) = 1$，$\chi(F_7, f_2) = 0$

$R_{82}: P_1(L) \wedge P_2(L) \wedge P_3(L) \Rightarrow Q(L)$，$\delta(F_8, f_2) = 0.986$，$\chi(F_8, f_2) = 0.011$

　　上面的规则库称为规则库一，可以看到当条件属性集将论域划分成 M 个直觉模糊相似类，而决策属性将论域划分成 N 个相似类时，规则库中的规则数为 $M \times N$ 条，其中 R_{11}，R_{21}，R_{31}，R_{41}，R_{51}，R_{61}，R_{71}，R_{81}，R_{82} 为不确定性规则；而 R_{12}，R_{22}，R_{32}，R_{42}，R_{52}，R_{62}，R_{72} 为确定性规则. 我们可以对确定性因子 $\delta(F_j, f_j)$ 与不确定性因子 $\chi(F_8, f_2)$ 加以限定条件来对规则库中的规则进行删减，以减少那些对决策影响不大的规则.

10.4　基于经典关联规则挖掘思想的直觉模糊关联规则挖掘算法

　　在 10.3 节中我们利用直觉模糊粗糙集理论提取了决策表中的分类规则，本节将利用经典的关联规则挖掘思想，即 Apriori 算法思想来进行直觉模糊关联规则挖掘.

　　关联规则通常应用于购物篮系统，但是数据库中的一条记录所包含的数据除了项目以外，往往还有与这些项目相关联的数值信息，人们可以利用这些数值信息对规则进行进一步的挖掘. 另外现实中的数据集，有很大一部分不是布尔型或类别型数据,它们的属性也许是连续型的或数值更广泛的离散型的数据,关联规则挖掘这样类型的数据集的方法是将其转化为布尔型. 如果要对这些连续属性进行硬划分处理,这也会导致前面所讨论的"尖锐边界"问题,因此在关联规则挖掘中也需要利用直觉模糊集合理论对边界进行软化. 在对数据源中的属性值进行了直觉模糊概念上的转换(直觉模糊化)后,属性之间的关联也成了直觉模糊意义上的关联,所形成的关联规则也就成了直觉模糊关联规则.

直觉模糊关联规则的直觉模糊性不仅体现在概念的直觉模糊性上,也体现在隶属函数和非隶属函数确定的直觉模糊性,因为隶属函数与非隶属度函数的确定是有一定的模糊性的,而由不同的隶属函数和非隶属函数所得到的属性值也会不同,从而可能导致挖掘结论不同,这就使挖掘分析出的关联规则具有了直觉模糊性. 将直觉模糊概念引入到关联规则挖掘中,关联规则将不再局限于发掘布尔型或类别型数据集,这样就大大拓宽了关联规则挖掘的范围.

一个典型的事务数据库(数值属性)为 $D=\{t_1,t_2,\cdots,t_n\}$,其中 t_i $(0 \leqslant i \leqslant n)$ 为 D 中的第 i 个事务. 数据库属性集为 $W=\{w_1,w_2,\cdots,w_m\}$,其中 w_k $(0 \leqslant k \leqslant m)$ 为 W 中的第 k 个属性,d_{ik} 是数据库中第 i 个事务对应的第 k 个属性值,所得的事务数据库 D 如表 10.2 所示.

表 10.2　事务数据库 D

	w_1	w_2	$\cdots$	w_m
t_1	d_{11}	d_{12}	$\cdots$	d_{1m}
t_2	d_{21}	d_{22}	$\cdots$	d_{2m}
$\vdots$	$\vdots$	$\vdots$		$\vdots$
t_n	d_{n1}	d_{n2}	$\cdots$	d_{nm}

定义 10.2(数据集中的项目)　属性 w_k 的属性值集为 D_k,令 $I=\{(w_k,a,b) \in W \times D_k \times D_k\}$ 为数据集 D 中的项目组合,(w_k,a,b) 为项目(item),因此,将属性空间离散化就是将区间 (a,b) 划分成若干子区间并产生项目的过程.

对项目集 $X=\{(w_k,a_k,b_k)\}$(k 为整数)和数据库 D 中的记录 T,对于 T 的任意属性值 T_k,有 $a_k \leqslant T_k \leqslant b_k$,则称记录 T 包含在项目集 X 中.

定义 10.3(直觉模糊概念)　直觉模糊概念是以直觉模糊集合理论为基础定义在属性集 W 上的语义术语,它包含两部分含义:一是建立在 w_k $(0 \leqslant k \leqslant m)$ 上的定义域,二是建立在定义域上的隶属函数 μ_x 和非隶属函数 γ_x ($\mu_x,\gamma_x \in [0,1]$),直觉模糊概念,隶属函数与非隶属函数都是由领域专家提供的.

由于事务数据库可以看成是特殊的关系型数据库,项目集可以看成是对象集,而事务集可以看成是属性集,这样对于事务数据库中的连续属性就可以根据第 9 章所介绍的方法来进行数据预处理,因此,表 10.2 完全可以看成是表 10.1,我们也就可以运用 10.1 节中所述的直觉模糊化方法对该表进行直觉模糊化处理,得到表 10.3.

表 10.3　对表 10.1 中的属性直觉模糊化

	w_1			$\cdots$	w_m		
	$P_1,$	$P_2,\quad \cdots,$	P_k	$\cdots$	$P_1,$	$P_2,\quad \cdots,$	P_s
t_1	$\langle \mu_{11}^1 , \gamma_{11}^1 \rangle$	$\langle \mu_{11}^2 , \gamma_{11}^2 \rangle \cdots$	$\langle \mu_{11}^k , \gamma_{11}^k \rangle$	$\cdots$	$\langle \mu_{1m}^1 , \gamma_{1m}^1 \rangle$	$\langle \mu_{1m}^2 , \gamma_{1m}^2 \rangle \cdots$	$\langle \mu_{1m}^s , \gamma_{1m}^s \rangle$
t_2	$\langle \mu_{21}^1 , \gamma_{21}^1 \rangle$	$\langle \mu_{21}^2 , \gamma_{21}^2 \rangle \cdots$	$\langle \mu_{21}^k , \gamma_{21}^k \rangle$	$\cdots$	$\langle \mu_{2m}^1 , \gamma_{2m}^1 \rangle$	$\langle \mu_{2m}^2 , \gamma_{2m}^2 \rangle \cdots$	$\langle \mu_{2m}^s , \gamma_{2m}^s \rangle$
$\vdots$	$\vdots$	$\vdots$	$\vdots$		$\vdots$	$\vdots$	$\vdots$
t_n	$\langle \mu_{n1}^1 , \gamma_{n1}^1 \rangle$	$\langle \mu_{n1}^2 , \gamma_{n1}^2 \rangle \cdots$	$\langle \mu_{n1}^k , \gamma_{n1}^k \rangle$	$\cdots$	$\langle \mu_{nm}^1 , \gamma_{nm}^1 \rangle$	$\langle \mu_{nm}^2 , \gamma_{nm}^2 \rangle \cdots$	$\langle \mu_{nm}^s , \gamma_{nm}^s \rangle$

定义 10.4(直觉模糊关联规则)　直觉模糊关联规则表示直觉模糊化后项目集之间的关系,假设 X,Y 为项目集(即属性集), A , B 是语义变量集,且 $X \bigcap Y = \varnothing$,则蕴涵式 $X(A) \Rightarrow Y(B)$ 称为直觉模糊关联规则, $X(A)$, $X(B)$ 分别为规则的前提和结论.

定义 10.5(直觉模糊支持度与非支持度)　直觉模糊关联规则的支持度(support)记作 support $(X(A) \Rightarrow Y(B))$;类似地,直觉模糊关联规则非支持度(nonsupport)可记作 nonsupport $(X(A) \Rightarrow Y(B))$,则得到的支持度与非支持度的表达式(其中 $|D|$ 是数据集 D 的记录数)为

$$\text{support} (X(A) \Rightarrow Y(B)) = \sum \{\mu_A(X) \wedge \mu_B(Y)\} / |D|$$

$$\text{nonsupport} (X(A) \Rightarrow Y(B)) = \sum \{\gamma_A(X) \vee \gamma_B(Y)\} / |D| \qquad (10.2)$$

其中 $\langle \mu_A(X), \gamma_A(X) \rangle$ 与 $\langle \mu_B(Y), \gamma_B(Y) \rangle$ 分别为项目集 X,Y 所对应语义变量下的隶属度与非隶属度.

若 support $(X(A) \Rightarrow Y(B))$ 不小于用户指定的最小直觉模糊支持度,同时,nonsupport $(X(A) \Rightarrow Y(B))$ 不大于用户指定的最大直觉模糊非支持度,则称 X 为频繁项目集(frequent itemsets),否则称 X 为非频繁项目集.

定义 10.6(直觉模糊置信度与非置信度)　直觉模糊关联规则的置信度与非置信度分别记为 confidence $(X(A) \Rightarrow Y(B))$; nonconfidence $(X(A) \Rightarrow Y(B))$,其涵义被下面公式给出:

$$\text{confidence} (X(A) \Rightarrow Y(B)) = \sum \{\mu_A(X) \wedge \mu_B(Y)\} \Big/ \sum \mu_A(X)$$

$$\text{nonconfidence} (X(A) \Rightarrow Y(B)) = 1 - \sum \gamma_A(X) \Big/ \sum \{\gamma_A(X) \vee \gamma_B(Y)\}$$

$$(10.3)$$

因此,直觉模糊关联规则挖掘问题就是在给定项目集中所有直觉模糊支持度

大于最小直觉模糊支持度且直觉模糊非支持度小于最大直觉模糊非支持度,和直觉模糊置信度大于最小直觉模糊置信度且直觉模糊非置信度小于最大直觉模糊非置信度的强关联规则的过程.

设项目集 X_1 是项目集 X 的一个子集,如果规则" $X \Rightarrow l - X$ "不是强规则,则" $X_1 \Rightarrow l - X_1$ "也一定不是强规则;反过来,如果规则" $Y \Rightarrow X$ "是强规则,那么规则" $Y \Rightarrow X_1$ "也一定是强规则.

传统的关联规则挖掘普遍使用"支持度-置信度"的度量机制,在直觉模糊关联规则挖掘中,因为引入了非支持度与非置信度的概念,所以关联规则使用"支持度-非支持度-置信度-非置信度"的度量机制,这样加大了对直觉模糊关联规则的约束程度,提高了规则的准确性、实用性和可信性.

下面两个定理是在直觉模糊理论基础上对 Agrawal 项目集格空间理论的推广,它们是直觉模糊关联规则挖掘理论的核心.

定理 10.1　如果项目集 X 是频繁项目集,那么它的所有非空子集都是频繁项目集.

证明　设 X 是一个项目集,事务数据库 D 对 X 的支持程度为 $\mu(X)$,而不支持 X 的程度为 $\gamma(X)$;对 X 的任意非空子集 Y ,支持 Y 的程度为 $\mu(Y)$,而不支持 Y 的程度为 $\gamma(Y)$. 根据项目集支持度与非支持度的定义,很容易知道支持 Y 的元组一定支持 X ,而不支持 X 的元组一定不支持 Y ,因此 $\mu(X) \geqslant \mu(Y)$, $\gamma(X) \leqslant \gamma(Y)$,即 support$(X) \geqslant$ support(Y) ; nonsupport$(Y) \leqslant$ nonsupport(X) . 又因为 X 是频繁项目集,即 support$(X) \geqslant$ Minsupport;nonsupport$(X) \leqslant$ Maxnonsupport 所以 support$(Y) \geqslant$ support$(X) \geqslant$ Minsupport;nonsupport$(Y) \leqslant$ nonsupport$(X) \leqslant$ Maxnonsupport,因此 Y 是频繁项目集.

定理 10.2　如果项目集 X 是频繁项目集,那么它的所有超集都是非频繁项目集.

证明　原理同定理 10.1 相同,证明略.

直觉模糊关联规则的挖掘问题可以分解为以下两个问题:

(1)找出事务数据库 D 中所有具有用户指定最小直觉模糊支持度和最大直觉模糊非支持度,最小直觉模糊置信度和最大直觉模糊非置信度的频繁项目集.

(2)利用频繁项目集生成直觉模糊规则.

我们提出的算法是在经典的关联规则挖掘算法 Apriori 算法的基础上,利用直觉模糊理论加以推广,提出了直觉模糊关联规则挖掘算法.该算法是挖掘直觉模糊关联规则所需频繁项目集的基本算法,它的基本思想是利用一个层次顺序搜索的循环方法来完成频繁项目集的挖掘工作,其实现原理为:首先找出频繁 1-项集,然后利用来挖掘频繁 2-项集;如此不断循环下去直到无法发现更多的频繁 k-项集为止,因此该算法是一个深度优先遍历.

算法 10.2　直觉模糊关联规则挖掘算法.

步骤 1:对于任意一个属性 $w_j(j=1,\cdots,m)$ 的第 h 个语义变量 P_h,计算其直觉模糊支持度与非支持度分别为

$$\text{support.}\ w_{jP_h}=(\sum_{i=1}^{n}\mu_{ij}^{h})/n\ ;\quad \text{nonsupport.}\ w_{jP_h}=(\sum_{i=1}^{n}\gamma_{ij}^{h})/n$$

步骤 2:生成频繁 1-项集 L_1 为

$$L_1=\{\ w_{jP_h}\ |\ \text{support.}\ w_{jP_h}\geqslant \text{Minsupport;nonsupport.}\ w_{jP_h}\leqslant \text{Maxnonsupport}\}$$

步骤 3:利用 Apriori 算法思想,对频繁 k-项集 L_k($k\geqslant1$)进行连接运算,得到候选 $(k+1)$-项集 C_{k+1}.对于 C_{k+1} 中的每个项集 c_l($l\in[1,k+1]$),有 $c_l=\{\ \wedge\ w_{jP_h}\ |1\leqslant j\leqslant m,1\leqslant h\leqslant p\}$,如果 μ_{ic_l} 代表 c_l 对于第 i 个项集的隶属度,γ_{ic_l} 代表非隶属度,那么计算 c_l 直觉模糊支持度和非支持度:

$$\text{support.}\ c_l=\sum_{i=1}^{n}\mu_{ic_l}/n;\quad \text{nonsupport.}\ c_l=\sum_{i=1}^{n}\gamma_{ic_l}/n$$

其中 $\mu_{ic_l}=(\ \wedge\ \mu_{ij}^{h})$;$\gamma_{ic_l}=(\ \vee\ \gamma_{ij}^{h})$,$\langle\ \mu_{ij}^{h}\ ,\gamma_{ij}^{h}\rangle$ 为直觉模糊属性 w_j 的第 h 个语义变量对应在第 i 个项集上的隶属度与非隶属度.

步骤 4:在得到所有项集的直觉模糊支持度与非支持度后,对 C_{k+1} 进行剪枝,剪枝包括三个部分的内容:

步骤 4.1:删除 C_{k+1} 中直觉模糊直觉模糊支持度小于 Minsupport,直觉模糊非支持度大于 Maxnonsupport 的项集;

步骤 4.2:删除 C_{k+1} 中含有非频繁子集的项集;

步骤 4.3:删除 C_{k+1} 中含有属于同一直觉模糊集属性的项集,这样的项集对于最后产生的关联规则是没有实际意义的.

步骤 5:得到频繁项目集为

$$L_k=\{\ c_g\ |\ \text{support.}\ c_g\geqslant \text{Minsupport;nonsupport.}\ c_g\leqslant \text{Maxnonsupport}\ \}$$

步骤 6:重复以上的步骤,直到 $L_{k+1}=\varnothing$,由 L_k 产生频繁项集 $L=\bigcup L_k$.

步骤 7:生成规则 $c_1,\cdots,c_{p-1},c_{p+1},\cdots,c_q\Rightarrow c_p$,$p\in[1,q]$,计算直觉模糊关联规则置信度与非置信度为

$$\text{confidence}(c_1,\cdots,c_{p-1},c_{p+1},\cdots,c_q\Rightarrow c_p)$$

$$=\sum_{i=1}^{n}\mu_{ic_p}\Big/\sum_{i=1}^{n}[\ \mu_{ic_1}\wedge\cdots\wedge\mu_{ic_{p-1}}\wedge\mu_{ic_{p+1}}\wedge\cdots\wedge\mu_{ic_q}]$$

$$\text{nonconfidence}(c_1,\cdots,c_{p-1},c_{p+1},\cdots,c_q\Rightarrow c_q)$$

$$=1-\sum_{i=1}^{n}\gamma_{ic_p}\Big/\sum_{i=1}^{n}[\ \gamma_{ic_1}\vee\cdots\vee\gamma_{ic_{p-1}}\vee\gamma_{ic_{p+1}}\vee\cdots\vee\gamma_{ic_q}]$$

步骤 8:根据强关联规则的定义,找出 L_k 中强关联规则.

从步骤 1 到步骤 6 是生成频繁项目集算法,而从步骤 7 到步骤 8 则是生成直觉模糊强关联规则算法,因此可以将算法 10.2 分成两部分,该算法的伪代码表述如下.

算法 10.2(1)　发现频繁项目集算法.

输入:直觉模糊化后的事务数据库 $S = (D, W', V', f')$,其中,

$$W' = \{w_1\{P_1, P_2, \cdots, P_k\}, w_2\{P_1, P_2, \cdots, P_l\}, \cdots, w_m\{P_1, P_2, \cdots, P_s\}\}$$

$$V' = \{\langle \mu_{ij}^h, \gamma_{ij}^h \rangle \mid i = 1, \cdots, n, j = 1, \cdots, m, h = 1, \cdots, k; 1, \cdots, l; \cdots; 1, \cdots, s\}$$

$$f': D \times W' \to V'$$

最小直觉模糊支持度 Minsupport;最大直觉模糊非支持度 Maxnonsupport;

输出:频繁项目集 L.

```
L₁ = ∅ ;
for ( j= 1 ; j≤ m ; j+ + )/* 计算所有项支持度与非支持度,并求频繁项
    目集 L₁ * /
    for ( h= 1 ; h≤ p ; h+ + )
        {support. w_{jP_h} = 0 ; nonsupport. w_{jP_h} = 0;
    for ( i= 1 ; i≤ n ; i+ + )
{ μ_{ij}^h = f_{uj}^h ( d_{ij} ); γ_{ij}^h = f_{vj}^h ( d_{ij} );/* 三角隶属函数法求隶属度与非隶属
度* /
        support. w_{jP_h} = support. w_{jP_h} + μ_{ij}^h ;
        nonsupport. w_{jP_h} = nonsupport. w_{jP_h} + γ_{ij}^h ;}
        support. w_{jP_h} = support. w_{jP_h} /n ;
        nonsupport. w_{jP_h} = nonsupport. w_{jP_h} /n}
if ( support. w_{jP_h} > Minsupport ) and ( nonsupport. w_{jP_h} < Maxnonsup-
    port )
    then insert ( w_{jP_h} , support. w_{jP_h} , nonsupport. w_{jP_h} )into L₁ ;
    }
 for ( k= 2; L_{k-1} ≠ ∅ ;k+ + )//发现频繁项目集
    C_k = apriori- gen( L_{k-1} );
    for everyitem in C_k is c
        for ( i= 1;i≤ n; i+ + )
        count. c= count. c + ( ∧ μ_{ij}^h );noncount. c= noncount. c+ ( ∨ γ_{ij}^h );
support. c= count. c/n; nonsuopport. c= noncount. c/n;
L_k = {c ∈ C_k | support. c ≥ Minsupport ;nonsupport. c ≤ Maxnon-
support}
}
return L= ∪ L_k ;
```

```
apriori- gen( L_{k-1} )//候选集的产生
for  all  itemset  p ∈ L_{k-1} do
    for  all  itemset  q ∈ L_{k-1} do
        if  (p[1]= q[1]) ∧ (p[2]= q[2]) ∧ ⋯ ∧ (p[k- 1]< q[k- 1])
                then
                    c= p ∞ q ;
        if  has_infrequent_subset(c, L_{k-1}) then    delete  c;
    else  if  has_same_attribute(c ,W)  then  delete c;
    else  add  c  toC_k ;    }
return C_k ;
has_infrequent_subset(c, L_{k-1} )//判断候选集的元素是否有非频繁项
目集
for all (k- 1)- subitemset  s  of  c  do
        if  s ∉ L_{k-1}   then return TURE;
return FALSE;
has_same_attribute(c ,W)//判断候选集的属性是否在同一直觉模糊属
性集中
for all 2- subitemset  e
    for (k= 1 ; k ≤ m ; k+ + )
        if e ∈ w_k then then return TURE;
return FALSE;
```

算法 10.2(2)　　直觉模糊关联规则生成算法.

输入:频繁项目集;最小直觉模糊置信度 Minconfidence ;最大直觉模糊非置信度 Maxnoncofidence;

输出:强直觉模糊关联规则.

```
Rule-generate(L, Minconfidence, Maxnoncofidence)
    For each frequent itemset l_k   in   L
    Genrules( l_k , l_m );
genrules( l_k : frequent k - itemset, l_m : frequent m - item-
set)//递归测试一个频繁项目集中的直觉模糊关联规则
X = {(m- 1)- itemsets l_{m-1} | l_{m-1} in l_m };
for each l_{m-1} in X begin
        confidence= support( l_k )/support( l_{m-1} );
        noncofidence= nonsupport( l_k )/nonsupport( l_{m-1} );
        if(confidence ≥ Minconfidence)and(nonconfidence ≤ Max-
```

noncofidence)

then print the rule

" $l_{m-1} \Rightarrow l_k - l_{m-1}$, support= support(l_k), nonsupport= non-support(l_k); confidence,noncofidence ";

if（m- 1> 1)then Genrules(l_k , l_{m-1});}

利用实例来验证算法 10.2 的有效性,由表 10.1 中的数据,令 $Q = P_4$,即没有决策属性的约束,分析表中属性 P_1,P_2,P_3,P_4 之间的直觉模糊关联关系,假设最小支持度为 20%,而最大非支持度为 70%,则计算候选项目集及频繁项目集的过程如表 10.4~表 10.11 所示.

表 10.4　候选集 C_1

项集	支持度	非支持度
$P_1(H)$	0.306	0.529
$P_1(L)$	0.635	0.169
$P_2(H)$	0.294	0.576
$P_2(L)$	0.620	0.294
$P_3(H)$	0.293	0.555
$P_3(L)$	0.600	0.250
$P_4(H)$	0.110	0.734
$P_4(L)$	0.734	0.106

表 10.5　候选集 C_2

项集	支持度	非支持度
$P_1(H)P_2(H)$	0.250	0.585
$P_1(H)P_2(L)$	0.165	0.695
$P_1(H)P_3(H)$	0.230	0.605
$P_1(H)P_3(L)$	0.221	0.631
$P_1(H)P_4(L)$	0.306	0.519
$P_1(L)P_2(H)$	0.159	0.671
$P_1(L)P_2(L)$	0.565	0.300
$P_1(L)P_3(H)$	0.221	0.608
$P_1(L)P_3(L)$	0.554	0.273
$P_1(L)P_4(L)$	0.600	0.210
$P_2(H)P_3(H)$	0.230	0.634
$P_2(H)P_3(L)$	0.166	0.691
$P_2(H)P_4(L)$	0.275	0.579
$P_2(L)P_3(H)$	0.173	0.676
$P_2(L)P_3(L)$	0.531	0.338
$P_2(L)P_4(L)$	0.548	0.315
$P_3(H)P_4(L)$	0.275	0.557
$P_3(L)P_4(L)$	0.586	0.266

表 10.6　候选集 C_3

项集	支持度	非支持度
$P_1(H)P_2(H)P_3(H)$	0.203	0.641
$P_1(H)P_2(H)P_4(L)$	0.250	0.585
$P_1(H)P_3(H)P_4(L)$	0.230	0.605
$P_1(H)P_3(L)P_4(L)$	0.221	0.631
$P_1(L)P_3(H)P_4(L)$	0.221	0.608
$P_1(L)P_3(L)P_4(L)$	0.546	0.286
$P_1(L)P_2(L)P_3(L)$	0.523	0.338
$P_1(L)P_2(L)P_4(L)$	0.540	0.313
$P_2(H)P_3(H)P_4(L)$	0.213	0.635
$P_2(L)P_3(L)P_4(L)$	0.518	0.343

表 10.7　候选集 C_4

项集	支持度	非支持度
$P_1(H)P_2(H)P_3(H)P_4(L)$	0.203	0.713
$P_1(L)P_2(L)P_3(L)P_4(L)$	0.515	0.343

表 10.8　频繁项目集 L_1

项集	支持度	非支持度
$P_1(H)$	0.306	0.529
$P_1(L)$	0.635	0.169
$P_2(H)$	0.294	0.576
$P_2(L)$	0.620	0.294
$P_3(H)$	0.293	0.555
$P_3(L)$	0.600	0.250
$P_4(L)$	0.734	0.106

表 10.9　频繁项目集 L_2

项集	支持度	非支持度
$P_1(H)P_2(H)$	0.250	0.585
$P_1(H)P_3(H)$	0.230	0.605
$P_1(H)P_3(L)$	0.221	0.631
$P_1(H)P_4(L)$	0.306	0.519
$P_1(L)P_2(L)$	0.565	0.300
$P_1(L)P_3(H)$	0.221	0.608
$P_1(L)P_3(L)$	0.554	0.273
$P_1(L)P_4(L)$	0.600	0.210

项集	支持度	非支持度
$P_2(H)P_3(H)$	0.230	0.634
$P_2(H)P_4(L)$	0.275	0.579
$P_2(L)P_3(L)$	0.531	0.338
$P_2(L)P_4(L)$	0.548	0.315
$P_3(H)P_4(L)$	0.275	0.557
$P_3(L)P_4(L)$	0.586	0.266

表 10.10　频繁项目集 L_3

项集	支持度	非支持度
$P_1(H)P_2(H)P_3(H)$	0.203	0.641
$P_1(H)P_2(H)P_4(L)$	0.250	0.585
$P_1(H)P_3(H)P_4(L)$	0.230	0.605
$P_1(H)P_3(L)P_4(L)$	0.221	0.631
$P_1(L)P_3(H)P_4(L)$	0.221	0.608
$P_1(L)P_3(L)P_4(L)$	0.546	0.286
$P_1(L)P_2(L)P_3(L)$	0.523	0.338
$P_1(L)P_2(L)P_4(L)$	0.540	0.313
$P_2(H)P_3(H)P_4(L)$	0.213	0.635
$P_2(L)P_3(L)P_4(L)$	0.518	0.343

表 10.11　频繁项目集 L_4

项集	支持度	非支持度
$P_1(H)P_2(H)P_3(H)P_4(L)$	0.203	0.713
$P_1(L)P_2(L)P_3(L)P_4(L)$	0.515	0.343

假设最小置信度为 50%，而最大非置信度为 30%，则由频繁项目集 L_1，L_2，L_3，L_4 生成关联规则过程如表 10.12 所示.

表 10.12　生成关联规则过程

序号	l_k	l_{m-1}	置信度/%	非置信度/%	规　则
1	$P_1(H)P_2(H)P_3(H)P_4(L)$	$P_1(H)$	69.6	16.7	$P_2(H)P_3(H)P_4(L) \Rightarrow P_1(H)$
2	$P_1(H)P_2(H)P_3(H)P_4(L)$	$P_2(H)$	78.2	4.8	$P_1(H)P_3(H)P_4(L) \Rightarrow P_2(H)$
3	$P_1(H)P_2(H)P_3(H)P_4(L)$	$P_3(H)$	85.3	5.1	$P_1(H)P_2(H)P_4(L) \Rightarrow P_3(H)$
4	$P_1(H)P_2(H)P_3(H)P_4(L)$	$P_4(L)$	27.7	46.5	$P_1(H)P_2(H)P_3(H) \Rightarrow P_4(L)$
5	$P_1(L)P_2(L)P_3(L)P_4(L)$	$P_1(L)$	71.3	13.3	$P_2(L)P_3(L)P_4(L) \Rightarrow P_1(L)$
6	$P_1(L)P_2(L)P_3(L)P_4(L)$	$P_2(L)$	88.1	6.4	$P_1(L)P_3(L)P_4(L) \Rightarrow P_2(L)$
7	$P_1(L)P_2(L)P_3(L)P_4(L)$	$P_3(L)$	90	2.1	$P_1(L)P_2(L)P_4(L) \Rightarrow P_3(L)$
8	$P_1(L)P_2(L)P_3(L)P_4(L)$	$P_4(L)$	74.3	11.2	$P_1(L)P_2(L)P_3(L) \Rightarrow P_4(L)$
⋮	⋮	⋮	⋮	⋮	⋮

限于篇幅,我们就不一一列举每条规则的计算过程,根据用户设定的最小置信度和最大非置信度,上面得出的规则中,规则序号为 1,2,3,5,6,7,8,… 的规则是强关联规则,而规则序号为 4… 的规则不是强关联规则,上面的规则库称为规则库二,对规则库一和规则库二进行比较,规则库二有以下特点:

(1)规则的前提与结论不再如规则库一那样确定.规则库二中考察的是每一个属性的每一个语义变量之间可能存在的关联关系,而不再像分类规则那样规定属性为条件属性和决策属性.

(2)规则库二中规则的数量大大增加.从规则库二中可以看出,规则库一中的规则可能是规则库二中的一部分,这也更加印证了分类规则是特殊的关联规则这一事实.根据度量机制"支持度-非支持度-置信度-非置信度",加大限制条件对规则库中的规则库进行简化,就可以减少对决策影响不大的那些规则.

10.5　基于直觉模糊粗糙集数据挖掘软件的设计与实现

利用 VC♯语言和 Visual studio. Net 环境[11]来进行基于直觉模糊粗糙集理论的数据挖掘系统的实现.其中主要有两个系统,一个是直觉模糊分类规则挖掘系统,另一个是直觉模糊关联规则挖掘系统.

直觉模糊分类规则挖掘系统主要的功能(图 10.1)有:数据预处理(其中包括连续属性直觉模糊化和直觉模糊属性约简)部分对数据库中的原始数据进行处理,得到具有直觉模糊属性的决策表;分类规则挖掘(其中包括直觉模糊等价类的计算与分类规则挖掘)产生规则并显示和存储;帮助部分则为用户提供一些基本的帮助,以便可以尽快地理解挖掘的规则的意义,作出正确的决策.

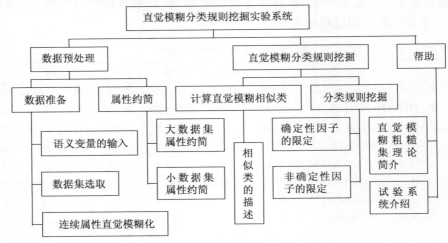

图 10.1　直觉模糊分类规则挖掘实验系统

　　直觉模糊关联规则挖掘系统主要的功能(图 10.2)有:数据准备部分包括数据集的选取、数据集中属性的直觉模糊化,参数设定部分为用户提供设定直觉模糊关联规则的支持度、非支持度、置信度与非置信度接口.规则挖掘部分为运用直觉模糊关联规则挖掘算法,产生规则并显示或存储规则.帮助部分为用户提供一些基本的帮助,以便可以尽快地理解挖掘的规则的意义,方便用户二次挖掘并作出正确决策.

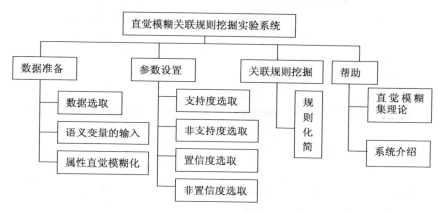

图 10.2　直觉模糊分类规则挖掘实验系统

　　本章设计的实验平台主要是针对连续属性的直觉模糊规则进行挖掘,本试验平台也兼容了传统的离散型变量的处理方法.实验的数据源来源于文献[12].

　　首先,先进行分类规则的挖掘,设人力资本、固定资产和投入资金为条件属性,人均 GDP 为决策属性,都有两个语义变量:高(H),低(L).经过对原始数据的直觉模糊化和规则约简后,得到直觉模糊分类规则,如图 10.3 所示.

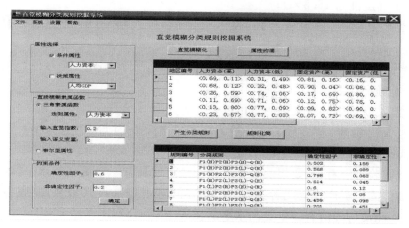

图 10.3　直觉模糊分类规则挖掘

同样,对文献中的数据进行直觉模糊关联规则挖掘,设定最小支持度为 20%,而最大非支持度为 70%;最小置信度为 50%,而最大非置信度为 30%.经过算法10.2 的三部剪枝操作后得到的强关联规则如图 10.4 所示.

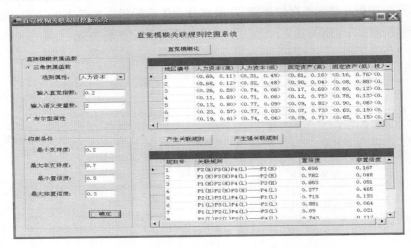

图 10.4　直觉模糊关联规则挖掘

在上面的实验中,为了体现直觉模糊分类规则与关联规则的关系,没有进行属性约简的步骤.从图 10.3 和图 10.4 的实验结果可以看到,尽管直觉模糊分类规则与关联规则的约束条件不同,但得到的规则形式是大致相同的.

其中分类规则的意义可以说明为:

·当人力资本、固定资产和投入资金高时,人均 GDP 也为高(确定性为50.3%,不确定性为 15.5%);

·当人力资本、固定资产高,投入资金低时,人均 GDP 也为高(确定性为56.8%,不确定性为 8.9%);

·当人力资本、投入资金高,固定资产低时,人均 GDP 也为高(确定性为79.8%,不确定性为 6.3%);等等.

同理,关联规则的意义说明也可以表述为:

·当人力资本、固定资产高,投入资金低时,人均 GDP 也为高(置信度为69.6%,非置信度为 16.7%)等.

由此实验可以看出,要想使一个地区的经济增长有一个更高的水平,不能只单方面地加强固定资产投资或者提高人力资本再或者增加投入资金,应该各方面入手,这样才能使得经济有一个更高水平的发展.

直觉模糊规则所表达的模糊语义符合了客观世界中人们模糊概念的本质,对于模糊决策与分析有着重要的意义.

10.6　本章小结

　　本章首先在规则挖掘的目的,发现规则的算法和结论是否约束等方面详细分析了分类规则与关联规则的区别和联系.然后根据直觉模糊相似关系下的直觉模糊粗糙集模型,重新定义了分类规则中确定性因子的概念,并提出了非确定性因子的概念,以此共同作为直觉模糊分类规则的约束条件,提出了基于直觉模糊粗糙集的分类规则挖掘算法(算法 10.1),最后根据一个具体的实例挖掘出规则库一.随后根据经典的关联规则挖掘思想,根据直觉模糊集理论,提出了非支持度与非置信度的概念,建立了"支持度-非支持度-置信度-非置信度"的关联规则挖掘度量机制,结合传统的关联规则挖掘方法,提出了直觉模糊关联规则挖掘算法(算法 10.2),根据一个具体的实例挖掘出规则库二.最后,对两个规则库进行了比较,形象地分析了直觉模糊分类规则与关联规则的区别与联系,并通过程序印证了我们工作的有效性.

参 考 文 献

[1] 王基一,顾沈明.一种基于模糊粗糙集知识获取方法[J].计算机科学,2004,30(6):169-170.

[2] 董立新,肖登明,王俏华,等.模糊粗糙集数据挖掘方法在电力变压器故障诊断中的应用研究[J].电力系统及其自动化学报,2004,16(5):1-5.

[3] 孟科,张恒喜,李登科,等.基于模糊粗糙特征集的不确定性知识表达[J].计算机工程,2006,32(9):183-187.

[4] 彭宏,吴铁峰,张东娜.粗糙模糊模型及其在入侵检测中的应用[J].西华大学学报(自然科学版),2005,24(3):1-3.

[5] 石峰,娄臻亮,张永清,等.基于模糊粗糙集模型的一种归纳学习方法[J].上海交通大学学报,2002,36(7):920-924.

[6] 邱卫根.基于粗集的模糊属性值信息系统的知识获取[J].计算机工程与应用,2006,20:138-140.

[7] 马志锋,邢汉承.Vague 决策表中的含糊规则获取策略[J].计算机学报,2001,24(4):1-8.

[8] 黄智兴,张为群.模糊关联规则的数据挖掘[J].计算机科学,2000.27(6):40-43.

[9] 朱天清,熊平.模糊关联规则挖掘及其算法研究[J].武汉工业学院学报,2005,24(1):24-28.

[10] 毛国君,段立娟,王实,等.数据挖掘原理与算法[M].北京:清华大学出版社,2005,64-71.

[11] 刘烨,吴中元.C# 编程及应用程序开发教程[M].北京:清华大学出版社,2003.

[12] 郭海湘,诸克军,贺勇,等.基于模糊聚类和粗糙集提取我国经济增长的模糊规则[J].管理学报,2005,2(4):437-439.

第 11 章 基于 IFRS-3、IFRS-4 模型的属性约简方法

本章研究基于 IFRS-3 与 IFRS-4 的相对约简理论及方法. 首先,基于 IFRS-3 模型,给出直觉模糊知识的表示方法,对文献[13]等价类形式的近似算子表示进行改进,提出基于 IFRS-3 的属性约简方法;其次,基于 IFRS-4 模型,给出一种直觉模糊相似关系的获取方法,针对混合信息系统,给出基于 IFRS-4 的属性约简方法,实现经典相对约简思想到 IFRS 的自然推广.

11.1 引　　言

属性约简是粗糙集理论的核心内容之一,其目的是在保证信息系统分类能力不变的前提下,删除其中不相关或不重要的属性. 目前,基于 Pawlak 粗糙集的属性约简理论与方法已取得了丰硕成果[1-12],然而,这些属性约简方法大多适用于离散值属性,所能处理的知识和概念都是清晰的,即分类必须是精确的或完全包含的,对于现实中常见的模糊概念和模糊知识则无法处理. 另外,对于连续值属性的数据处理,通常做法是先对其进行离散化,而离散化往往会丢失有用信息,易于使约简和决策产生错误.

模糊集与直觉模糊集对论域中的每一对象在区间[0,1]指定一个隶属度和非隶属度,从而能够对论域中任一不精确概念进行更精细的描述(模糊集是隶属函数与非隶属函数和为 1 的直觉模糊集).将模糊集与直觉模糊集的软边界优势引入粗糙集,用模糊化代替离散化,对象对每个等价类都有一定的隶属度,各等价类之间没有了陡峭截断,减少了信息丢失.

现阶段对 FRS 的研究主要偏重于模糊集近似算子的构造,对基于其上的属性约简方法的研究还不够充分,比较典型的有 Jensen 等[13,14]基于 Dubois 模型的启发式约简算法;袁修久和张文修等[15]的模糊目标信息系统属性约简,王熙照等[16]基于模糊区分矩阵的知识约简;Tsai 等[17]基于修正最小熵的模糊化方法及规则提取方法.IFRS 目前还处于模型构造与验证阶段,对于其知识约简的研究还很少.

针对这一现状,本章给出基于 IFRS-3 与 IFRS-4 的相对约简理论及方法.①基于 IFRS-3 模型,首先解决知识表示问题,即研究基于 IFRS-3 的直觉模糊知识的表示方法,给出直觉模糊信息系统及决策表的定义及形成方法,进而针对直觉模糊决策表,研究基于 IFRS-3 的属性约简方法;②基于 IFRS-4 模型,首先给出一种直觉模糊相似关系获取方法,进而针对混合信息系统,研究基于 IFRS-4 的属性约简方

法,实现 Pawlak 粗糙集相对约简思想到 IFRS 的自然推广.

11.2　基于 IFRS-3 的属性约简方法

基于 IFRS-3 模型研究属性约简方法,需要解决四个问题:①直觉模糊知识的表示;②等价类形式的近似算子表示;③相对约简概念的提出;④有效约简算法的设计. 下面分别进行研究.

11.2.1　直觉模糊知识的表示

在 Pawlak 粗糙集中,知识由信息系统(知识表达系统)来表示,而应用最多的是决策信息系统,也称为决策表. 决策表中的基本成分是被研究对象的集合,关于这些对象的知识是通过指定对象的属性和它们的属性值来描述. 通过离散化,每个属性根据其属性值将论域划分为清晰的等价类,从而形成一组清晰的知识,每个对象属于且仅属于一个等价类. 普通决策表的形式如表 11.1 所示,其中 $U = \{x_1, x_2, \cdots, x_n\}$ 表示对象集合, $C = \{C_1, C_2, \cdots, C_m\}$ 为条件属性集合, x_{ik} 表示第 $i(i = 1, 2, \cdots, n)$ 个对象在第 $k(k = 1, 2, \cdots, m)$ 个条件属性 C_k 下的取值, d_i 表示第 $i(i = 1, 2, \cdots, n)$ 个对象在决策属性 D 下的取值.

表 11.1　普通决策表

U	C_1	C_2	$\cdots$	C_m	D
x_1	x_{11}	x_{12}	$\cdots$	x_{1m}	d_1
x_2	x_{21}	x_{22}	$\cdots$	x_{2m}	d_i
$\vdots$	$\vdots$	$\vdots$		$\vdots$	$\vdots$
x_n	x_{n1}	x_{n2}	$\cdots$	x_{nm}	d_k

直觉模糊知识的表示同样采用信息系统的形式. 不同之处在于,其中的属性多为直觉模糊属性,且每个属性都对应一个直觉模糊语言变量,而每个语言变量可取若干语言值,每个语言值又对应一个属性值空间上的直觉模糊子集. 语言变量的优势在于可以处理一些复杂、较难定义而不能用常规的定量方法处理的情形. 例如,将智能化水平分为高、较高、中、较低和低五个等级,分别对应五个语言值,从而将智能化水平属性划分为若干个子属性. 这种知识表示的优点是,利用直觉模糊集对等价类边界进行了软化,保留了属性的语义信息,既可以表现同一子区间内属性值的差异性,又能体现相邻子区间内的属性值之间的过渡性,从而减少了信息的损失,为进一步的属性约简与规则提取提供了先决条件.

下面首先将模糊等价类公理扩展到直觉模糊集环节下,接着给出直觉模糊信息系统的具体定义.

设 $R \in \mathrm{IFR}(U \times U)$ 为一直觉模糊等价关系,E 为 R 下的一个直觉模糊等价类,那么直觉模糊等价类 E 须满足如下公理:

(E1) $\exists x \in U, E(x) = 1_L$;

(E2) $\forall x, y \in U, E(x) \wedge R(x, y) \leqslant_L E(y)$;

(E3) $\forall x, y \in U, E(x) \wedge E(y) \leqslant_L R(x, y)$.

其中,(E1)保证了等价类非空.(E2)可以理解为,元素 y 邻域中的元素在 y 的等价类中,从逻辑角度解释为,如果 x 在等价类 E 中,且 x 与 y 具有 R 关系,则 y 在等价类 E 中.(E3)表示等价类中的两个元素具有 R 关系,从逻辑角度解释为,元素 x 在等价类 E 中,且 y 在等价类 E 中,则 x 与 y 具有 R 关系.

显然,当直觉模糊等价关系 $R \in \mathrm{IFR}(U \times U)$ 的犹豫度为 0 时,直觉模糊等价关系 R 退化为模糊等价关系,此时,以上(E1)～(E3)就退化为模糊等价类公理;进一步,当直觉模糊等价关系 R 退化为普通等价关系时,以上公理就退化为普通等价类公理.

定义 11.1(直觉模糊信息系统)　直觉模糊信息系统是一个四元组 $\mathrm{IFIS} = (U, A, V, F)$,其中 U 为对象的非空有限论域;A 为直觉模糊属性的非空有限集合;$V = \bigcup\limits_{a \in A} V_a$,V_a 表示直觉模糊属性 a 的值域;$\forall a \in A$,$f_a : U \to V_a$,$\forall x \in U$,$f_a(x)$ 表示对象 x 在直觉模糊属性 a 上的取值,即对应 V_a 上的一个直觉模糊子集,$f_a \in F$;$\forall v \in V_a$,$f_{a(v)}(x) = (\mu_{a(v)}(x), \gamma_{a(v)}(x))$ 表示对象 x 在直觉模糊属性 a 上取值为 v 的隶属度和非隶属度,$f_{a(v)} \in f_a$.

定义 11.2(直觉模糊决策表)　设 $\mathrm{IFIS} = (U, A, V, F)$,当属性集 A 分为条件属性集 C 和决策属性集 D 时,$\mathrm{IFIS} = (U, C \bigcup D, V, F)$ 称为直觉模糊决策表或直觉模糊决策信息系统.当条件属性集 C 为直觉模糊属性,决策属性集 D 为普通离散属性,$\mathrm{IFIS} = (U, C \bigcup D, V, F)$ 称为直觉模糊条件信息系统;当条件属性集 C 为普通离散属性,决策属性集 D 为直觉模糊属性,信息系统 $\mathrm{IFIS} = (U, C \bigcup D, V, F)$ 称为直觉模糊目标信息系统.

根据定义 11.1 与定义 11.2,对于任一直觉模糊属性 $a \in A$,属性 a 对应的语言值即为 a 对应的一组直觉模糊等价类,形成 a 对论域 U 的直觉模糊划分,每个对象以不同的归属程度属于多个直觉模糊等价类.在实际应用中,一些信息系统本身提供的数据就是以模糊值或直觉模糊值的形式给出,因为它代表人类的认知和要求,这种情况下,就无需对数据进行直觉模糊化处理,可直接进行属性约简与规则提取,这也正是直接基于模糊信息系统来做知识发现的原因.

现在的问题是,当信息系统是如表 11.1 所示的连续值信息系统时,其中的连续属性带有模糊性,这种情况下如何确定直觉模糊语言值,获取合理的直觉模糊信息系统.对此,通常有三种方法:①由统计法、例证法、专家经验法确定直觉模糊语言值,即根据领域知识和专家经验再加上必要的数学处理,给出直觉模糊语言值对应的隶属度和非隶属度函数[18],这种方法在实际中不太好操作[19,20];②首先确定直觉模糊化等级,即确定语言值的个数,然后根据直觉模糊分布法确定各个语言值的特征函数,其中隶属度与非隶属度函数是根据直觉模糊分布规律得到的,即根据现有隶属度分布,结合数据获取精度的情况,确定直觉指数的取值,就可以给出非隶属度函数的表达形式;③采用 FCM 方法对原始数据进行模糊聚类,聚类后的数据采用特定模糊集来近似表示,这种方法会增加知识处理的复杂度,计算量过大.

对于一个实际的信息系统,往往可以确定各个属性的若干语义指标,此时采取第二种方法最为合理. 这主要包括三个步骤.

步骤 1:确定直觉模糊化等级;步骤 2:确定特征函数;步骤 3:单值直觉模糊化.

步骤 1:确定直觉模糊化等级. 根据属性值域的大小和属性值的分布,确定直觉模糊化等级,将连续属性直觉模糊化为 k 个语言值,令其中每一个属性都有若干个语言值 $P_1, P_2, \cdots, P_k$.

步骤 2:确定特征函数. 为了降低计算成本,选择线性特征函数,隶属度函数选择三角形、S 型和 Z 型,其中 $\mu_{P_{ij}}(x)$ 表示 x 对 P_{ij} 的隶属度,x 表示属性值,k 个直觉模糊划分的中心 $m_i(i = 1, \cdots, k)$ 可以由 Kohonen 网络自组织映射算法确定,为保证模糊划分的完备性,两个相邻隶属度函数相交处的函数值取值为 0.5.

对于非隶属度函数的确定,拟采用两种方法:两极确定法和语气算子法.

两极确定法. 当隶属度为 0 时,表示支持度为 0,此时可认为反对度为 1,即非隶属度为 1,直觉指数为 0;当隶属度为 1 时,表示支持度为 1,此时反对度为 0,即直觉指数为 0;当隶属度取其他值时,直觉指数为一个函数 $f(x)$;非隶属度函数为 $1 - \mu_{P_{ij}}(x) - f(x)$,即

$$\pi_{P_{ij}}(x) = \begin{cases} 0, & \mu_{P_{ij}}(x) = 1 \text{ 或 } 0 \\ f(x), & \text{其他} \end{cases} \tag{11.1}$$

$$\gamma_{P_{ij}}(x) = \begin{cases} 0, & \mu_{P_{ij}}(x) = 1 \\ 1, & \mu_{P_{ij}}(x) = 0 \\ 1 - \mu_{P_{ij}}(x) - f(x), & \text{其他} \end{cases} \tag{11.2}$$

语气算子方法. 在自然语言中,有一些词可以表达语气的肯定程度,如集中化算子"相当"、"很"、"极"等加强语气的肯定程度. 隶属度 $\mu_{P_{ij}}(x)$ 与非隶属度 $\gamma_{P_{ij}}(x)$ 满足 $\mu_{P_{ij}}(x) + \gamma_{P_{ij}}(x) \leqslant 1$,我们发现 $1 - \mu_{P_{ij}}(x)$ 与非隶属度 $\gamma_{P_{ij}}(x)$ 有一定的联系,且 $1 - \mu_{P_{ij}}(x) = \pi_{P_{ij}}(x) + \gamma_{P_{ij}}(x)$,即"最大可能"非隶属度,其中明显含有非隶属度的信息. 如果将语气算子"相当"或"很"或"极"附加于"最大可能"之前,

就可近似认为其为非隶属度,因此可得 $\gamma_{P_{ij}}(x) = (1-\mu_{P_{ij}}(x))^{\lambda}$, $\pi_{P_{ij}}(x) = 1-$ $\mu_{P_{ij}}(x) - \gamma_{P_{ij}}(x)$,其中 $\lambda > 1$,一般可设 $\lambda = 5/4$ 为"相当", $\lambda = 2$ 为"很", $\lambda = 4$ 为"极".

步骤 3:单值直觉模糊化. 单值直觉模糊化方法对输入信息分辨率高,处理简单,计算成本低,易于实现直觉模糊化运算,且有利于消除系统的稳态误差. 在确定了直觉模糊语言值的隶属度函数与非隶属度函数之后,需采用单值直觉模糊化方法,对原始数据执行直觉模糊化. 例如,输入 $x = x_{21}$,按照直觉模糊语言值,将精确量输入 x_{21} 与各直觉模糊子集 P_{ij} ($i = 1, 2, \cdots, m; j = 1, 2, \cdots, k$)相匹配,根据 $\mu_{P_{ij}}(x)$ 及 $\gamma_{Pij}(x)$ 的函数表达式求出该输入对各直觉模糊子集的隶属度 $\mu_{Pij}(x_{21})$ 、非隶属度 $\pi_{Pij}(x_{21})$,进一步,对于所有的连续值,均根据相应的语言值进行直觉模糊化,就实现了连续值决策表到直觉模糊决策表转换.

以上得到了直觉模糊信息系统,而为了进行知识获取,必须考虑多个属性的组合所形成的不可区分关系,下面给出直觉模糊不可区分关系及直觉模糊基本知识的定义.

定义 11.3(直觉模糊不可区分关系)　设直觉模糊信息系统 IFIS $= (U, \boldsymbol{A}, V, F)$, $\boldsymbol{P} \subseteq \boldsymbol{A}$,且 $\boldsymbol{P} \neq \varnothing$, $\boldsymbol{P}$ 中所有直觉模糊等价关系的交集称为 $\boldsymbol{P}$ 上的直觉模糊不可区分关系,记为 $\mathrm{ind}(\boldsymbol{P})$.

定义 11.4(直觉模糊基本知识)　设直觉模糊信息系统 IFIS $= (U, \boldsymbol{A}, V, F)$,非空子集 $\boldsymbol{P} \subseteq \boldsymbol{A}$ 所产生的不可区分关系 $\mathrm{ind}(\boldsymbol{P})$ 的所有等价类的集合 $U/\mathrm{ind}(\boldsymbol{P})$,简写为 $U/\boldsymbol{P}$,称为基本知识,相应的等价类称为基本概念,其中, $U/\boldsymbol{P} = \otimes \{U/a \mid \forall a \in \boldsymbol{P}\}$,若属性 $a \in \boldsymbol{P}$ 对应的直觉模糊等价类为 $U/a = \{E_{a1}, E_{a2}, \cdots, E_{ak}\}$, $E_{aj} \in$ IFS(U) ,则 $U/\boldsymbol{P}$ 为

$$U/\boldsymbol{P} = \{ \bigcap_{a \in P} E_{aj} \mid j = 1, 2, \cdots, k \} \tag{11.3}$$

11.2.2　直觉模糊等价类形式的近似算子表示

上、下近似算子的等价类表示对于研究模糊粗糙集的相对约简具有重要作用. 本节针对 Jensen 等价类形式的近似算子表示中存在的问题,给出一种新的等价类形式的上、下近似的定义,并将其推广到直觉模糊环境下.

在文献[21]和[22]中,Dubois 用等价类描述的方式定义了模糊粗糙集的概念.

定义 11.5(等价类描述的模糊粗糙集)　设 U 为有限非空论域, R 是 U 上的模糊等价关系,称 FAS $= (U, R)$ 为模糊近似空间. R 将论域 U 进行模糊划分,所得的模糊等价类集合 $U/R = \{E_1, E_2, \cdots, E_k\}$,用 U/R 中的元素描述给定的模糊集 $X \in$ FS(U) ,所得的上、下近似 $R^- X$ 与 $R^+ X$ 为 U/R 上的一对模糊集:

$$\mu_{R^-X}(E_i) = \inf_{y \in U} \max\{1 - \mu_{E_i}(y), \mu_X(y)\}$$

$$\mu_{R^+X}(E_i) = \sup_{y \in U} \min\{\mu_{E_i}(y), \mu_X(y)\} \tag{11.4}$$

与经典粗糙集上、下近似定义的不同在于,式(11.4)并没有明确给出单个对象 $x \in U$ 对上、下近似的隶属程度. 对此,Jensen 等根据定义 11.5 给出了式(11.5),用于表示一个对象 $x \in U$ 对等价类描述的下近似 $R^- X$ 与上近似 $R^+ X$ 的隶属度,其含义是:对象 x 属于 X 的 R 下近似,当且仅当存在一个等价类 E_i,满足 x 属于 E_i 且等价类 E_i 属于 $R^- X$:

$$\mu_{R^-X}(x) = \sup_{E_i \in U/R} \min\{\mu_{E_i}(x), \inf_{y \in U}\max\{1 - \mu_{E_i}(y), \mu_X(y)\}\}$$

$$\mu_{R^+X}(x) = \sup_{E_i \in U/R} \min\{\mu_{E_i}(x), \sup_{y \in U}\min\{\mu_{E_i}(y), \mu_X(y)\}\} \tag{11.5}$$

值得一提的是,在经典粗糙集中,每个对象 $x \in U$ 仅属于 U/R 中的某一个等价类,而在模糊粗糙集中,对象可能对每个模糊等价类 $E_i \in U/R$ 都有一定的隶属度. 应用模糊集隶属度的思想分析经典粗糙集的上、下近似计算公式,$R^- X = \bigcup \{[x]_R \mid [x]_R \subseteq X\}$,$R^+ X = \bigcup \{[x]_R \mid [x]_R \cap X \neq \varnothing\}$,不难发现,对象 $x \in U$ 对 X 的下近似的隶属程度由 x 的 R 等价类 $[x]_R$ 包含于 X 的程度来决定,对象 $x \in U$ 对 X 的上近似的隶属程度由 x 的 R 等价类 $[x]_R$ 与 X 相交的程度来决定. 式(11.5)的上近似计算与经典粗糙集上近似的内涵相一致,是合理的. 而式(11.5)的下近似计算只要求存在一个等价类 E_i,满足 $x \in E_i$ 且等价类 E_i 属于 X 的下近似,而没有考虑 $x \in U$ 对其他模糊等价类的隶属程度,以及这些等价类对下近似的隶属程度,这样构造下近似可能使得在知识增多(减少)时,应该增大(减小)的下近似反而会减小(增大). 下面来对这一问题作详细分析.

设 FIS $= (U, A, V, F)$ 为模糊信息系统(直觉模糊信息系统的一种特例),$P_1 \subseteq A$,$P_2 \subseteq P_1$,即 P_1 包含的属性多于 P_2 包含的属性,$U/P_1 = \{\bigcap_{a \in P_1} E_{ai} \mid i = 1, 2, \cdots, k\}$,$U/P_2 = \{\bigcap_{a \in P_2} E_{ai} \mid i = 1, 2, \cdots, h\}$,设 $\bigcap_{a \in P_1} E_{ai} = E_i$,$\bigcap_{a \in P_2} E_{ai} = E_i'$,由于 $P_2 \subseteq P_1$,容易证明 $E_i \leqslant E_i'$,即 P_1 的模糊等价类不大于 P_2 的模糊等价类,根据粗糙集的思想,应该有 $\mu_{P_1^-X}(x) \geqslant \mu_{P_2^-X}(x)$ 成立. 然而,根据式(11.5),可得

$$\mu_{P_1^-X}(x) = \sup_{E_i \in U/P_1} \min\{\mu_{E_i}(x), \inf_{y \in U}\max\{1 - \mu_{E_i}(y), \mu_X(y)\}\}$$

$$\mu_{P_2^-X}(x) = \sup_{E_i' \in U/P_2} \min\{\mu_{E_i'}(x), \inf_{y \in U}\max\{1 - \mu_{E_i'}(y), \mu_X(y)\}\} \tag{11.6}$$

其中,min 与 max 是一对特殊的普通模糊三角模,具有单调递增性. 由于 $E_i \leqslant E_i'$,所以 $\inf_{y \in U}\max\{1 - \mu_{E_i}(y), \mu_X(y)\} \geqslant \inf_{y \in U}\max\{1 - \mu_{E_i'}(y), \mu_X(y)\}$,因此,式(11.6)无

法保证 $\mu_{P_1^-X}(x) \geqslant \mu_{P_2^-X}(x)$ 恒成立,而这一问题的存在将直接影响后续相对正域的计算(在后续的实例计算分析中对此进行了验证).

针对这一问题,给出另一种计算每个对象对上、下近似隶属程度的方法,如式(11.7)所示,其中上近似的计算与式(11.5)相同.

$$\mu_{R^-X}(x) = \inf_{E_i \in U/R} \max\{1 - \mu_{E_i}(x), \inf_{y \in U}\max\{1 - \mu_{E_i}(y), \mu_X(y)\}\}$$

$$\mu_{R^+X}(x) = \sup_{E_i \in U/R} \min\{\mu_{E_i}(x), \sup_{y \in U}\min\{\mu_{E_i}(y), \mu_X(y)\}\} \tag{11.7}$$

在 FRS 中,对象可能对每个模糊等价类都有一定的隶属程度,式(11.7)的含义是,所有包含对象 $x \in U$ 的模糊等价类都包含在 X 中时,$x \in U$ 属于 X 的下近似,包含对象 $x \in U$ 的模糊等价类(至少一个)与 X 相交非空中时,$x \in U$ 属于 X 的上近似.

同理,设 $\boldsymbol{P}_1 \subseteq \boldsymbol{A}$,$\boldsymbol{P}_2 \subseteq \boldsymbol{P}_1$,由式(11.7)得到的下近似 $\mu_{P_1X}(x)$ 和 $\mu_{P_2X}(x)$ 如下:

$$\mu_{P_1^-X}(x) = \inf_{E_i \in U/P_1} \max\{1 - \mu_{E_i}(x), \inf_{y \in U}\max\{1 - \mu_{E_i}(y), \mu_X(y)\}\}$$

$$\mu_{P_2^-X}(x) = \inf_{E_i' \in U/P_2} \max\{1 - \mu_{E_i'}(x), \inf_{y \in U}\max\{1 - \mu_{E_i'}(y), \mu_X(y)\}\} \tag{11.8}$$

根据 max 的单调性,可得 $\mu_{P_1X}(x) \geqslant \mu_{P_2X}(x)$ 恒成立,从而说明式(11.7)的下近似定义是合理的.另外,从式(11.7)可以看出,下近似本质上体现的是一种蕴涵关系,上近似体现的是一种合取关系,因此,可以将式(11.7)的蕴涵关系与合取关系进行推广,得到式(11.9).

定义 11.6(模糊等价类形式的上、下近似表示)　设 R 是论域 U 上的一个模糊等价关系,R 将论域 U 进行模糊划分,所得的模糊等价类集合 $U/R = \{E_1, E_2, \cdots, E_k\}$,$X \in \mathrm{FS}(U)$,$\Psi_{S,N}$ 为模糊 S-蕴涵,N 为对合否定算子,T 为普通模糊 t-模,则对于任意 $x \in U$,x 对 X 的 R 下近似与 R 上近似的隶属度为

$$\mu_{R^-X}(x) = \inf_{E_i \in U/R} \Psi_{S,N}(\mu_{E_i}(x), \inf_{y \in U}\Psi_{S,N}(\mu_{E_i}(y), \mu_X(y)))$$

$$\mu_{R^+X}(x) = \sup_{E_i \in U/R} T(\mu_{E_i}(x), \sup_{y \in U}T(\mu_{E_i}(y), \mu_X(y))) \tag{11.9}$$

当模糊 S-蕴涵 $\Psi_{S,N} = \Psi_{S_M,N}$ 时,式(11.9)即转化为式(11.7).根据模糊 S-蕴涵 $\Psi_{S,N}(\bullet, y)$ 的单调递减性和模糊 t-模 T 的单调递增性,容易证明定理 11.1 成立.

定理 11.1　设模糊信息系统 FIS $= (U, A, V, F)$,$\boldsymbol{P}_1 \subseteq \boldsymbol{A}$,$\boldsymbol{P}_2 \subseteq \boldsymbol{P}_1$,根据式(11.9)计算的上、下近似满足 $\mu_{P_1X}(x) \geqslant \mu_{P_2X}(x)$,$\mu_{P_1^+X}(x) \leqslant \mu_{P_2^+X}(x)$.

从定理 11.1 可以看出,我们给出的下近似计算公式可以保证 $\mu_{P_1X}(x) \geqslant$

$\mu_{P_2X}(x)$ 恒成立,从而为后续相对约简的顺利进行奠定了基础. 下面将以上等价类形式的上、下近似表示推广到直觉模糊环境下.

在我们提出的 IFRS-3 模型中,其中上、下近似是论域 U 上的一对直觉模糊集,该近似算子具有良好的性质. 下面以此定义为基础,从等价类的角度来定义直觉模糊集的上、下近似.

设直觉模糊信息系统 IFIS $= (U,A,V,F)$,$R \in A$,R 对应论域 U 上的一个直觉模糊等价关系,U/R 表示 R 对论域 U 的直觉模糊划分,即对应一组直觉模糊等价类 $U/R = \{E_1,E_2,\cdots,E_k\}$,其中 $E_i \in$ IFS(U) 为直觉模糊集;设 $E_i \in U/R$, $X \in$ IFS(U) ,则 E_i 对 X 的 R 下近似与 R 上近似的隶属度与非隶属度为

$$R^- X(E_i) = \inf_{x \in U} \boldsymbol{\Psi}(E_i(x),X(x))$$
$$R^+ X(E_i) = \sup_{x \in U} T(E_i(x),X(x)) \tag{11.10}$$

其中,$\boldsymbol{\Psi}$ 为直觉模糊 R-蕴涵 $\boldsymbol{\Psi}_T$ 或 S-蕴涵 $\boldsymbol{\Psi}_{S,N}$,T 为直觉模糊三角模.

对于两种特殊的直觉模糊信息系统,即直觉模糊条件信息系统和直觉模糊目标信息系统,上、下近似的计算更为简便.

若 IFIS $= (U,C \cup D,V,F)$ 为直觉模糊条件信息系统,设 $\boldsymbol{\Psi} = \boldsymbol{\Psi}_{S,N}$,$R \in C$ 为直觉模糊等价关系,$E_i \in U/R$, $X \subseteq U$,则 E_i 对 X 的 R 下近似与 R 上近似的隶属度与非隶属度为

$$R^- X(E_i) = \inf_{y \in U, y \notin X} N(E_i(y))$$
$$R^+ X(E_i) = \sup_{y \in X} E_i(y) \tag{11.11}$$

若 IFIS $= (U,C \cup D,V,F)$ 为直觉模糊目标信息系统,$R \in C$ 为普通等价关系,$E_i \in U/R$, $X \in$ IFS(U) ,则 E_i 对 X 的 R 下近似与 R 上近似的隶属度与非隶属度为

$$R^- X(E_i) = \inf_{y \in U, R(x,y)=1_L} X(y)$$
$$R^+ X(E_i) = \sup_{y \in U, R(x,y)=1_L} X(y) \tag{11.12}$$

式(11.10)~式(11.12)用直觉模糊等价类的形式定义了上、下近似,与经典粗糙集上、下近似定义的不同在于,式(11.10)~式(11.12)没有明确给出单个对象 $x \in U$ 对上、下近似的归属程度(隶属度与非隶属度). 为此,定义 11.6 给出直觉模糊环境下等价类形式的上、下近似表示.

定义 11.7(直觉模糊等价类形式的上、下近似表示)　设直觉模糊信息系统 IFIS $= (U,A,V,F)$,$R \in A$,$U/R = \{E_i \mid i = 1,2,\cdots,k\}$,$X \in$ IFS(U) ,则对于任意 $x \in U$,x 对 X 的 R 下近似与 R 上近似的隶属度与非隶属度为

$$R^- X(x) = \inf_{E_i \in U/R} \Psi(E_i(x), \inf_{y \in U} \Psi(E_i(y), X(y)))$$

$$R^+ X(x) = \sup_{E_i \in U/R} T(E_i(x), \sup_{y \in U} T(E_i(y), X(y))) \tag{11.13}$$

其中，Ψ 为直觉模糊 R-蕴涵 Ψ_T 或 S-蕴涵 $\Psi_{S,N}$，T 为直觉模糊三角模.

对于直觉模糊条件信息系统和直觉模糊目标信息系统，直觉模糊等价类形式的上、下近似表示如式(11.14)和式(11.15)所示.

若 IFIS $= (U, C \cup D, V, F)$ 为直觉模糊条件信息系统，设 $\Psi = \Psi_{S,N}$，$R \in C$ 为直觉模糊等价关系，$U/R = \{E_i \mid i = 1, 2, \cdots, k\}$，$X \subseteq U$，则 x 对 X 的 R 下近似与 R 上近似的隶属度与非隶属度为

$$R^- X(x) = \inf_{E_i \in U/R} S(N(E_i(x)), \inf_{y \in U, y \notin X} N(E_i(y)))$$

$$R^+ X(x) = \sup_{E_i \in U/R} T(E_i(x), \sup_{y \in U} E_i(y)) \tag{11.14}$$

若 IFIS $= (U, C \cup D, V, F)$ 为直觉模糊目标信息系统，$R \in C$ 为普通等价关系，$E_i \in U/R$，$X \in \text{IFS}(U)$，则 x 对 X 的 R 下近似与 R 上近似的隶属度与非隶属度为

$$R^- X(x) = \inf_{E_i \in U/R} S(N(E_i(x)), \inf_{y \in U} X(y))$$

$$R^+ X(x) = \sup_{E_i \in U/R} T(E_i(x), \sup_{y \in U} X(y)) \tag{11.15}$$

11.2.3　直觉模糊信息系统的相对约简

相对约简的最终目的是去除不影响信息系统相对分类能力的属性. 本小节在 11.2.1 小节和 11.2.2 小节的基础上，给出直觉模糊信息系统约简的相关概念，其中主要对相对正域、相对约简与核、依赖度及属性重要性进行重新定义.

在经典粗糙集中，若 P 和 Q 为两个非空等价关系子集，Q 的 P 正域 $\text{pos}_P(Q)$ 是 U 中所有根据分类 U/P 的信息可以准确地划分到关系 Q 的等价类中去的对象集合. 据定义 11.7，可以很自然地将经典粗糙集与模糊粗糙集的相对正域思想扩展到直觉模糊环境下，得到每个对象对相对正域的归属程度.

定义 11.8（IFRS-3 的相对正域）　设 IFIS $= (U, A, V, F)$ 为直觉模糊信息系统，$Q, P \subseteq A$，Q 的 P 正域表示为 $\text{pos}_P(Q)$，$\text{pos}_P(Q) \in \text{IFS}(U)$，$\forall x \in U$，$x$ 对 $\text{pos}_P(Q)$ 的隶属度与非隶属度为

$$\text{pos}_P(Q)(x) = (\mu_{\text{pos}_P(Q)}(x), \gamma_{\text{pos}_P(Q)}(x))$$

$$= \sup_{X_j \in U/Q} \inf_{E_i \in U/P} \Psi(E_i(x), \inf_{y \in U} \Psi(E_i(y), X(y))) \tag{11.16}$$

其中，Ψ 为直觉模糊 R-蕴涵 Ψ_T 或 S-蕴涵 $\Psi_{S,N}$.

在直觉模糊环境下，Q 的 P 正域是论域 U 中的所有对象根据直觉模糊分类 U/P 的信息划分到直觉模糊关系 Q 的等价类中去的隶属程度与非隶属程度. 当 $\Psi = \Psi_{S_M,N}$，N 为直觉模糊标准否定算子时，$\forall x \in U$，x 对 $\text{pos}_P(Q)$ 的隶属度与非隶属度为

$$\text{pos}_P(Q)(x) = (\mu_{\text{pos}_P(Q)}(x), \gamma_{\text{pos}_P(Q)}(x))$$

$$= \sup_{X_j \in U/Q} \inf_{E_i \in U/P} \max\{N(E_i(x)), \inf_{y \in U} \max\{N(E_i(y)), X_j(y)\}\} \quad (11.17)$$

基于直觉模糊相对正域的定义，可以得到直觉模糊环境下相对约简的概念. 设 P 和 Q 为直觉模糊信息系统 $\text{IFIS} = (U, A, V, F)$ 中的两个非空属性子集，$R \in P$，如果 $\text{pos}_P(Q) = \text{pos}_{P-\{R\}}(Q)$，则称 R 为 P 中 Q 不必要的；否则称 R 为 P 中 Q 必要的. $\forall R \in P$，若 R 都为 Q 必要的，则称 P 为 Q 独立的，否则就称为是依赖的.

定义 11.9（直觉模糊信息系统的相对约简）　设 P 和 Q 为直觉模糊信息系统 $\text{IFIS} = (U, A, V, F)$ 中的两个非空属性子集，$S \subseteq P$，称 S 为 P 的 Q 约简集当且仅当 S 是 P 的 Q 独立子族且 $\text{pos}_S(Q) = \text{pos}_P(Q)$. 一般情况下，$P$ 的 Q 约简集不是唯一的，所有 P 的 Q 约简集的交称为 P 的 Q 核，记为 $\text{core}_Q(P)$. 所有 P 的 Q 约简中维数最小的约简称为最小约简.

对应于决策表 $\text{IFIS} = (U, C \cup D, V, F)$，$P$ 为条件属性集 C，Q 为决策属性集 D，决策表的最小约简即寻找 C 的 D 最小约简. 最小约简在许多领域中具有重要的应用意义.

根据以上相对约简及核的定义，所有条件属性可以分为三类，第一类是核属性，由于核是所有约简集的交，因此，核包含的属性是所有约简的绝对必要的属性；第二类是不属于任一约简集的属性，称为绝对不必要属性；第三类是不包含在核中，但属于某个约简集的属性，称为相对必要属性. 因此，求解决策表的最小约简就是将条件属性集分为三类，然后找出相对必要属性最少的约简集.

按照定义求解最小约简，需要计算条件属性集 C 的任一子集 S 的是否为独立子族且 $\text{pos}_S(Q)$ 是否等于 $\text{pos}_P(Q)$. 然而，这种精确的穷尽搜索方法的计算复杂度太高，不适于处理高维属性的情况. 因此，通常采用压缩搜索空间的启发式搜索策略来求解条件属性集的最小约简，而依赖度、属性重要性等通常作为算法的启发式条件. 在以上相对约简概念的基础上，下面给出直觉模糊信息系统的知识依赖度及属性重要性度量.

知识约简的目的是在保持知识库分类能力不变的条件下，删除其中不相关或不重要的知识. 而这里的知识库的分类能力可以由决策属性与条件属性之间的依赖关系来表征. 为了求解决策表的相对约简，即 C 的 D 约简，整个信息系统的分类能力可由知识 D 对知识 C 的依赖度来度量，表示为 $\nu_C(D)$，

$$\nu_C(\boldsymbol{D}) = \frac{|\,\mathrm{pos}_C(\boldsymbol{D})\,|}{|\,U\,|} \tag{11.18}$$

其中，$\mathrm{pos}_C(\boldsymbol{D})$ 表示 $\boldsymbol{D}$ 的 $\boldsymbol{C}$ 正域，$\mathrm{pos}_C(\boldsymbol{D}) \in \mathrm{IFS}(U)$，$|\,\mathrm{pos}_C(\boldsymbol{D})\,|$ 表示直觉模糊集 $\mathrm{pos}_C(\boldsymbol{D})$ 的基数. 与普通集合、模糊集合不同，直觉模糊集 $A \in \mathrm{IFS}(U)$ 的基数的定义为

$$\begin{aligned}
|\,A\,| &= \Big(\min\sum_{x\in U}\mathrm{Count}(A),\max\sum_{x\in U}\mathrm{Count}(A)\Big)\\
&= \Big(\sum_{x\in U}\mu_A(x),\sum_{x\in U}(\mu_A(x)+\pi_A(x))\Big)\\
&= \Big(\sum_{x\in U}\mu_A(x),\sum_{x\in U}(1-\gamma_A(x))\Big)
\end{aligned} \tag{11.19}$$

因此，根据式(11.18)与式(11.19)可得

$$\nu_C(\boldsymbol{D}) = |\,\mathrm{pos}_C(\boldsymbol{D})\,|/|\,U\,| = \Big(\sum_{x\in U}\mu_{\mathrm{pos}_C(\boldsymbol{D})}(x)/|\,U\,|,\sum_{x\in U}(1-\gamma_{\mathrm{pos}_C(\boldsymbol{D})}(x))/|\,U\,|\Big) \tag{11.20}$$

$$\nu_C(\boldsymbol{D}) = \Big(\sum_{x\in U}\mu_{\mathrm{pos}_C(\boldsymbol{D})}(x)/|\,U\,|,1-\sum_{x\in U}\gamma_{\mathrm{pos}_C(\boldsymbol{D})}(x)/|\,U\,|\Big)$$

其中，$\displaystyle\sum_{x\in U}\mu_{\mathrm{pos}_C(\boldsymbol{D})}(x)/|\,U\,|$ 为隶属度，$1-\displaystyle\sum_{x\in U}\gamma_{\mathrm{pos}_C(\boldsymbol{D})}(x)/|\,U\,| = \displaystyle\sum_{x\in U}\mu_{\mathrm{pos}_C(\boldsymbol{D})}(x)/|\,U\,|+\displaystyle\sum_{x\in U}\pi_{\mathrm{pos}_C(\boldsymbol{D})}(x)/|\,U\,|$ 为最大可能隶属度，因此，这里的 $\nu_C(\boldsymbol{D})$ 为一直觉模糊值，$\nu_C(\boldsymbol{D}) \in \mathrm{L}$ 可以等价地表示为

$$\begin{aligned}
\nu_C(\boldsymbol{D}) &= |\,\mathrm{pos}_C(\boldsymbol{D})\,|/|\,U\,| = (\mu_{\nu_C(\boldsymbol{D})},\gamma_{\nu_C(\boldsymbol{D})})\\
&= (\sum_{x\in U}\mu_{\mathrm{pos}_C(\boldsymbol{D})}(x)/|\,U\,|,\sum_{x\in U}\gamma_{\mathrm{pos}_C(\boldsymbol{D})}(x)/|\,U\,|)
\end{aligned} \tag{11.21}$$

显然，模糊信息系统和普通信息系统下的依赖度是依赖度的特殊情形. 当直觉模糊信息系统退化为模糊信息时，相对正域 $\mathrm{pos}_C(\boldsymbol{D})$ 的非隶属度与隶属度满足和为 1，即 $\mathrm{pos}_C(\boldsymbol{D})$ 由直觉模糊集退化为模糊集，进而，$\nu_C(\boldsymbol{D})$ 由直觉模糊值退化为模糊值；当直觉模糊信息系统退化为普通信息时，相对正域 $\mathrm{pos}_C(\boldsymbol{D})$ 退化为普通集合，依赖度 $\nu_C(\boldsymbol{D})$ 退化为普通依赖度. 因此，我们的知识依赖度定义是对模糊信息系统和普通信息系统下的依赖度的自然推广.

由于条件属性集 $\boldsymbol{C}$ 对应的直觉模糊不可区分关系 $\mathrm{ind}(\boldsymbol{C})$ 与 $\boldsymbol{C}-\{a\}$ 对应的直觉模糊不可区分关系 $\mathrm{ind}(\boldsymbol{C}-\{a\})$ 满足 $\mathrm{ind}(\boldsymbol{C}) \subseteq \mathrm{ind}(\boldsymbol{C}-\{a\})$，简写为 $\boldsymbol{C} \subseteq \boldsymbol{C}-\{a\}$，根据式(11.18)，$\nu_{C-\{a\}}(\boldsymbol{D}) \leqslant_L \nu_C(\boldsymbol{D})$ 成立，从而表明 $\mathrm{IFIS} = (U,\boldsymbol{C}\bigcup\boldsymbol{D},V,F)$ 的分类能力不小于 $\mathrm{IFIS} = (U,\boldsymbol{C}-\{a\}\bigcup\boldsymbol{D},V,F)$ 的分类能力. 因此，对于任一属

性 $a \in \boldsymbol{C}$, a 对于决策表 IFIS $= (U, \boldsymbol{C} \cup \boldsymbol{D}, V, F)$ 的重要性 $\sigma(a)$,可通过计算去掉属性 a 后决策表分类能力的变化来度量.

由于 $\nu_c(\boldsymbol{D})$ 为一直觉模糊值,我们引入直觉模糊值的相异度量 dS 来计算去掉某一条件属性后决策表分类能力的变化. 设 $A, B \in L$ 为两个直觉模糊值, $A = (\mu_A, \gamma_A)$, $B = (\mu_B, \gamma_B)$,犹豫度 $\pi_A = 1 - \mu_A(x) - \gamma_A(x)$, $\pi_B = 1 - \mu_B(x) - \gamma_B(x)$,隶属度区间中点 $\tau_A = (1 - \gamma_A + \mu_A)/2$, $\tau_B = (1 - \gamma_B + \mu_B)/2$,则 A 与 B 的相异度定义为

$$dS(A,B) = \frac{1}{3}(|\mu_A - \mu_B| + |\gamma_A - \gamma_B| + |\pi_A - \pi_B| + |\tau_A - \tau_B|) \tag{11.22}$$

根据式(11.22),条件属性 a 的重要性 $\sigma(a)$ 为

$$\sigma(a) = dS(\nu_C(\boldsymbol{D}), \nu_{C-\{a\}}(\boldsymbol{D}))$$

$$= \frac{1}{3}(|\mu_{\nu_C(\boldsymbol{D})} - \mu_{C-\{a\}}| + |\gamma_{\nu_C(\boldsymbol{D})} - \gamma_{C-\{a\}}| + |\pi_{\nu_C(\boldsymbol{D})} - \pi_{C-\{a\}}| + |\tau_{\nu_C(\boldsymbol{D})} - \tau_{C-\{a\}}|) \tag{11.23}$$

根据式(11.22)和式(11.23), $\sigma(a) \in [0,1]$, $\sigma(a)$ 越大表明条件属性 a 对决策表的分类能力影响越大,从而重要性越大. 核属性在相对约简中占有重要地位,任一约简集都包含核属性. 下面根据属性的重要性,给出核属性的判别方法.

由于条件属性集 $\boldsymbol{C}$ 与 $\boldsymbol{C} - \{a\}$ 满足 $\mathrm{ind}(\boldsymbol{C}) \subseteq \mathrm{ind}(\boldsymbol{C} - \{a\})$,根据文献[23]中协调近似空间的定义, $(U, R_C, R_{C-\{a\}})$ 为协调近似空间,因此,可得到如下核属性的判定定理.

定理 11.2　设直觉模糊决策表 IFIS $= (U, \boldsymbol{C} \cup \boldsymbol{D}, V, F)$,当 $\sigma(a) > 0$ 时,条件属性 a 属于相对约简的核属性. 当 $\sigma(a) = 0$ 时,条件属性 a 属于绝对不必要属性或相对必要属性.

针对两种特殊直觉模糊信息系统,直觉模糊条件信息系统与直觉模糊目标信息系统,其相对正域与依赖度的计算方法如下.

当 IFIS $= (U, \boldsymbol{C} \cup \boldsymbol{D}, V, F)$ 为直觉模糊条件信息系统时, $\Psi = \Psi_{S_{M,N}}$, $\forall x \in U$,

$$\mathrm{pos}_C(\boldsymbol{D})(x) = (\mu_{\mathrm{pos}_C(\boldsymbol{D})}(x), \gamma_{\mathrm{pos}_C(\boldsymbol{D})}(x)) = \sup_{X \in U/\boldsymbol{D}} \inf_{E \in U/\boldsymbol{C}} \max\{N(E(x)), \inf_{y \in U, y \notin X} N(E(y))\}$$

$$\nu_C(\boldsymbol{D}) = |\mathrm{pos}_C(\boldsymbol{D})| / |U| = (\mu_{\nu_C(\boldsymbol{D})}, \gamma_{\nu_C(\boldsymbol{D})})$$

$$= \left(\sum_{x \in U} \mu_{\mathrm{pos}_C(\boldsymbol{D})}(x)/|U|, \sum_{x \in U} \gamma_{\mathrm{pos}_C(\boldsymbol{D})}(x)/|U|\right) \tag{11.24}$$

当 IFIS $= (U, \boldsymbol{C} \cup \boldsymbol{D}, V, F)$ 为直觉模糊目标信息系统时, $\Psi = \Psi_{S_{M,N}}$, $\forall x \in U$,

$$\text{pos}_C(\boldsymbol{D})(x) = (\mu_{\text{pos}_C(\boldsymbol{D})}(x), \gamma_{\text{pos}_C(\boldsymbol{D})}(x)) = \sup_{X \in U/\boldsymbol{D}} \inf_{E \in U/\boldsymbol{C}} \max\{N(E(x)), \inf_{y \in U} X(y)\}$$

$$\nu_C(\boldsymbol{D}) = |\text{pos}_C(\boldsymbol{D})| / |U| = (\mu_{\nu_C(\boldsymbol{D})}, \gamma_{\nu_C(\boldsymbol{D})})$$

$$= \Big(\sum_{x \in U} \mu_{\text{pos}_C(\boldsymbol{D})}(x) / |U|, \sum_{x \in U} \gamma_{\text{pos}_C(\boldsymbol{D})}(x) / |U| \Big) \tag{11.25}$$

11.2.4 直觉模糊信息系统的启发式约简算法

在实际应用中,人们往往希望找到信息系统的最小约简. 然而,由于属性的组合爆炸使得求解最小约简是 NP-hard 问题. 在人工智能中,解决这类问题的一般方法是采用启发式信息找出最优或次优约简. 本节利用前面提出的依赖度和重要性作为启发式条件,减小知识约简过程中的搜索空间,给出一种直觉模糊信息系统的启发式约简算法 ARE-1.

ARE-1 算法的初始约简集为一空集 $\boldsymbol{R}$,每一次迭代选择使依赖度增加最多的条件属性添加到约简集中,直至得到满意的属性约简集. 由于该算法的关键步骤是计算依赖度,而计算依赖度的核心是计算相对正域. 因此,相对正域的计算对约简算法的效率有直接影响. 算法 11.1 给出了依赖度的简化计算方法.

算法 11.1 计算依赖度.

输入:直觉模糊条件信息系统 IFIS $= (U, C \bigcup D, V, F)$,$U/\boldsymbol{R}$,$U/\boldsymbol{D}$,$\boldsymbol{R} \subset \boldsymbol{C}$,$a_i \in \boldsymbol{C}$;

输出:依赖度 $\nu_{\boldsymbol{R} \bigcup \{a_i\}}(\boldsymbol{D}) = (\mu_{\nu_{\boldsymbol{R}}(\boldsymbol{D})}, \gamma_{\nu_{\boldsymbol{R}}(\boldsymbol{D})})$.

步骤 1:根据式(11.3)计算条件属性集 $\boldsymbol{R}$ 对论域 U 的模糊划分 $U/\{\boldsymbol{R} \bigcup \{a_i\}\} = \{E_1, E_2, \cdots, E_m\}$;

步骤 2:对于所有的 $E_i \in U/\{\boldsymbol{R} \bigcup \{a_i\}\}$,对于所有的 $X_j \in U/D$,循环计算 $t_i = \sup_{X_j \in U/D} \inf_{y \in U, y \notin X_j} N(E_i(y))$,得到 $t = \{t_1, t_2, \cdots, t_m\}$;

步骤 3:对于所有 $x \in U$,对于所有的 $E_i \in U/\{\boldsymbol{R} \bigcup \{a_i\}\}$,计算 $N(E(x)) = \{N(E_1(x)), N(E_2(x)), \cdots, N(E_m(x))\}$;

步骤 4:对于所有 $x \in U$,计算 $\text{pos}_{\boldsymbol{R} \bigcup \{a_i\}}(\boldsymbol{D})(x) = N(E(x)) \circ t = \inf_{E_i \in U/C} \max\{N(E_i(x)), t_i\}$;

步骤 5:根据式(11.24)计算 $\nu_{\boldsymbol{R} \bigcup \{a_i\}}(\boldsymbol{D})$,算法终止,输出 $\nu_{\boldsymbol{R} \bigcup \{a_i\}}(\boldsymbol{D}) = (\mu_{\nu_{\boldsymbol{R}}(\boldsymbol{D})}, \gamma_{\nu_{\boldsymbol{R}}(\boldsymbol{D})})$.

算法 11.1 中,我们采取了适当的措施减少了相对正域的计算量. 首先,对直觉模糊条件信息系统下的相对正域计算公式进行了优化处理,根据式(11.24),可得

$$\text{pos}_{\pmb{R}\cup\{a_i\}}(\pmb{D})(x) = \sup_{X_j\in U/\pmb{D}} \inf_{E_i\in U/\pmb{R}} \max\{N(E_i(x)), \inf_{y\in U, y\notin X_j} N(E_i(y))\}$$

$$= \inf_{E_i\in U/\pmb{R}} \max\{N(E_i(x)), \sup_{X_j\in U/\pmb{D}} \inf_{y\in U, y\notin X_j} N(E_i(y))\} \qquad (11.26)$$

分析发现，$\forall x\in U$，式(11.26)中 $\sup\limits_{X_j\in U/\pmb{D}} \inf\limits_{y\in U, y\notin X_j} N(E_i(y))$ 是一定值，因此，算法在步骤 2 中将这个定值求出，且参与 $N(E_i(y))$ 计算的并不是论域中的所有对象 $y\in U$，而是不包含于 X 的对象 $y\in U$，因此，总的参与 $\sup\limits_{X_j\in U/\pmb{D}} \inf\limits_{y\in U, y\notin X} N(E_i(y))$ 计算的对象数目将远小于原先的 $|U/\pmb{D}|\cdot|U|$．在已知 $U/\pmb{R}$ 的情况下，设 $|U/\pmb{R}|=m$，而 $|U/\pmb{D}|\leqslant|U|$，a_i 具有 h 个直觉模糊值，则步骤 1 至步骤 5 的时间复杂度分别为 $O(m\cdot h\cdot|U|)$，$O(m\cdot|U|^2)$，$O(m\cdot|U|)$，$O(m^2)$，$O(|U|)$，若不计 $|U/\{\pmb{R}\cup\{a_i\}\}|$，则算法 11.1 的时间复杂度为 $O(|U|^2)$．

算法 11.2　基于 IFRS-3 的属性约简算法 ARE-1.

输入：直觉模糊条件信息系统 IFIS $= (U, \pmb{C}\cup\pmb{D}, V, F)$；

输出：IFIS $= (U, \pmb{C}\cup\pmb{D}, V, F)$ 的一个近似最小相对约简 $\pmb{R}$.

步骤 1：令 $\pmb{R} = \varnothing$，$U/\pmb{R} = U$，$\nu_{\pmb{R}}(\pmb{D}) = 0_L = (0, 1)$，$\pmb{C}' = \pmb{C}$；

步骤 2：依据决策属性 $\pmb{D}$ 的取值对 IFIS 中的对象进行了排序，计算决策属性 $\pmb{D}$ 对论域 U 的划分 $U/\pmb{D} = \{X_i \mid X_i \in U/\pmb{D}\}$；

步骤 3：对于所有 $a_i\in\pmb{C}'$，根据算法 11.1 计算 $\nu_{\pmb{R}\cup\{a_i\}}(\pmb{D})$；

步骤 4：对于所有 $a_i\in\pmb{C}'$，根据式(11.23)计算 $\sigma'(a_i) = dS(\nu_{\pmb{R}}(\pmb{D}), \nu_{\pmb{R}\cup\{a_i\}}(\text{D}))$；

步骤 5：对于所有 $a_i\in\pmb{C}'$，求 $\sigma'(a_i)$ 的最大值 m；

步骤 5.1：若 $m=0$ 或 $m=\varepsilon$，$\varepsilon\in[0, 0.5]$ 为预设值，算法终止，输出约简集 $\pmb{R}$；

步骤 5.2：若满足 $\sigma'(a_i) = m$ 的 a_i 有多个，则从中任选一个属性 a_k 作为候选属性，令 $\pmb{R} = \pmb{R}\cup\{a_k\}$，$\nu_{\pmb{R}}(\pmb{D}) = \nu_{\pmb{R}\cup\{a_k\}}(\pmb{D})$，$\pmb{C}' = \pmb{C} - \{a_k\}$；返回步骤 3.

算法 11.2 依据决策属性对直觉模糊决策表中的对象进行了排序，使得每一次求取相对正域时，只需以固定的模式使对象参与计算，从而大大减少了计算量．使用快速排序，步骤 2 的时间复杂度为 $O(|U|\log|U|)$．步骤 3 调用算法 11.1 计算 $\nu_{\pmb{R}\cup\{a_i\}}(d)$，由于算法 11.2 始终保留上一次 $U/\pmb{R}$ 的计算结果，从而可以实现相对正域的渐增式计算，最差情况下，步骤 3 每次所要考虑的条件属性数依次为 $|\pmb{C}|$，$|\pmb{C}|-1,\cdots,1$，故总次数为 $(|\pmb{C}|^2+|\pmb{C}|)/2$，若不计 $|U/\{\pmb{R}\cup\{a_i\}\}|$，则算法 11.2 的时间复杂度为 $O((|\pmb{C}|^2+|\pmb{C}|)\cdot|U|^2/2)$．

至此，我们给出了基于 IFRS-3 模型的知识表示方法和属性约简方法，其中的属性约简算法主要是针对常见的直觉模糊条件信息系统，对于直觉模糊目标信息系统可以采用相同的思路进行处理.

11.2.5　算例

下面通过两个算例对以上相对约简算法做进一步的验证,并与文献[13]算法进行比较,用实例指出文献[13]算法存在的问题.

算例 11.3　原始信息系统如表 11.2 所示,其中 $U = \{x_1, x_2, \cdots, x_6\}$,条件属性集 $C = \{A, B, C\}$ 的值域为 $[-1, 1]$,决策属性 D 的值域为 $\{1, 2\}$.

表 11.2　原始信息系统

U	A	B	C	d
x_1	-0.2	-0.3	0	1
x_2	-0.4	0.5	-0.1	2
x_3	0.3	-0.5	0	2
x_4	-0.3	-0.4	-0.3	1
x_5	0.2	-0.3	0	2
x_6	0.1	0	0	1

首先,对表 11.2 的条件属性进行直觉模糊化,将条件属性 A, B, C 划分为 2 个模糊等级 $\{L, H\}$,即

$$U/A = \{A_L, A_H\} ; U/B = \{B_L, B_H\} ; U/C = \{C_L, C_H\}$$

直觉模糊集 L, H 的隶属度函数如图 11.1 所示.为了与文献[13]的方法进行比较,这里的非隶属函数 $\gamma(x) = 1 - \mu(x)$,于是得到模糊条件信息系统,再按照决策属性 d 对所有对象进行排序,得到 $U/D = \{X_1, X_2\} = \{\{x_1, x_2, x_3\}, \{x_4, x_5, x_6\}\}$(这里的 x_i 是排序后的对象编号).下面首先按照文献[13]的算法进行约简.

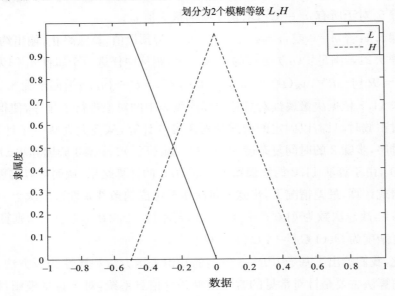

图 11.1　条件的属性模糊化

第一层,计算决策属性 D 对条件属性 A,B,C 的依赖度 $\nu_A(D)$,$\nu_B(D)$,$\nu_C(D)$.对于 $\nu_A(D)$ 的计算,首先,$\forall x \in U$,计算 x 对 D 的 A 正域的隶属度 $\mu_{\mathrm{pos}_A(D)}(x_i)$,

$$\mu_{\mathrm{pos}_A(D)}(x_1) = 0.4, \quad \mu_{\mathrm{pos}_A(D)}(x_2) = 0.4, \quad \mu_{\mathrm{pos}_A(D)}(x_3) = 0.4$$

$$\mu_{\mathrm{pos}_A(d)}(x_4) = 0.4, \quad \mu_{\mathrm{pos}_A(d)}(x_5) = 0.4, \quad \mu_{\mathrm{pos}_A(d)}(x_6) = 0.4$$

因此,$\nu_A(D) = \dfrac{\sum\limits_{x_i \in U} \mu_{\mathrm{pos}_A(D)}(x_i)}{|U|} = 2.4/6$.

同理可得,$\nu_B(D) = 1.8/6$,$\nu_C(D) = 0.8/6$.可以看出,D 对 A 的依赖度最大,因此选择 A 加入约简集 R,本次计算得到的最大依赖度为 $\nu_{\mathrm{best}} = 2.4/6$,$\boldsymbol{R} = \{A\}$;

第二层,计算决策属性 D 对条件属性 $\{A,B\}$,$\{A,C\}$ 的依赖度 $\nu_{\{A,B\}}(D) = 2.4/6$,$\nu_{\{A,C\}}(d) = 2.8/6$.可以看出,D 对 $\{A,C\}$ 的依赖度最大,因此将 C 加入约简集,本次计算得到的最大依赖度为 $\nu_{\mathrm{best}} = 2.8/6$,$\boldsymbol{R} = \{A,C\}$;

第三层,计算决策属性 D 对条件属性 $\{A,B,C\}$ 的依赖度 $\nu_{\{B,C,A\}}(D) = 2.4/6$.

可以看出,按照文献[13]算法计算的 $\nu_{\{B,C,A\}}(d) = 2.4/6 < \nu_{\{A,C\}}(d) = 2.8/6$,即出现条件属性增多而依赖度减小的异常情况.这一异常的根源就在于,文献[13]所提出的单个对象对下近似的隶属度的计算方法并不完善,从而使得相对正域的计算出现偏差,导致相对约简过程出现异常.

下面按照 ARE-1 算法来求解相对约简.

第一层,计算决策属性 D 对条件属性 A,B,C 的依赖度 $\nu_A(D)$,$\nu_B(D)$,$\nu_C(D)$.

$$\mu_{\mathrm{pos}_A(D)}(x_1) = 0.4, \quad \mu_{\mathrm{pos}_A(D)}(x_2) = 0.4, \quad \mu_{\mathrm{pos}_A(D)}(x_3) = 0.4$$

$$\mu_{\mathrm{pos}_A(D)}(x_4) = 0.4, \quad \mu_{\mathrm{pos}_A(D)}(x_5) = 0.6, \quad \mu_{\mathrm{pos}_A(D)}(x_6) = 0.4$$

因此,$\nu_A(D) = \dfrac{\sum\limits_{x_i \in U} \mu_{\mathrm{pos}_A(D)}(x_i)}{|U|} = 2.6/6$.

同理可得,$\nu_B(D) = 2.8/6$,$\nu_C(D) = 0.8/6$.可以看出,D 对 B 的依赖度最大,因此选择 B 加入约简集 R,本次计算得到的最大依赖度为 $\nu_{\mathrm{best}} = 2.8/6$,$\boldsymbol{R} = \{B\}$.

第二层,$\nu_{\{B,A\}}(D) = 3.6/6$,$\nu_{\{B,C\}}(D) = 3.4/6$.可以看出,D 对 $\{B,A\}$ 的依赖度最大,因此将 A 加入约简集,本次计算得到的最大依赖度为 $\nu_{\mathrm{best}} = 3.6/6$,$\boldsymbol{R} = \{A,B\}$.

第三层,$\nu_{\{A,B,C\}}(D) = 3.6/6$,显然,$d$ 对 $\{A,B,C\}$ 的依赖度等于上一次得到的最大依赖度,因此,C 不再加入约简集,算法终止,输出约简结果为 $\boldsymbol{R} = \{A,B\}$.

　　从上述计算过程可以看出,本节方法并未出现条件属性增多而依赖度减小的异常情况.

　　算例 11.4　　原始信息系统为一简化的目标威胁等级评估信息系统,其中 $U = \{x_1, x_2, \cdots, x_{10}\}$,条件属性集 $C = \{$干扰能力,航向角,速度$\}$,表示为 $C = \{A, B, C\}$,经标准化处理后,条件属性的值域为 $[0, 3]$,决策属性 $d = \{$威胁等级$\}$,威胁等级分为三级,表示为 $\{1, 2, 3\}$,如表 11.3 所示.

　　首先,对表 11.3 的 3 个条件属性进行直觉模糊化.将条件属性 A 划分为 3 个模糊等级$\{$强,中,弱$\}$,B 划分为 3 个模糊等级$\{$临近,迂回,侧翼$\}$,表示为$\{L, M, H\}$,将条件属性 C 划分为 2 个直觉模糊等级$\{$高,低$\}$,表示为$\{G, W\}$,决策属性 D 取离散值,即

$$U/A = \{A_L, A_M, A_H\}; \quad U/B = \{B_L, B_M, B_H\}; \quad U/C = \{C_G, C_W\}$$

表 11.3　原始信息系统

U	A	B	C	D
x_1	0.5	1.5	1.4	1
x_2	0.5	0.4	1.1	3
x_3	0.35	1.6	1.45	1
x_4	0.8	0.5	2	2
x_5	0.6	0.6	1.4	3
x_6	1.4	0.85	2.5	2
x_7	0.55	0.8	1.8	2
x_8	1.23	0.4	1.5	3
x_9	0.7	0.9	1.3	3
x_{10}	0.62	1.4	1.8	1

　　确定各个语言值的隶属度函数和非隶属度函数,如图 11.2 所示,其中,$\{L, M, H\}$的非隶属度函数为

$$\gamma_L(x) = \begin{cases} 0, & 0 \leqslant x \leqslant 0.55, \\ 2x - 1.1, & 0.55 < x < 1, \\ 1, & x \geqslant 1, \end{cases} \quad \gamma_M(x) = \begin{cases} 1, & 0 \leqslant x \leqslant 0.5 \\ 1.9 - 2x, & 0.5 < x < 0.95 \\ 0, & 0.95 \leqslant x \leqslant 1.05 \\ 2x - 2.1, & 1.05 < x < 1.5 \\ 1, & x \geqslant 1.5 \end{cases}$$

$$\gamma_H(x) = \begin{cases} 1, & 0 \leqslant x \leqslant 1 \\ 2.9 - 2x, & 1 < x < 1.45 \\ 0, & x \geqslant 1.45 \end{cases}$$

$\{G, W\}$ 的非隶属度函数为

$$\gamma_G(x) = \begin{cases} 0, & 0 \leqslant x \leqslant 1.1, \\ x - 1.1, & 1.1 < x < 2, \\ 1, & x \geqslant 2, \end{cases} \qquad \gamma_W = \begin{cases} 1, & 0 \leqslant x \leqslant 1 \\ 1.9 - x, & 1 < x < 1.9 \\ 0, & x \geqslant 1.9 \end{cases}$$

采用单值模糊化方法对表 11.3 中数据进行模糊化,从而得到直觉模糊信息系统,并按照决策属性 D 的取值对所有对象进行排序,可得

$$U/D = \{X_1, X_2\} = \{\{x_1, x_2, x_3\}, \{x_4, x_5, x_6\}, \{x_7, x_8, x_9, x_{10}\}\}$$

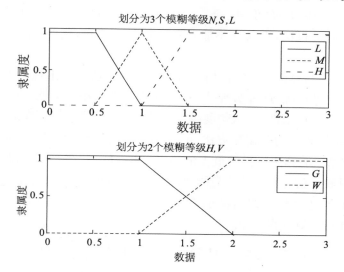

图 11.2　条件属性的直觉模糊模糊化

第一层,分别计算决策属性 D 对条件属性 A, B, C 的依赖度 $\nu_A(D)$,$\nu_B(D)$,$\nu_C(D)$:

$(\mu_{\mathrm{pos}_A(D)}(x_1), \gamma_{\mathrm{pos}_A(D)}(x_1)) = (0.0, 1.0)$;$(\mu_{\mathrm{pos}_A(D)}(x_2), \gamma_{\mathrm{pos}_A(D)}(x_2)) = (0.14, 0.76)$

$(\mu_{\mathrm{pos}_A(D)}(x_3), \gamma_{\mathrm{pos}_A(D)}(x_3)) = (0.0, 1.0)$;$(\mu_{\mathrm{pos}_A(D)}(x_4), \gamma_{\mathrm{pos}_A(D)}(x_4)) = (0.36, 0.54)$

$(\mu_{\mathrm{pos}_A(D)}(x_5), \gamma_{\mathrm{pos}_A(D)}(x_5)) = (0.0, 0.9)$;$(\mu_{\mathrm{pos}_A(D)}(x_6), \gamma_{\mathrm{pos}_A(D)}(x_6)) = (0.44, 0.46)$

$(\mu_{\mathrm{pos}_A(D)}(x_7), \gamma_{\mathrm{pos}_A(D)}(x_7)) = (0.1, 0.8)$;$(\mu_{\mathrm{pos}_A(D)}(x_8), \gamma_{\mathrm{pos}_A(D)}(x_8)) = (0.36, 0.54)$

$(\mu_{\mathrm{pos}_A(D)}(x_9), \gamma_{\mathrm{pos}_A(D)}(x_9)) = (0.3, 0.6)$;$(\mu_{\mathrm{pos}_A(D)}(x_{10}), \gamma_{\mathrm{pos}_A(D)}(x_{10})) = (0.0, 1.0)$

因此,$\nu_A(D) = \left(\sum\limits_{x_i \in U} \mu_{\mathrm{pos}_C(D)}(x_i) / |U|, \sum\limits_{x \in U} \gamma_{\mathrm{pos}_C(D)}(x_i) / |U|\right) = (1.7/10, 7.6/10)$.

同理可得,$\nu_B(D) = (3.5/10, 6.0/10)$,$\nu_C(D) = (2.65/10, 6.35/10)$,三个依赖度满足 $\nu_B(D) \geqslant_L \nu_C(D) \geqslant_L \nu_A(D)$,初始约简集 $R = \varnothing$,$\nu_R(D) = 0_L = (0, 1)$,

根据式(11.22),计算可得 $\sigma'(B) > \sigma'(C) > \sigma'(A)$,即条件属性 B 使依赖度获得最大增长,因此选择 B 加入约简集 R,本次计算得到的最大依赖度为 $\nu_{best} = (3.5/10, 6.0/10)$,$R = \{B\}$;

第二层:循环计算可得,$\nu_{\{B,A\}}(D) = (5.62/10, 3.58/10)$,$\nu_{\{B,C\}}(D) = (6.4/10, 2.8/10)$,可以看出 $\nu_{\{B,C\}}(D) \geqslant_{LV} \nu_{\{B,A\}}(D)$,$D$ 对 $\{B,C\}$ 的依赖度最大,根据式(11.22),计算可得 $\sigma'(C) > \sigma'(A)$,因此将 C 加入约简集,本次计算得到的最大依赖度为 $\nu_{best} = (6.4/10, 2.8/10)$,$R = \{B,C\}$;

第三层:循环计算可得,$\nu_{\{B,C,A\}}(D) = (6.4/10, 2.8/10)$,可以看出,$\nu_{\{B,C,A\}}(D) = \nu_{\{B,C\}}(D)$,所以 A 不加入约简集,算法终止,获得约简结果 $R = \{B, C\}$.

从算例 11.1 与算例 11.2 可以看出,①本节的方法并未出现条件属性增多而依赖度减小的异常情况,这说明所提出的下近似计算方法较文献[13]更为合理,约简结果也具有较高可信性;②依赖度越大说明信息丢失越少,从算例 11.1 计算结果可以看出,采用相同的模糊化方法,但我们的算法所得最大依赖度 $\nu_{\{B,A\}}(D) = 3.6/6$ 大于文献[13]算法所得的最大依赖度 $\nu_{\{A,C\}}(D) = 2.8/6$,因此本节方法可以更完整地反映出信息系统的分类能力,信息丢失更少;③本节算法通过对论域中的对象进行了按决策值的排序,减小了约简计算的搜索范围,采用适当的优化策略使得相对正域的计算变得简便.

11.3　基于 IFRS-4 的属性约简方法

IFRS-4 模型将包含度作为直觉模糊集与粗糙集结合的桥梁,并引入了变精度,因此,具有一定的容错能力,且形式简单易于实现,可以有效地处理信息系统中的混合数据类型,包括符号型数据(离散属性),连续值数据(连续属性)及模糊性数据(模糊属性).

11.3.1　直觉模糊相似关系的建立

基于 IFRS-4 模型来进行知识获取,首先要建立直觉模糊相似关系.模糊相似关系可以通过对象之间的相似性度量进行构造,而这种相似性度量的方法很多,如最大最小法、几何平均法、夹角余弦法等.然而,由于直觉模糊关系必须满足直觉模糊集的二维约束,即隶属度和非隶属度非负且之和在区间[0,1]内,而相似度是 $x \times y \rightarrow [0,1]$ 的映射,只能表示两个元素具有相似性关系的程度,即隶属度,而不能表示两个元素不具有相似性关系的程度,即非隶属度.

本节的研究基于一种对应关系,即相似度、相异度与直觉模糊相似关系的隶属度、非隶属度之间存在的对应关系,根据原始决策表,建立具有自反性、对称性的直觉模糊相似关系.

原始信息系统表往往包含混合数据类型,如离散,连续属性及模糊属性等,称为混合信息系统.

定义 11.10(混合信息系统)　设 (U,C,V_C,D,V_D,F) 为一混合信息系统, $U=\{x_1,x_2,\cdots,x_n\}$ 表示对象集合,条件属性集 C 由符号型属性 C^s、连续值属性 C^r 和直觉模糊属性 C^{if} 组成, $C=C^s\bigcup C^r\bigcup C^{if}$,对应的条件属性值域为 $V=V^s\bigcup V^r\bigcup V^{if}$, V_D 为决策属性 D 的值域, $F:U\times C\bigcup D\rightarrow V_C\bigcup V_D$,是一个信息函数,它为每个对象的每个属性赋予了一个属性值,如 $\forall R\in C$, $F(x_i,R)\in V_C$.

混合信息系统 (U,C,V_C,D,V_D,F), $\forall a\in C$,若 a 为连续属性或直觉模糊属性,则 a 可定义一个直觉模糊相似关系 R_a,简化表示为 R.下面通过三个步骤建立关系 R:①根据原始信息系统,计算对象之间的相异度;②计算对象之间的相似度;③建立直觉模糊相似关系的隶属度与非隶属度.

(1)计算属性 a 下对象间的相异度矩阵 $\boldsymbol{d}_R=(d_{ij})_{n\times n}$.

当 a 为连续值属性时, x_i 与 x_j 的相异度 $d(x_i,x_j)=f(|a(x_i)-a(x_j)|)=d_{ij}$, $d_{ij}\in[0,1]$,其中函数 f 将 $|a(x_i)-a(x_j)|$ 变换到区间 $[0,1]$ 上,满足:

① $f(0)=0,f(\infty)=1,f(\cdot)\in[0,1]$;

② $x\geqslant y\Rightarrow f(x)\geqslant f(y)$.

例如, $f(z_i)=(z_i-\bigwedge_i z_i)/(\bigvee_i z_i-\bigwedge_i z_i)$.

当 a 为直觉模糊属性时, a 将对应一组直觉模糊语言值,记为 $\mathrm{IFL}=\{R_1,R_2,\cdots,R_h\}$,每一个对象在 IFL 下的取值对应 IFL 上的一个直觉模糊集,表示为 $\mathrm{IF}(x_i)=\{(\mu_{x_i}(R_k),\gamma_{x_i}(R_k))/R_k\mid k=1,2,\cdots,h\}$,其中 $\mu_{x_i}(R_k)$ 为隶属度, $\gamma_{x_i}(R_k)$ 为非隶属度,犹豫度 $\pi_{x_i}(R_k)=1-\mu_{x_i}(R_k)-\gamma_{x_i}(R_k)$,记

$$\tau_{x_i}(R_k)=\mu_{x_i}(R_k)+\frac{1}{2}\pi_{x_i}(R_k)$$

可通过度量 x_i 与 x_j 对应的直觉模糊集 $\mathrm{IF}(x_i)$ 与 $\mathrm{IF}(x_j)$ 的相异度来度量对象 x_i 与 x_j 的相异度,

$$d(x_i,x_j)=\frac{1}{3h}\sum_{k=1}^h(|\mu_{x_i}(R_k)-\mu_{x_j}(R_k)|+|\gamma_{x_i}(R_k)-\gamma_{x_j}(R_k)|+|\pi_{x_i}(R_k)$$
$$-\pi_{x_j}(R_k)|+|\tau_{x_i}(R_k)-\tau_{x_j}(R_k)|) \tag{11.27}$$

容易证明式(11.27)满足直觉模糊相异度定义要求[24].

(2)计算对象之间的相似度矩阵 $\boldsymbol{s}_R=(s_{ij})_{n\times n}$.

相似度与相异度是两个对偶的概念,上面已经得到了对象间的相异度 $\boldsymbol{d}_R=(d_{ij})_{n\times n}$,那么只要定义一个单调递减函数 g,就可以通过相异度求得相似度. $d(x_i,x_j)\in[0,1]$,所以 $g(1)\leqslant g(d(x_i,x_j))\leqslant g(0)$,即 $0\leqslant(g(d(x_i,x_j))-$

$g(1))/(g(0)-g(1))\leqslant 1$. 从而得到 x_i 与 x_j 的相似度定义如式(11.28)所示. 容易证明,式(11.28)的相似度计算方法满足直觉模糊相似度定义的 4 条约束.

$$s(x_i,x_j) = (g(d(x_i,x_j))-g(1))/(g(0)-g(1)) \tag{11.28}$$

单调递减函数 g 可以选择 $1-x$,e^{-x} 或 $1/(x+1)$,这里取 $g(x)=e^{-x}$,从而相似度如式(11.29)所示:

$$s_{ij} = s(x_i,x_j) = (e^{-d(x_i,x_j)}-e^{-1})/(1-e^{-1}) \tag{11.29}$$

从步骤(1)和步骤(2)易知,相异度矩阵与相似度矩阵是满足自反性和对称性的模糊矩阵.

(3)计算直觉模糊相似关系的隶属度与非隶属度.

连续属性或直觉模糊属性 a 所对应的直觉模糊相似关系 $R = (r_{ij})_{n\times n} = \{(\mu_R(x_i,x_j),\gamma_R(x_i,x_j)) \mid x_i,x_j \in U\}$. 下面讨论 R 的构造问题.

首先,相似关系必须满足直觉模糊集的二维约束;其次,利用相异度和相似度来建立直觉模糊相似关系应考虑相似关系与相异度及相似度的对应关系,即 $\forall x_i$, $x_j \in U$,x_i 与 x_j 相似度 $s(x_i,x_j)$ 与相似关系 R 的隶属度 $\mu_R(x_i,x_j)$ 存在着对应关系,x_i 与 x_j 相异度 $d(x_i,x_j)$ 与相似关系 R 的非隶属度 $\gamma_R(x_i,x_j)$ 存在着对应关系,相似度体现出 x_i 与 x_j 具有这种相似关系的程度,而相异度体现出 x_i 与 x_j 不具有这种相似关系的程度;最后,应考虑到相似度与相异度之间的关系,即 $1-s(x_i,x_j)$ 蕴涵着相异度的概念,而 $1-d(x_i,x_j)$ 蕴涵着相似度的概念. 基于此,得到如下直觉模糊相似关系的构造定理.

定理 11.3　设 U 为非空有限论域,$\forall x_i,x_j \in U$,$\lambda \in [0,1]$,那么 $U\times U$ 上的二元关系 $R = \{(\mu_R(x_i,x_j),\gamma_R(x_i,x_j)) \mid x_i,x_j \in X\}$ 是直觉模糊相似关系,其中,

$$\mu_R(x_i,x_j) = \frac{s(x_i,x_j)+1-d(x_i,x_j)}{2}$$

$$\gamma_R(x_i,x_j) = \frac{d(x_i,x_j)+\lambda(1-s(x_i,x_j))}{2} \tag{11.30}$$

证明　首先证明二元关系 R 是直觉模糊二元关系. 根据式(11.30)可得 $\mu_R(x_i,x_j) \in [0,1]$,$\gamma_R(x_i,x_j) \in [0,1]$. 由于 $\lambda \in [0,1]$,所以

$$\mu_R(x_i,x_j) + \gamma_R(x_i,x_j) = \frac{S(Y_i,Y_j)+1+\lambda(1-S(Y_i,Y_j))}{2}$$

$$\leqslant \frac{S(Y_i,Y_j)+1+(1-S(Y_i,Y_j))}{2} = 1$$

因此,$0\leqslant \mu_R(x_i,x_j) + \gamma_R(x_i,x_j) \leqslant 1$,$R$ 是直觉模糊二元关系.

其次,$\forall x_i,x_j \in U$,

$$\mu_R(x_i,x_i) = \frac{s(x_i,x_i)+1-d(x_i,x_i)}{2} = \frac{1+1-0}{2} = 1$$

$$\gamma_R(x_i,x_i) = \frac{d(x_i,x_i)+\lambda(1-s(x_i,x_i))}{2} = \frac{0+\lambda(1-1)}{2} = 0$$

即 R 具有自反性;

$$\mu_R(x_i,x_j) = \mu_R(x_j,x_i) , \quad \gamma_R(x_i,x_j) = \gamma_R(x_j,x_i)$$

即 R 具有对称性.

所以 R 是直觉模糊相似关系. 证毕.

从定理 11.3 可以看出,当 $\lambda = 1$ 时,直觉模糊相似关系的隶属度与非隶属度之和为 1,直觉模糊相似关系即转化为普通的模糊相似关系. 在实际应用中 λ 可根据具体偏好情况适当选取.

综上,通过步骤(1)~步骤(3)已建立了连续属性和直觉模糊属性对应的直觉模糊相似关系 $R = (r_{ij})_{n \times n} = \{(\mu_R(x_i,x_j),\gamma_R(x_i,x_j)) \mid x_i,x_j \in U\}$. $\forall x_i \in U$, $(x_i)_R$ 表示对象 x_i 的 R 相似类, $(x_i)_R$ 为论域 U 上的直觉模糊子集,

$$(x_i)_R = (r_{i1}/x_1,r_{i2}/x_2,\cdots,r_{in}/x_n) \tag{11.31}$$

若 a 为符号型属性,则按照标称变量来处理,a 可定义一个普通等价关系矩阵 $\boldsymbol{R} = (r_{ij})_{n \times n}$,其中,

$$r_{ij} = \begin{cases} 1, & a(x_i) = a(x_j) \\ 0, & a(x_i) \neq a(x_j) \end{cases} \tag{11.32}$$

由于普通等价关系可以看成一种特殊的直觉模糊关系,因此,可将其与直觉模糊相似关系做相同处理. 对于多个条件属性的组合,其相似关系及相似类的定义如下.

定义 11.11(多个条件属性的组合相似类)　混合信息系统 $(U,\boldsymbol{C},V_C,D,V_D,F)$, $\forall a \in \boldsymbol{C}$, Ra 表示 a 所对应的直觉模糊相似关系,条件属性子集 $\boldsymbol{A},\boldsymbol{A}_1,\boldsymbol{A}_2 \subseteq \boldsymbol{C}$. $R_{\boldsymbol{A}}$ 表示由 $\boldsymbol{A}$ 产生的直觉模糊相似关系,则

(1) $R_{\boldsymbol{A}} = \bigcap\limits_{a \in \boldsymbol{A}} R_a$, $(x)_{\boldsymbol{A}} = \bigcap\limits_{a \in \boldsymbol{A}} (x)_a$;

(2) $R_{\boldsymbol{A}_1 \cup \boldsymbol{A}_2} = R_{\boldsymbol{A}_1} \bigcap R_{\boldsymbol{A}_2}$.

由定义 11.11 可得,若 $\boldsymbol{A}_1 \subseteq \boldsymbol{A}_2$,则 $R_{\boldsymbol{A}_1} \supseteq R_{\boldsymbol{A}_2}$, $(x)_{\boldsymbol{A}_1} \supseteq (x)_{\boldsymbol{A}_2}$,即属性越多相似类越小.

11.3.2　混合信息系统的相对约简

与基于 IFRS-3 的相对约简相类似,本节给出基于 IFRS-4 模型的相对约简所涉及的概念,其中主要对 IFRS-4 模型下的相对正域、相对约简与核、依赖度及属性重要性进行了定义.

定义 11.12(IFRS-4 的相对正域)　设 $(U, \boldsymbol{C}, V_C, D, V_D, F)$ 为混合信息系统, $\boldsymbol{P} \subseteq \boldsymbol{C}$, D 的 $\boldsymbol{P}$ 正域表示为 $pos_{\boldsymbol{P}}^k(D)$, $pos_{\boldsymbol{P}}^k(D) \subseteq U$, 即

$$pos_{\boldsymbol{P}}^k(\mathrm{D}) = \bigcup_{X \in U/D} \boldsymbol{P}^- X \tag{11.33}$$

其中, $\boldsymbol{P}^- X = \{x_i \mid I([x_i]_{\mathrm{P}}, X)_1 \geqslant k\}$, k 是预设的下近似阈值, 反映了系统的容错度, k 越小, 表明系统的容错能力越强.

一般情况下, 相对正域越大表明知识库中的知识越完善, 对概念的近似越精确, 边界域也越小; 而相对正域越小, 则表明知识库中的知识不够完善, 对概念的近似不够精确, 边界域也较大.

基于相对正域的定义, 可以得到 IFRS-4 相对约简的概念. 设 $\boldsymbol{P}$ 为混合信息系统中的一个非空条件属性子集, $R \in \boldsymbol{P}$, 若 $pos_{\boldsymbol{P}}^k(D) = pos_{\boldsymbol{P}-\{R\}}^k(D)$, 则称 R 为 $\boldsymbol{P}$ 中 D 不必要的; 否则称 R 为 $\boldsymbol{P}$ 中 D 必要的. $\forall R \in \boldsymbol{P}$, 若 R 都为 D 必要的, 则称 $\boldsymbol{P}$ 为 D 独立的, 否则就称为是依赖的.

定义 11.13(基于 IFRS-4 的相对约简)　设 $(U, \boldsymbol{C}, V_C, D, V_D, F)$ 为混合信息系统, $S \subseteq \boldsymbol{P} \subseteq \boldsymbol{C}$, 称 S 为 $\boldsymbol{P}$ 的 D 约简集当且仅当 S 是 $\boldsymbol{P}$ 的 D 独立子族且 $pos_S^k(D) = pos_{\boldsymbol{P}}^k(D)$. 一般情况下, $\boldsymbol{P}$ 的 D 约简集不是唯一的, 所有 $\boldsymbol{P}$ 的 D 约简集的交称为 $\boldsymbol{P}$ 的 D 核, 记为 $core_D^k(\boldsymbol{P})$. 所有 $\boldsymbol{P}$ 的 D 约简中维数最小的约简称为最小约简.

同理, 为了求取最小约简, 需要利用启发式信息来进行启发式搜索. 与 Pawlak 粗糙集的思想相一致, 最小约简需要保证信息系统的分类能力不变, 而依赖度正是一种度量信息系统分类能力的有效工具, 下面给出 IFRS-4 中依赖度的度量方法.

混合信息系统 $(U, \boldsymbol{C}, V_C, D, V_D, F)$ 的分类能力可由知识 D 对知识 $\boldsymbol{C}$ 的近似(或 k)依赖度来度量, 表示为 $\nu_{\boldsymbol{C}}^k(D)$, $\nu_{\boldsymbol{C}}^k(D) \in [0, 1]$,

$$\nu_{\boldsymbol{C}}^k(D) = \frac{|pos_{\boldsymbol{C}}(D)|}{|U|} \tag{11.34}$$

其中, $|pos_{\boldsymbol{C}}(\boldsymbol{D})|$ 表示相对正域 $pos_{\boldsymbol{C}}(\boldsymbol{D})$ 的基数.

根据式(11.34)可进一步给出属性 $a \in \boldsymbol{C}$ 关于决策属性 D 的重要性度量 $\sigma^k(a, \boldsymbol{C}, D)$, 如式(11.35)所示:

$$\sigma^k(a, \boldsymbol{C}, D) = \nu_{\boldsymbol{C}}^k(D) - \nu_{\boldsymbol{C}-\{a\}}^k(D) = \frac{|pos_{\boldsymbol{C}}^k(D)|}{|U|} - \frac{|pos_{\boldsymbol{C}-\{a\}}^k(D)|}{|U|} \tag{11.35}$$

$\sigma^k(a, \boldsymbol{C}, D)$ 越大表明条件属性 a 对决策表的分类能力影响越大, 从而重要性越大.

定理 11.4　设 $(U, \boldsymbol{C}, V_C, D, V_D, F)$ 为混合信息系统, 若 $\boldsymbol{P}_1 \subseteq \boldsymbol{P}_2 \subseteq \boldsymbol{C}$, $I = \inf_T \Psi$, 则 $pos_{\boldsymbol{P}_1}^k(D) \leqslant pos_{\boldsymbol{P}_2}^k(D)$, $\nu_{\boldsymbol{P}_1}^k(D) \leqslant \nu_{\boldsymbol{P}_2}^k(D)$.

证明　根据式(11.33), 可得 $pos_{\boldsymbol{P}_1}^k(D) = \bigcup_{X \in U/D} \boldsymbol{P}_1^- X$, $pos_{\boldsymbol{P}_2}^k(D) = \bigcup_{X \in U/D} \boldsymbol{P}_2^- X$.

而由于 $\boldsymbol{P}_1 \subseteq \boldsymbol{P}_2 \subseteq \boldsymbol{C}$, 根据定义 11.11, $R_{\boldsymbol{P}_1} \supseteq R_{\boldsymbol{P}_2}$, $[x]_{\boldsymbol{P}_1} \supseteq [x]_{\boldsymbol{P}_2}$, 因此 $\boldsymbol{P}_1^- X$

$\subseteq \boldsymbol{P}_2 X$ ，所以 $\mathrm{pos}_{\boldsymbol{P}_1}^k(D) \leqslant \mathrm{pos}_{\boldsymbol{P}_2}^k(D)$ ，$\nu_{\boldsymbol{P}_1}^k(D) \leqslant \nu_{\boldsymbol{P}_2}^k(D)$.

证毕.

11.3.3　基于 IFRS-4 的属性约简算法

本节利用前面提出的属性重要性度量，给出一种基于 IFRS-4 的混合信息系统的启发式约简算法 ARE-2.

算法 11.5　基于 IFRS-4 的属性约简算法 ARE-2.

输入：混合信息系统 $(U, \boldsymbol{C}, V_C, D, V_D, F)$ ，阈值 k ；

输出：$(U, \boldsymbol{C}, V_C, D, V_D, F)$ 的一个近似最小相对约简 $\boldsymbol{R}$.

步骤 1：令 $\boldsymbol{R} = \varnothing$ ，$\nu_{\boldsymbol{R}}^k(D) = 0$ ，$\boldsymbol{C}' = \boldsymbol{C}$ ；

步骤 2：依据决策属性 D 的取值对 U 中对象进行了排序，得到等价类集合 $\{X \mid X \in U/D\}$ ；

步骤 3：对于所有 $a_i \in \boldsymbol{C}'$ ，

步骤 3.1：根据式(11.30)计算直觉模糊相似关系 $R_{\boldsymbol{R} \cup \{a_i\}} = R_{\boldsymbol{R}} \bigcap R_{\{a_i\}}$ ，

步骤 3.2：根据式(11.33)计算 $\mathrm{pos}_{\boldsymbol{R} \cup \{a_i\}}^k(D)$ ，

步骤 3.3：根据式(11.34)计算 $\nu_{\boldsymbol{R} \cup \{a_i\}}^k(D)$ ；

步骤 4：对于所有 $a_i \in \boldsymbol{C}'$ ，求依赖度的最大值 $\nu_{\max}^k = \max\{\nu_{\boldsymbol{R} \cup \{a_i\}}^k(D) \mid a_i \in \boldsymbol{C}'\}$ ，

步骤 4.1：若 $\nu_{\boldsymbol{R} \cup \{a_i\}}^k(D)$ 的最大值出现多个，则从中任选一个依赖度最大的条件属性 a_k 作为候选条件属性，

步骤 4.2：若 $\nu_{\max}^k > \nu_{\boldsymbol{R}}^k(D)$ ，令 $\boldsymbol{R} = \boldsymbol{R} \bigcup \{a_k\}$ ，$\nu_{\boldsymbol{R}}(D) = \nu_{\boldsymbol{R} \cup \{a_k\}}(D)$ ，$\boldsymbol{C}' = \boldsymbol{C} - \{a_k\}$ ，返回步骤 3，

步骤 4.3：若 $\nu_{\max}^k \leqslant \nu_{\boldsymbol{R}}^k(D)$ ，算法终止，输出约简集 $\boldsymbol{R}$.

算法 11.5 仍然采用了算法 11.4 的简化策略减小了计算量. 步骤 2 依据决策属性对所有对象进行了排序，使用快速排序的时间复杂度为 $O(|U| \log |U|)$ ，计算划分的时间复杂度为 $O(|U|)$. 算法 11.5 保留了本次直觉模糊相似类 $R_{\boldsymbol{R}}$ 计算结果，从而步骤 3 可以采用渐增式计算简化下一步直觉模糊相似类 $R_{\boldsymbol{R} \cup \{a_i\}} = R_{\boldsymbol{R}} \bigcap R_{\{a_i\}}$ 的计算，步骤 3 每计算一个条件属性的依赖度的时间复杂度为 $O(|U|^2)$. 在最差情况下，步骤 4 考虑的条件属性总次数为 $\dfrac{|\boldsymbol{C}|^2 + |\boldsymbol{C}|}{2}$ ，因此，算法 11.5 在最差情况下的时间复杂度为 $O\left(\dfrac{|\boldsymbol{C}|^2 + |\boldsymbol{C}|}{2} \cdot |U|^2\right)$.

至此，我们给出了基于 IFRS-4 模型的直觉模糊相似类建立方法和属性约简方法，其中的属性约简算法主要是针对常见的离散单决策属性混合信息系统，对于其他类型的决策属性，本节方法也是适合的，可以采用相同的思路进行处理.

11.3.4　算例

为了验证算法 ARE-2 的有效性,我们在 UCI 机器学习数据库的 Iris 数据集上进行了实验. Iris 数据集包含 150 个样本,是三类植物($Setosa$,$Versicolour$,$Virginica$)用四个生长属性(sepal length,sepal width,petal length,petal width)来进行分类,每类植物有 50 个样本. 这里将四个生长属性记为 $\{A,B,C,E\}$,分类决策属性记为 D,采用 ARE-2 算法进行属性约简,下近似阈值 $k=0.75$. 计算结果如下:

第一层,决策属性 D 对条件属性 A,B,C,E 的依赖度分别为 $\nu_A^k(D)=0.0167$;$\nu_B^k(D)=0.0667$,$\nu_C^k(D)=0.4417$,$\nu_E^k(D)=0.4833$,$\nu_{\max}^k=0.4833$,因此 E 加入约简集,$\boldsymbol{R}=\{E\}$,$\nu_R^k(D)=0.4833$.

第二层,决策属性 D 对条件属性 $\{E,A\}$,$\{E,B\}$,$\{E,C\}$ 的依赖度分别为 $\nu_{\{E,A\}}^k(D)=0.4083$,$\nu_{\{E,B\}}^k(D)=0.3917$,$\nu_{\{E,C\}}^k(D)=0.5667$,$\nu_{\max}^k=0.5667$,$\nu_R^k(D)=0.4833$,因此 C 加入约简集,$\boldsymbol{R}=\{C,E\}$,$\nu_R^k(D)=0.5667$.

第三层,决策属性 D 对条件属性 $\{E,C,A\}$,$\{E,C,B\}$ 的依赖度分别为 $\nu_{\{E,C,A\}}^k(D)=0.2917$,$\nu_{\{E,C,B\}}^k(D)=0.5667$,$\nu_{\max}^k=0.5667=\nu_R^k(D)=0.5667$,算法终止,输出约简集 $\boldsymbol{R}=\{C,E\}$.

这一约简结果 $\boldsymbol{R}=\{C,E\}$ 与文献[25]及文献[26]的约简结果相一致,说明本节方法是有效的. 另外,针对 Iris 数据集,在本节约简结果的基础上,采用一定的规则获取方法,如利用以上给出的直觉模糊相似关系进行模糊聚类,获取属性值为区间的决策规则,其中的规则项和规则数目将显著减少,从而在属性较少的情况下保持较高的分类正确率.

11.4　本 章 小 结

属性约简是粗糙集理论体系的核心研究课题. IFRS 丰富和发展了粗糙集理论,可以更有效地描述和处理信息表中的直觉模糊概念与直觉模糊知识,在不确定信息系统建模和处理上更具灵活性与表达力. 本章基于第 2 章提出的两种 IFRS 模型,分别给出了基于 IFRS-3 与 IFRS-4 的相对约简概念及方法.

第一,基于 IFRS-3 模型,给出直觉模糊知识的表示方法,针对文献[13]下近似定义的局限性,提出一种新的等价类形式的近似算子表示,并将其推广到直觉模糊环境下;在此基础上,将相对正域、相对约简与相对核等 Pawlak 粗糙集的知识约简概念推广到直觉模糊信息系统下,提出了一种基于 IFRS-3 的直觉模糊信息系统属性约简算法(ARE-1),并利用两个算例验证了本章的方法较文献[13]方法更为合理有效.

第二,基于 IFRS-4 模型,给出一种直觉模糊相似关系获取方法,针对混合信息系统,给出了基于 IFRS-4 的启发式属性约简方法(ARE-2),实现了 Pawlak 粗糙集相对约简思想到 IFRS 的自然推广,并通过实验验证了方法的有效性.

另外,在设计属性约简算法时,采用了适当的优化策略:依据决策属性将对象进行了排序、对下近似计算公式进行了优化处理、采用渐增式计算模糊等价类,从而减少了算法的计算量与复杂度. 相对于已有的模糊粗糙集属性约简方法,本章的方法的优势主要有以下两方面.

第一,算法 ARE-1 得到的依赖度是一直觉模糊值,从而可对信息系统的分类能力进行更加细腻的描述;且最终得到的最大依赖度一般均大于由 FRS 得到的最大依赖度,这就体现出利用直觉模糊集来描述信息系统的优势,即信息系统的分类能力在直觉模糊环境下得到更充分、更真实的描述和处理.

第二,在进一步的决策规则提取中,基于 IFRS-3 的决策表简化结果将是易于理解的模糊决策规则,而不是包含陡峭截断的清晰规则;而基于 IFRS-4 的规则获取完全可以再次利用本文给出的直觉模糊相似关系进行模糊聚类,从而可以获取属性值为区间的决策规则.

参 考 文 献

[1] 张文修, 仇国芳. 粗糙集属性约简的一般理论[J]. 中国科学 E 辑, 2005,(12): 1304-1313.

[2] Wang G Y, Zhao J, An J J, et al. A comparative study of algebra viewpoint and information viewpoint in attribute reduction [J]. Fundamenta Informaticae, 2005, 68: 289-301.

[3] Skowron A, Rauszwer C. The discernibility matrices and functions in information systems // Slowinski R, ed. Intelligent Decision Support: Handbook of Applications and Advances of the Rough Set Theory. Dordrecht: KluwerAcademic Pu blishers. 1992, 331-362.

[4] 杨明. 一种基于改进差别矩阵的属性约简增量式更新算法[J]. 计算机学报, 2007, 30(5): 815-822.

[5] 常犁云. 一种基于 Rough Set 理论的属性约简及规则提取方法[J]. 软件学报, 1999,11. 1206-1211.

[6] 刘少辉. 盛秋戬,吴斌,等. Rough 集高效算法研究[J]. 计算机学报,2003,26(5):524-529.

[7] Guan J W, Bell D A. Rough computational methods for information systems. Artificial Intelligences, 1998, 105(1-2): 77-103.

[8] 王国胤,于洪,杨大春. 基于条件信息熵的决策表约简[J]. 计算机学报,2002,07:759-766.

[9] 苗夺谦,胡桂荣. 知识约简的一种启发式算法[J]. 计算机研究与发展, 1999,36(6):681-684.

[10] 梁吉业, 曲开社, 徐宗本. 信息系统的属性约简[J]. 系统工程理论与实践, 2001, (12):76-80.

[11] 刘启和, 李凡, 闵帆, 等. 一种基于新的条件信息熵的高效知识约简算法[J]. 控制与决策, 2005, 20(8): 878-882.

[12] 徐章艳, 刘作鹏, 杨炳儒, 等. 一个复杂度为 $\max(O(|C||U|), O(|C|2|U/C|))$ 的快速属性约简算法 [J]. 计算机学报, 2006, 29(3): 391-399.

[13] Jensen R, Shen Q. Fuzzy-rough attribute reduction with application to web categorization [J]. Fuzzy Sets and Systems, 2004, 141: 469-485.

[14] Jensen R, Shen Q. Fuzzy-rough data reduction with ant colony optimization[J]. Fuzzy Sets and Sys-

tems，2005，149(1)：5-20.

[15] 袁修久，张文修. 模糊目标信息系统的属性约简[J]. 系统工程理论与实践，2004，(5)：116-121.

[16] Wang X Z, Ha Y, Chen D G. On the reduction of fuzzy rough sets[C]. Proceedings of the Fourth International Conference on Machine Learning and Cybernetics, Guangzhou, 2005, 3174-3178.

[17] Tsai Yingchieh, Cheng Chinghsue, Chang Jingrong . Entropy-based fuzzy rough classification approach for extracting classification rules[J]. Expert Systems with Applications, 2006 (31)：436-443

[18] 周穗华，张小兵，皮汉文. 模糊控制中的参数模糊化新方法研究[J]. 武汉大学学报(理学版)，2003，49(3)：305-308.

[19] 周穗华. 概率型数据模糊化方法研究[J]. 模糊系统与数学，2004，18(4)：59-63.

[20] 李士勇. 模糊控制、神经控制和智能控制论[M]. 2版. 哈尔滨：哈尔滨工业大学出版社，1998.

[21] Dubois D, Prade H. Rough fuzzy sets and fuzzy rough sets [J]. International Journal of General Systems, 1990, 17：191-209.

[22] Dubois D, Prade H. Putting rough sets and fuzzy sets together[J]. Intelligent Decision Support：Handbook of Applications and Advances of the Rough Sets Theory. Dordrecht, the Netherlands：Kluwer, 1992, 203-222.

[23] 张文修，仇国芳. 基于粗糙集的不确定决策[M]. 北京：清华大学出版社，2005.

[24] 路艳丽，雷英杰，李兆渊. 直觉模糊相似关系的构造方法[J]. 计算机应用，2008，28(2)：311-314.

[25] 商琳，万琼，姚望舒，等. 一种连续值属性约简方法ReCA[J]. 计算机研究与发展，2005，42(7)：1217-1224.

[26] 贺勇，诸克军. 一种基于精简的模糊规则库的分类算法[J]. 计算机应用研究，2007，(2)：24-26.

第 12 章　基于 IFRS-4 的空袭编队分析

针对空袭编队分析问题,首先,将其归结为 3 个具体问题,其次,提出基于 IF-RS-4 聚类的空袭编队目标一次聚合方法,最后,将目标类型作为编队类型识别的主要依据,考虑目标类型的模糊性,给出基于 IFRS-4 近似理论与模板匹配的空袭编队二次聚合与功能合群方法.

12.1　引　　言

空袭编队分析是防空态势觉察的一个重要功能,也是进行对敌意图识别、威胁估计的前提和基础. 空袭编队分析在提取态势元素的基础上,按照一定的战役、战术条例和目标间的关系,采用自底向上逐层分解的方式对描述威胁单元的信息进行抽象和划分,形成关系级别上的军事体系单元的多分类假设,以揭示目标之间的相互联系,确定相互合作的功能,从而解释问题领域的各种行为.

目前,解决空袭编队分析相关问题的方法主要是各种聚类方法,以及贝叶斯网络、案例推理、D-S 理论、模板匹配等技术. 文献[1]和[2]应用最邻近法实现了作战实体的分群,并提出了针对群体分裂、合并等的处理方法,在群体之间的间隔较大的情况下,该算法能够较好地将各实体划分到不同的作战群体之中,但在密集目标情况下,基于最邻近思想的方法具有局限性. 文献[3]提出了基于 K-均值聚类的实体分群方法. 文献[4]通过目标间的多种特征相似度实现了机动目标的空间群生成. 文献[5]研究了基于案例推理与遗传算法的战场实体分群方法. 文献[6]提出了通过属性相似度来计算进攻关系隶属度以生成功能群的方法,其中考虑了目标的敌我属性,并根据空间距离和飞行方向确定进攻关系,而从战术的角度,敌飞机的最后一段航线往往不直接指向目标,因此该方法有一定局限性.

粗糙集理论的基本思想就是对论域的划分和对目标的分类,因此将其用于解决空袭编队分析问题具有很大的优势,也是很自然的考虑. 本章将从直觉粗糙模糊集 IFRS-4 的聚类分析和近似理论方法入手,研究用 IFRS-4 解决空袭编队分析中的具体问题. 首先,对空袭编队分析问题进行分析;其次,基于 IFRS-4 聚类分析技术实现空袭编队目标的一次聚合;最后,将目标类型作为编队类型识别的主要依据,考虑目标类型所具有的模糊性,给出基于 IFRS-4 近似理论与模板匹配的空袭编队二次聚合与功能群识别方法.

12.2　空袭编队问题分析

军语中"空中编队"是指两架以上飞机或直升机,在空中按规定的间隔、距离和高度差组成的编队,或者两架以上飞机在空中进行编队的活动.敌方进行空袭作战时,虽然其兵力规模可大可小,持续时间可长可短,但不论在何种情况下,都要根据其兵力结构和任务,将空袭兵力区分为空中突击(打击)编队、作战支援编队和作战保障编队等不同的职能群体.各职能群体在指挥控制系统的统一协调控制下,结成一个不可分割的作战集体,共同进行空袭作战任务.因此,空袭编队分析的关键在于群的形成,其意义主要有两点,一是可以简化战场的态势描述,二是有助于确定态势元素之间的相互关系,从而解释问题领域的各种行为,辅助指挥决策.

在文献[7]中,群形成策略被应用于整个态势评估.其基本思想是:对有用数据进行分组,揭示态势元素之间的相互关系,并据此揭示感兴趣的所有元素的特性,实际上是一种前向推理过程.其评估框架是:根据低层融合输出的空中目标信息,按照作战条例、通信拓扑关系、几何近邻关系、功能依赖关系和其他先验知识,构造群形成规则,根据规则将感兴趣的空中实体从低到高逐级划分为:空间群、功能群、相互作用群,以及敌/我/中立方群.其中,空间群——通过一维或多维空间群集合的分析而形成的实体群,功能群——执行类似功能的实体群或空间群,相互作用群——具有类似目的(如攻击或防御同一目标)的功能群,敌/我/中立方群——敌群是所有敌方相互作用群,我群是所有友邻相互作用群,中立方群是所有中立的实体群.

参考以上基于群形成策略的态势评估思想,为了将空中目标逐层划分为有战术意义的作战单元,我们将空袭编队分析归结为 3 个具体问题:①目标的一次聚合,即按照相关先验知识,根据目标状态信息对空袭编队进行划分,以生成初始的目标群.②目标二次聚合,考虑目标类型的模糊不确定性,在目标一次聚合的基础上,基于目标类型进行目标的二次聚合.③目标功能合群,即基于领域知识,根据作战条例和战术原则,在目标二次聚合的基础上进行目标的功能合群.下面对这三个问题进行模型化描述.

(1)目标一次聚合.

模型的输入为当前空中诸实体的状态信息,表示为

$$X = \{x_1, x_2, \cdots, x_n\}$$

其中,$x_i (i = 1, 2, \cdots, n)$ 为第 i 个空中实体的状态信息集合:

$x_i = \{E(敌我属性), B(起飞机场), D(距离), Z(方位角), V(速度), H(高度), \cdots\}$

根据低级融合输出的诸空中实体信息,按照有关敌军空袭模式的领域知识、战役战术条例、几何邻近关系、行为相似关系等,对描述空中威胁的信息进行抽象和划分,以生成初始目标群,即

$$S_1 = \{S_{11}, S_{12}, \cdots, S_{1q}\}$$

其中, $S_{1i}(i=1,2,\cdots,q)$ 为第 i 个初始目标群的状态信息集合, S_{1i} 由实体集合 X 中的若干实体组成, 即 $S_{1i} = \{x_j, x_h, \cdots, x_k\}$.

S_1 根据实体状态信息对空袭编队进行了初始划分, 即如果目标在某个状态重心的一定距离内, 就认为该目标属于该群. 但实际上, 空袭编队随着时间的推移在状态上会有较大变化, 这取决于目标的类型和目标完成的功能. 因此, 需要进一步将初始目标群组合为具有相对明确战术意义的功能群, 即对空袭编队进行二次聚合与功能合群.

(2) 目标二次聚合.

目标二次聚合在一次聚合的基础上进行, 模型的输入为一次目标聚合过程的输出 S_1, 以及当前空中各实体的状态信息及目标类型信息、战斗队形信息等, 输出为具有一定战术意义的目标群 S_2, 称为战术群,

$$S_2 = \{S_{21}, S_{22}, \cdots, S_{2h}\}$$

其中, $S_{2i}(i=1,2,\cdots,h)$ 为第 i 个战术群的状态信息集合, S_{2i} 由初始群 S_1 的若干成员组成, 或者由实体集合 X 中的若干实体组成. 目标二次聚合将空袭编队在一定战术意义上进行了划分, 下一步需要将这一战术群集合在功能层面上进行合群与识别, 从而形成具有明确作战意义的功能群.

(3) 目标功能合群.

功能群主要把具有相同功能、相似类型的威胁单元进行组合. 对于特定类型的空袭编队而言, 其各个功能组成部分的群体成员的类型和数量是相对固定的, 因此, 与目标的一次聚合及二次聚合不同, 功能群的合成与识别对领域专家知识、战术规则、作战条例等军事领域知识具有较强的依赖性. 在特定的作战环境下, 若空中目标类型集合为 $P = \{P_1, P_2, \cdots, P_h\}$, 已有的功能群集合为 F,

$$F = \{F_1, F_2, \cdots, F_t\}$$

其中, $F_i(i=1,2,\cdots,t)$ 表示第 i 个功能群的属性信息集合, F_i 主要由两类属性描述, 一是完成这一功能的目标类型集合, 二是各类目标的数量, 即

$$F_i = \{\{P_i, P_j, \cdots, P_k\}, \{P_i.\text{num}, P_j.\text{num}, \cdots, P_k.\text{num}\}\}$$

目标功能合群, 即在目标一次聚合与二次聚合的基础上, 建立二次聚合 $S_2 = \{S_{21}, S_{22}, \cdots, S_{2h}\}$ 到功能群集合 $F = \{F_1, F_2, \cdots, F_t\}$ 的映射, 这其中就需要采用一定的模式识别技术.

功能群提供了较高层次的战术态势描述, 从而可以简化战场的态势描述, 有助于确定态势元素之间的相互关系, 解释问题领域的各种行为, 辅助指挥决策.

IFRS-4 是对经典粗糙集的扩展, 可以同时处理符合属性(离散属性)、连续属性, 以及低级融合提供的模糊信息, 且利用上、下近似可以度量聚类的近似精度, 从

而选出较优的目标一次聚合结果,并进一步建立目标二次聚合的不确定区间,为指挥员决策提供有效参考.

为此,将 IFRS-4 模型引入空袭编队分析,解决其中的目标聚合与目标群合成与识别问题.本章的研究主要针对空袭编队分析的三个问题,其中,采用基于 IF-RS-4 的聚类方法进行空袭编队的目标一次聚合;采用基于 IFRS-4 的近似理论及模板匹配方法,进行空袭编队的目标二次聚合及功能合群.

12.3　基于 IFRS-4 聚类的目标一次聚合

12.3.1　粗糙集的聚类思想

粗糙集理论与聚类分析都可对所研究问题形成一种划分,二者具有结构上的相似关系[8].粗糙集聚类认为,聚类操作实质上是在样本点之间利用不可区分性或相似性定义一种等价关系或相似关系,从而可定义样本的一个划分,在当前阈值尺度下,对同一类中的任意两个样本不作区分[9].另外,利用粗糙集的近似理论,将样本分为一组相互重叠的类,每一类由一个上近似和一个下近似来表示,下近似包括肯定属于这一类的所有模式,且对下近似中的模式不进行区分,而上近似允许交叠,由一群类所共享的每一样本集定义不可区分集,因此,通过约束不可区分度,上近似即可捕获分配一个模式到某一类中的不确定性.由于粗糙集的这种处理聚类分析中固有的不确定性的能力,它已经成为软聚类领域一种很有前途的方法.

粗糙集用于聚类主要有以下几种思路:

(1)粗糙集 K-均值聚类方法[10,11],将聚类簇看成一种不确定集合,利用粗糙集的上、下近似概念来描述聚类簇,通过上、下近似计算新的聚类中心,然后重新划分对象,此过程反复进行,直到形成稳定的聚类结果;

(2)基于粗糙集的模糊聚类方法[12],直接利用样本信息系统的条件属性,计算样本间的相似度或相异度,进而基于模糊相似关系或等价关系聚类的思想,实现样本的动态聚类;

(3)粗糙集加权聚类方法[13,14],根据样本信息系统的各个条件属性获取粗糙集的不可区分关系,得到论域的初始划分,并以此为依据建立表示样本类别的决策属性,建立决策信息系统,进而利用粗糙集的属性重要性度量方法计算各个条件属性的权重,并基于权重再次建立不可区分关系,修正初始划分,并最终获取满足要求的聚类结果;

(4)利用不可区分度的粗糙集聚类[15],利用粗糙集的不可区分关系划分样本空间,并通过计算不可区分度对划分进一步优化,以得到满足要求的聚类结果.

事物的属性可分为离散属性(字符属性)、连续属性(数字属性)和模糊属性,若按照处理的属性来划分,聚类方法可分为:①专门处理连续属性、离散属性、或模糊属性的方法;②处理混合属性的方法,即可同时处理三种属性的方法. 现有大部分聚类算法都面向连续属性或离散属性,而针对混合属性的比较少. 然而,在目标分群中,涉及的目标状态信息既包含取连续值的状态特征,如目标速度、距离等,又包含取值离散(即取值为符号值)的状态特征,如敌我属性,甚至可能包含取模糊值的状态特征,这主要取决于所获取的目标属性数据. 对此,第 2 章提出的 IFRS-4 模型可以对混合属性进行处理,因此,本章研究基于其上的一种目标一次聚合方法.

12.3.2　基于 IFRS-4 的目标一次聚合

1. 混合信息系统

将无决策属性的混合信息系统表示为 (U, C, V, F),其中,U 为对象集合,属性集 C 由离散属性 C^s、连续属性 C^r 和模糊属性 C^{if} 组成,即 $C = C^s \bigcup C^r \bigcup C^{if}$,对应的条件属性值域为 $V = V^s \bigcup V^r \bigcup V^{if}$,$F : U \times C \to V$,是一个信息函数,它为每个对象在每个属性下赋予了一个属性值. $\forall A \in C$,用 $A(x)$ 表示对象 x 在属性 A 下的取值.

结合 12.2 节的空袭编队分析模型,将输入的当前空中各实体目标 $X = \{x_1, x_2, \cdots, x_n\}$ 作为论域 U,即 $U = \{x_1, x_2, \cdots, x_n\}$,将目标状态属性集 $\{E(敌我属性), B(起飞机场), D(距离), Z(方位角), V(速度), H(高度), \cdots\}$ 作为属性集 C,即 $C = \{E, B, D, Z, V, H, \cdots\} = \{C_1, C_2, C_3, C_4, C_5, C_6, \cdots\}$,再由各实体的状态信息即可构成空袭编队混合信息系统 (U, C, V, F),如表 12.1 所示. 其中,连续属性 $C^r = \{Z, V, H, D, \cdots\} = \{C_3, C_4, C_5, C_6, \cdots\}$,离散属性 $C^s = \{E, B, \cdots\} = \{C_1, C_2, \cdots\}$,$\cdot(x_i)$ 表示目标 x_i 在属性 $\cdot$ 下的取值. 这里的目标一次聚合暂不考虑模糊属性,在后续的目标二次聚合及功能合群时将涉及目标类型的模糊性描述.

第 11 章给出了一种直觉模糊相似关系的构造方法,其中通过合取操作获得多个条件属性的组合关系,即 $R_A = \bigcap_{a \in A} R_a$,这里介绍另一种的方法,以组合目标在多个状态属性下的模糊相似关系,即通过定义相容度与非相容度,来建立直觉模糊相似关系.

表 12.1　空袭编队混合信息系统

编号	E(敌我属性)	B(起飞机场)	D(距离)	Z(方位角)	V(速度)	H(高度)	⋯
x_1	$E(x_1)$	$Z(x_1)$	$Z(x_1)$	$V(x_1)$	$H(x_1)$	$R(x_1)$	⋯
x_2	$E(x_2)$	$Z(x_2)$	$Z(x_2)$	$V(x_2)$	$H(x_2)$	$R(x_2)$	⋯
⋮	⋮	⋮	⋮	⋮	⋮	⋮	⋮
x_n	$E(x_n)$	$Z(x_n)$	$Z(x_n)$	$V(x_n)$	$H(x_n)$	$R(x_n)$	⋯

2. 相容度与非相容度

在引入相容度与非相容度之前,首先介绍目标在离散属性和连续属性下的相似度度量,即构成模糊相似关系 R_s 与 R_r.

对于离散属性 $A_s \in C^s$,相似关系矩阵 R_s 定义为

$$R_s(x_i, x_j) = \begin{cases} 1, & A_s(x_i) = A_s(x_j) \\ 0, & A_s(x_i) \neq A_s(x_j) \end{cases} \tag{12.1}$$

对于连续属性 $A_r \in C^r$,采用下列公式对各属性值进行标准化,

$$A_r(x_i) = \frac{A_r'(x_i) - \bigwedge_j A_r'(x_j)}{\bigvee_j A_r'(x_j) - \bigwedge_j A_r'(x_j)} \tag{12.2}$$

其中, $\bigvee_j A_r'(x_j)$、$\bigwedge_j A_r'(x_j)$ 分别表示对所有 $A_r'(x_j)$ 取大、取小.那么, $A_r \in C^r$ 所对应的相似关系矩阵 R_r 定义为

$$R_r(x_i, x_j) = \frac{e^{-|A_r(x_i)-A_r(x_j)|} - e^{-1}}{1 - e^{-1}} \tag{12.3}$$

基于上面的相似关系 R_s 与 R_r ,下面给出相容度与非相容度的定义.

相容度用于表示目标 $x_i \in U$ 与 $x_j \in U$ 在属性集 C 下的相容程度,非相容度用于表示目标 $x_i \in U$ 与 $x_j \in U$ 在属性集 C 下的非相容程度,对于离散论域 U ,相容度与非相容度分别构成模糊相似矩阵 $R_C, R_{C'}$,简写为 R, R' ,

$$R(x_i, x_j) = \frac{|Q_1| + |Q_2|}{m} \tag{12.4}$$

$$R'(x_i, x_j) = \frac{|Q_1'| + |Q_2'|}{m} \tag{12.5}$$

其中, $Q_1 = \{R_s \mid x_i R_s x_j\}, Q_2 = \{R_r \mid x_i R_r x_j\}, Q_1' = \{R_s \mid x_i \sim R_s x_j\}, Q_2' = \{R_r \mid x_i \sim R_r x_j\}, m = |C|$, R_s , R_r 分别表示由各个离散属性 C^s、连续属性 C^r 生成的相似关系, R_s 为普通相似矩阵, R_r 为模糊相似矩阵, $x_i R_s x_j$, $x_i R_r x_j$ 表示 x_i 与 x_j 具有关系 R_s , R_r ,而 $x_i \sim R_s x_j$, $x_i \sim R_r x_j$ 表示 x_i 与 x_j 不具有关系 R_s , R_r .一般情况下, $x_i R_s x_j \Leftrightarrow R_s(x_i, x_j) = 1$, $x_i \sim R_s x_j \Leftrightarrow R_s(x_i, x_j) = 0$, $x_i R_r x_j \Leftrightarrow R_r(x_i, x_j) \geqslant \delta$, $x_i \sim R_r x_j \Leftrightarrow R_r(x_i, x_j) < \varepsilon$, $0 \leqslant \varepsilon \leqslant \delta \leqslant 1$ 为阈值.

可以看出, $R(x_i, x_j)$ 与 $R'(x_i, x_j)$ 满足直觉模糊集的二维约束条件: $0 \leqslant R(x_i, x_j) + R'(x_i, x_j) \leqslant 1$,因此,这里的相容度与非相容度可以对应直觉模糊集的隶属度与非隶属度.另外,由于 R_s 与 R_r 均为满足自反性和对称性的相似矩阵,因此, $(R(x_i, x_j), R'(x_i, x_j))$ 构成了直觉模糊相似关系矩阵.在处理空袭目标一次聚合时,为了降低复杂度,设 $\varepsilon = \delta = 0.75$,即 $R(x_i, x_j) + R'(x_i, x_j) = 1$,

$(R(x_i,x_j),R'(x_i,x_j))$ 转化为模糊相似关系矩阵,因此可直接表示为 $R(x_i,x_j)$.

3. 相似类与可区分度

应用 IFRS-4 的聚类分析涉及两个重要概念,一是目标的相似类;二是基于相似类的目标间的可区分度.下面给出目标相似类、目标间可区分度以及类间可区分度的定义.

IFRS-4 基于相似关系建模,因此,目标的相似类构成了论域的覆盖,而不是论域的划分.设 R 为论域 U 上的模糊相似关系,目标 x_i 的 R 相似类 $[x_i]_R = \{x_j \mid R(x_i,x_j) \geqslant \alpha\}$,$\alpha \in [0,1]$ 为相似度阈值,目标 x_i 的 R 非相似类 $[\sim x_i]_R = \{x_j \mid R(x_i,x_j) < \alpha\}$,显然,$[x_i]_R \cup [\sim x_i]_R = U$,且 $[x_i]_R \cap [\sim x_i]_R = \varnothing$.

目标 x_i 与 x_j 的可区分度 $\mathrm{is}(x_i,x_j)$ 定义为

$$\mathrm{is}(x_i,x_j) = \frac{1}{n}\sum_{z=1}^{n} s_z(x_i,x_j) \tag{12.6}$$

其中,$n = |U|$,$s_z(x_i,x_j) = \begin{cases} 1, & [x_i]R_Z \neq [x_j]R_Z, \\ 0, & [x_i]R_Z = [x_j]R_Z. \end{cases}$

根据目标间的可区分度可以得到类之间的可区分度.若聚类结果将论域 U 划分为 k 个互不相交的类 $G = \{G_1,G_2,\cdots,G_k\}$,则类 G_i 与 G_j 的可区分度 $\mathrm{is}(G_i,G_j)$ 为

$$\mathrm{is}(G_i,G_j) = \frac{1}{|G_i| \cdot |G_i|}\sum_{x_i \in C_i, x_j \in C_j} \mathrm{is}(x_i,x_j) \tag{12.7}$$

4. 近似精度

近似精度可以表示由边界域所引起的集合的不精确性,集合的边界域越大,其精确性则越低.下面将经典粗糙集中的近似精度的概念扩展到 IFRS-4 环境下,并进一步获取综合近似精度,从而可将综合近似精度作为聚类结果的决策准则.

若聚类结果将论域 U 划分为 k 个互不相交的类 $G = \{G_1,G_2,\cdots,G_k\}$,相容度矩阵为

$$R = \begin{bmatrix} r_{11} & r_{12} & \cdots & r_{1n} \\ r_{21} & r_{22} & \cdots & r_{2n} \\ \vdots & \vdots & & \vdots \\ r_{n1} & r_{n2} & \cdots & r_{nn} \end{bmatrix} \tag{12.8}$$

目标 x_i 的 R 模糊相似类 $(x_i)_R = (r_{i1}/x_1,r_{i2}/x_2,\cdots,r_{in}/x_n)$,$(x_i)_R$ 为论域 U 上的模糊子集,则 $G_j(j=1,2,\cdots,k)$ 关于 R 的近似精度定义为

$$\alpha_R(G_j) = \frac{|R^- G_j|}{|R^+ G_j|} \tag{12.9}$$

根据 IFRS-4 中变精度近似算子的定义,$R^- G_j = \{x_i \mid I((x_i)_R,G_j)_1 \geqslant k\}$,$R^+ G_j$

$=\{x_i \mid I((x_i)_R, G_j)_2 < l\}$, $0.5 \leqslant k, l \leqslant 1$, I 为直觉模糊包含度. 由于这里的 R 是模糊相似关系, 因此, 直觉模糊包含度 I 已转化为模糊包含度, 即 $I((x_i)_R, G_j)_1 + I((x_i)_R, G_j)_2 = 1$, 所以, $R^+ G_j = \{x_i \mid I((x_i)_R, G_j)_1 > 1 - l\}$.

借鉴信息熵的定义[15] , 划分 $G = \{G_1, G_2, \cdots, G_k\}$ 的综合近似精度为

$$\alpha_R(G) = -\sum_{j=1}^{k} \alpha_R(G_j) \cdot \log(\alpha_R(G_j)) \tag{12.10}$$

5. 目标一次聚合算法

至此, 可给出基于 IFRS-4 的目标一次聚合算法. 这里用信息系统的决策属性 d 来表示目标的类别, 从这个角度来看, 基于 IFRS-4 的目标一次聚合过程就是决策属性值 (类别标记) 的建立过程, 即由 $(U, \boldsymbol{C}, V, F)$ 产生 $(U, \boldsymbol{C}, d, V, F)$ 的过程. 另外, 聚类结果要求类间最小可区分度 $\min\limits_{i,j}\{is(G_i, G_j)\} \geqslant 0.35$; 阈值 α 在 $[0.85, 0.5]$ 之间以步长 $l = 0.05$ 递减, 不同的 α 对应不同的相似类, 从而得到动态的聚类结果, 并从中选择具有最大综合近似精度的聚类结果.

算法 12.1　基于 IFRS-4 的目标一次聚合算法.

输入: 空袭编队混合信息系统 $(U, \boldsymbol{C}, V, F)$;

输出: 目标一次聚合类别标记 $d = \{d_1, d_2, \cdots, d_n\}$.

步骤 1: 将初始空袭编队信息系统中的连续属性值标准化, 对于所有 $A \in \boldsymbol{C}$, 计算相应的相似关系矩阵 R_A , 并根据式 (12.4) 计算相容度矩阵 R_C ;

步骤 2: 令 $\alpha = 0.5$, 对于所有的 $x_i \in U$, 计算 x_i 的 R_C 相似类 $[x_i]_{R_C} = \{x_j \mid R_C(x_i, x_j) \geqslant \alpha\}$, x_i 的 R_C 非相似类 $[\sim x_i]_{R_C} = \{x_j \mid R_C(x_i, x_j) < \alpha\}$, 获得 $U/x_i = \{[x_i]_{R_C}, [\sim x_i]_{R_C}\}$;

步骤 3: 根据所有的 $U/x_i = \{[x_i]_{R_C}, [\sim x_i]_{R_C}\}$, 求解 $U/\mathrm{ind}(R_C) = \{G_1, G_2, \cdots, G_k\}$;

步骤 4: 对于所有的 G_i 与 G_j , 根据式 (12.7) 计算类间可区分度 $is(G_i, G_j)$, 若 $is(G_i, G_j)$ 达到要求, 则计算综合近似精度, 输出一个类别标识集合 d , $\alpha = \alpha + l$, 转步骤 2; 否则转步骤 5;

步骤 5: 对于所有的 G_i 与 G_j , 若 $\min\limits_{i,j}\{is(G_i, G_j)\} = is(G_{i'}, G_{j'})$, 则将 $G_{i'}$ 与 $G_{j'}$ 合并, 生成新的划分 $U/\mathrm{ind}(R_C) = \{G_{1'}, G_{2'}, \cdots, G_{k'}\}$, 转步骤 4.

算法 12.1 根据低级融合输出的各空中实体信息, 对描述空中威胁的信息进行抽象和划分, 输出带有目标类别标记 d 的混合信息系统 $(U, \boldsymbol{C}, d, V, F)$, 即可生成目标一次聚合结果——初始目标群 $S_1 = \{S_{11}, S_{12}, \cdots, S_{1q}\}$, 其中, $S_{1i}(i = 1, 2, \cdots, q)$ 为第 i 个初始群的状态信息集合, S_{1i} 由实体集合 $X = \{x_1, x_2, \cdots, x_n\}$ 中的若干实体组成, $S_{1i} = \{x_j, x_h, \cdots, x_k\}$.

12.3.3　实例

现对某一时刻的 12 批空中目标进行一次聚合,目标的状态信息如表 12.2 所示.其中,$U = \{x_1, x_2, \cdots, x_{12}\}$,属性集 $C = \{C_1, C_2, C_3, C_4, C_5, C_6\} = \{E, B, D, Z, V, H\}$.其中,敌我属性 E 的取值:$\{0, 1, 2\}$ 分别表示我方、敌方、中立方,起飞机场 B 的取值:$\{1, 2, 3, 4\}$ 分别表示 4 个机场名称.

表 12.2　空袭编队目标状态信息

编号	E(敌我属性)	B(起飞机场)	D(距离)/km	Z(方位角)/(mil)	V(速度)/(m·s⁻¹)	H(高度)/km
x_1	1	1	120	4050	280	3.6
x_2	1	1	115	3850	300	3.3
x_3	1	2	110	4000	320	3.9
x_4	1	2	192	3500	360	4.7
x_5	1	1	182	3100	310	4.2
x_6	1	1	168	2500	520	5.2
x_7	1	2	170	2900	460	5
x_8	1	3	150	1550	250	6.2
x_9	1	3	250	1200	310	5.0
x_{10}	1	3	281	828	245	6.5
x_{11}	2	4	110	4200	260	5.1
x_{12}	0	4	105	2500	240	3.2

(1)提取敌方目标集 $U' = \{x_1, x_2, x_3, x_4, x_5, x_6, x_7, x_8, x_9, x_{10}\}$,根据离散属性 B(起飞机场),由式(12.1)计算得到相似关系矩阵 R_B;根据式(12.2)对 U' 中各目标的连续属性值做标准化处理.

$$
R_B = \begin{bmatrix}
1 & & & & & & & & & \\
1 & 1 & & & \text{对} & & & & & \\
0 & 0 & 1 & & & & & & & \\
0 & 0 & 1 & 1 & & & \text{称} & & & \\
1 & 1 & 0 & 0 & 1 & & & & & \\
1 & 1 & 0 & 0 & 1 & 1 & & & & \\
0 & 0 & 1 & 1 & 0 & 0 & 1 & & & \\
0 & 0 & 0 & 0 & 0 & 0 & 0 & 1 & & \\
0 & 0 & 0 & 0 & 0 & 0 & 0 & 1 & 1 & \\
0 & 0 & 0 & 0 & 0 & 0 & 0 & 1 & 1 & 1
\end{bmatrix}
$$

（2）对于 U' 中的所有对象，根据式(12.3)计算连续属性 $\{D, Z, V, H\}$ 对应的模糊相似矩阵 R_D，R_Z，R_V，R_H，

$$
R_D = \begin{bmatrix}
1 \\
0.95 & 1 & & 对 \\
0.91 & 0.95 & 1 \\
0.45 & 0.42 & 0.39 & 1 & & & 称 \\
0.51 & 0.48 & 0.45 & 0.91 & 1 \\
0.61 & 0.57 & 0.54 & 0.79 & 0.87 & 1 \\
0.59 & 0.56 & 0.53 & 0.8 & 0.89 & 0.98 & 1 \\
0.74 & 0.7 & 0.67 & 0.65 & 0.73 & 0.84 & 0.82 & 1 \\
0.15 & 0.13 & 0.11 & 0.54 & 0.48 & 0.39 & 0.4 & 0.2 & 1 \\
0.03 & 0.01 & 0 & 0.35 & 0.3 & 0.23 & 0.24 & 0.15 & 0.73 & 1
\end{bmatrix}
$$

$$
R_Z = \begin{bmatrix}
1 \\
0.9 & 1 & & 对 \\
0.97 & 0.92 & 1 \\
0.75 & 0.83 & 0.77 & 1 & & & 称 \\
0.59 & 0.67 & 0.61 & 0.81 & 1 \\
0.39 & 0.45 & 0.41 & 0.57 & 0.73 & 1 \\
0.52 & 0.59 & 0.54 & 0.73 & 0.9 & 0.81 & 1 \\
0.14 & 0.19 & 0.15 & 0.28 & 0.39 & 0.59 & 0.45 & 1 \\
0.07 & 0.11 & 0.08 & 0.19 & 0.29 & 0.47 & 0.35 & 0.83 & 1 \\
0 & 0.03 & 0 & 0.1 & 0.19 & 0.35 & 0.24 & 0.68 & 0.82 & 1
\end{bmatrix}
$$

$$
R_V = \begin{bmatrix}
1 \\
0.88 & 1 & & 对 \\
0.75 & 0.88 & 1 \\
0.6 & 0.68 & 0.78 & 1 & & & 称 \\
0.83 & 0.94 & 0.94 & 0.73 & 1 \\
0.07 & 0.12 & 0.18 & 0.30 & 0.15 & 1 \\
0.24 & 0.3 & 0.36 & 0.51 & 0.33 & 0.68 & 1 \\
0.83 & 0.73 & 0.64 & 0.47 & 0.68 & 0.01 & 0.15 & 1 \\
0.83 & 0.94 & 0.94 & 0.73 & 1 & 0.15 & 0.33 & 0.68 & 1 \\
0.81 & 0.71 & 0.62 & 0.45 & 0.66 & 0 & 0.14 & 0.97 & 0.66 & 1
\end{bmatrix}
$$

$$R_H = \begin{bmatrix} 1 & & & & & & & \text{对} & & \\ 0.85 & 1 & & & & & & & & \\ 0.85 & 0.72 & 1 & & & & & & & \\ 0.53 & 0.43 & 0.65 & 1 & & & & \text{称} & & \\ 0.72 & 0.61 & 0.85 & 0.77 & 1 & & & & & \\ 0.37 & 0.29 & 0.47 & 0.77 & 0.57 & 1 & & & & \\ 0.43 & 0.34 & 0.53 & 0.85 & 0.65 & 0.9 & 1 & & & \\ 0.12 & 0.05 & 0.18 & 0.4 & 0.26 & 0.57 & 0.5 & 1 & & \\ 0.43 & 0.34 & 0.53 & 0.85 & 0.65 & 0.9 & 1 & 0.5 & 1 & \\ 0.05 & 0 & 0.12 & 0.31 & 0.18 & 0.47 & 0.4 & 0.8 & 0.4 & 1 \end{bmatrix}$$

(3)根据式(12.5)计算相容度矩阵 R 为

$$R = \begin{bmatrix} 1 & & & & & & & \text{对} & & \\ 1 & 1 & & & & & & & & \\ 0.8 & 0.6 & 1 & & & & & & & \\ 0.2 & 0.2 & 0.6 & 1 & & & & \text{称} & & \\ 0.4 & 0.4 & 0.4 & 0.6 & 1 & & & & & \\ 0.2 & 0.2 & 0 & 0.4 & 0.4 & 1 & & & & \\ 0 & 0 & 0.2 & 0.6 & 0.4 & 0.6 & 1 & & & \\ 0.2 & 0 & 0 & 0 & 0 & 0.2 & 0.2 & 1 & & \\ 0.2 & 0.2 & 0.2 & 0.2 & 0.2 & 0.2 & 0.2 & 0.4 & 1 & \\ 0.2 & 0 & 0 & 0 & 0 & 0 & 0 & 0.6 & 0.4 & 1 \end{bmatrix}$$

(4)令阈值 α 在 $[0.85, 0.5]$ 之间以步长 $l = 0.05$ 递减,实验显示,当 $\alpha = 0.55$ 时,获得最大综合近似精度 0.8326,目标一次聚合结果 $S_1 = \{S_{11}, S_{12}, S_{13}, S_{14}\}$ 及类间可区分度矩阵 $\mathrm{is}(S_{1i}, S_{1j})$ $(i, j = 1, 2, 3, 4)$ 如下:

$$S_1 = \begin{cases} S_{11} = \{x_1, x_2, x_3\}, \\ S_{12} = \{x_4, x_5\}, \\ S_{13} = \{x_6, x_7\}, \\ S_{14} = \{x_8, x_9, x_{10}\}, \end{cases} \qquad \mathrm{is}(S_{1i}, S_{1j}) = \begin{bmatrix} 0 & & \text{对} & \\ 0.47 & 0 & \text{称} & \\ 0.55 & 0.35 & 0 & \\ 0.56 & 0.47 & 0.42 & 0 \end{bmatrix}$$

经分析验证,该目标一次聚合算法对空袭编队的分析结果与利用文献[16]中基于模糊聚类的空袭编队分析结果相一致,与专家的直观战术推理相吻合,证明了该方法的正确性和可行性. 另外,该方法能充分利用空中目标的每一状态信息,通过可区分度和综合近似精度,以较快的速度实现目标的聚合,符合防空作战的实时性要求,并解决了以往只能依靠指挥员根据经验直观判断空袭编队目标群划分的问题,为指挥自动化系统中的空中编队分析提供了新的思路和方法.

12.4　基于 IFRS-4 近似理论的目标功能合群

功能群主要把具有相同功能、相似类型的威胁单元进行组合,因此,空袭编队的目标类型是功能群划分的关键依据.下面,首先分析目标类型的模糊性,其次给出基于 IFRS-4 近似理论的目标二次聚合,在此基础上,结合模板匹配技术,实现目标的功能合群,最后用实例对方法进行了进一步说明和验证.

12.4.1　目标类型的模糊性

目标类型是空袭编队目标功能合群与识别的关键依据,主要由低级融合的多传感器系统提供.目标类型的模糊性主要源于两个方面:

(1)传感器提供的目标特征数据带有模糊性.受环境和传感器性能等因素影响,低级融合中各传感器提供的目标的特性参数与飞行参数往往是不完整、不精确、模糊的,甚至矛盾的,即包含大量的不确定性.

(2)多传感器数据融合结果带有不确定性.多传感器系统需要根据各传感器给出的带有不确定性的身份报告或说明,对所观测的实体给出联合的身份判断,而这种联合的身份判断往往以概率数据或模糊数据等不完全确定的形式给出,决策者需要根据一定的准则判断可能性最大的目标类型[17].

因此,在空袭编队分析时,需要考虑目标类型的模糊性,而这正是功能群划分面临的难题.下面给出目标类型模糊性的数学描述.

将当前空中目标集表示为 $U = \{x_1, x_2, \cdots, x_n\}$,若目标类型集合为 $P = \{P_1, P_2, \cdots, P_h\}$,$\forall x_i \in U$,$\forall P_j \in P$,低级融合给出 x_i 对 P_j 的隶属度为 $P_i(x_i) \in [0,1]$,且满足 $\sum_{j=1}^{h} P_j(x_i) = 1$,如表 12.3 所示.另外,若低级融合不但给出了支持 x_i 为 P_j 的隶属度,还给出了反对 x_i 为 P_j 的非隶属度,此时,$P_i(x_i)$ 为一直觉模糊值,即 $P_i(x_i) \in L$,对此,IFRS-4 仍可以有效描述与处理.

表 12.3　目标类型

编号	类型 P_1	类型 P_2	$\cdots$	类型 P_h
x_1	$P_1(x_1)$	$P_2(x_1)$	$\cdots$	$P_h(x_1)$
x_2	$P_1(x_2)$	$P_2(x_2)$	$\cdots$	$P_h(x_2)$
$\vdots$	$\vdots$	$\vdots$		$\vdots$
x_n	$P_1(x_n)$	$P_2(x_n)$	$\cdots$	$P_h(x_n)$

12.4.2　基于 IFRS-4 的目标二次聚合

结合目标类型的模糊信息,本小节利用 IFRS-4 的近似理论,进行空袭编队目标的二次聚合.

根据表 12.3,空袭编队中每一目标 $x_i \in U(i=1,2,\cdots,n)$ 的类型是目标类型集合 $P=\{P_1,P_2,\cdots,P_h\}$ 上的一个特殊模糊子集,对应表 12.3 的一行,表示为 $Px_i=\{P_j(x_i)/P_j,j=1,2,\cdots,h\}$;同时,每一种目标类型 $P_j \in P(j=1,2,\cdots,h)$ 又是空袭编队实体论域 $U=\{x_1,x_2,\cdots,x_n\}$ 上的一个模糊子集,对应表 12.3 的一列,表示为 $XP_j=\{P_j(x_i)/x_i,i=1,2,\cdots,n\}$.

设由目标一次聚合得到的目标相容矩阵为 R,是一模糊相似矩阵,如式 (12.11) 所示,其中 $n=|U|$,$r_{ij}=R(x_i,x_j) \in [0,1]$,$r_{ij}=r_{ji}$,$r_{ii}=(1,0)$,$i,j=1,2,\cdots,n$.

$$R = \begin{bmatrix} r_{11} & r_{12} & \cdots & r_{1n} \\ r_{21} & r_{22} & \cdots & r_{2n} \\ \vdots & \vdots & & \vdots \\ r_{n1} & r_{n2} & \cdots & r_{nn} \end{bmatrix} \tag{12.11}$$

相容矩阵 R 决定一组模糊相似类,$\forall x_i \in U$,$(x_i)_R=(r_{i1}/x_1,r_{i2}/x_2,\cdots,r_{in}/x_n)$ 表示目标 x_i 的 R 模糊相似类,$(x_i)_R$ 为论域 U 上一模糊子集.

由于空袭编队的二次聚合是在目标一次聚合的基础上进行,且要以目标类型为主要依据,因此,本小节借助 IFRS-4 的近似理论,根据目标类型确定的 h 个模糊子集 $\{XP_1,XP_2,\cdots,XP_h\}$,以及目标相容矩阵 R,通过计算 $XP_j=\{P_j(x_i)/x_i,i=1,2,\cdots,n\}(j=1,2,\cdots,h)$ 关于相容矩阵 R 的下近似 $R^-(XP_j)$ 和上近似 $R^+(XP_j)$,来进行目标的二次聚合,即得到基于目标类型的战术群 S_2,

$$\text{Lowers} = \{R^-(XP_1),R^-(XP_2),\cdots,R^-(XP_h)\}$$
$$\text{Uppers} = \{R^+(XP_1),R^+(XP_2),\cdots,R^+(XP_h)\} \tag{12.12}$$

其中,$R^-(XP_j)=\{x_i \mid I((x_i)_R,XP_j)_1 \geqslant k\}$,$R^+X(XP_j)=\{x_i \mid I((x_i)_R,XP_j)_1 > 1-l\}$,$I$ 为模糊包含度(特殊的直觉模糊包含度),$0.5 \leqslant k,l \leqslant 1$.

在允许一定分类误差 $0 \leqslant 1-k \leqslant 0.5 \wedge 0 \leqslant 1-l \leqslant 0.5$ 的条件下,下近似 $R^-(XP_j)$ 包含了根据 R 判断肯定属于 XP_j 的目标,上近似 $R^+X(XP_j)$ 包含了根据 R 判断可能属于 XP_j 的目标,且 $R^-(XP_j) \subseteq R^+(XP_j)$,即 $[R^-(XP_j),R^+(XP_j)]$ 组成了目标二次聚合的不确定区间.因此,可得到如下战术群 $S_2=\{S_{21},S_{22},\cdots,S_{2h}\}$,

$$S_2 = \begin{cases} S_{21} = [R^-(XP_1),R^+(XP_1)] \\ S_{22} = [R^-(XP_2),R^+(XP_2)] \\ \cdots\cdots \\ S_{2h} = [R^-(XP_h),R^+(XP_h)] \end{cases} \tag{12.13}$$

至此,根据目标类型与相容矩阵,得到了空袭编队的二次聚合结果,其中每一目标群都用一个上、下近似组成的区间来表示.下一步的任务就是如何识别空袭编队中的功能群类型.

12.4.3 基于模板匹配的功能群类型识别

功能群类型的识别,即建立目标二次聚合结果 $S_2 = \{S_{21}, S_{22}, \cdots, S_{2q}\}$ 到功能群集合 $F = \{F_1, F_2, \cdots, F_t\}$ 的映射.对于特定类型的空袭编队而言,其各个功能组成部分的群体成员的类型和数量是相对固定的,因此,本小节使用模板来表示各个已知的功能群类型.下面首先建立功能群模板.

已知功能群集合 $F = \{F_1, F_2, \cdots, F_t\}$,即共有 t 类功能群,本小节主要依据功能群的两类属性来建立功能群模板,一是完成这一功能的目标类型集合;二是各类目标的数量,即 $F_i = \{\{P_i, P_j, \cdots, P_k\}, \{P_i.\,\text{num}, P_j.\,\text{num}, \cdots, P_k.\,\text{num}\}\}$.设第 i 类功能群 F_i 对应于功能模板 $\text{Tem}(i)$,功能群模板集合 $\text{Templets} = \{\text{Tem}(1), \text{Tem}(2), \cdots, \text{Tem}(t)\}$,则第 i 类功能群的每个属性可分别用 $\text{Tem}(i)$ 中的一个槽来表示,记 $\text{Tem}(i)$ 的第 1 个槽为 $\text{slot}(i, 1)$,取值为该功能群指定的目标类型集合,即 $\{P_i, P_j, \cdots, P_h\}$,第 2 个槽为 $\text{slot}(i, 2)$,取值为各类目标的数量,即 $\{P_i.\,\text{num}, P_j.\,\text{num}, \cdots, P_h.\,\text{num}\}$,值得一提的是,$\text{slot}(i, 2)$ 中包含的往往不是确定的数,而是数量区间 $[\text{low}, \text{up}]$,其中 low 和 up 分别为目标数量的上限和下限,则模板集 Templets 可表示为

$$\text{Templets} = \begin{cases} \text{Tem}(1) = \{\text{slot}(1,1), \text{slot}(1,2)\} \\ \text{Tem}(2) = \{\text{slot}(2,1), \text{slot}(2,2)\} \\ \cdots\cdots \\ \text{Tem}(t) = \{\text{slot}(t,1), \text{slot}(t,2)\} \end{cases} \tag{12.14}$$

目标的二次聚合得到了如式(12.13)所示的目标群不确定区间,因此,要进行目标的功能合群,即要将式(12.13)与式(12.14)进行相应的匹配度计算.对此,我们采用的方法描述如下.

(1)当 $\text{slot}(i, 1)$ 仅包含一种目标类型时,即 $\text{slot}(i, 1) = \{P_i \mid P_i \in P\}$.

首先,进行目标类型匹配.$\forall S_{2j} \in S_2$,$S_2 = \{S_{21}, S_{22}, \cdots, S_{2h}\}$,由于 S_{2j} 对应于目标类型 $P_j \in P$,因此,S_{2j} 与 $\text{slot}(i, 1)$ 的匹配度 $\text{mat}(S_{2j}, \text{slot}(i, 1))$ 计算如下:

$$\text{mat}(S_{2j}, \text{slot}(i, 1)) = \begin{cases} 1, & P_j = P_i \\ 0, & P_j \neq P_i \end{cases} \tag{12.15}$$

其次,进行目标数量匹配.由于 $\text{slot}(i, 2)$ 是一个数量区间,表示为 $\text{slot}(i, 2) = [\text{low}, \text{up}]$,而 $S_{2j} = [R^-(XP_j), R^+(XP_j)]$ 恰好也是一个区间,这里

定义区间的差为 $[\text{low}, \text{up}] - [R^-(XP_j), R^+(XP_j)] = [\mid \text{low} - R^-(XP_j) \mid, \mid \text{up} - R^+(XP_j) \mid] = [n_1, n_2]$,二者的匹配度 $\text{mat}(S_{2j}, \text{slot}(i,2))$ 为

$$\text{mat}(S_{2j}, \text{slot}(i,2)) = \left(1 - \frac{n_1}{\text{low}}\right) \vee \left(1 - \frac{n_2}{\text{up}}\right) \qquad (12.16)$$

最后,根据 $\text{mat}(S_{2j}, \text{slot}(i,1))$ 与 $\text{mat}(S_{2j}, \text{slot}(i,2))$ 得到综合匹配度 $\text{match} = \text{mat}(S_{2j}, \text{slot}(i,1)) \wedge \text{mat}(S_{2j}, \text{slot}(i,2))$.

(2)当 $\text{slot}(i,1)$ 包含多种目标类型时,即 $\text{slot}(i,1) = \{P_i, P_j, \cdots, P_k\}$.

此时,目标数量匹配度与综合匹配度采用与(1)中相同的方法. 在进行目标类型匹配时,$\forall S_{2j} \in S_2$,从 S_2 中搜索 $\text{slot}(i,1)$ 包含的目标类型的最大集合 $m(S_2, \text{slot}(i,1)) = m_i$,$S_{2j}$ 与 $\text{slot}(i,1)$ 的匹配度 $\text{mat}(S_{2j}, \text{slot}(i,1))$ 为

$$\text{mat}(S_{2j}, \text{slot}(i,1)) = \begin{cases} 1, & m_i \neq \varnothing \\ 0, & m_i = \varnothing \end{cases} \qquad (12.17)$$

得到综合匹配度之后,从中选择最大匹配度的功能群模板,即可作为功能群的识别结果.

12.4.4 实例

在 12.3.3 小节实例研究的基础上,当前空中敌方来袭目标集为 $U' = \{x_1, x_2, x_3, x_4, x_5, x_6, x_7, x_8, x_9, x_{10}\}$,若当前空中目标类型集合为 $P = \{P_1, P_2, P_3\} = \{轰炸机,战斗机,干扰机\}$,$\forall x_i \in U'$,$\forall P_j \in P$,低级融合给出 x_i 对 P_j 的隶属度如表 12.4 所示.

表 12.4　空袭编队目标类型信息

编号	x_1	x_2	x_3	x_4	x_5	x_6	x_7	x_8	x_9	x_{10}
类型 P_1	0.55	0.45	0.6	0.35	0.3	0.3	0.15	0.2	0.4	0.3
类型 P_2	0.28	0.2	0.2	0.4	0.6	0.5	0.8	0.15	0.2	0
类型 P_3	0.17	0.35	0.2	0.25	0.1	0.2	0.05	0.65	0.4	0.7

(1)应用 IFRS 近似理论进行目标的二次聚合.

根据表 12.4,目标类型确定的论域 U' 上的 3 个模糊子集 $\{XP_1, XP_2, XP_3\}$ 分别为表 12.4 中的一行,根据 12.3.3 小节获取的目标相容矩阵 R,如式(12.18)所示. 根据 IFRS-4 上、下近似计算公式,$R^-(XP_j) = \{x_i \mid I((x_i)_R, XP_j)_1 \geqslant k\}$,$R^+ X(XP_j) = \{x_i \mid I((x_i)_R, XP_j)_1 > 1 - l\}$,这里允许的分类误差 $1 - k = 0.35 \wedge 1 - l = 0.32$,$I$ 选择与直觉模糊包含度 $I^0(A,B)$ 对应模糊包含度,即

$$I(A,B) = \sum_{x \in U} \min\{A(x), B(x)\} \Big/ \sum_{x \in U} A(x)$$

其中, A 与 B 为论域 U 上的模糊集.

计算 $XP_j = \{P_j(x_i)/x_i, i = 1, 2, \cdots, 10\}(j = 1, 2, 3)$ 关于相容矩阵 R 的下近似 $R^-(XP_j)$ 和上近似 $R^+(XP_j)$, 即可得到二次分群结果 $S_2 = \{S_{21}, S_{22}, S_{23}\}$, 如式(12.19)所示:

$$R = \begin{bmatrix} 1 & & & & & & & & & \\ 1 & 1 & & & 对 & & & & & \\ 0.8 & 0.6 & 1 & & & & & & & \\ 0.2 & 0.2 & 0.6 & 1 & & 称 & & & & \\ 0.4 & 0.4 & 0.4 & 0.6 & 1 & & & & & \\ 0.2 & 0.2 & 0 & 0.4 & 0.4 & 1 & & & & \\ 0 & 0 & 0.2 & 0.6 & 0.4 & 0.6 & 1 & & & \\ 0.2 & 0 & 0 & 0 & 0 & 0.2 & 0.2 & 1 & & \\ 0.2 & 0.2 & 0.2 & 0.2 & 0.2 & 0.2 & 0.2 & 0.4 & 1 & \\ 0.2 & 0 & 0 & 0 & 0 & 0 & 0 & 0.6 & 0.4 & 1 \end{bmatrix} \quad (12.18)$$

$$S_2 = \begin{cases} S_{21} = [R^-(XP_1), R^+(XP_1)] = [\{x_1, x_2, x_3, x_9\}, \{x_1, x_2, x_3, x_5, x_9\}] \\ S_{22} = [R^-(XP_2), R^+(XP_2)] = [\{x_4, x_5, x_6, x_7\}, \{x_4, x_5, x_6, x_7\}] \\ S_{23} = [R^-(XP_3), R^+(XP_3)] = [\{x_8, x_9, x_{10}\}, \{x_8, x_9, x_{10}\}] \end{cases}$$

$$(12.19)$$

可以看出, 目标群 $S_2 = \{S_{21}, S_{22}, S_{23}\}$ 中, S_{22} 与 S_{23} 对应的上、下近似是完全一致的, 而 S_{21} 对应的上、下近似并不一致, 因此, XP_2 与 XP_3 依参数 k, l 关于 R 是可定义, XP_1 依参数 k, l 关于 R 是不可定义的, 或直觉模糊粗糙的. 进一步将目标群 $S_2 = \{S_{21}, S_{22}, S_{23}\}$ 与 12.3.3 小节的目标一次聚合结果 $S_1 = \{S_{11}, S_{12}, S_{13}, S_{14}\}$ 进行对比, 发现 S_{22} 是 S_{12} 与 S_{13} 的聚合, S_{23} 对应 S_{14}, 而 S_{21} 却不是 S_1 中某一个或几个初始群的聚合, S_{21} 是 S_{11} 与单目标 x_9 的聚合, 这主要是由于低级融合提供的目标 x_9 对各目标类型的隶属度出现了均衡状态, 即 $P_1(x_9) = P_3(x_9) \geqslant P_2(x_9)$, 不能体现对某一类型的隶属优势, 因而出现了以上不确定状态, 而 IFRS-4 恰好可以捕获这种不确定状态, 并以上、下近似区间的形式体现出来.

(2)应用模板匹配实现功能群类型识别.

设已知 4 类功能群 $F = \{F_1, F_2, F_3, F_4\} = \{$攻击群, 护航群, 压制群, 干扰群$\}$, 功能群涉及的目标类型集合 $P' = \{P_1, P_2, P_3, P_4, P_5\} = \{$轰炸机, 战斗机, 干扰机, 攻击机, 电子战飞机$\}$, 相应的功能群模板集合 Templets 为

$$\text{Templets} = \begin{cases} \text{Tem}(1) = \{\text{slot}(1,1) = \{P_1, P_4\}, \text{slot}(1,2) = \{[3,4],[4,5]\}\} \\ \text{Tem}(2) = \{\text{slot}(2,1) = \{P_2\}, \text{slot}(2,2) = [3,5]\} \\ \text{Tem}(3) = \{\text{slot}(3,1) = \{P_3\}, \text{slot}(3,2) = [3,4]\} \\ \text{Tem}(4) = \{\text{slot}(4,1) = \{P_5\}, \text{slot}(4,2) = [2,3]\} \end{cases} \quad (12.20)$$

根据式(12.15)~式(12.17),分别计算 $S_2 = \{S_{21}, S_{22}, S_{23}\}$ 与功能群模板 Templets=$\{$Tem(1), Tem(2), Tem(3), Tem(4)$\}$ 在目标类型和目标数量上的匹配度 mat$(S_{2j}, slot(i,1))$ 与 mat$(S_{2j}, slot(i,2))$ $(i = 1,2,3,4)(j = 1,2,3)$,并进一步得到综合匹配度 match,如表 12.5 所示.

表 12.5　模板匹配度

match	Tem(1)	Tem(2)	Tem(3)	Tem(4)
S_{21}	0.8	0	0	0
S_{22}	0	0.8	0	0
S_{23}	0	0	1	0

由匹配度的计算结果可知,目标群 S_{21} 识别为攻击群,目标群 S_{22} 识别为护航群,目标群 S_{23} 识别为干扰群.

12.5　本章小结

本章将直觉模糊粗糙集模型 IFRS-4 引入空袭编队分析,提出了基于 IFRS-4 模型的目标聚合与识别方法.

首先,将空袭编队分析归结为三个问题,一是基于目标状态信息的目标一次聚合;二是基于目标类型的目标二次聚合;三是基于领域知识的目标功能合群.

其次,针对目标一次聚合,提出了基于 IFRS-4 聚类的目标分群方法.

再次,分析了低级融合所提供目标类型的模糊性,给出了基于 IFRS-4 近似理论的目标二次聚合模型,在此基础上,结合模板技术,给出了空袭编队功能群类型识别方法.

最后,分别用实例对所给方法进行了验证.实例表明,本章方法可以在不确定环境下,有效解决空袭编队分析中初始群的建立和功能群的识别问题,从而为确定态势元素之间的相互关系提供了重要参考.同时,IFRS-4 理论的近似划分思想为指挥自动化系统中空袭编队分析及其他问题提供了新的思路和方法.

参 考 文 献

[1] 马云,李伟生,王宝树. 数据融合中的态势觉察技术[J]. 计算机工程,2003,30(1):85-87.

[2] 张明远. 态势觉察中目标分群技术的实现[J]. 电光与控制,2004,11(1):40-43.

[3] Carl G. Looney C G, Liang L R. Cognitive situation and threat assessments of ground battlespaces [J]. Information Fusion, 2003,4(4):297-308.

[4] 郭俊文,覃征,贺升平,等. 机动目标空间群生成算法[J]. 清华大学学报(自然科学版),2006,46(S1):1036-1040.

[5] 蔡益朝. 态势评估中的兵力聚合技术研究[D]. 长沙:国防科学技术大学博士学位论文,2006.

[6] 郭俊文，覃征，贺升平，等. 机动目标功能的合群算法[J]. 计算机工程，2006，32(14)：7-10.

[7] 刘同明，夏祖勋，解洪成. 数据融合技术及其应用[M]. 北京：国防工业出版社，1998.

[8] 来升强. 数据挖掘中高维定性数据的粗糙集聚类[J]. 统计研究，2005(8)：56-60.

[9] 卜东坡，白硕，李国杰. 聚类/分类中粒度原理[J]. 计算机学报，2002，8：810-815.

[10] Lingras P J，West C. Interval set clustering of web users with rough K-means[J]. J. Intelligent Inf. Syst，2004，23 (1)：5-16.

[11] 李订芳，章文，何炎祥. 一种新的带模糊权的粗糙聚类算法[J]. 信息与控制，2006，35(1)：120-125.

[12] 孙惠琴，熊璋. 基于粗集的模糊聚类方法和结果评估[J]. 复旦学报(自然科学版)，43(5)：819-822.

[13] Chen C B，Wang L Y. Rough set-based clustering with refinement using Shannon's entropy theory [J]. Computers and Mathematics with Applications，2006，52：1563-1576.

[14] 王庆东. 基于粗糙集的数据挖掘方法研究[D]. 杭州：浙江大学博士学位论文，2005.

[15] 刘少辉，胡斐，贾自艳，等. 一种基于 Rough 集的层次聚类算法[J]. 计算机研究与发展，2004，41(4)：552-557.

[16] 陈东峰. 基于直觉模糊集理论的威胁评估研究[D]. 西安：空军工程大学博士学位论文，2007.

[17] 邢清华. 防空作战智能辅助决策研究[D]. 西安：空军工程大学博士学位论文，2003.

第 13 章　基于 IFRS-3 与 D-S 理论的意图识别方法

基本概率赋值难以获取是 D-S 证据理论在决策级信息融合中应用的瓶颈问题. 本章针对战术意图识别问题,首先分析意图识别信息系统,研究基于 IFRS-3 的知识获取方法,在此基础上,介绍一种基于直觉模糊规则的基本概率赋值获取方法,并建立基于 IFRS-3 与 D-S 理论的意图识别模型.

13.1　引　　言

对敌意图识别是防空指挥决策的重要基础和前提,也是战场态势评估的核心内容. 军语中将"意图"定义为:希望达到某种目的的基本设想和打算. 军事意图识别是对战场各种信息源得到的信息进行分析,来解释和判断敌方要达到的作战目的、设想和打算. 对敌战术意图识别是态势评估的一个核心内容,也是威胁估计的基础,许多学者对此进行了有益的探索,主要采用的方法有:冲突分析方法、最大相似法、贝叶斯推理、D-S 证据推理、条件事件代数理论、规划识别理论、多值逻辑理论、品质因数法等.

文献[1]采用冲突分析方法,提出了基于冲突分析的、可用于序贯博弈条件下的作战意图预测模型;文献[2]基于相似度提出了用于识别舰艇战术意图的最大相似法,具有直观、易于工程实现等优点. 文献[3]~[5]采用贝叶斯推理技术研究了对敌战术意图识别方法,然而,贝叶斯网络技术用于对敌作战意图识别时,需要建立各种作战意图的先验概率及各种联合概率表,战术专家很难给出这种先验概率和联合概率表;文献[6]研究了基于不确定推理的 D-S 证据推理的意图识别方法,然而对于基本概率赋值 BPA 的获取,却存在完全依赖于领域专家指定的问题.

以上方法中,无论是贝叶斯网络的先验概率、D-S 理论中的基本概率赋值,还是最大相似法的模板,其获取过程均依赖于军事领域的知识,而以上方法对这一问题都采用了专家指定的策略,这在专家知识完备的情况下是有效的、可行的,而在专家知识不完备时则是局限的. 对敌战术意图识别是一个高度依赖领域知识的模式识别问题,离开一定的作战背景及在此作战背景下的专家知识,战术意图的识别将无法进行. 因此,实现这一识别过程需要获取有效的军事领域知识,并模仿人类专家推理的能力,将基于知识的推理方法应用于意图识别的假设推理过程,从不完全的、不精确的、不确定的知识和信息中作出推理,完成对当前战场敌方意图的识别.

单一的方法不能有效解决态势评估中的复杂问题. 本章将 IFRS-3 引入对敌意图识别,解决意图识别中的军事决策知识获取问题,进而解决 D-S 理论应用于对敌意图识别中存在的 BPA 完全依赖于专家指定的问题.

本章的思路是:首先,建立对敌战术意图识别框架,提取影响意图模式的态势特征集,形成意图识别信息系统 IIS;其次,将 IIS 中的连续属性转换为模糊属性,建立直觉模糊意图识别信息系统 IFIIS 并进行属性约简;再次,提取意图识别规则;最后,根据系统检测到的态势特征(分阶段),结合意图识别规则,获取各个阶段的证据及 BPA,并进行组合决策,在不确定环境下决策敌方意图.

13.2 意图识别问题描述

对敌意图识别是战场态势理解的核心内容之一,也是当前决策级信息融合的研究的热点与难点. 态势理解接受低级融合与态势觉察的结果,从中抽取出对当前军事态势尽可能准确地、完整地感知以逐步对敌方意图和作战计划加以识别,为指挥员决策提供直接的支持. 因此,如何根据不完全的、不精确的或不确定的知识和信息作出推理,完成对当前战场敌方意图的识别,是实现意图识别的关键.

由于不同的战场态势体现出不同的态势特征,包含不同的态势元素,所以寻找态势特征与敌方行为模式和作战意图之间的对应关系是实现意图识别的重要方法. 这其中涉及两个对象:①态势特征集合,②意图模式假设集合. 对于①,由于作战意图具有隐蔽性、欺骗性等特点,因此只有对各种态势特征量进行全面系统地分析,才能不为敌所欺骗,识别出其真正的作战意图;对于②,一般情况下,战术意图模式种类可以根据作战背景、战术原则和作战需求事先予以确定. 对敌战场意图识别的数学模型描述如下.

设 $F = \{F_1, F_2, F_3, \cdots, F_m\}$ 为态势特征集合,$\Theta = \{I_1, I_2, I_3, \cdots, I_h\}$ 为意图模式假设集合,每个意图模式假设中都包含了敌方的作战意图和实现该意图的一系列行为模式,意图识别就是要建立这样的映射

$$\Delta: F \rightarrow \Theta \tag{13.1}$$

当给定一个态势特征集 $F' \subseteq F$,就可以得到 $\Delta(F') \in \Theta$,于是可对 F' 作出行为模式和意图的解释.

从另外的角度讲,对敌意图识别又可以等效为一个对意图模式假设的分类问题,Θ 是假设空间,F 中态势特征的不同组合构成了样本集,对敌意图识别就是要寻找恰当的分类算法,使之能够对新的态势特征组合所表示的态势样本进行较为准确的泛化.

根据战争影响层次,对敌战场意图识别可以分为对敌战略意图识别、对敌战役意图识别、对敌战术意图识别. 其中对敌战术意图识别要处理的对象更加具体,对

识别的实时性要求也较高.对敌战术意图识别的一般过程包括:根据信息源提供的信息,进行对敌战术意图特征提取,然后通过一定的识别推理机制,得到对敌战术意图识别结果.如图 13.1 所示[7].这个过程与 IFRS-3 处理决策问题的思路不谋而合,因此,本章将 IFRS-3 与 D-S 理论相集合,利用 IFRS-3 进行态势特征的提取,然后获取意图识别规则,进而基于 IFRS-3 获取基本概率赋值,最后利用 D-S 合成规则进行意图识别推理.

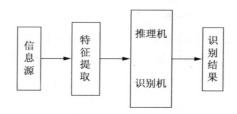

图 13.1　对敌战术意图识别的过程

13.3　D-S 理论及其在意图识别中的应用分析

13.3.1　D-S 理论介绍

D-S 理论是经典概率论的一种推广,它把命题的不确定性问题转化为集合的不确定问题,能够区分"不确定"与"不知道"的差异,可处理由"不知道"引起的不确定性.D-S 理论中最基本的概念是识别框架 $\Theta = \{\theta_1, \theta_2, \cdots, \theta_n\}$,它是一个互不相容事件的完备集合,表示对某些问题的可能答案的集合.D-S 理论基于 2^Θ 中的元素进行运算和推理.实际应用中,D-S 理论的重点在于基本概率赋值 BPA(basic probability assignment)、信任函数 Bel(belief function)及似真函数 Pl(plausibility function)的确定,核心是证据组合.

定义 13.1(基本概率赋值 BPA[8])　设 Θ 为一识别框架,则函数 $m: 2^\Theta \to [0,1]$ 在满足下列条件:

(1) $m(\varnothing) = 0$;

(2) $\sum_{A \subset \Theta} m(A) = 1$;

称 $m(A)$ 为基本概率赋值函数.

$m(A)$ 表示指派给命题 A 本身的置信度,即支持 A 本身发生的程度,而不支持任何 A 的真子集.信任函数 Bel(A) 表示给予命题 A 的全部置信程度,即 A 中全部子集对应的基本置信度之和,即 $\text{Bel}(A) = \sum_{B \subset A} m(B)$. Pl($A$) 表示不反对命题 A 发生的程度,即与 A 的交集非空的全部集合所对应的基本概率赋值之和,即 $\text{Pl}(A) = \sum\limits_{B\cap A\neq\varnothing} m(B)$. $[\text{Bel}(A),\text{Pl}(A)]$ 构成不确定区间,表示对 A 的不确定性度量.

定义 13.2　m 为基本概率赋值函数:①如果 $m(A) > 0$,则称 A 为 Bel 的焦元;②信任函数 Bel 的所有焦元的集合称为核;③如果 Bel 的所有焦元皆为原子命题,则 Bel 就为贝叶斯的.

Dempster 组合规则提供了组合来自多个独立的信息源的方法,在证据理论中起着很重要的作用,在很多场合得到很好的应用. 对于同一个证据 A,假设 m_1 和 m_2 是两个相同识别框架 Θ 上的基本概率赋值,如果 Bel_1 的焦元是 $B_1,B_2,\cdots,B_k$,Bel_2 的焦元是 $C_1,C_2,\cdots,C_n$,应用如下 Dempster 组合规则进行组合:

$$M(A) = m_1 \oplus m_2(A) = \frac{\sum\limits_{i,jB_i\cap C_j=A} m_1(B_i)m_2(C_j)}{1-\sum\limits_{i,jB_i\cap C_j=\varnothing} m_1(B_i)m_2(C_j)} \tag{13.2}$$

对于同一个证据 A,假设 $\text{Bel}_1,\text{Bel}_2,\cdots,\text{Bel}_n$ 是在同一识别框架 Θ 上由相互独立的信息源产生的信任函数,$m_1,m_2,\cdots,m_n$ 是对应的 BPA 函数,则综合 BPA 函数为 $M(A)$:

$$M(A) = m_1 \oplus m_2 \oplus \cdots \oplus m_n(A)$$

$$= \begin{cases} k^{-1}\sum\limits_{\cap A_i=A}\prod\limits_{i=1}^{n} m_i(A_i), k=1-\sum\limits_{\cap A_i=\varnothing}\prod\limits_{i=1}^{n} m_i(A_i), A\neq\varnothing \\ m(\varnothing)=0 \end{cases} \tag{13.3}$$

可以证明如此定义的 $M(A)$ 满足 BPA 函数定义的要求.

13.3.2　D-S 理论在意图识别中的应用分析

D-S 证据理论在不确定信息的表达及合成推理方面具有很大的优势,在战场态势评估领域具有广阔应用前景.

对于 D-S 证据理论来说,态势评估系统中由军事领域知识产生的战场空间中可能出现的意图模式(备选假设)就是命题;各个传感器通过检测、处理给出的对事件发生的判断就是证据. 这样,根据 D-S 证据理论,就可以把态势分类看成假设的原因,而从传感器获得的事件发生的数据则可以看成是已经检测到的结果. 态势评估从检测事件的发生开始,在检测到事件后,由领域知识产生对某些命题的度量,这些度量即构成了证据,并利用这些证据通过构造相应的基本概率赋值函数,对所有的命题赋予一个置信度. 对于一个 BPA 函数以及相应的识别框架,合称为一个证据体,因此每发生一个事件就相当于一个证据体,而态势理解的实质是就是在当前每个态势分类的条件下,利用 Dempster 合成规则将从事件产生的不同证据合成为一个证据体,即由不同证据体的 BPA 合并产生一个总体概率分配,然后根据设定的阈值进行判断,从而完成对态势的分类识别.

基于 D-S 理论的意图识别(D-SIR)的主要步骤如下.

步骤 1:借助具体的军事想定,产生对敌作战意图的分类(命题),构造敌作战意图空间;

步骤 2:根据检测到的事件,构成证据,并利用证据对所有命题赋予一个 BPA. 这样对于每个事件就得到其对应的证据体;

步骤 3:利用 Dempster 合成规则进行证据组合,得到总体概率分配,根据设定的阈值,完成对敌作战意图的最终判定.

D-SIR 方法利用了事件与态势假设之间的潜在关系,并根据目标的行为序列来逐步判断敌方的意图,是一种解决态势估计问题很有前景的应用模型. 但其存在的问题是 BPA 完全依赖于军事领域专家指定. D-SIR 方法根据检测到的战场事件由专家给出 BPA,如文献[5]的实例中,在 t_1 时刻检测到事件 E_1:发现敌方目标,由军事领域专家根据此事件的发生给出意图识别框架 Θ 中各简单证据的 BPA:$m_1 = (A_1, A_2, A_3, A_4, \Theta) = (0.2, 0.2, 0.1, 0.2, 0.3)$,在时刻 t_2 检测到事件 E_2:发现目标高速飞行,再由军事领域专家给出 BPA:$m_2 = (A_1, A_2, A_3, A_4, \Theta) = (0.4, 0.1, 0.2, 0.2, 0.1)$,这种 BPA 依赖于专家指定的方法限制了 D-SIR 方法的应用范围,也是 D-S 理论应用的瓶颈问题.

针对这一问题,利用 IFRS-3 理论解决军事领域专家知识的获取问题,将依赖于军事领域专家改变为依赖于专家知识,以决策规则的形式表达专家知识,并在此基础上提出一种 BPA 的获取方法,根据系统各个阶段提供的数据,实现不确定环境下的战术意图识别.

利用 IFRS-3 研究意图识别问题,首先要建立意图识别信息系统,在此基础上进行知识获取,下面对此进行研究.

13.4　基于 IFRS-3 的知识获取方法

13.4.1　意图识别信息系统

防空作战环境变得越来越复杂,对敌战术意图的识别必然涉及多种因素. 通过各种探测手段,能直接观测到的只是目标的特定行动或目标状态的改变,而这其中却隐含着目标的意图. 意图识别信息系统包含了态势特征与意图模式及其关系. 建立意图识别信息系统包括四个步骤:第一步,建立意图模式假设 $\Theta = \{I_1, I_2, I_3, \cdots, I_h\}$;第二步,分析影响意图识别的各种态势特征 $F = \{F_1, F_2, F_3, \cdots, F_m\}$;第三步,根据战术原则、防空作战专家信息库及各态势特征的取值范围,构造以态势

特征集 $F = \{F_1, F_2, F_3, \cdots, F_m\}$ 为条件属性集 C,以意图模式 I 为决策属性 D 的初始意图识别信息系统 IIS $= (U, C \bigcup D, V, f) = (U, F \bigcup I, V, f)$,意图识别框架 $\Theta = \{I_1, I_2, I_3, \cdots, I_h\}$ 即为 I 的值域;第四步,将态势特征进行模糊化处理,生成直觉模糊意图识别信息系统 IFIIS $= (U, F \bigcup I, V, f)$. 下面对意图识别框架及各种态势特征进行分析.

1. 识别框架及因素划分

意图是抽象的概念,对它的描述和分类根据战场需要的不同会有所不同. 一般情况下,意图识别框架,即意图模式种类,可以根据具体防空作战背景、战术原则及作战需求事先予以确定. 设 $\Theta = \{I_1, I_2, I_3, \cdots, I_h\}$ 为 h 个意图模式假设组成的集合,表示某一特定防空作战背景下敌方可能的意图模式,其中,每个意图模式假设中都蕴涵着敌方实现这一作战意图的一系列战术行为模式.

目标的特定行动或状态是目标意图的外在表现. 用以识别敌方目标意图的信息主要来自低级融合及态势觉察系统得到的敌目标类别、属性、航向、速度、编队等信息,以及上级、友邻的敌情通报、我方保卫对象类型等,共同组成了态势特征集合 $F = \{F_1, F_2, F_3, \cdots, F_m\}$. 我们将态势特征集 $F = \{F_1, F_2, F_3, \cdots, F_m\}$ 划分为四个层次,第一层是相对静态因素、动态因素;第二层,将相对静态因素分划为我方保卫对象类型、环境因素和敌方核心目标属性,将动态因素具体化为敌方核心目标状态因素;第三层,将环境因素分为地形和天气,将敌方核心目标状态因素进一步细分;第四层,将动态因素在时间序列上进行扩展.

2. 相对静态因素

根据 13.3 节的因素划分,防空作战对敌意图识别涉及的相对静态因素主要有,我方保卫对象类型(BLX)、地形(DX)、天气(TQ)、敌方作战条例(DTL)、指挥官的指挥风格和习惯(DZH)、空袭样式(DYS)、敌方核心目标类型(DLX)、干扰能力(DGR)、突防能力(DTF)、机载武器(DJZ)等. 若要全面合理地考虑每个因素,给出一个意图模式与各种态势特征的函数关系,难度很大. 这里主要讨论以下的 5 个因素:我方保卫对象类型(BLX)、敌方核心目标类型(DLX)、空袭样式(DYS)、干扰能力(DGR)及突防能力(DTF).

我方保卫对象类型(BLX),由于不同的防空作战背景有不同的保卫任务,保卫对象可以是防空体系雷达、防空导弹阵地、火力群,也可以是机场、部队集结地、交通运输系统(铁路车站、桥梁、补给线)、后勤保障系统,工业生产和军工生产的某些重要环节等. 在具体的作战中,以上保卫目标在重要性上往往要进行划分,而重要性又是一个模糊的概念. 因此,我们应用直觉模糊集的思想,将我方保卫对象类型划分为 3 个模糊等级:非常重要、较重要和一般重要,即 BLX 为一个直觉模糊语言变量, BLX={非常重要, 较重要, 一般重要}.

敌方核心目标类型(DLX), 在一级态势觉察中, 已对敌方来袭目标的功能群编队情况进行了分析和识别, 在一组敌方目标群中, 其核心目标群的类型对敌方作战意图具有直接的支持. 敌方来袭目标可能包括核弹载机、战术弹道导弹(TBM)、空地导弹(精确制导炸弹)、反辐射导弹(ARM)、巡航导弹、隐身飞机、大型轰炸机、歼击机、指挥机、预警机、干扰机、小型机、直升机、侦察机、假目标及诱饵等. 为了方便模糊处理, 可将敌方核心目标按照其反射面积分为小型目标: 战术弹道导弹(TBM)、空地导弹(AGM)、反辐射导弹(ARM)、巡航导弹、隐身飞机等; 大型目标: 轰炸机、歼击轰炸机、强击机等; 其他目标: 武装直升机等[9], 即 DLX={小型目标, 大型目标, 其他目标}.

空袭样式(DYS), 来袭目标的高度变化有一定范围, 可将敌方目标的空袭样式划分为 4 个模糊等级, 即 DYS={超低空, 低空, 中空, 高空}.

干扰能力(DGR), 空袭目标施放电子干扰的强度属于定性指标, 需要根据其干扰方式和干扰手段进行判断. 关于定性属性的量化, 应用最广泛的是 1-9 标度法, 这里将干扰能力大致分为 4 个模糊等级, 即 DGR={无干扰, 弱干扰, 中干扰, 强干扰}.

突防能力(DTF), 来袭目标的突防能力可由防空作战对抗模型以概率的形式给出, 这里将突防能力划分为 3 个模糊等级, 即 DTF={弱, 中, 强}.

3. 动态因素

对于防空作战而言, 敌方目标临近我方空域飞行, 即对我保卫目标构成威胁, 其行动意图的估计将随飞行时间和航线的变化逐渐明确. 敌方目标具有某种作战意图时, 其表现出来的各种特征量具有典型的取值(取值离散时)或取值范围(取值连续时). 我们考虑的敌方核心目标的动态因素主要有, 距离(DJL)、速度(DSD)及航向角(DHX).

距离(DJL), 来袭目标的距离变化有一定范围, 可将来袭目标的距离变化范围划分为 3 个模糊等级, 即 DJL={近距, 中距, 远距}.

速度(DSD), 将敌核心目标的速度变化范围划分为 3 个模糊等级, 即 DSD={低速, 中速, 高速}.

航向角(DHX), 敌核心目标的航向角 θ 变化范围为[0°, 180°], 可将航向角的变化分为 4 个模糊等级, 即 DHX={临近, 迂回, 侧翼, 背离}.

空袭作战与反空袭作战是一个随时间变化的随机过程, 来袭目标的状态随时间变化而随机变化, 单独一个时刻的目标动态因素并不能决策出目标的意图, 而考虑过多的时刻, 敌方的意图可能改变, 从而可能错失作战良机. 因此, 这里需要根据具体的作战环境、作战经验和敌方战术原则提取适当的若干典型阶段的动态参数,采用基于知识的推理方法,逐步决策敌方的意图.

通过以上的模糊等级划分,将态势特征集从连续值论域映射到模糊语言值论域,意图识别信息系统 IIS＝$(U,F\cup I,V,f)$ 转化为直觉模糊条件信息系统 IFIIS＝$(U,F\cup I,V,f)$,为基于 IFRS-3 的意图识别知识获取创造了条件.

在防空作战中,由于敌方的作战意图往往具有隐蔽性、欺骗性等特点,因此只有对各种态势特征量进行全面系统地分析,才能不为敌所欺骗,识别出其真正的作战意图,然而,选择过多的特征量将会使意图识别难以实施. 因此,对敌战术意图识别的第一步是根据意图识别信息系统,进行战术意图的特征提取. 而实现这一特征提取,基于 IFRS-3 的属性约简不失为一种有效的方法. 前面已经介绍了基于 IF-RS-3 的属性约简方法,这里主要解决属性约简之后的直觉模糊规则提取问题.

13.4.2　基于 IFRS-3 的直觉模糊规则提取

从信息系统中提取隐含的、潜在的规则是实现知识获取的关键步骤. 在传统的专家系统或模糊推理系统中,规则往往是由专家根据经验给出的,这就可能存在着规则不够客观、专家经验难以获取等问题. 而基于经典粗糙集理论获取的规则往往是包含陡峭截断的清晰规则,与模糊规则相比,其泛化能力较弱,实用性不强. 本节针对直觉模糊条件信息系统,在 IFRS-3 属性约简的基础上,研究直觉模糊规则的提取问题.

设 IFIS＝$(U,\pmb{C}'\cup\pmb{D},V,F)$ 为执行属性约简之后的直觉模糊条件信息系统,基于 IFIS＝$(U,\pmb{C}'\cup\pmb{D},V,F)$ 进行规则提取主要解决两个问题,一是直觉模糊信息系统的逻辑关系提取;二是决策规则的选取. 直觉模糊条件信息系统 IFIS＝$(U,\pmb{C}'\cup\pmb{D},V,F)$ 中,$U=\{x_1,x_2,\cdots,x_n\}$,$\pmb{C}'=\{C_1,C_2,\cdots,C_m\}$,$\pmb{D}=\{D\}$,每一条件属性 $C_i\in\pmb{C}'$ 都对应一个直觉模糊语言变量,且这一语言变量可取一组直觉模糊语言值 C_{i1} ,$C_{i2},\cdots,C_{iki}$,ki 表示 C_i 具有的直觉模糊语言值的个数,决策属性 D 的值域 $V(D)$ ＝$\{d_1,d_2,\cdots,d_q\}$,如表 13.1 所示. 其中 $x_{jpi}=(\mu_{jpi},\gamma_{jpi})$ 表示第 j 个对象在第 p 个条件属性的第 i 个直觉模糊语言值下的隶属度与非隶属度,$j=1,2,\cdots,n$,$p=1,2,\cdots,m$,$i=1,2,\cdots,ki$.

表 13.1　直觉模糊条件信息系统

U	C_1				C_2				$\cdots$	C_m				D
	C_{11}	C_{12}	$\cdots$	C_{1k1}	C_{21}	C_{22}	$\cdots$	C_{2k2}	$\cdots$	C_{m1}	C_{m2}	$\cdots$	C_{mkm}	
x_1	x_{111}	x_{112}	$\cdots$	x_{11k1}	x_{121}	x_{122}	$\cdots$	x_{12k2}	$\cdots$	x_{1m1}	x_{1m2}	$\cdots$	x_{1mkm}	d_1
x_2	x_{211}	x_{212}	$\cdots$	x_{21k1}	x_{221}	x_{222}	$\cdots$	x_{22k2}	$\cdots$	x_{2m1}	x_{2m2}	$\cdots$	x_{2mkm}	d_2
$\vdots$	$\vdots$	$\vdots$		$\vdots$	$\vdots$	$\vdots$		$\vdots$		$\vdots$	$\vdots$		$\vdots$	$\vdots$
x_n	x_{n11}	x_{n12}	$\cdots$	x_{n1k1}	x_{n21}	x_{n22}	$\cdots$	x_{n2k2}	$\cdots$	x_{nm1}	x_{nm2}	$\cdots$	x_{nmkm}	d_q

　　第一个问题,提取直觉模糊条件信息系统中的逻辑关系. 表 13.1 中蕴含的逻辑关系为

$$(C_{11} \lor C_{12} \lor \cdots \lor C_{1k1}) \land (C_{21} \lor C_{22} \lor \cdots \lor C_{2k2}) \land \cdots \qquad (13.4)$$
$$\land (C_{m1} \lor C_{m2} \lor \cdots \lor C_{mkm}) \Rightarrow (d_1 \lor d_2 \lor \cdots \lor d_q)$$

将式(13.4)进行分解,可以得到如下逻辑关系,即 w 组初始规则, $w = k1 \cdot k2 \cdot \cdots \cdot km$,

$$\text{RL1:} \begin{cases} C_{11} \land C_{21} \land \cdots \land C_{m1} \Rightarrow d_1 \\ C_{11} \land C_{21} \land \cdots \land C_{m1} \Rightarrow d_2 \\ \cdots\cdots \\ C_{11} \land C_{21} \land \cdots \land C_{m1} \Rightarrow d_q \end{cases}$$

$$\text{RL2:} \begin{cases} C_{11} \land C_{22} \land \cdots \land C_{m1} \Rightarrow d_1 \\ C_{11} \land C_{22} \land \cdots \land C_{m1} \Rightarrow d_2 \\ \cdots\cdots \\ C_{11} \land C_{22} \land \cdots \land C_{m1} \Rightarrow d_q \end{cases}$$

$$\cdots\cdots$$

$$\text{RL}w \begin{cases} C_{1k1} \land C_{2k2} \land \cdots \land C_{mkm} \Rightarrow d_1 \\ C_{1k1} \land C_{2k2} \land \cdots \land C_{mkm} \Rightarrow d_2 \\ \cdots\cdots \\ C_{1k1} \land C_{2k2} \land \cdots \land C_{mkm} \Rightarrow d_q \end{cases}$$

其中,直觉模糊语言值 $C_{i1}, C_{i2}, \cdots, C_{iki}$ 均对应 U 上一直觉模糊子集,体现在信息系统中就是信息系统的一列. 由于这里的信息系统是直觉模糊条件信息系统,因此 $\{d_1, d_2, \cdots, d_q\}$ 为离散值,所以上述逻辑关系即对应一组直觉模糊分类规则,这组规则包含了信息系统可以获取的所有规则,其中存在不可信的规则,因此需要对其进行排除,从而提取出可信度较高的或满足用户要求的规则.

　　下面给出规则可信度的求解方法,即解决第二个问题.

　　对于直觉模糊规则 RL11: $C_{11} \land C_{21} \land \cdots \land C_{m1} \Rightarrow d_1$,设决策值为 d_1 的对象集合为 X_1 , $X_1 \subseteq U$,取 $C_{11}, C_{21}, \cdots, C_{m1} \in \text{IFS}(U)$ 在 X_1 上的投影,即获得 m 个 X_1 上的直觉模糊子集 $C_{11}^l, C_{21}^l, \cdots, C_{m1}^l \in \text{IFS}(X_1)$. 对 $C_{1i}^l, C_{2j}^l, \cdots, C_{mh}^l$ 执行直觉模糊集的合成运算,即可得规则 RL1: $C_{11} \land C_{21} \land \cdots \land C_{m1} \Rightarrow d_1$ 的可信度 $\kappa(\text{RL11})$ 为

$$\kappa(\text{RL11}) = \lor (C_{11}^l \land C_{21}^l \land \cdots \land C_{m1}^l) \qquad (13.5)$$

同理,对于直觉模糊规则 RL12~RL1q:

$$C_{11} \land C_{21} \land \cdots \land C_{m1} \Rightarrow d_2$$
$$\cdots\cdots$$
$$C_{11} \land C_{21} \land \cdots \land C_{m1} \Rightarrow d_q$$

分别求取 $C_{11}, C_{21}, \cdots, C_{m1} \in \text{IFS}(U)$ 在决策值为 $d_2, \cdots, d_q$ 的对象集合 $X_2,$ $\cdots, X_q$ 上的投影,并执行直觉模糊集的合成运算,即可获得

$$\kappa(\text{RL}12) = \vee \ (C_{11}^2 \ \wedge \ C_{21}^2 \ \wedge \ \cdots \ \wedge \ C_{m1}^2)$$

$$\cdots\cdots$$

$$\kappa(\text{RL}1q) = \vee \ (C_{11}^q \ \wedge \ C_{21}^q \ \wedge \ \cdots \ \wedge \ C_{m1}^q) \tag{13.6}$$

然后,需要从 RL12~RL1q 中选择可信度最高的规则,而值得一提的是,这里的可信度为一直觉模糊值,$\kappa(\text{RL}1l) = (\mu_\kappa(\text{RL}1l), \gamma_\kappa(\text{RL}1l))$,$l = 1, 2, \cdots, q$,$\mu_\kappa(\text{RL}1l)$ 表示可信度的支持度,称其为置信度,$\gamma_\kappa(\text{RL})$ 表示可信度的反对度,称其为非置信度,其中

$$\mu_\kappa(\text{RL}1l) = \bigvee_{x \in X_l} (\mu_{C_{11}{}^l}(x) \ \wedge \ \mu_{C_{21}{}^l}(x) \ \wedge \ \cdots \ \wedge \ \mu_{C_{m1}{}^l}(x))$$

$$\gamma_\kappa(\text{RL}1l) = \bigwedge_{x \in X_l} (\gamma_{C_{11}{}^l}(x) \ \vee \ \gamma_{C_{21}{}^l}(x) \ \vee \ \cdots \ \vee \ \gamma_{C_{m1}{}^l}(x)) \tag{13.7}$$

因此,需选择 RL11 ~ RL1q 中置信度最大而非置信度最小的规则作为可信度最高的规则. 这在 $\kappa(\text{RL}11) - \kappa(\text{RL}1q)$ 是可比的情况下容易选取,如 $\mu_\kappa(\text{RL}11) \geqslant \mu_\kappa(\text{RL}12) \geqslant \cdots \geqslant \mu_\kappa(\text{RL}1q)$,$\gamma_\kappa(\text{RL}11) \leqslant \gamma_\kappa(\text{RL}12) \leqslant \cdots \leqslant \gamma_\kappa(\text{RL}1q)$ 时,选取直觉模糊规则 RL1:$C_{1i} \ \wedge \ C_{2j} \ \wedge \ \cdots \ \wedge \ C_{mh} \Rightarrow d_1(\kappa(\text{RL}11))$;然而,当 $\kappa(\text{RL}11) - \kappa(\text{RL}1q)$ 不可比时,如若 RL11 的置信度 $\mu_\kappa(\text{RL}11)$ 最大,而非置信度 $\gamma_\kappa(\text{RL}11)$ 不是最小. 此时就需要按照一定的规则将所有的直觉指数 $\pi_\kappa(\text{RL}1l)$ 进行相应的分配,如

$$\mu_\kappa(\text{RL}1l) = \mu_\kappa(\text{RL}1l) + t \cdot \pi_\kappa(\text{RL}1l)$$

$$\gamma_\kappa(\text{RL}1l) = \gamma_\kappa(\text{RL}1l) + s \cdot \pi_\kappa(\text{RL}1l) \tag{13.8}$$

其中,$t + s \leqslant 1$,从而将 $\kappa(\text{RL}11) - \kappa(\text{RL}1q)$ 转化为一系列的可比值,并从中选取可信度最高的规则.

按照以上方法对 RL2~RLw 做同样处理,即可获得一组具有一定可信度的直觉模糊规则,表示为 $r_1, r_2, \cdots, r_w$. 接下来需要做的是,从中提取可信度较高或满足用户要求的决策规则. 在实际操作中,可设定两个阈值 α, β,满足 $0 < \alpha + \beta \leqslant 1$,$\alpha > 0$ 表示置信度阈值,$\beta \geqslant 0$ 表示非置信度阈值,当规则 r_l 的置信度 $\mu_\kappa(r_l)$ 大于置信度阈值 α,且规则 RL 的非置信度 $\gamma_\kappa(r_l)$ 小于非置信度阈值 β 时,则规则被提取. 另一种方法是,通过由专家指导的直觉模糊值的真值合成方法或按比例的真值合成方法,将所有可信度 $\kappa(r_l)$ 转化为一个模糊值,从而可以根据常用的设定一个阈值的方法来决定哪些规则被提取.

解决了直觉模糊规则提取的两个问题,下面给出具体的算法步骤.

算法 13.1 基于 IFRS-3 的规则提取算法 IFRS-3-RLE.

输入:直觉模糊条件信息系统 IFIS $= (U, C' \bigcup D, V, F)$;

输出:直觉模糊决策规则集 RL.

步骤 1:设定阈值 (α, β), $0 < \alpha + \beta \leqslant 1$, RL $= \{\}$;

步骤 2: $\forall x \in U$,依据决策属性 $\boldsymbol{D}$ 的取值对直觉模糊决策表中的对象进行排序,计算决策属性 $\boldsymbol{D}$ 对论域 U 的模糊划分 $U/\boldsymbol{D}$,得到等价类集合 $\{X_1, X_2, \cdots, X_q\}$;

步骤 3:按照式(13.4)提取直觉模糊条件信息系统中的逻辑关系,并进行分解,得到 w 组初始规则 $\{\mathrm{RL}l, |l = 1, 2, \cdots, w\}$;

步骤 4:对于每组初始规则 $\mathrm{RL}l$,按照式(13.5)和式(13.6)求取其中每条规则的可信度 $\kappa(\mathrm{RL}l) = \{\kappa(\mathrm{RL}l1), \kappa(\mathrm{RL}l2), \cdots, \kappa(\mathrm{RL}lq)\}$,若 $\kappa(\mathrm{RL}l)$ 中元素均可比,则选择可信度最大的直觉模糊规则 $\{r_l = \mathrm{RL}lk \mid \kappa(\mathrm{RL}lk) = \sup\kappa(\mathrm{RL}l)\}$, RL $=$ RL $\bigcup \{r_l\}$,否则根据式(13.7)对将可信度进行转化,并选择可信度最大的直觉模糊规则加入 RL;

步骤 5:根据设定的阈值 α, β 对 RL 中的规则进行筛选,剔除置信度小于 α 而非置信度大于 β 的规则,输出直觉模糊决策规则集 RL,算法终止.

若输入是已执行属性约简的直觉模糊条件信息系统,则算法 13.1 的步骤 2 是可省的.算法 13.1 的时间复杂度主要体现在可信度的计算上,若直觉模糊条件信息系统如表 13.1 所示,那么初始规则集共有 $w = k1 \cdot k2 \cdots \cdot km$ 组,每组规则有 q 条规则,那么需计算 $w \cdot q$ 次可信度,因此算法 13.1 的时间复杂度为 $O(w \cdot q)$,当条件属性对应的直觉模糊语言值较多时,算法的复杂度会比较大.

13.4.3　算例

至此,本章给出了直觉模糊条件信息系统的规则提取方法,对于直觉模糊信息系统和直觉模糊目标信息系统可以采用相同的思路进行处理.下面通过实例计算分析,对算法 13.1 做进一步的验证.

选择算例 11.2 中的表 11.3 作为初始直觉模糊条件信息系统,经过约简后的直觉模糊条件信息系统如表 13.2 所示.设定阈值 $(\alpha, \beta) = (0.6, 0.4)$.

表 13.2　属性约简之后的直觉模糊条件信息系统

U	B			C		D
	B_1	B_2	B_3	C_1	C_2	
x_1	$(0.0, 1.0)$	$(0.0, 1.0)$	$(1.0, 0.0)$	$(0.6, 0.3)$	$(0.4, 0.5)$	1
x_2	$(0.0, 1.0)$	$(0.2, 0.7)$	$(0.8, 0.1)$	$(0.2, 0.7)$	$(0.8, 0.1)$	1
x_3	$(0.0, 1.0)$	$(0.0, 1.0)$	$(1.0, 0.0)$	$(0.55, 0.35)$	$(0.45, 0.45)$	1
x_4	$(1.0, 0.0)$	$(0.0, 1.0)$	$(0.0, 1.0)$	$(0.0, 1.0)$	$(1.0, 0.0)$	2

U	B			C		D
	B_1	B_2	B_3	C_1	C_2	
x_5	(0.4,0.5)	(0.6,0.3)	(0.0,1.0)	(0.2,0.7)	(0.8,0.1)	2
x_6	(0.3,0.6)	(0.7,0.2)	(0.0,1.0)	(0.0,1.0)	(0.5,0.4)	2
x_7	(0.8,0.1)	(0.2,0.7)	(0.0,1.0)	(0.6,0.3)	(0.4,0.5)	3
x_8	(1.0,0.0)	(0.0,1.0)	(0.0,1.0)	(0.5,0.4)	(0.5,0.4)	3
x_9	(0.2,0.7)	(0.8,0.1)	(0.0,1.0)	(0.7,0.2)	(0.3,0.6)	3
x_{10}	(1.0,0.0)	(0.0,1.0)	(0.0,1.0)	(0.9,0.0)	(0.1,0.8)	3

表 13.2 已按照决策值进行了排序,且 $U/D = \{X_1, X_2\} = \{\{x_1, x_2, x_3\}, \{x_4, x_5, x_6\}, \{x_7, x_8, x_9, x_{10}\}\}$,根据算法 13.1,提取表 13.2 的逻辑关系,

$$(B_1 \vee B_2 \vee B_3) \wedge (C_1 \vee C_2) \Rightarrow (d_1 \vee d_2 \vee d_3) \qquad (13.9)$$

分解得到如下逻辑关系,即 6 组初始规则,分别为

$$\text{RL1:}\begin{cases} B_1 \wedge C_1 \Rightarrow d_1 \\ B_1 \wedge C_1 \Rightarrow d_2 \\ B_1 \wedge C_1 \Rightarrow d_3 \end{cases} \quad \text{RL2:}\begin{cases} B_1 \wedge C_2 \Rightarrow d_1 \\ B_1 \wedge C_2 \Rightarrow d_2 \\ B_1 \wedge C_2 \Rightarrow d_3 \end{cases} \quad \text{RL3:}\begin{cases} B_2 \wedge C_1 \Rightarrow d_1 \\ B_2 \wedge C_1 \Rightarrow d_2 \\ B_2 \wedge C_1 \Rightarrow d_3 \end{cases}$$

$$\text{RL4:}\begin{cases} B_2 \wedge C_2 \Rightarrow d_1 \\ B_2 \wedge C_2 \Rightarrow d_2 \\ B_2 \wedge C_2 \Rightarrow d_3 \end{cases} \quad \text{RL5:}\begin{cases} B_3 \wedge C_1 \Rightarrow d_1 \\ B_3 \wedge C_1 \Rightarrow d_2 \\ B_3 \wedge C_1 \Rightarrow d_3 \end{cases} \quad \text{RL6:}\begin{cases} B_3 \wedge C_2 \Rightarrow d_1 \\ B_3 \wedge C_2 \Rightarrow d_2 \\ B_3 \wedge C_2 \Rightarrow d_3 \end{cases}$$

(1)计算 RL1 中每条规则的可信度,结果如下:

$\kappa(\text{RL11}) = (0.0, 1.0)$,$\kappa(\text{RL12}) = (0.2, 0.7)$,$\kappa(\text{RL13}) = (0.9, 0.0)$

经比较,选择 RL13 加入规则集,

$$\text{RL} = \{B_1 \wedge C_1 \Rightarrow d_3(0.9, 0.0)\}$$

(2)计算 RL2 中每条规则的可信度,结果如下:

$\kappa(\text{RL21}) = (0.0, 1.0)$,$\kappa(\text{RL22}) = (1.0, 0.0)$,$\kappa(\text{RL23}) = (0.5, 0.4)$

经比较,选择 RL22 加入规则集,

$$\text{RL} = \{B_1 \wedge C_1 \Rightarrow d_3(0.9, 0.0); B_1 \wedge C_2 \Rightarrow d_2(1.0, 0.0)\}$$

(3)计算 RL3 中每条规则的可信度,结果如下:

$\kappa(\text{RL31}) = (0.2, 0.7)$,$\kappa(\text{RL32}) = (0.2, 0.7)$,$\kappa(\text{RL33}) = (0.7, 0.2)$

经比较,选择 RL3 加入规则集,

$$\text{RL} = \{B_1 \wedge C_1 \Rightarrow d_3(0.9, 0.0); B_1 \wedge C_2 \Rightarrow d_2(1.0, 0.0); B_2 \wedge C_1 \Rightarrow d_3(0.7, 0.2)\}$$

(4)计算 RL4 中每条规则的可信度,结果如下:

$\kappa(\text{RL41}) = (0.2, 0.7)$,$\kappa(\text{RL42}) = (0.6, 0.3)$,$\kappa(\text{RL43}) = (0.3, 0.6)$

经比较,选择 RL42 加入规则集,

$$RL = \{B_1 \wedge C_1 \Rightarrow d_3(0.9,0.0); B_1 \wedge C_2 \Rightarrow d_2(1.0,0.0); B_2 \wedge C_1 \Rightarrow d_3(0.7,0.2);$$
$$B_2 \wedge C_2 \Rightarrow d_2(0.6,0.3)\}$$

(5)计算 RL5 中每条规则的可信度,结果如下:

$\kappa(RL51) = (0.6,0.3)$, $\kappa(RL52) = (0.0,1.0)$, $\kappa(RL53) = (0.0,1.0)$

经比较,选择 RL51 加入规则集,

$$RL = \{B_1 \wedge C_1 \Rightarrow d_3(0.9,0.0); B_1 \wedge C_2 \Rightarrow d_2(1.0,0.0); B_2 \wedge C_1 \Rightarrow d_3(0.7,0.2);$$
$$B_2 \wedge C_2 \Rightarrow d_2(0.6,0.3); B_3 \wedge C_1 \Rightarrow d_1(0.6,0.3)\}$$

(6)计算 RL6 中每条规则的可信度,结果如下:

$\kappa(RL61) = (0.8,0.1)$, $\kappa(RL62) = (0.0,1.0)$, $\kappa(RL63) = (0.0,1.0)$

经比较,选择 RL61 加入规则集,

$$RL = \{B_1 \wedge C_1 \Rightarrow d_3(0.9,0.0); B_1 \wedge C_2 \Rightarrow d_2(1.0,0.0); B_2 \wedge C_1 \Rightarrow d_3(0.7,0.2);$$
$$B_2 \wedge C_2 \Rightarrow d_2(0.6,0.3); B_3 \wedge C_1 \Rightarrow d_1(0.6,0.3); B_3 \wedge C_2 \Rightarrow d_1(0.8,0.1)\}$$

根据阈值 $(\alpha,\beta) = (0.6,0.4)$ 对规则集 RL 进行筛选,获得规则集 RL 如下:

$$RL = \{RL1:B_1 \wedge C_1 \Rightarrow d_3(0.9,0.0);$$
$$RL2:B_1 \wedge C_2 \Rightarrow d_2(1.0,0.0);$$
$$RL3:B_2 \wedge C_1 \Rightarrow d_3(0.7,0.2);$$
$$RL4:B_2 \wedge C_2 \Rightarrow d_2(0.6,0.3);$$
$$RL5:B_3 \wedge C_1 \Rightarrow d_1(0.6,0.3);$$
$$RL6:B_3 \wedge C_2 \Rightarrow d_1(0.8,0.1)\} \tag{13.10}$$

式(13.10)是最终提取的带有置信度和非置信度的直觉模糊规则集,当系统新测数据包含了条件属性 B 和 C 的取值,则可直接根据获取的直觉模糊规则进行分类决策. 例如,若新测数据 x_{11} 对条件属性 B 的直觉模糊语言值(B_1, B_2, B_3)的隶属度与非隶属度分别为$\{(0.1,0.8), (0.0,1.0), (0.9,0)\}$,按最大隶属原则,对象 x_1 对 B_1 的隶属度最大,非隶属度最小,因此,对象 x_1 在条件属性 B 下对应 IF 语言值 B_3. 同理可得,x_{11} 在条件属性 C 下对应直觉模糊语言值 C_1,根据规则集 RL 的 rule5:$B_3 \wedge C_1 \Rightarrow d_1(0.6,0.3)$,可得 x_{11} 的决策值为 1,可信度为 $(0.6, 0.3)$.

在实际问题中,如战术意图识别中,系统提供的数据往往不完整或分为若干阶段,现阶段可能仅提供了条件属性 B 的取值,下一阶段可能提供条件属性 C 的取值,此时可将已获取的直觉模糊规则与 D-S 理论相结合,融合直觉模糊规则的知识表达优势与 D-S 理论组合专家决策的优势,进行对敌战术意图的识别. 下面对此进行研究.

13.5　基于 IFRS-3 与 D-S 理论的意图识别模型

13.5.1　直觉模糊集与 D-S 理论的关联

通过决策规则获取 BPA,首先要解决直觉模糊集与 D-S 理论的核心参数的关联问题.直觉模糊集理论的特征函数有隶属度、非隶属度和犹豫度;D-S 理论的主要度量有基本概率赋值函数 m、信任函数 Bel 与似真函数 Pl.这些核心参数之间存在许多关联.本节对此进行分析.

1. BPA 函数与直觉模糊子集

在 D-S 理论中,BPA 函数 $m(A)$ 表示支持命题 A 本身发生的程度,而不支持任何 A 的真子集,BPA 是一种松散的概率赋值,

(1) BPA 函数 $m:2^{\Theta} \to [0,1]$;

(2) BPA 不要求 $m(\Theta)=1$ 一定成立;

(3) 当 $A \subseteq B$ 时,BPA 不要求 $m(A) \leqslant m(B)$;

(4) BPA 不要求 $m(A)$ 与 $m(\overline{A})$ 之间有什么关系,但 $\sum\limits_{A \subset \Theta} m(A) = 1$,因此 $m(A)+m(\overline{A}) \leqslant 1$.

在直觉模糊集理论中,论域 U 上的直觉模糊子集 $S = \{\langle x, \mu_S(x), \gamma_S(x) \rangle \mid x \in U\}$,隶属度 $\mu_S(x)$ 和非隶属度 $\gamma_S(x)$ 具有以下特征:

(1) $\mu_S(x):U \to [0,1]$ 表示一种支持度,$\gamma_S(x):U \to [0,1]$ 表示一种反对度;

(2) 对于 S 上的所有 $x \in U$,$0 \leqslant \mu_S(x) + \gamma_S(x) \leqslant 1$ 成立.

从 D-S 理论的 BPA 的角度,若将所有 $m(A) \geqslant 0$ 的命题 A 组成的集合看成论域 U(即识别框架的幂集 2^{Θ}),则 m 就是论域 U 上的一个模糊子集,也是一种特殊的直觉模糊子集,可表示为

$$m = \{\langle A, \mu_m(A), \gamma_m(A) \rangle \mid A \in U\} = \{\langle A, m(A), 1-m(A) \rangle \mid A \in 2^{\Theta}\} \quad (13.11)$$

此时,模糊子集 m 的支集(满足 $m(A)>0$ 的所有 A 的集合),即为 D-S 理论中焦元的集合(信任函数 Bel 的核).

从直觉模糊集特征函数的角度,设 (μ_1, γ_1) 为一直觉模糊值,其中 μ_1, γ_1 为隶属度和非隶属度,分别表示对某一对象的支持度和反对度,而 $m(A)$ 表示支持命题 A 的程度,$m(\overline{A})$ 表示支持命题 $\overline{A} = \Theta - \{A\}$ 的程度.可以看出,隶属度 μ_1 与 $m(A)$ 之间、非隶属度 γ_1 与 $m(\overline{A})$ 之间存在一定的联系,如可以令 $m(A) = \mu_1, m(\overline{A}) = \gamma_1$.

2. 证据区间与直觉模糊值

在 D-S 理论中,信任函数 Bel 与似真函数 Pl 构成了不确定区间 $[\mathrm{Bel}(A), \mathrm{Pl}(A)]$,表示对命题 A 的不确定性度量,不确定区间的长度表示命题 A 的不确定

程度,如图 13.2(a)部分所示.

　　而在直觉模糊集理论中,根据 Atanasov 定义的直觉模糊集与模糊集的转换算子 D_P ,当犹豫度 π_1 全部分配给隶属度 μ_1 时,μ_1 获得最大值,因此可称 $1-\gamma_1$ 为最大可能隶属度,隶属度 μ_1 与非隶属 γ_1 度组成了区间$[\mu_1,1-\gamma_1]$,区间的两个端点即隶属度与最大可能隶属度,如图 13.2(b)部分所示.

　　从图 13.2 可以看出,直觉模糊值的区间$[\mu_1,1-\gamma_1]$与 D-S 理论中的不确定区间$[\mathrm{Bel}(A),\mathrm{Pl}(A)]$相对应,不确定区间$[\mathrm{Bel}(A),\mathrm{Pl}(A)]$的长度与直觉模糊值$(\mu_1,\gamma_1)$的犹豫度 π_1 相对应.另外,信任函数 Bel 与似真函数 Pl 满足:

　　(1)$\mathrm{Bel}(A)=1-\mathrm{Pl}(\overline{A})$,$\mathrm{Pl}(A)=1-\mathrm{Bel}(\overline{A})$;

　　(2)$\mathrm{Bel}(A)+\mathrm{Bel}(\overline{A})\leqslant 1$,$\mathrm{Pl}(A)+\mathrm{Pl}(\overline{A})\geqslant 1$.

　　而以上述表达式正好与 $\mu_1+\gamma_1\leqslant 1$,$(1-\gamma_1)+(1-\mu_1)\geqslant 1$ 相一致,因此,在某些实际应用中可令$[\mu_1,1-\gamma_1]=[\mathrm{Bel}(A),\mathrm{Pl}(A)]$.

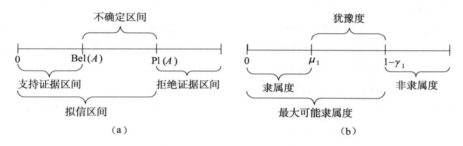

图 13.2　证据区间与直觉模糊值

13.5.2　基于 IFRS-3 的 BPA 获取

　　D-S 理论应用的难点之一是基本概率赋值 BPA 的获取.目前,BPA 的获取多是依靠专家指定或根据经验获取,带有一定的主观性.基于粗糙集理论进行 BPA 的获取已有一些研究,文献[10]和[11]利用粗糙集解释了信任函数,研究了粗糙集理论的知识系统证据推理,但其中的条件 mass 函数获取没有给出.文献[12]通过对条件属性进行聚类,建立了粗糙集理论和证据理论的联系,利用粗糙集获取 BPA.文献[13]通过定义规则强度及决策扩充规则等概念,提出了一种基于决策表的 BPA 获取方法.

　　在对敌意图识别中,低级融合及态势觉察系统分阶段提供目标的实时状态、属性信息(阶段数据),由于传感器系统、战场作战地域的环境、气象等方面的不确定性,意图识别所涉及的所有态势特征量并非都可获得,此时,对敌战术意图识别的关键是,如何根据这些不断到来的不完全、不精确或不确定性信息作出识别推理.13.5.1 小节分析了直觉模糊集与 D-S 理论的关联,本节针对战术意图识别问题的特点,根据系统各个阶段提供的不确定性信息,基于13.4.2小节所获取的直觉模糊决策规则,提出一种BPA获取方法(IFBPA).

将直觉模糊决策规则集RL表示为

$$\mathrm{RL}1:C_{11} \wedge C_{21} \wedge \cdots \wedge C_{m1} \Rightarrow d_{q1}(\kappa(\mathrm{RL}1))$$
$$\mathrm{RL}2:C_{11} \wedge C_{22} \wedge \cdots \wedge C_{m1} \Rightarrow d_{q2}(\kappa(\mathrm{RL}2))$$
$$\cdots\cdots$$
$$\mathrm{RL}w:C_{1k1} \wedge C_{2k2} \wedge \cdots \wedge C_{mkm} \Rightarrow d_{qw}(\kappa(\mathrm{RL}w)) \tag{13.12}$$

其中,$C_{1i},C_{2i},\cdots,C_{mi}$为规则项,$d_{qj} \in V(D) = \{d_1,d_2,\cdots,d_q\}$为决策值,在这里即等价于 D-S 理论中的识别框架,$\Theta = \{d_1,d_2,\cdots,d_q\}$,$\kappa(\mathrm{RL}j) = (\mu_{\kappa}(\mathrm{RL}j), \gamma_{\kappa}(\mathrm{RL}j))$为一直觉模糊值,表示规则 $\mathrm{RL}j$ 的置信度和非置信度.

根据以上规则集RL,若系统第 i 阶段提供的信息为 X,X 可以是单个或多个特征数据,为了方便描述,这里设 $X=\{C_1,C_2\}$,x_1,x_2 对应的特征为 C_1,C_2,C_1 包含的模糊语言值为$\{C_{11},C_{12},C_{13}\}$,C_2包含的模糊语言值为$\{C_{21},C_{22},C_{23}\}$.

首先,将 X 进行模糊化,x_1 对$\{C_{11},C_{12},C_{13}\}$的隶属度和非隶属度表示为$\{C_{11}(x_1),C_{12}(x_1),C_{13}(x_1)\}$,$x_2$对$\{C_{21},C_{22},C_{23}\}$的隶属度和非隶属度表示为$\{C_{21}(x_2),C_{22}(x_2),C_{23}(x_2)\}$;其次,求取 $t(x_1)=\max\{C_{11}(x_1),C_{12}(x_1),C_{13}(x_1)\}$,$t(x_2)=\max\{C_{21}(x_2),C_{22}(x_2),C_{23}(x_2)\}$,根据最大隶属原则,选择 x_1,x_2 所对应的模糊语言值,若 x_1 对应 C_{11},x_2 对应 C_{22},搜索规则集 RL 中包含 C_{11} 与 C_{22} 的规则子集 RC:

$$\mathrm{RC}1:C_{11} \wedge C_{22} \wedge \cdots \wedge C_{m1} \Rightarrow d_{q1}(\kappa(\mathrm{RC}1))$$
$$\mathrm{RC}2:C_{11} \wedge C_{22} \wedge \cdots \wedge C_{m1} \Rightarrow d_{q2}(\kappa(\mathrm{RC}2))$$
$$\cdots\cdots$$
$$\mathrm{RC}k:C_{11} \wedge C_{22} \wedge \cdots \wedge C_{mkm} \Rightarrow d_{qk}(\kappa(\mathrm{RC}k)) \tag{13.13}$$

在此条件下,BPA获取算法(IFBPA)的步骤如下.

算法 13.2　BPA 获取算法.

输入:第 i 阶段数据 X、规则集 RC;

输出:BPA.

步骤 1:对于所有的 $\mathrm{RC}i \in \{\mathrm{RC}1,\mathrm{RC}2,\cdots,\mathrm{RC}k\}$,求取 $Y_i = \min\{\kappa(\mathrm{RC}i), t(x_1),t(x_2)\}$,生成新的规则子集 RC',如式(13.14),其中 $\kappa(\mathrm{RC}'i) = Y_i$,

$$\mathrm{RC}'1:C_{11} \wedge C_{22} \wedge \cdots \wedge C_{m1} \Rightarrow d_{q1}(\kappa(\mathrm{RC}'1))$$
$$\mathrm{RC}'2:C_{11} \wedge C_{22} \wedge \cdots \wedge C_{m1} \Rightarrow d_{q2}(\kappa(\mathrm{RC}'2))$$
$$\cdots\cdots$$
$$\mathrm{RC}'k:C_{11} \wedge C_{22} \wedge \cdots \wedge C_{mkm} \Rightarrow d_{qk}(\kappa(\mathrm{RC}'k)) \tag{13.14}$$

步骤 2:提取 RC' 包含的不同决策值,记为 $DC=\{d_j \mid j \leqslant q\}$;

步骤 3:对于所有的 $d_j \in DC$,求解 RC' 中取值为 d_j 的所有规则的置信度与非置信度之和,得到 $DZ = \{d_j(\sum \mu_\kappa(d_j), \sum \gamma_\kappa(d_j)) \mid j \leqslant q\}$;

步骤 3:根据 DZ 确定焦元集合为 $JY = \{d_j \mid d_j \in DC_{11}\} \bigcup \{\bar{d}_j \mid \gamma_\kappa(d_j) \neq 0\}$
$\bigcup \{\bigcup d_j \mid d_j \in DC_{11}\}$,其中包括 3 类焦元:$d_j$,$\bar{d}_j$ 和 $\bigcup d_j$,分别记为 A_j,B_j 和 C_j;

步骤 4:确定准 BPA 函数 Zm,其中,$Zm(A_j) = \sum \mu_\kappa(d_j)$,$Zm(B_j) = \sum \gamma_\kappa(d_j)$,
$Zm(C_j) = \rho - \max\{\sum \mu_\kappa(d_j)\}$,其中,$\rho$ 为 RC' 中具有相同决策值的最大规则数目;

步骤 5:将 Zm 进行归一化处理,得到满足定义 13.1 的 BPA:$m(A_j)$,$m(B_j)$,$m(C_j)$,算法结束.

对于系统提供的后续各阶段的信息,只需在第一阶段基础上,根据各阶段提供的规则项信息,采用与算法 13.2 相同的步骤即可实现 BPA 的获取. 例如,若第二提供的规则项信息为 C_{32},则从规则集 RC' 中搜索包含 C_{32} 的规则子集 RCC,将 RCC 作为算法 13.2 的输入获取相应的 BPA.

13.5.3　基于 IFRS-3 与 D-S 理论的意图识别模型

综合以上研究,本节提出 IFRS-3 与 D-S 理论相结合的对敌战术意图识别模型.

对敌战术意图识别是一个高度依赖领域知识的模式识别问题. 本节的思路是:第一,建立意图识别信息系统(IIS),第二,根据 IIS,基于 IFRS-3 的属性约简进行战术意图的特征提取,剔除冗余因素;第三,提取用于对敌意图识别的直觉模糊决策规则;第四,根据各阶段获取的战场态势信息,基于直觉模糊决策规则获取意图识别框架的各个 BPA;第五,组合各阶段的 BPA 函数,并根据一定的决策准则获取最终的敌方意图. 基于 IFRS-3 与 D-S 理论的意图识别模型如图 13.3 所示.

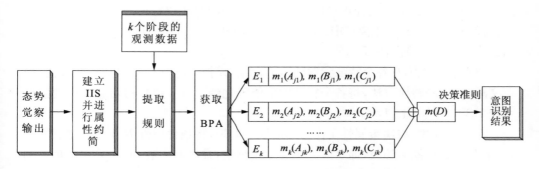

图 13.3　基于 IFRS-3 与 D-S 理论的意图识别模型

其中,$(m_1(A_{j1}), m_1(B_{j1}), m_1(C_{j1}))$,$(m_2(A_{j2}), m_2(B_{j2}), m_2(C_{j2}))$,$\cdots$,$(m_k(A_{jk}), m_k(B_{jk}), m_k(C_{jk}))$ 分别为第一阶段至第 k 阶段获取的证据及其对应的 BPA,$m(D)$ 为将 k 个阶段获得的证据进行合成之后的总 BPA,由于多个证据的组合与次序

无关,所以图 13.3 所示的证据组合结果等同于两两证据递推组合得到的结果. 决策准则用于决定最终的意图类型,每组合两个阶段的证据,均须调用决策准则来判断某一意图是否已经显现,这里采用基于 BPA 的决策方法,设 $\exists A_1, A_2 \subset \Theta$,满足

$$\begin{cases} m(A_1) = \max\{m(A_i), A_i \subset \Theta\} \\ m(A_2) = \max\{m(A_i), A_i \subset \Theta \text{ 且 } A_i \neq A_1\} \end{cases} \tag{13.15}$$

若有

$$\begin{cases} m(A_1) - m(A_2) > \varepsilon_1 \\ m(\Theta) < \varepsilon_2 \\ m(A_1) > m(\Theta) \end{cases} \tag{13.16}$$

则 A_1 即为判决结果,其中 ε_1 和 ε_2 为设定的阈值.

13.6　实　　例

下面用一个防空作战实例说明意图识别的推理求解过程. 在某一地面防空作战中,敌方可能的意图模式 $\Theta = \{I_1, I_2, I_3\}$,其中,$I_1$ 表示敌对我保卫目标进行攻击,I_2 表示敌对我保卫目标进行侦查,I_3 表示敌对我保卫目标实施压制.

13.6.1　建立意图识别信息系统

意图识别信息系统 IIS 将态势特征集 F 作为条件属性,其中涉及的态势特征集 $F = \{F_1, F_2, F_3, \cdots, F_{14}\}$,$F_1$:我方保卫对象类型(BLX),$F_2$:敌方核心目标类型(DLX),$F_3$:空袭样式(DYS),$F_4$:干扰能力(DGR),$F_5$:突防能力(DTF);另外,考虑 3 个典型时刻的敌目标动态信息,$F_6 \sim F_9$ 表示 t_1 时刻的目标动态信息,F_6:距离(DJL1)、F_7:速度(DSD1)、F_8:航向角(DHX1);$F_9 \sim F_{11}$ 表示 t_2 时刻的目标动态信息,F_9:距离(DJL2)、F_{10}:速度(DSD2)、F_{11}:航向角(DHX2);$F_{12} \sim F_{14}$ 表示 t_3 时刻的目标动态信息,F_{12}:距离(DJL3)、F_{13}:速度(DSD3)、F_{14}:航向角(DHX3);敌方意图模式 I 作为决策属性,I 的值域为 $\Theta = \{I_1, I_2, I_3\}$.

根据战术原则及各个特征参数的取值范围,模拟 300 行意图识别特征数据. 利用文献[9]中的转换方法,将各个特征的取值转化到[0,1],建立初始意图识别信息系统 IIS $= (U, F \bigcup I, V, f)$.

在 $F \bigcup I$ 中,将决策属性 I 作为离散属性处理,将条件属性 F 作为模糊属性处理,划分为 k 个模糊等级,即对应 k 个直觉模糊集,隶属度函数 $\mu(x)$ 采用三角形和梯形的组合,非隶属度函数应用两极确定法生成,如式(13.17)所示,其中,$\forall x \in [0,1]$,$0 \leqslant e \leqslant 1 - \mu(x)$,这里取 $e = 0.1$.

$$\pi(x) = \begin{cases} 0, & \mu(x) = 1 \text{ 或 } 0, \\ e, & \text{其他}, \end{cases} \quad \gamma(x) = \begin{cases} 0, & \mu(x) \geqslant 1 - e \\ 1, & \mu(x) = 0 \\ 1 - \mu(x) - e, & \text{其他} \end{cases} \tag{13.17}$$

F_1：划分为 3 个模糊等级，$F_1 = \{b_1, b_2, b_3\} = \{非常重要，较重要，一般重要\}$，对应 3 个直觉模糊子集，参数为 $[0, 0, 0.05, 0.5]$，$[0.05, 0.5, 0.95]$，$[0.5, 0.95, 1, 1]$，如图 13.4 所示.

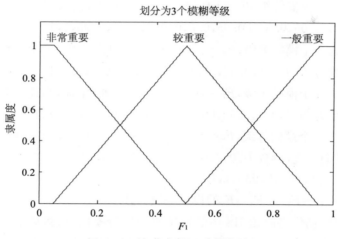

图 13.4　F_1 我方保卫对象类型

F_2：划分为 3 个模糊等级，$F_2 = \{d_1, d_2, d_3\} = \{小型目标，大型目标，其他目标\}$，对应 3 个直觉模糊子集，参数为 $[0, 0, 0.05, 0.5]$，$[0.05, 0.5, 0.95]$，$[0.5, 0.95, 1, 1]$.

F_3：划分为 4 个模糊等级，$F_3 = \{y_1, y_2, y_3, y_4\} = \{超低空，低空，中空，高空\}$ 对应 4 个直觉模糊子集，参数为 $[0, 0, 0.05, 0.35]$，$[0.05, 0.35, 0.65]$，$[0.35, 0.65, 0.95]$，$[0.65, 0.95, 1, 1]$，如图 13.5 所示.

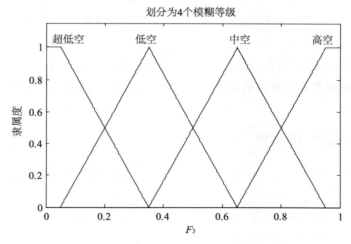

图 13.5　F_3 空袭样式

F_4:划分为 4 个模糊等级,$F_4=\{g_1,g_2,g_3,g_4\}=\{无,弱,中,强\}$,对应 4 个直觉模糊子集,参数为$[0,0,0.065,0.355]$,$[0.065,0.355,0.645]$,$[0.355,0.645,0.935]$,$[0.645,0.935,1,1]$.

F_5:划为 3 个模糊等级,$F_5=\{f_1,f_2,f_3\}=\{弱,中,强\}$,对应 3 个直觉模糊子集,参数为$[0,0,0.05,0.5]$,$[0.05,0.5,0.95]$,$[0.5,0.95,1,1]$.

F_6:划分为 3 个模糊等级,$F_6=\{l_1,l_2,l_3\}=\{近距,中距,远距\}$,对应 3 个直觉模糊子集,参数为$[0,0,0.1,0.5]$,$[0.1,0.5,0.9]$,$[0.5,0.9,1,1]$.

F_7:划分为 3 个模糊等级,$F_7=\{s_1,s_2,s_3\}=\{低速,中速,高速\}$,对应 3 个直觉模糊子集,参数为$[0,0,0.1,0.5]$,$[0.1,0.5,0.9]$,$[0.5,0.9,1,1]$.

F_8:划分为 4 个模糊等级,$F_8=\{h_1,h_2,h_3,h_4\}=\{临近,迂回,侧翼,背离\}$,对应 4 个直觉模糊子集,参数为$[0,0,0.065,0.355]$,$[0.065,0.355,0.645]$,$[0.355,0.645,0.935]$,$[0.645,0.935,1,1]$.

$F_9\sim F_{11}$、$F_{12}\sim F_{14}$ 与 $F_6\sim F_8$ 的模糊等级一致.

采用单值模糊化将原始 IIS 中的连续属性进行模糊化,将离散属性的取值看成一种特殊的语言值(清晰的),如此,初始的 IIS 即转换为直觉模糊信息系统 IFI-IS $=(U,F\bigcup I,V,f)$.

将 IFIIS $=(U,F\bigcup I,V,f)$ 作为算法 11.2 的输入,其中 $U=\{1,2,\cdots,300\}$,$U/F_1=\{b_1,b_2,b_3\}$,$U/F_2=\{d_1,d_2,d_3\}$,$U/F_3=\{y_1,y_2,y_3,y_4\}$,$U/F_4=\{g_1,g_2,g_3,g_4\}$,$U/F_5=\{f_1,f_2,f_3\}$,$U/F_6=\{l_1^1,l_2^1,l_3^1\}$,$U/F_7=\{s_1^1,s_2^1,s_3^1\}$,$U/F_8=\{h_1^1,h_2^1,h_3^1,h_4^1\}$,$U/F_9=\{l_1^2,l_2^2,l_3^2\}$,$U/F_{10}=\{s_1^2,s_2^2,s_3^2\}$,$U/F_{11}=\{h_1^2,h_2^2,h_3^2,h_4^2\}$,$U/F_{12}=\{l_1^3,l_2^3,l_3^3\}$,$U/F_{13}=\{s_1^3,s_2^3,s_3^3\}$,$U/F_{14}=\{h_1^3,h_2^3,h_3^3,h_4^3\}$,$U/I=\{\{1,2,\cdots,100\},\{101,52,\cdots,200\},\{201,202,\cdots,300\}\}$,求得约简结果为:$F'=\{F_2,F_4,F_5,F_6,F_8,F_9,F_{10},F_{14}\}$.

需要指出,本实例是在一具体防空作战环境下进行计算,设定了识别框架 Θ,被剔除的属性并非在所有对敌意图识别中都不重要,而是在这一 Θ 控制下被当作冗余属性删除.

13.6.2　提取意图识别规则

将 IFIIS $=(U,F'\bigcup I,V,f)$ 作为算法 13.1 的输入,提取信息系统的逻辑关系,

$$(d_1\vee d_2\vee d_3)\wedge(g_1\vee g_2\vee g_3\vee g_4)\wedge\cdots$$
$$\wedge(h_1^3\vee h_2^3\vee h_3^3)\Rightarrow(I_1\vee I_2\vee I_3) \tag{13.18}$$

设定阈值 $(\alpha,\beta)=(0.6,0.4)$,获取决策规则如下:

RL1:$d_1 \wedge g_3 \wedge f_2 \wedge l_3^1 \wedge h_1^1 \wedge l_2^2 \wedge s_3^2 \wedge h_1^3 \Rightarrow I_1(0.7, 0.2)$

RL2:$d_1 \wedge g_3 \wedge f_2 \wedge l_3^1 \wedge h_1^1 \wedge l_2^2 \wedge s_3^2 \wedge h_2^3 \Rightarrow I_2(0.8, 0.1)$

RL3:$d_1 \wedge g_1 \wedge f_3 \wedge l_2^1 \wedge h_1^1 \wedge l_3^2 \wedge s_1^2 \wedge h_1^3 \Rightarrow I_3(0.75, 0.15)$

RL4:$d_1 \wedge g_3 \wedge f_3 \wedge l_3^1 \wedge h_2^1 \wedge l_2^2 \wedge s_2^2 \wedge h_1^3 \Rightarrow I_1(0.8, 0.1)$

RL5:$d_1 \wedge g_3 \wedge f_1 \wedge l_3^1 \wedge h_3^1 \wedge l_3^2 \wedge s_3^2 \wedge h_1^3 \Rightarrow I_3(0.82, 0.08)$

RL6:$d_1 \wedge g_3 \wedge f_3 \wedge l_3^1 \wedge h_2^1 \wedge l_2^2 \wedge s_2^2 \wedge h_2^3 \Rightarrow I_1(0.8, 0.1)$

RL7:$d_3 \wedge g_1 \wedge f_1 \wedge l_3^1 \wedge h_1^1 \wedge l_2^2 \wedge s_3^2 \wedge h_4^3 \Rightarrow I_3(0.8, 0.1)$

RL8:$d_3 \wedge g_2 \wedge f_3 \wedge l_3^1 \wedge h_1^1 \wedge l_2^2 \wedge s_3^2 \wedge h_2^3 \Rightarrow I_1(0.9, 0)$

RL9:$d_1 \wedge g_3 \wedge f_2 \wedge l_3^1 \wedge h_2^1 \wedge l_2^2 \wedge s_2^2 \wedge h_2^3 \Rightarrow I_2(0.65, 0.25)$

RL10:$d_1 \wedge g_3 \wedge f_1 \wedge l_3^1 \wedge h_1^1 \wedge l_2^2 \wedge s_3^2 \wedge h_2^3 \Rightarrow I_2(0.6, 0.3)$

RL11:$d_1 \wedge g_3 \wedge f_3 \wedge l_3^1 \wedge h_1^1 \wedge l_1^2 \wedge s_3^2 \wedge h_1^3 \Rightarrow I_1(0.6, 0.3)$

RL12:$d_1 \wedge g_4 \wedge f_3 \wedge l_3^1 \wedge h_2^1 \wedge l_1^2 \wedge s_3^2 \wedge h_3^3 \Rightarrow I_3(0.78, 0.22)$

RL13:$d_1 \wedge g_2 \wedge f_1 \wedge l_3^1 \wedge h_2^1 \wedge l_2^2 \wedge s_1^2 \wedge h_3^3 \Rightarrow I_3(0.6, 0.3)$

RL14:$d_1 \wedge g_3 \wedge f_1 \wedge l_3^1 \wedge h_1^1 \wedge l_1^2 \wedge s_2^2 \wedge h_2^3 \Rightarrow I_2(0.65, 0.25)$

RL15:$d_2 \wedge g_4 \wedge f_2 \wedge l_3^1 \wedge h_1^1 \wedge l_2^2 \wedge s_2^2 \wedge h_3^3 \Rightarrow I_3(0.7, 0.2)$

RL16:$d_2 \wedge g_4 \wedge f_1 \wedge l_2^1 \wedge h_1^1 \wedge l_1^2 \wedge s_3^2 \wedge h_3^3 \Rightarrow I_3(0.7, 0.2)$

RL17:$d_2 \wedge g_4 \wedge f_2 \wedge l_3^1 \wedge h_1^1 \wedge l_2^2 \wedge s_3^2 \wedge h_3^3 \Rightarrow I_2(0.8, 0.1)$

RL18:$d_3 \wedge g_1 \wedge f_2 \wedge l_1^1 \wedge h_4^1 \wedge l_1^2 \wedge s_2^2 \wedge h_1^3 \Rightarrow I_1(0.82, 0.18)$

RL19:$d_3 \wedge g_2 \wedge f_1 \wedge l_1^1 \wedge h_4^1 \wedge l_1^2 \wedge s_2^2 \wedge h_1^3 \Rightarrow I_1(0.77, 0.13)$

RL20:$d_2 \wedge g_2 \wedge f_1 \wedge l_2^1 \wedge h_1^1 \wedge l_2^2 \wedge s_3^2 \wedge h_2^3 \Rightarrow I_3(0.9, 0)$

RL21:$d_3 \wedge g_3 \wedge f_1 \wedge l_2^1 \wedge h_1^1 \wedge l_2^2 \wedge s_2^2 \wedge h_4^3 \Rightarrow I_3(0.8, 0.1)$

RL22:$d_3 \wedge g_3 \wedge f_3 \wedge l_2^1 \wedge h_1^1 \wedge l_1^2 \wedge s_2^2 \wedge h_1^3 \Rightarrow I_1(0.64, 0.26)$

RL23:$d_3 \wedge g_1 \wedge f_2 \wedge l_1^1 \wedge h_3^1 \wedge l_1^2 \wedge s_3^2 \wedge h_1^3 \Rightarrow I_1(0.9, 0)$

RL24:$d_3 \wedge g_1 \wedge f_3 \wedge l_1^1 \wedge h_3^1 \wedge l_1^2 \wedge s_2^2 \wedge h_1^3 \Rightarrow I_1(0.86, 0.04)$

13.6.3　获取 BPA 及组合决策

对敌意图识别的过程主要有 4 步:①数据模糊化,并选取其所属的模糊语言值;②从规则集 R 中提取包含阶段数据对应语言值的规则子集;③按照算法 13.2 获取相应的 BPA;④证据组合并决策意图.

系统提供 3 组敌方目标的特征数据(Z_1, Z_2, Z_3),每组数据按其提供的时间先后分为 4 个阶段(阶段:S_1, S_2, S_3, S_4),根据 13.6.1 小节各特征的模糊等级划分,将 3 组数据模糊化,按照最大隶属原则选取其所属的模糊语言值,如表 13.3 所示.下面分别对 3 组目标的意图进行识别.

表 13.3　敌方目标特征数据

阶段	Z_1	Z_2	Z_3
S_1	距离 1：$l_3^1\,(0.88,0.02)$ 航向角 1：$h_1^1\,(0.8,0.1)$	距离 1：$l_3^1\,(0.78,0.22)$ 航向角 1：$h_2^1\,(0.9,0)$ 目标类型：$d_1\,(0.85,0.05)$	距离 1：$l_2^1\,(0.8,0.1)$ 航向角 1：$h_1^1\,(0.9,0)$
S_2	目标类型：$d_1\,(0.85,0.05)$ 干扰能力：$g_3\,(0.8,0.1)$	干扰能力：$g_3\,(0.8,0.1)$ 距离 2：$l_2^2\,(0.9,0)$ 速度 2：$s_2^2\,(0.8,0.1)$	目标类型：$d_2\,(0.8,0.1)$ 距离 2：$l_1^2\,(0.9,0)$ 速度 2：$s_3^2\,(0.9,0.1)$
S_3	距离 2：$l_2^2\,(0.9,0)$ 速度 2：$s_3^2\,(0.8,0.1)$	突防能力：$f_3\,(0.82,0.08)$	干扰能力：$g_4\,(0.7,0.2)$
S_4	突防能力：$f_2\,(0.82,0.08)$	航向角 3：$h_1^3\,(0.8,0.1)$	航向角 3：$h_3^3\,(0.8,0.1)$

对于 Z_1，在获取 S_1 阶段的数据之后，搜索规则集 RL 中包含 l_3^1 与 h_1^1 的规则子集 $R1$：

$$R11: d_1 \wedge g_3 \wedge f_2 \wedge l_3^1 \wedge h_1^1 \wedge l_2^2 \wedge s_3^2 \wedge h_1^3 \Rightarrow I_1(0.7,0.2)$$

$$R12: d_1 \wedge g_3 \wedge f_2 \wedge l_3^1 \wedge h_1^1 \wedge l_2^2 \wedge s_3^2 \wedge h_2^3 \Rightarrow I_2(0.8,0.1)$$

$$R13: d_1 \wedge g_3 \wedge f_1 \wedge l_3^1 \wedge h_1^1 \wedge l_2^2 \wedge s_3^2 \wedge h_2^3 \Rightarrow I_2(0.6,0.3)$$

$$R14: d_1 \wedge g_3 \wedge f_3 \wedge l_3^1 \wedge h_1^1 \wedge l_1^2 \wedge s_3^2 \wedge h_1^3 \Rightarrow I_1(0.6,0.3)$$

$$R15: d_1 \wedge g_3 \wedge f_1 \wedge l_3^1 \wedge h_1^1 \wedge l_1^2 \wedge s_2^2 \wedge h_2^3 \Rightarrow I_2(0.65,0.25)$$

$$R16: d_2 \wedge g_4 \wedge f_2 \wedge l_3^1 \wedge h_1^1 \wedge l_2^2 \wedge s_2^2 \wedge h_3^3 \Rightarrow I_3(0.7,0.2)$$

$$R17: d_3 \wedge g_1 \wedge f_1 \wedge l_3^1 \wedge h_1^1 \wedge l_2^2 \wedge s_3^2 \wedge h_4^3 \Rightarrow I_3(0.8,0.1)$$

$$R18: d_3 \wedge g_2 \wedge f_3 \wedge l_3^1 \wedge h_1^1 \wedge l_2^2 \wedge s_3^2 \wedge h_2^3 \Rightarrow I_1(0.9,0)$$

将 $R1$ 与 S_1 阶段信息 $\{l_3^1(0.8,0.1),\ h_1^1(0.9,0)\}$ 作为算法 13.2 的输入来获取 BPA.

(1)对于所有的 $R1i \in \{R11,R12,\cdots,R18\}$，$Y_i = \min\{\kappa(RCi),(0.88,0.1),(0.8,0.1)\}$，生成新的规则子集 $R1'$，其中 $\kappa(R1'i) = Y_i$.

$$R1'1: d_1 \wedge g_3 \wedge f_2 \wedge l_3^1 \wedge h_1^1 \wedge l_2^2 \wedge s_3^2 \wedge h_1^3 \Rightarrow I_1(0.7,0.2)$$

$$R1'2: d_1 \wedge g_3 \wedge f_2 \wedge l_3^1 \wedge h_1^1 \wedge l_2^2 \wedge s_3^2 \wedge h_2^3 \Rightarrow I_2(0.8,0.1)$$

$$R1'3: d_1 \wedge g_3 \wedge f_1 \wedge l_3^1 \wedge h_1^1 \wedge l_2^2 \wedge s_3^2 \wedge h_2^3 \Rightarrow I_2(0.6,0.3)$$

$$R1'4: d_1 \wedge g_3 \wedge f_3 \wedge l_3^1 \wedge h_1^1 \wedge l_1^2 \wedge s_3^2 \wedge h_1^3 \Rightarrow I_1(0.6,0.3)$$

$$R1'5: d_1 \wedge g_3 \wedge f_1 \wedge l_3^1 \wedge h_1^1 \wedge l_2^2 \wedge s_2^2 \wedge h_2^3 \Rightarrow I_2(0.65,0.25)$$

$$R1'6: d_2 \wedge g_4 \wedge f_2 \wedge l_3^1 \wedge h_1^1 \wedge l_2^2 \wedge s_2^2 \wedge h_3^3 \Rightarrow I_3(0.7,0.2)$$

$$R1'7: d_1 \wedge g_1 \wedge f_1 \wedge l_3^1 \wedge h_1^1 \wedge l_2^2 \wedge s_3^2 \wedge h_4^3 \Rightarrow I_3(0.8,0.1)$$

$$R1'8: d_1 \wedge g_2 \wedge f_3 \wedge l_3^1 \wedge h_1^1 \wedge l_2^2 \wedge s_3^2 \wedge h_2^3 \Rightarrow I_1(0.8,0.1)$$

$R1'$ 包含的不同决策值 $DC=\{I_1，I_2，I_3\}$，对于所有的 $I_j \in DC$，求取 $R1'$ 中取值为 I_j 的所有规则的置信度与非置信度之和，得到 $DZ=\{I_1(2.1,0.6)$，$I_2(2.05,0.65)$，$I_3(1.5,0.3)\}$；

根据 DZ 确定焦元集合 $JY=\{I_1，I_2，I_3，\{I_2，I_3\}，\{I_1，I_3\}，\{I_1，I_2\}，\{I_1，I_2，I_3\}\}$，对应的准 BPA 为：$Zm(I_1)=2.1, Zm(I_2)=2.05, Zm(I_3)=1.5, Zm(\{I_2，I_3\})=0.6, Zm(\{I_1，I_3\})=0.65, Zm(\{I_1，I_2\})=0.3, Zm(\{I_1，I_2，I_3\})=0.9$；

将 Zm 归一化得到第一组 BPA：$m_1(I_1)=0.2593, m_1(I_2)=0.2531, m_1(I_3)=0.1852, m_1(\{I_2，I_3\})=0.0741, m_1(\{I_1，I_3\})=0.0802, m_1(\{I_1，I_2\})=0.037, m_1(\{I_1，I_2，I_3\})=0.1111.$

(2)获取 S_2 阶段信息 $\{d_1(0.85,0.05)，g_3(0.8,0.1)\}$，搜索规则集 $R1'$ 中包含 d_1 与 g_3 的规则子集 $R2$：

$R21: d_1 \wedge g_3 \wedge f_2 \wedge l_3^1 \wedge h_1^1 \wedge l_2^2 \wedge s_3^2 \wedge h_1^3 \Rightarrow I_1(0.7,0.2)$

$R22: d_1 \wedge g_3 \wedge f_2 \wedge l_3^1 \wedge h_1^1 \wedge l_2^2 \wedge s_3^2 \wedge h_2^3 \Rightarrow I_2(0.8,0.1)$

$R23: d_1 \wedge g_3 \wedge f_1 \wedge l_3^1 \wedge h_1^1 \wedge l_2^2 \wedge s_3^2 \wedge h_2^3 \Rightarrow I_2(0.6,0.3)$

$R24: d_1 \wedge g_3 \wedge f_3 \wedge l_3^1 \wedge h_1^1 \wedge l_2^2 \wedge s_3^2 \wedge h_1^3 \Rightarrow I_1(0.6,0.3)$

$R25: d_1 \wedge g_3 \wedge f_1 \wedge l_3^1 \wedge h_1^1 \wedge l_1^2 \wedge s_2^2 \wedge h_2^3 \Rightarrow I_2(0.65,0.25)$

将 $R2$ 与 S_2 阶段信息作为算法 13.2 的输入，与上述步骤相同，得到第二组 BPA：$m_2(I_1)=0.2385, m_2(I_2)=0.3762, m_2(\{I_2，I_3\})=0.0917, m_2(\{I_1，I_3\})=0.1193, m_2(\{I_1，I_2\})=0.1743.$

(3)组合(2)与(1)中的两组 BPA，得到 $m(I_1)=0.3548, m(I_2)=0.4503, m(I_3)=0.0845, m(\{I_2，I_3\})=0.0286, m(\{I_1，I_3\})=0.0384, m(\{I_1，I_2\})=0.0434.$

(4)获取 S_3 阶段信息 $\{l_2^2(0.9,0)，s_3^2(0.8,0.1)\}$，同理可得第三组 BPA：$m_3(I_1)=0.2121, m_3(I_2)=0.4243, m_3(\{I_2，I_3\})=0.0606, m_3(\{I_1，I_3\})=0.1212, m_3(\{I_1，I_2\})=0.1818$；

(5)组合(4)与(3)中的两组 BPA，得到 $m(I_1)=0.3548, m(I_2)=0.586, m(I_3)=0.0354, m(\{I_2，I_3\})=0.0029, m(\{I_1，I_3\})=0.0078, m(\{I_1，I_2\})=0.0131.$

(6)获取 S_4 阶段信息 $\{l_2^2(0.9,0)，s_3^2(0.8,0.1)\}$，可得第四组 BPA：$m_4(I_1)=0.35, m_3(I_2)=0.4, m_3(\{I_2，I_3\})=0.1, m_3(\{I_1，I_3\})=0.05, m_3(\{I_1，I_2\})=0.1.$

(7)组合(6)与(5)中的两组 BPA，将小于 0.001 的 BPA 删除并平均分配给其他 BPA，可得 $m(I_1)=0.3289, m(I_2)=0.6571, m(I_3)=0.01, m(\{I_1，I_2\})=0.004.$

(8)根据式(13.15)和式(13.16)，设定阈值 $\varepsilon_1=0.3$ 和 $\varepsilon_2=0.1$，可判断第一组目标 Z_1 的意图为 I_2. 另外，在获取后续若干阶段的 BPA 之前，若组合 BPA 已满足决策准则，则不再获取后续阶段的 BPA，从而节省了计算时间。

同理,对于第二组目标 Z_2 得到 $m(I_1)=0.8521, m(I_2)=0.12, m(\{I_1, I_2\})=0.0279, Z_2$ 的意图识别为 I_1. 对于第三组目标 Z_3 得到 $m(I_1)=0.0258, m(I_2)=0.3102, m(I_3)=0.643, m(\{I_1, I_3\})=0.021, Z_3$ 的意图识别为 I_3.

13.6.4　讨论

从以上实例研究可以看出,①实现意图识别的关键是:如何根据不完全、不精确或不确定的知识和信息作出推理,完成对当前战场敌方意图的识别. 在表 13.3 中, Z_1 和 Z_2 提供的四个阶段的特征数据并没有涵盖特征集 $F'=\{F_2, F_4, F_5, F_6, F_8, F_9, F_{10}, F_{14}\}$ 中的每一项,这在实际中比较常见,因为作战过程中各种不确定性的存在,对敌意图识别所需要的数据并非都可以从低级融合中获得. 而在这种不确定环境下,根据本章的方法可以决策出敌方最可能具有的意图,从而为指挥员作出战场态势评估和威胁评估提供了重要依据. ②随着阶段数据的逐步获取,BPA 的分布逐渐聚集,敌方的战术意图也逐渐明确. 例如 Z_1,在获取第一阶段数据后,得到的 BPA 比较分散,这主要是由于阶段数据提供的信息有限,在获取第二阶段数据后,BPA 向 I_2 与 I_1 聚集,此后,阶段数据对 I_2 的支持度逐渐增加,并满足决策准则的要求,从而得到判决结果.

需要说明一点,若系统提供的阶段数据在决策规则集中找不到匹配的规则,可以采用两种方法解决,一是适当下调规则阈值 (α, β);二是寻找近似规则进行匹配,这可作为进一步的研究工作.

13.7　本章小结

本章针对 D-S 理论应用于意图识别所存在的 BPA 获取完全依靠专家指定的问题. 首先,分析了防空作战对敌意图识别信息系统;其次,提出了基于 IFRS-3 的知识获取方法;在此基础上,给出了一种新的基于直觉模糊规则的 BPA 获取方法;最后,融合 IFRS-3 理论与 D-S 理论为一有效的敌意图识别方法.

对敌意图识别是一个高度依赖专家知识的复杂的模式识别问题,基于 IFRS-3 的知识获取方法可以从数据中提取直觉模糊决策规则,模拟军事专家的思维活动;基于直觉模糊规则的 BPA 获取方法可以有效应对 D-S 理论在决策级信息融合中存在的瓶颈问题,从而可以处理带有多种不确定性的战场意图识别问题. 本章方法融合了 D-S 理论组合专家知识的优势与 IFRS-3 的知识获取优势,与单纯基于 D-S 理论的意图识别方法相比,本章方法对领域专家的依赖性较小,结果的客观性也较强,但同时也增加了识别推理的计算量,这在具体应用中可以采用一定的简化策略,如在确定基本概率赋值的焦元集合时,只考虑前两类焦元,减少证据组合的计算复杂度.

参 考 文 献

[1] 袁再江，许国志，邓述慧. 序贯博弈作战愈图预测模型[J]. 系统工程理论与实践，1997，(7)：72-78.

[2] 冷画屏，吴晓锋，殷卫兵. 舰艇战术意图识别技术[J]. 火力与指挥控制，2007，32(11)：35-38.

[3] 殷卫斌. 对敌水面舰艇作战意图识别研究[D]. 广州：海军广州舰艇学院硕士学位论文，2002.

[4] 程岳，王宝树，李伟生. 实现态势估计的一种推理方法[J]. 计算机科学，2002，1(6)：111-113.

[5] 李伟生. 信息融合系统中态势估计技术研究[D]. 西安：西安电子科技大学博士学位论文，2003.

[6] 李瑛，刘卫东. 一种新的证据表示模型及其在敌作战意图识别中的应用[J]. 指挥控制与仿真，2006，28(6)：9-13.

[7] 王端龙，吴晓锋，冷画屏. 对敌战场意图识别的若干问题[J]. 舰船电子工程，2004，24(6)：4-9.

[8] 杨万海. 多传感器数据融合及其应用[M]. 西安：西安电子科技大学出版社，2004.

[9] 雷英杰，王宝树，王毅. 基于直觉模糊决策的战场态势评估方法[J]. 电子学报，2006，34(12)：1275-1279.

[10] Yao Y Y, Pawan L. Interpretations of belief functions in the theory of rough sets [J]. Information Sciences，1998，104(1-2)：81-106.

[11] 赵卫东，李旗号. 基于粗集理论的知识系统证据推理研究[J]. 小型微型计算机系统，2002，23(4)：447-449.

[12] 杨善林，刘业政，李亚飞. 基于 rough sets 理论的证据获取与合成方法[J]. 管理科学学报，2005，8(5)：69-75.

[13] 路艳丽，雷英杰，李兆渊. 一种新的 BPA 获取方法[J]. 空军工程大学学报（自然科学版），2007，8(3)：39-42.

索　引